당신도 이번에 반드시 합격합니다!

소방안전관리자 1급
기출문제 총집합 + 5개년 기출문제

소방공학박사
우석대학교 소방방재학과 교수 공하성 지음

BM (주)도서출판 성안당

성안당 깜짝 알림

원퀵으로 기출문제를 보내고 원퀵으로 소방책을 받자!!

소방안전관리자 시험을 보신 후 **기출문제를 재구성**하여 성안당 출판사에 **15문제 이상** 보내주신 분에게 **공하성 교수님의 소방시리즈 책** 중 한 권을 무료로 보내드립니다.

독자 여러분들이 보내주신 재구성한 기출문제는 보다 더 나은 책을 만드는 데 큰 도움이 됩니다.

✉ 이메일 | coh@cyber.co.kr(최옥현) ※메일을 보내실 때 성함, 연락처, 주소를 꼭 기재해 주시기 바랍니다.

- 독자분께서 보내주신 기출문제를 공하성 교수님이 검토 후 선별하여 무료로 책을 보내드립니다.
- 무료 증정 이벤트는 조기에 마감될 수 있습니다.

■ 도서 A/S 안내

성안당에서 발행하는 모든 도서는 저자와 출판사, 그리고 독자가 함께 만들어 나갑니다.

좋은 책을 펴내기 위해 많은 노력을 기울이고 있습니다. 혹시라도 내용상의 오류나 오탈자 등이 발견되면 **"좋은 책은 나라의 보배"**로서 우리 모두가 함께 만들어 간다는 마음으로 연락주시기 바랍니다. 수정 보완하여 더 나은 책이 되도록 최선을 다하겠습니다.

성안당은 늘 독자 여러분들의 소중한 의견을 기다리고 있습니다. 좋은 의견을 보내주시는 분께는 성안당 쇼핑몰의 포인트(3,000포인트)를 적립해 드립니다.

잘못 만들어진 책이나 부록 등이 파손된 경우에는 교환해 드립니다.

저자 문의 : pf.kakao.com/_CuxjxKb/chat (공하성)
cafe.naver.com/119manager

본서 기획자 e-mail : coh@cyber.co.kr(최옥현)

홈페이지 : http://www.cyber.co.kr 전화 : 031) 950-6300

Preface 머리말

소방안전관리자 1급!!
한번에 합격할 수 있습니다.

저는 소방분야에서 20여 년간 몸담았고 학생들에게 소방안전관리자 교육을 꾸준히 해왔습니다. 그래서 다년간 한국소방안전원에서 초빙교수로 소방안전관리자 교육을 하면서 어떤 문제가 주로 출제되고, 어떻게 공부하면 한번에 합격할 수 있는지 잘 알고 있습니다.

이 책은 한국소방안전원 교재를 함께보면서 공부할 수 있도록 구성했습니다. 하루 8시간씩 받는 강습 교육은 매우 따분하고 힘든 교육입니다. 이때 강습 교육을 받으면서 이 책으로 함께 시험 준비를 하면 효과 '짱'입니다.

이에 이 책은 강습 교육과 함께 공부할 수 있도록 본문 및 문제에 한국소방안전원 교재페이지를 넣었습니다. 강습 교육 중 출제가 될 수 있는 중요한 문제를 이 책에 표시하면서 공부하면 학습에 효과적일 것입니다.

문제번호 위의 별표 개수로 출제확률을 확인하세요.

| ★ 출제확률 30% | ★★ 출제확률 70% | ★★★ 출제확률 90% |

한번에 합격하신 여러분들의 밝은 미소를 기억하며…….
이 책에 대한 모든 영광을 그분께 돌려드립니다.

저자 공하성 올림

▶▶ 기출문제 작성에 도움 주신 분
　　박제민(朴帝玟)

GUIDE 시험 가이드

① ▸▸ 시행처
한국소방안전원(www.kfsi.or.kr)

② ▸▸ 진로 및 전망
- 빌딩, 각 사업체, 공장 등에 소방안전관리자로 선임되어 소방안전관리자의 업무를 수행할 수 있다.
- 건물주가 자체 소방시설을 점검하고 자율적으로 화재예방을 책임지는 자율소방 제도를 시행함에 따라 소방안전관리자에 대한 수요가 증가하고 있는 추세이다.

③ ▸▸ 시험접수
- 시험접수방법

구 분	시·도지부 방문접수(근무시간 : 09:00~18:00)	한국소방안전원 사이트 접수(www.kfsi.or.kr)
접수 시 관련 서류	• 응시수수료 결제(현금, 신용카드 등) • 사진 1매 • 응시자격별 증빙서류(해당자에 한함)	• 응시수수료 결제(신용카드, 무통장입금 등)

- 시험접수 시 기본 제출서류
    - 시험응시원서 1부
    - 사진 1매(가로 3.5cm×세로 4.5cm)
    - 응시자격 서류심사 신청서(해당자에 한함)
    - 응시자격 증명서류(해당자에 한함)

④ ▸▸ 출제방법
- 시험유형 : 객관식(4지 선택형)
- 배점 : 1문제 4점
- 출제문항수 : 50문항(과목별 25문항)
- 시험시간 : 1시간(60분)

GUIDE

5 ▸▸ 시험과목

1과목	2과목
소방안전관리자 제도	소방시설(소화 · 경보 · 피난구조 · 소화용수 · 소화활동설비)의 점검 · 실습 · 평가
소방관계법령	소방계획 수립 이론 · 실습 · 평가 (화재안전취약자의 피난계획 등 포함)
건축관계법령	자위소방대 및 초기대응체계 구성 등 이론 · 실습 · 평가
소방학개론	작동기능점검표 작성 실습 · 평가
화기취급감독 및 화재위험작업 허가 · 관리	업무수행기록의 작성 · 유지 및 실습 · 평가
공사장 안전관리 계획 및 감독	구조 및 응급처치 이론 · 실습 · 평가
위험물 · 전기 · 가스 안전관리	소방안전 교육 및 훈련 이론 · 실습 · 평가
종합방재실 운영	화재 시 초기대응 및 피난 실습 · 평가
피난시설, 방화구획 및 방화시설의 관리	–
소방시설의 종류 및 기준	–
소방시설(소화 · 경보 · 피난구조 · 소화용수 · 소화활동설비)의 구조	–

6 ▸▸ 합격기준 및 시험일시

- 합격기준 : 매 과목 100점을 만점으로 하여 매 과목 40점 이상, 전 과목 평균 70점 이상
- 시험일정 및 장소 : 한국소방안전원 사이트(www.kfsi.or.kr)에서 시험일정 참고

7 ▸▸ 합격자 발표

홈페이지에서 확인 가능

8 ▸▸ 한국소방안전원 고객센터

1899-4819

CONTENTS 차례

제1권

제1편 소방안전관리제도 • 3

제2편 소방관계법령 • 10
1. 소방기본법 11
2. 화재의 예방 및 안전관리에 관한 법률 … 16
3. 소방시설 설치 및 관리에 관한 법률 …. 39
4. 다중이용업소의 안전관리에 관한 특별법 ‥ 60
5. 초고층 및 지하연계 복합건축물 재난관리에 관한 특별법 63
6. 재난 및 안전관리 기본법 68
7. 위험물안전관리법 73

제3편 건축관계법령 • 79
1. 건축관계법령 80
2. 피난시설, 방화구획 및 방화시설의 관리 88

제4편 소방학개론 • 96
1. 연소이론 97
2. 화재이론 110
3. 소화이론 117

제5편 위험물·전기·가스 안전관리 • 118
1. 위험물안전관리 119
2. 전기안전관리 122
3. 가스안전관리 124

제6편 공사장 안전관리 계획 및 화기취급 감독 등 • 128
1. 공사장 안전관리 계획 및 감독 129
2. 화기취급작업 감독 및 화재위험작업 허가·관리 135

제7편 종합방재실의 운영 • 140

제8편 응급처치 이론 및 실습 • 145

[이 책을 고성하는 친절하 이야기해주는 강의 자원]

▶ YouTube
소방시설관리사 1차 + 5개년 기출문제
유튜브 무료강의 보는 방법

방법 1
유튜브 카메라로 앱이 QR 코드를 스캔해서 동영상강의 보기

▶ YouTube
무료강의 바로가기

── or ──

방법 2
다음 URL을 인터넷 주소창에 입력하여 동영상강의 보기

https://m.site.naver.com/1N4BM

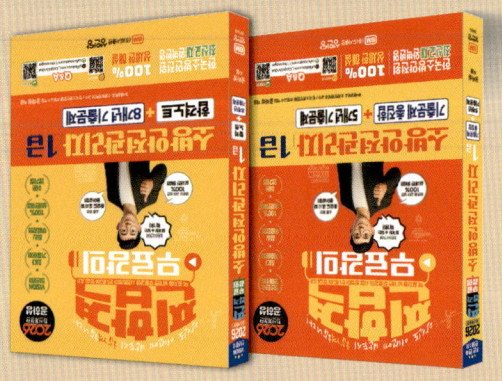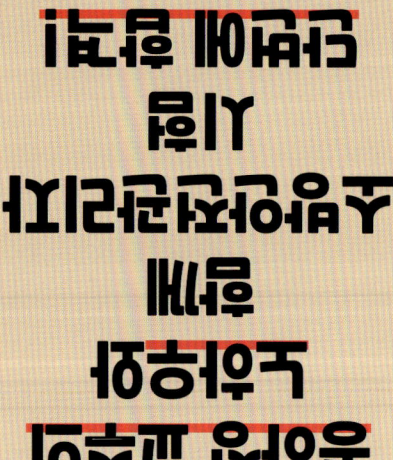

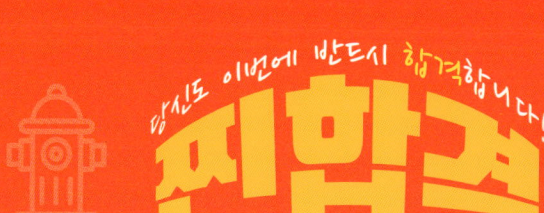

소방안전 관리자 1급

기출문제 총집합 + **5개년 기출문제**

* 공하성 저자의 무료강의 및 강의에 쓰인 교안은 저작권법으로 보호받는 콘텐츠로서 이 책을 구입한 독자에 한하여 강의 시청이 가능합니다.

| 저작권법 제136조 제1항 |
타인의 저작물을 '복제, 공연, 공중송신, 전시, 배포, 대여, 2차적 저작물 작성의 방법으로 침해'한 경우 형사상 저작권법 위반죄 적용이 가능합니다.

저작권법 위반 시 형사상 책임 및 출판사와 원저작자에 대한 배상의 책임이 있으니 유의해주시기 바랍니다.

CONTENTS

제2권

제1편 소방시설의 구조·점검 및 실습 • 165

1. 소방시설의 종류 …………………………… 166
2. 소화설비 …………………………………… 174
3. 경보설비 …………………………………… 242
4. 피난구조설비 ……………………………… 273
5. 소화용수설비·소화활동설비 …………… 290

제2편 소방계획 수립 • 301

제3편 소방안전교육 및 훈련 • 317

제4편 작동점검표 작성 실습 • 320

2025~2021년 기출문제

문제
- 2025년 기출문제 ……………………… 1-1
- 2024년 기출문제 ……………………… 1-19
- 2023년 기출문제 ……………………… 1-41
- 2022년 기출문제 ……………………… 1-61
- 2021년 기출문제 ……………………… 1-79

정답 및 해설
- 2025년 정답 및 해설 …………………… 2-3
- 2024년 정답 및 해설 …………………… 2-18
- 2023년 정답 및 해설 …………………… 2-35
- 2022년 정답 및 해설 …………………… 2-49
- 2021년 정답 및 해설 …………………… 2-65

" 집안이 나쁘다고 탓하지 마라.
가난하다고 말하지 마라.
배운 게 없다고, 힘이 없다고 탓하지 마라.
지금의 힘든 과정은 생각하기 나름이다. "

제1권

제1편	소방안전관리제도
제2편	소방관계법령
제3편	건축관계법령
제4편	소방학개론
제5편	위험물·전기·가스 안전관리
제6편	공사장 안전관리 계획 및 화기취급 감독 등
제7편	종합방재실의 운영
제8편	응급처치 이론 및 실습

" 힘들다고 포기하거나 주저하지 마십시오. 당신은 반드시 해낼 수 있습니다. "
- 공하성 -

제1편

소방안전관리제도

당신도 해낼 수 있습니다.

제1편 소방안전관리제도

Key Point

* **소방안전관리제도**
  소방안전관리에 관한 전문지식을 갖춘 자를 해당 건축물에 선임토록 하여 소방안전관리를 수행하는 민간에서의 소방활동

* **특정소방대상물 vs 소방대상물**
  ① **특정소방대상물**
  다수인이 출입·근무하는 장소 중 소방시설 설치장소
  ② **소방대상물**
  소방차가 출동해서 불을 끌 수 있는 것
  ㉠ **건**축물
  ㉡ **차**량
  ㉢ **선**박(항구에 매어 둔 선박)
  ㉣ 선박건조구조물
  ㉤ **산**림
  ㉥ **인**공구조물 및 **물**건

  <mark>용어 기억법</mark>
  건차선 산인물

* **지하구** 교재 1권 12
  2급 소방안전관리대상물

01 특정소방대상물 소방안전관리

1 소방안전관리자 및 소방안전관리보조자를 선임하는 특정소방대상물 교재 1권 11-13

소방안전관리대상물	특정소방대상물
특급 소방안전관리대상물 (동식물원, 철강 등 불연성 물품 저장·취급창고, 지하구, 위험물제조소 등 제외)	• **50층** 이상(지하층 제외) 또는 지상 **200m** 이상 **아파트** • **30층** 이상(지하층 포함) 또는 지상 **120m** 이상(아파트 제외) <mark>유사01 보기①</mark> • 연면적 **10만m²** 이상(아파트 제외)
1급 소방안전관리대상물 (동식물원, 철강 등 불연성 물품 저장·취급창고, 지하구, 위험물제조소 등 제외)	• **30층** 이상(지하층 제외) 또는 지상 **120m** 이상 **아파트** <mark>문01 보기①②</mark> 지하층 포함 ✗ • 연면적 **15000m²** 이상인 것(아파트 및 연립주택 제외) <mark>문01 보기③</mark> • **11층** 이상(아파트 제외) 11층 미만 ✗ • 가연성 가스를 **1000톤** 이상 저장·취급하는 시설 <mark>문01 보기④</mark>
2급 소방안전관리대상물	• 지하구 • 가스제조설비를 갖추고 도시가스사업 허가를 받아야 하는 시설 또는 가연성 가스를 **100~1000톤** 미만 저장·취급하는 시설 • **옥내소화전설비, 스프링클러설비** 설치대상물 <mark>유사01 보기③</mark> • **물분무등소화설비**(호스릴방식 제외) 설치대상물 • 공동주택(옥내소화전설비 또는 스프링클러설비가 설치된 공동주택 한정) • 목조건축물(국보·보물) <mark>유사01 보기④</mark>
3급 소방안전관리대상물	• **자동화재탐지설비** 설치대상물 • **간이스프링클러설비**(주택전용 제외) 설치대상물

제1편 소방안전관리제도

기출문제

01 다음 중 층수가 17층인 오피스텔의 소방안전관리대상물과 기준이 다른 것은?

교재 1권 12

① 30층 이상(지하층 포함)인 아파트 → 제외
② 지상으로부터 높이가 120m 이상인 아파트
③ 연면적 15000m² 이상인 특정소방대상물(아파트 및 연립주택 제외)
④ 가연성 가스를 1000톤 이상 저장·취급하는 시설

해설
- 17층으로서 11층 이상(아파트 제외)이므로 1급 소방안전관리대상물

정답 ①

Key Point

유사 기출문제

01 ★★★ 교재 1권 11-13

특정소방대상물에 대한 설명으로 틀린 것은?

① 지하층을 포함한 30층 이상의 특정소방대상물은 특급 소방안전관리대상물이다.
② 지하층을 제외한 30층 이상의 아파트는 1급 소방안전관리대상물이다.
③ 옥내소화전설비가 설치되어 있으면 2급 소방안전관리대상물이다.
④ 보물로 지정된 목조건축물은 3급 소방안전관리 → 2급 대상물이다.

정답 ④

중요 · 최소 선임기준   교재 1권 11-14

소방안전관리자	소방안전관리보조자
• 특정소방대상물마다 **1명**	• **300세대** 이상 아파트 : 1명(단, 300세대 초과마다 1명 이상 추가) • 연면적 **15000m²** 이상 : 1명(단, 15000m² 초과마다 1명 이상 추가) • 공동주택(기숙사), 의료시설, 노유자시설, 수련시설 및 숙박시설(바닥면적 합계 1500m² 미만이고, 관계인이 24시간 상시 근무하고 있는 숙박시설 제외) : 1명

02 연면적이 43000m²인 어느 특정소방대상물이 있다. 소방안전관리자와 소방안전관리보조자의 최소선임기준은 몇 명인가?

교재 1권 11-14

① 소방안전관리자 : 1명, 소방안전관리보조자 : 1명
② 소방안전관리자 : 1명, 소방안전관리보조자 : 2명
③ 소방안전관리자 : 2명, 소방안전관리보조자 : 1명
④ 소방안전관리자 : 2명, 소방안전관리보조자 : 2명

해설
(1) 소방안전관리자 : **1명**
(2) 소방안전관리보조자수 $= \dfrac{\text{연면적}}{15000\text{m}^2} = \dfrac{43000\text{m}^2}{15000\text{m}^2} = 2.8 ≒ 2$명(소수점 버림)

- 소수점 발생시 소수점을 버린다는 것을 잊지 말 것

정답 ②

유사 기출문제

02 ★★★ 교재 1권 14

연면적이 45000m²인 어느 특정소방대상물이 있다. 소방안전관리보조자의 최소선임기준은 몇 명인가?

① 소방안전관리보조자 : 1명
② 소방안전관리보조자 : 2명
③ 소방안전관리보조자 : 3명
④ 소방안전관리보조자 : 4명

해설 소방안전관리보조자수
$= \dfrac{45000\text{m}^2}{15000\text{m}^2} = 3$명

정답 ③

제1편 소방안전관리제도

Key Point

03 1600세대의 아파트에 선임하여야 하는 소방안전관리보조자는 최소 몇 명인가?

① 3명 ② 4명
③ 5명 ④ 6명

해설

$$\text{소방안전관리보조자수} = \frac{\text{세대수}}{300\text{세대}}$$
$$= \frac{1600\text{세대}}{300\text{세대}} = 5.33 ≒ 5\text{명(소수점 버림)}$$

정답 ③

2 소방안전관리자의 선임자격

(1) 특급 소방안전관리대상물의 소방안전관리자 선임자격

자 격	경 력	비 고
• 소방기술사 • 소방시설관리사	경력 필요 없음	특급 소방안전관리자 자격증을 받은 사람
• 1급 소방안전관리자(소방설비기사)	5년	
• 1급 소방안전관리자(소방설비산업기사)	7년	
• 소방공무원	20년	
• 소방청장이 실시하는 특급 소방안전관리 대상물의 소방안전관리에 관한 시험에 합격한 사람	경력 필요 없음	

* **특급 소방안전관리자**
소방공무원 20년

(2) 1급 소방안전관리대상물의 소방안전관리자 선임자격

자 격	경 력	비 고
• 소방설비기사 • 소방설비산업기사	경력 필요 없음	1급 소방안전관리자 자격증을 받은 사람
• 소방공무원	7년	
• 소방청장이 실시하는 1급 소방안전관리 대상물의 소방안전관리에 관한 시험에 합격한 사람	경력 필요 없음	
• 특급 소방안전관리대상물의 소방안전관리자 자격이 인정되는 사람		

* **1급 소방안전관리자**
소방공무원 7년

제1편 소방안전관리제도

기출문제

04 ★★ 교재 1권 12

다음 보기에서 설명하는 소방안전관리자로 옳은 것은?

- 소방설비기사 또는 소방설비산업기사 자격이 있는 사람으로 해당 소방안전관리자 자격증을 받은 사람
- 소방공무원으로 7년 이상 근무한 경력이 있는 사람으로 해당 소방안전관리자 자격증을 받은 사람

① 특급 소방안전관리자
② 1급 소방안전관리자
③ 2급 소방안전관리자
④ 3급 소방안전관리자

해설 ② 1급 소방안전관리자에 대한 설명

정답 ②

05 ★ 교재 1권 12

다음의 소방안전관리대상물에 선임대상으로 옳지 않은 것은? (단, 해당 소방안전관리자 자격증을 받은 경우이다.)

지상 11층 이상, 지하 5층, 바닥면적 2000m²의 건축물에 스프링클러설비, 포소화설비가 설치되어 있다.

① 소방설비산업기사의 자격이 있는 사람
② 소방공무원으로 7년 이상 근무한 경력이 있는 사람
③ 위험물기능사 자격을 가진 사람으로서 '위험물안전관리법' 제15조
   2급 소방안전관리자 선임대상
   제1항에 따라 안전관리자로 선임된 사람
④ 소방설비기사의 자격이 있는 사람

해설
- **위험물자격증**은 2급 소방안전관리자에만 해당
- **지상 11층** 이상이므로 **1급 소방안전관리대상물**(1급 소방안전관리자)

정답 ③

Key Point

유사 기출문제

04 ★★ 교재 1권 12

연면적 20000m²인 특정소방대상물의 소방안전관리 선임자격이 없는 사람은? (단, 해당 소방안전관리자 자격증을 받은 경우이다.)

① 소방설비기사 자격이 있는 사람
② 소방설비산업기사의 자격이 있는 사람
③ 소방공무원으로서 7년 이상 근무한 경력이 있는 사람
④ 대학에서 소방안전관련 **해당 없음**
학과를 전공하고 졸업한 사람(법령에 따라 이와 같은 수준의 학력이 있다고 인정되는 사람 포함)으로 2년 이상 2급 또는 3급 소방안전관리대상물의 소방안전관리자로 근무한 실무경력이 있는 사람

해설
- 연면적 15000m² 이상이므로 **1급 소방안전관리대상물**(1급 소방안전관리자)

정답 ④

* **위험물자격증**
2급 소방안전관리자만 해당

제1편 소방안전관리제도

(3) 2급 소방안전관리대상물의 소방안전관리자 선임조건   교재 1권 13

자 격	경 력	비 고
• 위험물기능장 • 위험물산업기사 • 위험물기능사	경력 필요 없음	2급 소방안전관리자 자격증을 받은 사람
• 소방공무원	3년	
•「기업활동 규제완화에 관한 특별조치법」에 따라 소방안전관리자로 선임된 사람 (소방안전관리자로 선임된 기간으로 한정)		
• 소방청장이 실시하는 2급 소방안전관리대상물의 소방안전관리에 관한 시험에 합격한 사람	경력 필요 없음	
• 특급 또는 1급 소방안전관리대상물의 소방안전관리자 자격이 인정되는 사람		

* 2급 소방안전관리자
  교재 1권 13
  소방공무원 3년

기출문제

06 교재 1권 13

2급 소방안전관리대상물의 소방안전관리자로 선임될 수 있는 자격기준으로 알맞은 것은? (단, 해당 소방안전관리자 자격증을 받은 경우이다.)

① 전기기능사 자격을 가진 사람
   해당 없음
② 위험물기능사의 자격을 가진 사람
③ 경찰공무원으로 2년 이상 근무한 경력이 있으며 2급 소방안전관리자시험에 합격한 사람
   해당 없음
④ 의용소방대원으로 2년 이상 근무한 경력이 있으며 2급 소방안전관리자시험에 합격한 사람
   해당 없음

정답 ②

(4) 3급 소방안전관리대상물의 소방안전관리자 선임조건

자 격	경 력	비 고
• 소방공무원	1년	
• 「기업활동 규제완화에 관한 특별조치법」에 따라 소방안전관리자로 선임된 사람(소방안전관리자로 선임된 기간으로 한정)	경력 필요 없음	3급 소방안전관리자 자격증을 받은 사람
• 소방청장이 실시하는 3급 소방안전관리대상물의 소방안전관리에 관한 시험에 합격한 사람		
• 특급, 1급 또는 2급 소방안전관리대상물의 소방안전관리자 자격이 인정되는 사람		

* 3급 소방안전관리자

소방공무원 1년

기출문제

07 소방안전관리자의 선임자격에 대한 설명으로 옳은 것은? (단, 해당 소방안전관리자 자격증을 받은 경우이다.)

① 소방공무원으로 10년 이상 근무한 경력이 있는 사람은 특급 소방안전관리자로 선임이 가능하다.
   (20년)

② 소방공무원으로 5년 이상 근무한 경력이 있는 사람은 1급 소방안전관리자시험 응시가 가능하다.
   (7년)

③ 소방공무원으로 3년 이상 근무한 경력이 있는 사람은 2급 소방안전관리자로 선임이 가능하다.

④ 의용소방대원으로 1년 이상 근무한 경력이 있는 사람은 3급 소방안전관리자로 선임이 가능하다.
   (소방공무원)

정답 ③

제 2 편

소방관계법령

상대성 원리

　　아인슈타인이 '상대성 원리'를 발견하고 강연회를 다니기 시작했다. 많은 단체 또는 사람들이 그를 불렀다.
　　30번 이상의 강연을 한 어느 날이었다. 전속 운전기사가 아인슈타인에게 장난스럽게 이런 말을 했다.
　　"박사님! 전 상대성 원리에 대한 강연을 30번이나 들었기 때문에 이제 모두 암송할 수 있게 되었습니다. 박사님은 연일 강연하시느라 피곤하실 텐데 다음번에는 제가 한번 강연하면 어떨까요?"
　　그 말을 들은 아인슈타인은 아주 재미있어하면서 순순히 그 말에 응하였다.
　　그래서 다음 대학을 향해 가면서 아인슈타인과 운전기사는 옷을 바꿔 입었다.
　　운전기사는 아인슈타인과 나이도 비슷했고 외모도 많이 닮았다.
　　이때부터 아인슈타인은 운전을 했고 뒷자석에는 운전기사가 앉아 있게 되었다. 학교에 도착하여 강연이 시작되었다.
　　가짜 아인슈타인 박사의 강의는 정말 훌륭했다. 말 한마디, 얼굴표정, 몸의 움직임까지도 진짜 박사와 흡사했.
　　성공적으로 강연을 마친 가짜 박사는 많은 박수를 받으며 강단에서 내려오려고 했다. 그때 문제가 발생했다. 그 대학의 교수가 질문을 한 것이다.
　　가슴이 '쿵'하고 내려앉은 것은 가짜 박사보다 진짜 박사 쪽이었다.
　　운전기사 복장을 하고 있으니 나서서 질문에 답할 수도 없는 상황이었다.
　　그런데 단상에 있던 가짜 박사는 조금도 당황하지 않고 오히려 빙그레 웃으며 이렇게 말했다.
　　"아주 간단한 질문이오. 그 정도는 제 운전기사도 답할 수 있습니다."
　　그러더니 진짜 아인슈타인 박사를 향해 소리쳤다.
　　"여보게나? 이 분의 질문에 대해 어서 설명해 드리게나!"
　　그 말에 진짜 박사는 안도의 숨을 내쉬며 그 질문에 대해 차근차근 설명해 나갔다.
　　인생을 살면서 아무리 어려운 일이 닥치더라도 결코 당황하지 말고 침착하고 지혜롭게 대처하는 여러분들이 되시기 바랍니다.

제1장 소방기본법

01 소방기본법의 목적 [교재 1권 22]

(1) 화재**예방·경계** 및 **진압** 문01 보기①
(2) 화재, 재난·재해 등 위급한 상황에서의 **구조·구급활동** 문01 보기①
(3) 국민의 **생명·신체** 및 **재산보호** 문01 보기② 유사01 보기①
(4) 공공의 안녕 및 질서유지와 **복리증진**에 이바지 문01 보기③ 유사01 보기②

Key Point

* 소방기본법의 궁극적인 목적 [교재 1권 22]
  공공의 안녕 및 질서유지와 복리증진에 이바지

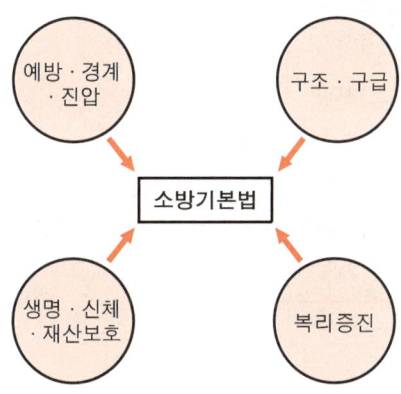

┃소방기본법의 목적┃

유사 기출문제

01 ★★ [교재1권 9-10, 22, 34]
다음 사항 중 틀린 것은?
① 소방기본법은 국민의 생명, 신체 및 재산을 보호하는 것이 목적이다.
② 소방시설 설치 및 관리에 관한 법률은 공공의 <u>소방기본법</u> 안녕 및 질서유지와 복리증진이 그 목적이다.
③ 화재의 예방 및 안전관리에 관한 법률은 화재예방의 핵심요소인 소방시설 등의 안전관리 업무를 중점으로 강제하고 있다.
④ 소방안전관리제도는 민간자율 소방역량을 강화시키기 위한 제도이다.

정답 ②

기출문제

01 ★★ [교재 1권 22]
소방기본법의 목적이 아닌 것은?
① 화재예방, 경계, 진압과 재난·재해 및 위급한 상황에서의 구조 및 구급활동
② 국민의 생명 및 재산보호
③ 공공의 안녕 및 질서유지와 복리증진에 이바지
④ 사회와 기업의 복리증진

정답 ④

제2편 소방관계법령

비교	목적	
	소방기본법 교재1권 22	화재의 예방 및 안전관리에 관한 법률, 소방시설 설치 및 관리에 관한 법률 교재1권 34, 53
	공공의 안녕 및 질서유지와 복리증진	공공의 안전과 복리증진

02 소방대 교재 1권 24

(1) **소**방공무원 문02 보기①
(2) **의**무소방대원 문02 보기②
(3) **의**용소방대원 문02 보기③

공하성 기억법 의소(의용소방대)

용어 소방대
화재를 **진압**하고 화재, 재난·재해, 그 밖의 위급한 상황에서의 **구조·구급**활동 등을 하기 위하여 구성된 조직체

* 관계인 교재 1권 23
① **소**유자
② **관**리자
③ **점**유자

공하성 기억법
소관점

* **자체소방대원**
위험물제조소에 근무하는 사람으로 소방대에 해당되지 않음

기출문제

02 ★★★ 교재 1권 24

다음 중 화재를 진압하고 화재, 재난·재해, 그 밖의 위급한 상황에서 구조·구급활동 등을 하기 위하여 구성된 조직체가 <u>아닌</u> 것은?

① 소방공무원
② 의무소방원
③ 의용소방대원
④ 자체소방대원 해당 없음

정답 ④

제1장 소방기본법

☑ **중요** 소방대상물   교재1권 23

소방차가 출동해서 불을 끌 수 있는 것
(1) **건**축물 문03 보기①
(2) **차**량 문03 보기②
(3) **선**박(항구에 매어 둔 선박) 문03 보기③
    항해 중인 선박 ✗
(4) **선**박건조구조물 문03 보기④
(5) **산**림
(6) **인**공구조물 또는 **물**건

공하성 기억법   건차선 산인물

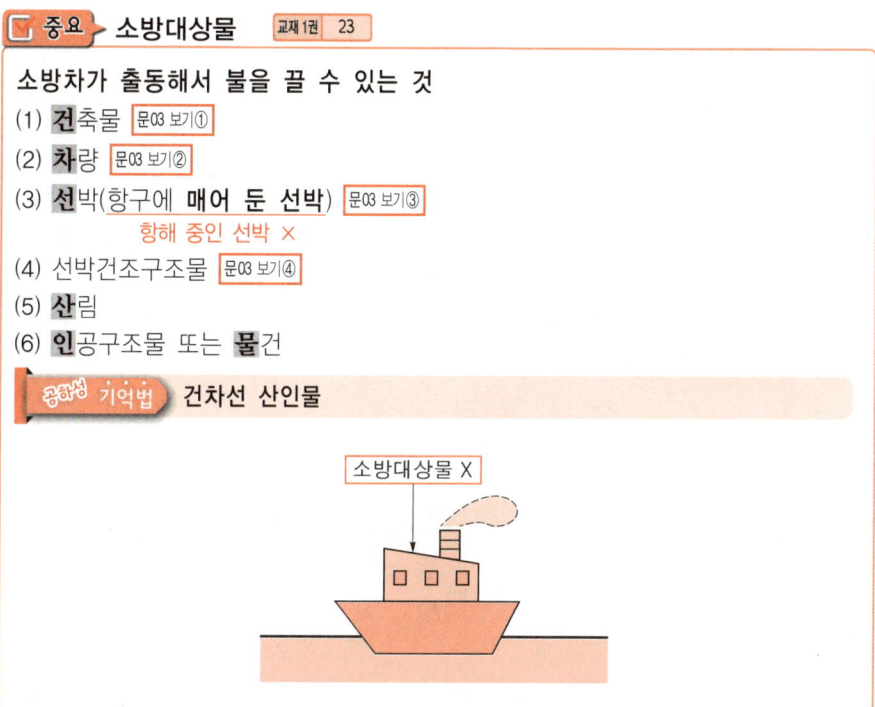

▌운항 중인 선박 ▌

🏷️ 기출문제

03 ★★★   소방기본법 용어 정의 중 소방대상물이 아닌 것은?
교재 1권 23
① 건축물
② 차량
③ 선박(항해 중인 선박)
   항구에 매어 둔
④ 선박건조구조물

정답 ③

유사 기출문제

03★★★   교재1권 23
소방기본법의 소방대상물이 아닌 것은?
① 산림
② 차량
③ 건축물
④ 지하 매설물
   땅속에 묻혀 있는 것은 해당 없음

정답 ④

13

중요 — 소방신호의 종류와 방법 [교재 1권 25]

신호방법 종별	타종신호	사이렌 신호
경계신호	**1**타와 연 **2**타를 반복	**5초** 간격을 두고 **30초**씩 **3회**
발화신호	**난**타	**5초** 간격을 두고 **5초**씩 **3회**
해제신호	상당한 간격을 두고 **1**타씩 반복	**1분간 1회**
훈련신호	연 **3**타 반복	**10초** 간격을 두고 **1분**씩 **3회**

공하성 기억법
```
         타    사
경계  1+2   5+30=3
발    난    5+5=3
해    1     1=1
훈    3     10+1=3
```

03 한국소방안전원

1 한국소방안전원의 설립목적 [교재 1권 31]

(1) **소방기술**과 안전관리기술의 향상 및 홍보
(2) **교육·훈련** 등 행정기관의 위탁사업의 추진 [문04 보기③]
(3) 민·관의 소방발전

* 한국소방안전원의 설립 목적 [교재 1권 31]
민·관의 소방발전

| 한국소방안전원 |

2 한국소방안전원의 업무 [교재 1권 31]

(1) 소방기술과 안전관리에 관한 **교육** 및 **조사·연구** [문04 보기①], [문05 보기①]
(2) 소방기술과 안전관리에 관한 각종 **간행물 발간** [문05 보기②]

제1장 소방기본법

(3) 화재예방과 안전관리 의식 고취를 위한 **대국민 홍보**
(4) 소방업무에 관하여 **행정기관**이 **위탁**하는 업무 문05 보기③
(5) 소방안전에 관한 **국제협력** 문04 보기②
(6) **회원**에 대한 **기술지원** 등 정관으로 정하는 사항

기출문제

04 다음 중 한국소방안전원의 설립목적 및 업무가 아닌 것은?
교재 1권 31
① 소방기술과 안전관리에 관한 교육
② 소방안전에 관한 국제협력
③ 교육 등 행정기관의 위탁사업의 추진
④ 소방용품에 대한 형식승인의 연구, 조사
　　한국소방산업기술원의 업무

정답 ④

05 한국소방안전원의 업무내용이 아닌 것은?
교재 1권 31
① 소방기술과 안전관리에 관한 교육 및 조사·연구
② 소방기술과 안전관리에 관한 각종 간행물 발간
③ 행정기관이 위탁하는 업무
④ 소방관계인의 기술 향상
　　해당 없음

정답 ④

3 한국소방안전원의 회원자격 교재 1권 31-32

(1) **소**방안전관리자
(2) **소**방기술자
(3) **위**험물안전관리자

공하성 기억법 소위(**소위** 계급)

Key Point

※ 한국소방산업기술원
① 소방용품
② 방염

유사 기출문제

05★★★ 교재 1권 31
한국소방안전원의 업무로서 옳지 않은 것은?
① 소방기술과 안전관리에 관한 교육 및 조사·연구
② 소방기술과 안전관리에 관한 각종 간행물 발간
③ 화재예방과 안전관리 의식 고취를 위한 대국민 홍보
④ 소방기술과 안전관리에 관한 방염성능검사 업무
　　각종 간행물 발간
정답 ④

※ 한국소방안전원의 회원 자격 교재 1권 31-32

◆ 꼭 기억하세요 ◆

제 2 장 화재의 예방 및 안전관리에 관한 법률

※ 소방시설 등
교재 1권 53

① 소화설비
② 경보설비
③ 피난구조설비
④ 소화용수설비
⑤ 소화활동설비

※ 소방기본법의 목적
교재 1권 22

① 화재**예방·경계** 및 **진압**
② 화재, 재난·재해 등 위급한 상황에서의 **구조·구급활동**
③ 국민의 **생명·신체** 및 **재산보호**
④ 공공의 안녕 및 질서유지와 **복리증진**에 이바지

01 화재의 예방 및 안전관리에 관한 법률의 목적 교재 1권 34

(1) 화재로부터 국민의 생명·신체 및 **재산보호** 문어 보기②
(2) **공공**의 **안전**과 **복리증진** 이바지 문어 보기②

비교	공공 안녕	공공 안전
	소방기본법	화재의 예방 및 안전관리에 관한 법률

기출문제

01 화재의 예방 및 안전관리에 관한 법률의 목적에 대한 설명으로 옳은 것을 모두 고르시오.
교재 1권 34

㉠ 화재를 예방·경계·진압하는 목적이 있다.
　　　소방기본법의 목적
㉡ 국민의 재산을 보호하는 목적이 있다.
㉢ 공공의 안녕 및 질서유지를 목적으로 한다.
　　　소방기본법의 목적
㉣ 복리증진에 이바지함을 목적으로 한다.

① ㉠, ㉡
② ㉡, ㉣
③ ㉠, ㉡, ㉢
④ ㉠, ㉡, ㉢, ㉣

정답 ②

제2장 화재의 예방 및 안전관리에 관한 법률

02 화재안전조사

1 화재안전조사의 정의 〔교재 1권 34〕

소방청장, 소방본부장, 소방서장이 소방대상물, 관계지역 또는 관계인에 대하여 소방시설 등이 소방관계법령에 적합하게 설치·관리되고 있는지, 소방대상물에 화재발생위험이 있는지 등을 확인하기 위하여 실시하는 **현장조사·문서열람·보고요구** 등을 하는 활동

중요 소방관계법령

소방기본법	소방시설 설치 및 관리에 관한 법률	화재의 예방 및 안전관리에 관한 법률
• 한국소방안전원 〔문02 보기①〕 • 소방대장 〔문02 보기③〕 • 소방대상물 〔문02 보기④〕 • 소방대 • 관계인	• 건축허가 등의 동의 • 피난시설, 방화구획 및 방화시설 • 방염 • 자체점검	• 화재안전조사 〔문02 보기②〕 • 화재예방강화지구(시·도지사) • 화재예방조치(소방관서장)

기출문제

02 ★★ 소방기본법에 대한 설명으로 틀린 것은?
〔교재 1권 23-24, 31, 34〕
① 한국소방안전원
② 화재안전조사
　　화재의 예방 및 안전관리에 관한 법률
③ 소방대장
④ 소방대상물

정답 ②

2 화재안전조사의 실시대상 〔교재 1권 35〕

(1) 소방시설 등의 자체점검이 **불성실**하거나 불완전하다고 인정되는 경우
(2) **화재예방강화지구** 등 법령에서 화재안전조사를 하도록 규정되어 있는 경우

Key Point

* 개인의 주거 화재안전조사
① 관계인의 승낙이 있는 경우
② 화재발생의 우려가 뚜렷하여 긴급한 필요가 있는 때

유사 기출문제

02 ★★★ 〔교재 1권 31, 34, 58, 62〕
소방기본법에 대한 설명으로 옳은 것은?
① 방염 → 소방시설 설치 및 관리에 관한 법률
② 자체점검 → 법률
③ 화재안전조사 → 화재의 예방 및 안전관리에 관한 법률
④ 한국소방안전원

정답 ④

* 화재안전조사 실시자 〔교재 1권 34〕
① 소방청장
② 소방본부장
③ 소방서장

17

* 화재안전조사 관계인의 승낙이 필요한 곳
주거(주택)

(3) **화재예방안전진단**이 **불성실**하거나 불완전하다고 인정되는 경우
(4) **국가적 행사** 등 주요 행사가 개최되는 장소 및 그 주변의 관계 지역에 대하여 소방안전관리 실태를 조사할 필요가 있는 경우
(5) **화재**가 **자주 발생**하였거나 발생할 우려가 뚜렷한 곳에 대한 조사가 필요한 경우
(6) **재난예측정보**, 기상예보 등을 분석한 결과 소방대상물에 화재의 발생 위험이 크다고 판단되는 경우
(7) 화재, 그 밖의 긴급한 상황이 발생할 경우 인명 또는 재산 피해의 우려가 **현저하다고** 판단되는 경우

3 화재안전조사의 항목 교재 1권 35

(1) **화재**의 **예방조치** 등에 관한 사항
(2) 소방안전관리 업무 수행에 관한 사항
(3) **피난계획**의 수립 및 시행에 관한 사항
(4) **소방 · 통보 · 피난** 등의 훈련 및 소방안전관리에 필요한 교육에 관한 사항
(5) **소방자동차 전용구역**의 설치에 관한 사항
(6) 「소방시설공사업법」에 따른 시공, 감리 및 감리원의 배치에 관한 사항
(7) 소방시설의 설치 및 관리에 관한 사항
(8) **건설현장 임시소방시설**의 설치 및 관리에 관한 사항
(9) **피난시설**, **방화구획** 및 **방화시설**의 관리에 관한 사항
(10) **방염**에 관한 사항
(11) 소방시설 등의 **자체점검**에 관한 사항
(12) 「다중이용업소의 안전관리에 관한 특별법」, 「위험물안전관리법」, 「초고층 및 지하연계 복합건축물 재난관리에 관한 특별법」의 안전관리에 관한 사항
(13) 그 밖에 소방대상물에 화재의 발생 위험이 있는지 등을 확인하기 위해 **소방관서장**이 화재안전조사가 필요하다고 인정하는 사항

제2장 화재의 예방 및 안전관리에 관한 법률

기출문제

03 화재안전조사 항목에 대한 사항으로 옳지 않은 것은?
교재 1권 35

① 특정소방대상물 및 관계지역에 대한 강제처분·피난명령에 관한 사항
　　　　　　　　　　　　　　　　　　　해당 없음
② 소방안전관리 업무수행에 관한 사항
③ 소방시설 등의 자체점검에 관한 사항
④ 피난계획의 수립 및 시행에 관한 사항

정답 ①

4 화재안전조사 방법 교재 1권 36

종합조사	부분조사
화재안전조사 항목 전부를 확인하는 조사	화재안전조사 항목 중 일부를 확인하는 조사

5 화재안전조사 절차 교재 1권 36-37

(1) 소방관서장은 사전에 관계인에게 조사대상, 조사시간 및 조사사유 등 조사계획을 우편, 전화, 전자메일 또는 문자전송 등을 통해 통지하고 소방관서의 인터넷 홈페이지나 전산시스템을 통해 **7일** 이상 공개해야 한다.

(2) 소방관서장은 사전 통지 없이 화재안전조사를 실시하는 경우에는 화재안전조사를 실시하기 전에 관계인에게 조사사유 및 조사범위 등을 현장에서 설명해야 한다.

(3) 소방관서장은 화재안전조사를 위하여 소속 공무원으로 하여금 **관계인**에게 **보고** 또는 **자료**의 **제출**을 요구하거나 소방대상물의 위치·구조·설비 또는 관리 상황에 대한 조사·질문을 하게 할 수 있다.

* 화재안전조사계획 공개 기간 교재 1권 36
7일

19

제2편 소방관계법령

* **화재안전조사**
[교재 1권 34]
소방청장, 소방본부장 또는 소방서장(소방관서장)이 소방대상물, 관계지역 또는 관계인에 대하여 소방시설 등이 소방관계법령에 적합하게 설치·관리되고 있는지, 소방대상물에 화재의 발생 위험이 있는지 등을 확인하기 위하여 실시하는 현장조사·문서열람·보고요구 등을 하는 활동 문04 보기①

기출문제

04 다음 중 화재안전조사에 대한 설명으로 옳은 것은?
[교재 1권 34]

① 소방관서장으로 하여금 관할구역에 있는 소방대상물, 관계지역 또는 관계물에 대하여 소방시설 등이 소방관계법령에 적합하게 설치·관리되고 있는지 조사하는 것이다.
② 관계공무원으로 하여금 관리상황을 조사하게 할 수 있다.
　　해당 없음
③ 한국가스공사와 합동조사반을 편성하여 실시할 수 있다.
　　　　　해당 없음
④ 화재안전조사 항목에 위험물 제조·저장·취급 등 안전관리에 관한 사항이 포함된다.
　　　　　　　　　해당 없음

정답 ①

* **화재안전조사 조치명령권자** [교재 1권 36]
① 소방청장
② 소방본부장
③ 소방서장

6 화재안전조사 결과에 따른 조치명령 [교재 1권 36-37]

(1) **명령권자**
　소방관서장(소방**청**장·소방**본**부장·소방**서**장)

　공하성 기억법 청본서안

(2) **명령사항**
① **개수**명령 문05 보기②
　　재축명령 ✗
② **이전**명령 문05 보기④
③ **제거**명령 문05 보기③
④ **사용**의 **금지** 또는 제한명령, 사용폐쇄
⑤ **공사**의 **정지** 또는 중지명령

기출문제

05 화재안전조사 결과에 따른 조치명령사항이 아닌 것은?
[교재 1권 36-37]

① 재축명령　　　　② 개수명령
　해당 없음
③ 제거명령　　　　④ 이전명령

정답 ①

7 화재예방강화지구의 지정 [교재 1권 38]

(1) **지정권자** : 시·도지사
(2) **지정지역**
① **시장**지역
② **공장·창고** 등이 밀집한 지역
③ **목조건물**이 밀집한 지역
④ **노후·불량건축물**이 **밀집**한 지역
⑤ **위험물**의 **저장** 및 **처리시설**이 **밀집**한 지역
⑥ **석유화학제품**을 **생산**하는 공장이 있는 지역
⑦ **소방시설·소방용수시설** 또는 **소방출동로**가 **없는** 지역
⑧ 물류시설의 개발 및 운영에 관한 법률에 따른 물류단지
⑨ 산업입지 및 개발에 관한 법률에 따른 **산업단지**
⑩ **소방청장, 소방본부장** 또는 **소방서장**이 화재예방강화지구로 지정할 필요가 있다고 인정하는 지역

* 화재예방강화지구의 지정 [교재 1권 34]
시·도지사

> **비교** 화재로 오인할 만한 불을 피우거나 **연막소독시 신고지역** [교재1권 25]
> (1) **시**장지역
> (2) **공**장·창고 밀집지역
> (3) **목**조건물 밀집지역
> (4) **위**험물의 **저**장 및 **처**리시설 밀집지역
> (5) **석**유화학제품을 생산하는 공장지역
> (6) **시·도**의 **조례**로 정하는 지역 또는 장소
>
> 공하성 기억법 시공 목위석시연

8 화재예방조치 등 [교재 1권 38]

(1) **모닥불, 흡연** 등 화기의 취급 행위의 금지 또는 제한
(2) **풍등** 등 소형열기구 날리기 행위의 금지 또는 제한
(3) **용접·용단** 등 불꽃을 발생시키는 행위의 금지 또는 제한
(4) **대통령령**으로 정하는 화재발생위험이 있는 행위의 금지 또는 제한
(5) 목재, 플라스틱 등 가연성이 큰 물건의 제거, 이격, 적재 금지 등
(6) 소방차량의 통행이나 소화활동에 지장을 줄 수 있는 물건의 이동

제2편 소방관계법령

Key Point

* **관계인의 업무** 〔교재 1권 41〕
① 피난시설·방화구획 및 방화시설의 관리
② 소방시설, 그 밖의 소방관련시설의 관리
③ 화기취급의 감독
④ 소방안전관리에 필요한 업무
⑤ 화재발생시 초기대응

9 관계인 및 소방안전관리자의 업무 〔교재 1권 41〕

특정소방대상물(관계인)	소방안전관리대상물(소방안전관리자)
① 피난시설·방화구획 및 방화시설의 관리 ② 소방시설, 그 밖의 소방관련시설의 관리 ③ **화기취급**의 감독 ④ 소방안전관리에 필요한 업무 ⑤ 화재발생시 초기대응	① 피난시설·방화구획 및 방화시설의 관리 ② 소방시설, 그 밖의 소방관련시설의 관리 ③ **화기취급**의 감독 ④ 소방안전관리에 필요한 업무 ⑤ **소방계획서**의 작성 및 시행(대통령령으로 정하는 사항 포함) ⑥ **자위소방대** 및 **초기대응체계**의 구성·운영·교육 ⑦ 소방훈련 및 교육 ⑧ 소방안전관리에 관한 업무수행에 관한 기록·유지 ⑨ 화재발생시 초기대응

기출문제

유사 기출문제

06 ★★★ 〔교재 1권 41〕
특정소방대상물의 관계인의 업무로 틀린 것은?
① 자위소방대 및 초기대응체계의 구성·운영·교육 — 소방안전관리자의 업무
② 피난시설, 방화구획 및 방화시설의 관리
③ 화기취급의 감독
④ 소방시설, 그 밖의 소방관련시설의 관리
정답 ①

06 ★★★ 〔교재 1권 41〕
소방안전관리대상물을 제외한 특정소방대상물의 관계인의 업무가 아닌 것은?
① 소방계획서의 작성 및 시행(대통령령으로 정하는 사항 포함)
  └ 소방안전관리자의 업무
② 피난시설, 방화구획 및 방화시설의 관리
③ 화기취급의 감독
④ 소방시설, 그 밖의 소방관련시설의 관리
정답 ①

07 ★★★ 〔교재 1권 41〕
다음 중 소방안전관리대상물의 소방안전관리자의 업무가 아닌 것은?
① 피난시설, 방화구획 및 방화시설의 관리
② 소방훈련 및 교육
③ 화기취급의 감독
④ 피난계획에 관한 사항과 대통령령으로 정하는 사항을 제외한 소방
  └ 포함된
계획서의 작성 및 시행
정답 ④

제2장 화재의 예방 및 안전관리에 관한 법률

10 소방안전관리자의 선임신고 〔교재 1권 39-40〕

선 임	선임신고	신고대상
30일 이내	14일 이내	소방본부장 또는 소방서장

기출문제

08 〔교재 1권 39-40〕 어떤 특정소방대상물에 소방안전관리자를 선임 중 2021년 7월 1일 소방안전관리자를 해임하였다. 해임한 날부터 며칠 이내에 선임하여야 하고 소방안전관리자를 선임한 날부터 며칠 이내에 관할 소방서장에게 신고하여야 하는지 옳은 것은?

① 선임일 : 2021년 7월 14일, 선임신고일 : 2021년 7월 25일
② 선임일 : 2021년 7월 20일, 선임신고일 : 2021년 8월 10일
③ 선임일 : 2021년 8월 1일, 선임신고일 : 2021년 8월 15일
④ 선임일 : 2021년 8월 1일, 선임신고일 : 2021년 8월 30일

해설 소방안전관리자의 선임신고
(1) 해임한 날이 2021년 7월 1일이고 해임한 날(다음 날)부터 **30일** 이내에 소방안전관리자를 선임하여야 하므로 선임일은 7월 14일, 7월 20일은 맞고, 8월 1일은 31일이 되므로 틀리다(7월달은 31일까지 있기 때문이다).
(2) **선임신고일**은 선임한 날(다음 날)부터 **14일** 이내이므로 2021년 7월 25일만 해당이 되고, 나머지 ②, ④는 선임한 날부터 14일이 넘고 ③은 14일이 넘지는 않지만 선임일이 30일이 넘으므로 답은 ①번이 된다.

정답 ①

중요 소방안전관리자의 선임연기 신청자 〔교재 1권 40〕

2, 3급 소방안전관리대상물의 관계인

Key Point

* 30일 이내 〔교재 1권 39, 104〕
① 소방안전관리자의 선임·재선임
② 위험물안전관리자의 선임·재선임

제2편 소방관계법령

09 특정소방대상물의 소방안전관리에 관한 사항으로 소방안전관리자의 선임연기 신청자격이 있는 사람을 모두 고른 것은?

교재 1권 40

㉠ 특급 소방안전관리대상물의 관계인
㉡ 1급 소방안전관리대상물의 관계인
㉢ 2급 소방안전관리대상물의 관계인
㉣ 3급 소방안전관리대상물의 관계인

① ㉠, ㉡
② ㉠, ㉢
③ ㉢, ㉣
④ ㉡, ㉢

해설 ③ 선임연기 신청자 : **2, 3급** 소방안전관리대상물의 관계인

정답 ③

* 소방안전관리 업무대행
  교재 1권 41
  '소방시설관리업체'가 한다.

11 소방안전관리 업무의 대행   교재 1권 41-42

대통령령으로 정하는 소방안전관리대상물의 **관계인**은 관리업자로 하여금 소방안전관리 업무 중 **대통령령**으로 정하는 업무를 대행하게 할 수 있으며, 이 경우 선임된 소방안전관리자는 관리업자의 대행업무 수행을 감독하고 대행업무 외의 소방안전관리업무는 직접 수행하여야 한다.

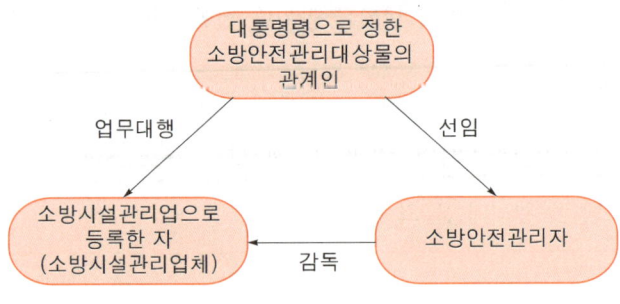

∥ 소방안전관리 업무대행 ∥

제2장 화재의 예방 및 안전관리에 관한 법률

소방안전관리 업무대행

대통령령으로 정하는 소방안전관리대상물	대통령령으로 정하는 업무
① 11층 이상 1급 소방안전관리대상물 (단, 연면적 15000m² 이상 및 아파트 제외) 문10 보기③ ② 2급·3급 소방안전관리대상물 문10 보기②	① 피난시설, 방화구획 및 방화시설의 관리 문10 보기④ ② 소방시설이나 그 밖의 소방관련시설의 관리

기출문제

10 다음 중 소방안전관리 업무의 대행에 관한 설명으로 옳은 것은?
교재 1권 41-42

① 소방안전관리 업무를 대행하는 자를 감독할 수 있는 자를 소방안전관리자로 선임할 수 있다.
② 대통령령으로 정하는 소방안전관리대상물은 특급 소방안전관리대상물을 말한다.
　　　　　　　　　　　　　　　　　　　2급·3급
③ 대통령령으로 정하는 소방안전관리대상물은 1급 소방안전관리대상물 중 바닥면적 15000m² 미만을 말한다.
　　연면적 15000m² 미만으로서 11층 이상인 것(아파트 제외)
④ 피난시설, 방화구획 및 방화시설의 관리 업무는 행정안전부령으로
　　　　　　　　　　　　　　　　　　　　　　　　　대통령령
정하는 업무에 해당한다.

정답 ①

12 관리의 권원이 분리된 특정소방대상물 교재 1권 42

(1) 복합건축물(지하층을 제외한 **11층** 이상 또는 연면적 **30000m²** 이상)
(2) 지하가(지하의 인공구조물 안에 설치된 상점 및 사무실, 그 밖에 이와 비
　　지하구 ✕
슷한 시설이 연속하여 지하도에 접하여 설치된 것과 그 지하도를 합한 것)
(3) **도매시장**, **소매시장** 및 **전통시장**

Key Point

유사 기출문제

10★★ 교재 1권 41-42
소방안전관리업무를 대행할 수 있는 사항으로 옳지 않은 것은?

① 대통령령으로 정하는 1급 소방안전관리대상물 중 연면적 15000m² 미만인 특정소방대상물로서 층수가 11층 미만인 특정
　　이상
소방대상물(아파트는 제외)
② 대통령령으로 정하는 2급·3급 소방안전관리대상물
③ 대통령령으로 정하는 피난시설, 방화구획 및 방화시설의 관리
④ 대통령령으로 정하는 소방시설이나 그 밖의 소방관련시설의 관리

정답 ①

제2편 소방관계법령

* 지하구
  지하의 케이블 통로

기출문제

11 다음 보기에서 관리의 권원이 분리된 특정소방대상물을 모두 고르시오.

| ㉠ 복합건축물 | ㉡ 지하구
 해당 없음 |
| ㉢ 도매시장 | ㉣ 전통시장 |

① ㉠, ㉡
② ㉠, ㉡, ㉢
③ ㉠, ㉢, ㉣
④ ㉠, ㉡, ㉢, ㉣

정답 ③

* **20일**
  소방안전관리자의 **강**습실시 공고일

  중화성 기억법
  강2(강의)

13 소방안전관리자의 강습 〔교재 1권 46〕

구 분	설 명
실시기관	한국소방안전원
교육공고	20일 전

14 소방안전관리자 및 소방안전관리보조자의 실무교육 〔교재 1권 46-47〕

(1) 실시기관 : **한국소방안전원**
(2) 실무교육주기 : **선임**된 **날**(다음 날)부터 **6개월** 이내, 그 이후 **2년**마다 **1회**
    합격연월일부터 ×
(3) 소방안전관리자가 실무교육을 받지 아니한 때 : **1년 이하**의 **기간**을 정하여 자격정지 문15 보기②
(4) 실무교육을 수료한 자 : **교육수료사항**을 **기재**하고 **직인**을 날인하여 교부
(5) 강습·실무교육을 받은 후 **1년 이내**에 선임된 경우 강습교육을 수료하거나 실무교육을 이수한 날에 실무교육을 이수한 것으로 본다.

• '**선임된 날부터**'라는 말은 '**선임한 다음 날부터**'를 의미한다.

제2장 화재의 예방 및 안전관리에 관한 법률

실무교육

소방안전 관련업무 경력보조자	소방안전관리자 및 소방안전관리보조자
선임된 날로부터 **3개월** 이내, 그 이후 **2년**마다 최초 실무교육을 받은 날을 기준일로 하여 매 **2년**이 되는 해의 기준일과 같은 날 전까지 **1회** 실무교육을 받아야 한다.	선임된 날로부터 **6개월** 이내, 그 이후 **2년**마다 최초 실무교육을 받은 날을 기준일로 하여 매 **2년**이 되는 해의 기준일과 같은 날 전까지 **1회** 실무교육을 받아야 한다.

기출문제

 교재 1권 46-47

12 다음 중 실무교육에 관한 내용으로 잘못된 것은?

① 합격연월일부터 6개월 이내, 그 이후 2년마다(최초 실무교육을 받은 날을 기준일로 하여 매 2년이 되는 해의 기준일과 같은 날 전까지를 말함) 1회 실무교육을 받아야 한다.
   선임된 날부터
② 소방안전관리 강습 또는 실무교육을 받은 후 1년 이내에 소방안전관리자로 선임된 경우 해당 강습·실무교육을 받은 날에 실무교육을 받은 것으로 본다.
③ 소방안전관리보조자의 경우, 소방안전관리자 강습교육 또는 실무교육이나 소방안전관리보조자 실무교육을 받은 후 1년 이내에 선임된 경우 해당 강습·실무교육을 받은 날에 실무교육을 받은 것으로 본다.
④ 소방안전 관련업무 경력으로 보조자로 선임된 자는 선임된 날부터 3개월 이내, 그 이후 2년마다(최초 실무교육을 받은 날을 기준일로 하여 매 2년이 되는 해의 기준일과 같은 날 전까지를 말함) 1회 실무교육을 받아야 한다.

정답 ①

Key Point

유사 기출문제

12 ★★★ 교재 1권 46-47

어떤 특정소방대상물에 2021년 5월 1일 소방안전관리자로 선임되었다. 실무교육은 언제까지 받아야 하는가?

① 2021년 11월 1일
② 2021년 12월 1일
③ 2022년 5월 1일
④ 2023년 5월 1일

해설 2021년 5월 1일 선임되었으므로, 선임한 날(다음 날)부터 6개월 이내인 2021년 11월 1일이 된다.

정답 ①

제2편 소방관계법령

유사 기출문제

13 ★★★ 교재 1권 46-47
다음 조건을 보고 실무교육에 대한 설명으로 가장 타당한 것을 고르시오.

• 자격번호 : 2022-03-15-0-000001
• 자격등급 : 소방안전관리자 2급
• 강습 수료일 : 2022년 2월 10일
• 자격 취득일 : 2022년 3월 15일
• 기타 : 아직 소방안전관리자로 선임되지는 않음

① 실무교육을 받지 않아도 된다.
② 2022년 8월 10일 전까지 실무교육을 받아야 한다.
③ 2022년 10월 15일 전까지 실무교육을 받아야 한다.
④ 2023년 3월 15일 전까지 실무교육을 받아야 한다.

해설 아직 소방안전관리자로 선임되지 않았기 때문에 실무교육을 받지 않아도 된다.

정답 ①

---

* **실무교육** 교재 1권 46-47
소방안전관리자·소방안전관리보조자가 강습교육을 받은 후 1년 이내에 소방안전관리자로 선임되면 강습교육을 받은 날에 실무교육을 받은 것으로 본다.

---

13 ★★★ 교재 1권 14, 16-17, 39-42, 46
다음 보기에서 소방안전관리자에 대한 설명으로 옳은 것을 모두 고른 것은?

㉠ 대통령령으로 정하는 피난시설, 방화구획 및 방화시설의 관리 업무는 대행이 가능하다.
㉡ 소방공무원으로 10년 이상 근무한 경력이 있으면 특급 소방안전관리자로 선임이 가능하다.
  <u>시험의 응시자격이 주어진다.</u>
㉢ 소방안전관리자 선임은 14일 이내에 선임 후 신고는 30일 이내에 신고하여야 한다.
  30일 ──── 14일
㉣ 소방안전관리자로 선임되면 2년마다 실무교육을 받아야 한다.
㉤ 3급 소방안전관리자 시험에 응시할 수 있는 자격요건은 의용소방대원, 경찰공무원, 소방안전관리보조자로 2년 이상 근무한 경력이 있을 때 주어진다.

① ㉠, ㉡, ㉢
② ㉠, ㉣, ㉤
③ ㉠, ㉢, ㉣, ㉤
④ ㉡, ㉢, ㉣, ㉤

해설

3급 소방안전관리자 응시자격	
경 력	대 상
2년	① 의용소방대원 ② 경찰공무원 ③ 소방안전관리보조자

비교 3급 소방안전관리자 선임자격

경 력	대 상
1년	소방공무원

정답 ②

---

14 ★★★ 교재 1권 46-47
2022년 1월 15일에 소방안전관리자 강습교육을 수료한 후, 2022년 2월 10일 자격시험에 최종 합격하였고, 2022년 10월 9일에 소방안전관리자로 선임되었다. 언제까지 실무교육을 받아야 하는가?

① 2022년 5월 10일
② 2022년 8월 9일
③ 2024년 1월 14일
④ 2024년 8월 9일

해설 (1) 강습교육을 받은 후 1년 이내에 소방안전관리자로 선임되면 강습교육을 받은 날에 실무교육을 받은 것으로 본다.
(2) 강습교육을 2022년 1월 15일에 받고 2022년 10월 9일에 선임되었으므로 1년 이내가 되어 2022년 1월 15일이 최초 실무교육을 받은 날이 된다.
(3) 그 이후 2년마다 실무교육을 받아야 하므로 **2024년 1월 14일**까지 실무교육을 받으면 된다.

정답 ③

제2장 화재의 예방 및 안전관리에 관한 법률

15 소방안전관리자에 대한 다음 설명으로 옳은 것을 고르시오. (단, 강습수료일은 2021년 4월 5일이다.)

교재 1권 46-47, 52

[소방안전관리자의 선임신고]
- 소방안전관리자 이름 : ○○○
- 선임일자 : 2022년 5월 10일
- 기타 : 아직 실무교육은 받지 않음

① 2022년 11월 10일 이전에 실무교육을 받아야 한다.
② 실무교육을 받지 않으면 1차 자격정지된다. (경고)
③ 50만원의 과태료를 부담하면 업무가 정지되지 않는다. (해도 업무는 교육을 받을 때까지 정지된다.)
④ 강습을 수료한 날을 기준으로 2023년 4월 5일 이전에 실무교육을 받으면 된다.

해설
①·④ 소방안전관리자 강습수료일은 2021년 4월 5일이고, 선임일은 2022년 5월 10일로서 1년을 초과했으므로 강습수료일을 실무교육을 받은 날로 볼 수 없다. 이때에는 선임된 날부터 6개월 이내에 실무교육을 받아야 하므로 2022년 11월 10일 이전에 실무교육을 받아야 한다.

정답 ①

* 소방안전관리자 실무 교육을 받지 않은 경우
① 50만원의 과태료 대상
② 교육을 받을 때까지 업무 정지

03 벌칙

1 5년 이하의 징역 또는 5000만원 이하의 벌금 교재 1권 32

(1) 위력을 사용하여 출동한 소방대의 화재진압·인명구조 또는 구급활동을 **방해**하는 행위 [문16 보기①]
(2) 소방대가 화재진압·인명구조 또는 구급활동을 위하여 현장에 출동하거나 현장에 출입하는 것을 고의로 **방해**하는 행위
(3) 출동한 소방대원에게 폭행 또는 협박을 행사하여 화재진압·인명구조 또는 구급활동을 **방해**하는 행위 [문16 보기③]

(4) 출동한 소방대의 소방장비를 파손하거나 그 효용을 해하여 화재진압·인명구조 또는 구급활동을 **방해**하는 행위 [문16 보기④]

(5) 소방자동차의 **출동**을 **방해**한 사람

(6) 사람을 **구출**하는 일 또는 불을 끄거나 불이 번지지 아니하도록 하는 일을 **방해**한 사람

(7) 정당한 사유 없이 소방용수시설 또는 비상소화장치를 사용하거나 소방용수시설 또는 비상소화장치의 효용을 해하거나 그 정당한 사용을 **방해**한 사람

> 공하성 기억법 5방5000

기출문제

16 5년 이하의 징역 또는 5000만원 이하의 벌금으로 옳지 않은 것은? [교재 1권 32]

① 위력을 사용하여 출동한 소방대의 화재진압·인명구조 또는 구급활동을 방해하는 행위
② 화재가 발생하거나 불이 번질 우려가 있는 소방대상물의 강제처분을 방해한 자 — 3년 이하의 징역 또는 3000만원 이하의 벌금
③ 출동한 소방대원에게 폭행 또는 협박을 행사하여 화재진압·인명구조 또는 구급활동을 방해하는 행위
④ 출동한 소방대의 소방장비를 파손하거나 그 효용을 해하여 화재진압·인명구조 또는 구급활동을 방해하는 행위

 ②

* 3년 이하의 징역 또는 3000만원 이하의 벌금
[교재 1권 29]
화재가 발생하거나 불이 번질 우려가 있는 소방대상물의 강제처분을 방해한 자

(8) 소방시설에 폐쇄·차단 등의 행위를 한 자 [교재 1권 69]

> 비교 가중처벌 규정

사람 상해	사 망
7년 이하의 징역 또는 7천만원 이하의 벌금	10년 이하의 징역 또는 1억원 이하의 벌금

2 3년 이하의 징역 또는 3000만원 이하의 벌금

(1) 소방대상물 및 **토지**를 일시적으로 사용하거나 그 사용의 제한 또는 소방활동에 필요한 처분 방해 교재 1권 29
(2) **화재안전조사** 결과에 따른 **조치명령**을 정당한 사유 없이 위반한 자 교재 1권 50
(3) **화재예방안전진단** 결과에 따른 보수·보강 등의 **조치명령**을 정당한 사유 없이 위반한 자 교재 1권 50
(4) 소방시설이 **화재안전기준**에 따라 설치·관리되고 있지 아니할 때 관계인에게 필요한 조치명령을 정당한 사유 없이 위반한 자 교재 1권 69
(5) **피난시설**, **방화구획** 및 **방화시설**의 관리를 위하여 필요한 조치명령을 정당한 사유 없이 위반한 자 교재 1권 69
(6) 소방시설 **자체점검** 결과에 따른 이행계획을 완료하지 않아 필요한 조치의 이행 명령을 하였으나, 명령을 정당한 사유 없이 위반한 자 교재 1권 69

3 1년 이하의 징역 또는 1000만원 이하의 벌금 교재 1권 51, 69

(1) **소방안전관리자** 자격증을 다른 사람에게 **빌려주거나** 빌리거나 이를 알선한 자 교재 1권 51
(2) **화재예방안전진단**을 받지 아니한 자 교재 1권 51
(3) 소방시설의 **자체점검** 미실시자 교재 1권 69

* **자체점검 미실시자**
1년 이하의 징역 또는 1000만원 이하의 벌금

4 300만원 이하의 벌금 교재 1권 51, 69

(1) **화재안전조사**를 정당한 사유 없이 **거부·방해·기피**한 자 문17 보기① 교재 1권 51
(2) **화재예방조치 조치명령**을 정당한 사유 없이 따르지 아니하거나 방해한 자 교재 1권 51
(3) **소방안전관리자, 총괄소방안전관리자, 소방안전관리보조자**를 **선임**하지 아니한 자 문17 보기② 교재 1권 51

제2편 소방관계법령

(4) **소방시설·피난시설·방화시설** 및 **방화구획** 등이 법령에 위반된 것을 발견하였음에도 필요한 조치를 할 것을 요구하지 아니한 소방안전관리자 〔교재 1권 51〕

(5) **소방안전관리자**에게 **불이익**한 처우를 한 관계인 〔문17 보기④〕 〔교재 1권 51〕

(6) 자체점검결과 중대위반사항이 발견된 경우 필요한 조치를 하지 않은 관계인 또는 관계인에게 중대위반사항을 알리지 아니한 관리업자 등 〔교재 1권 69〕

유사 기출문제

17 ★★
다음 소방시설 중 소화펌프를 고장시 조치를 하지 않은 관계인의 벌금기준은?
① 50만원 ② 100만원
③ 200만원 ④ 300만원

 ④ 300만원 벌금 : 소화펌프 고장시 조치를 하지 않은 관계인

정답 ④

★ **300만원 이하의 과태료** 〔교재 1권 51〕
특정소방대상물의 소방안전관리업무를 수행하지 아니한 관계인

★ **100만원 이하의 벌금** 〔교재 1권 32〕
피난명령을 위반한 사람

기출문제

17 ★★★ **300만원 이하의 벌금이 아닌 것은?** 〔교재 1권 51, 69〕
① 화재안전조사를 정당한 사유 없이 거부·방해 또는 기피한 자
② 소방안전관리자, 총괄소방안전관리자, 소방안전관리보조자를 선임하지 아니한 자
③ 특정소방대상물의 소방안전관리업무를 수행하지 아니한 관계인
— 300만원 이하의 과태료
④ 소방안전관리자에게 불이익한 처우를 한 관계인

정답 ③

5 100만원 이하의 벌금 〔교재 1권 32〕

(1) 정당한 사유 없이 소방대가 현장에 도착할 때까지 사람을 **구**출하는 조치 또는 불을 **끄**거나 불이 번지지 않도록 하는 조치를 하지 아니한 소방대상물 관계인 〔문18 보기②〕
(2) **피**난명령을 위반한 사람
(3) 정당한 사유 없이 **물**의 사용이나 **수도**의 **개폐장치**의 사용 또는 **조**작을 하지 못하게 하거나 방해한 자 〔문18 보기③〕
(4) 정당한 사유 없이 **소방대**의 **생활안전활동**을 방해한 자 〔문18 보기①〕
(5) 긴급조치를 정당한 사유 없이 방해한 자

기억법 구피조1

제2장 화재의 예방 및 안전관리에 관한 법률

기출문제

18 ★★★   교재 1권 32

다음 중 벌칙이 100만원 이하의 벌금에 해당되지 않는 것은?
① 정당한 사유 없이 소방대의 생활안전활동을 방해한 자
② 정당한 사유 없이 소방대가 현장에 도착할 때까지 사람을 구출하는 조치 또는 불을 끄거나 불이 번지지 아니하도록 하는 조치를 하지 아니한 소방대상물 관계인
③ 정당한 사유 없이 물의 사용이나 수도의 개폐장치의 사용 또는 조작을 하지 못하게 방해한 자
④ 출동한 소방대의 소방장비를 파손하거나 그 효용을 해하여 화재진압·인명구조 또는 구급활동을 방해하는 행위 — 5년 이하의 징역 또는 5000만원 이하의 벌금

정답 ④

Key Point

유사 기출문제

18 ★★★   교재 1권 32

다음 중 100만원 이하의 벌금에 해당하지 않은 것은?
① 정당한 사유 없이 소방대의 생활안전활동을 방해한 자
② 피난명령을 위반한 자
③ 정당한 사유 없이 물의 사용이나 수도의 개폐장치의 사용 또는 조작을 하지 못하게 방해한 자
④ 토지의 강제처분을 방해한 자 — 3년 이하의 징역 또는 3000만원 이하의 벌금

정답 ④

6 500만원 이하의 과태료   교재 1권 25

화재 또는 **구조·구급**이 필요한 상황을 **거짓**으로 알린 사람

7 300만원 이하의 과태료   교재 1권 51-52, 70

(1) 화재의 **예방조치**를 위반하여 화기취급 등을 한 자   교재 1권 51
(2) 특정소방대상물 소방안전관리를 위반하여 **소방안전관리자를 겸한 자**   교재 1권 51
(3) **소방안전관리업무**를 하지 **아니한** 특정소방대상물의 **관계인** 또는 소방안전관리대상물의 **소방안전관리자**   교재 1권 52
(4) **건설현장** 소방안전관리대상물의 **소방안전관리자**의 업무를 하지 아니한 소방안전관리자   교재 1권 51

비교 건설현장 소방안전관리자 업무태만

1차 위반	2차 위반	3차 위반 이상
100만원 과태료	200만원 과태료	300만원 과태료

(5) **피난유도 안내정보**를 제공하지 아니한 자   교재 1권 52
(6) **소방훈련** 및 **교육**을 하지 아니한 자   교재 1권 52

* 화재예방안전진단 결과 미제출 교재1권 52
300만원 이하 과태료

(7) **화재예방안전진단** 결과를 제출하지 아니한 경우 교재1권 52

 화재예방안전진단 지연제출

1개월 미만	1~3개월 미만	3개월 이상 또는 미제출
100만원 과태료	200만원 과태료	300만원 과태료

(8) **소방시설**을 **화재안전기준**에 따라 설치·관리하지 아니한 자 교재1권 70
(9) 공사현장에 **임시소방시설**을 설치·관리하지 아니한 자 교재1권 70
(10) **피난시설**, **방화구획** 또는 **방화시설**을 **폐쇄·훼손·변경** 등의 행위를 한 자 교재1권 70

 피난시설·방화시설 폐쇄·변경

1차 위반	2차 위반	3차 이상 위반
100만원 과태료	200만원 과태료	300만원 과태료

(11) **관계인**에게 **점검결과**를 제출하지 아니한 관리업자 등 교재1권 70
(12) 점검결과를 보고하지 아니하거나 거짓으로 보고한 관계인 교재1권 70

 점검결과 지연보고기간

10일 미만	10일~1개월 미만	1개월 이상 또는 미보고	점검결과 축소·삭제 등 거짓보고
50만원 과태료	100만원 과태료	200만원 과태료	300만원 과태료

(13) **자체점검 이행계획**을 **기간 내**에 **완료**하지 아니한 자 또는 이행계획 완료 결과를 보고하지 않거나 거짓으로 보고한 자 교재1권 70

 자체점검 이행계획 지연보고기간

10일 미만	10일~1개월 미만	1개월 이상 또는 미보고	이행완료 결과 거짓보고
50만원 과태료	100만원 과태료	200만원 과태료	300만원 과태료

(14) **점검기록표**를 **기록**하지 아니하거나 특정소방대상물의 출입자가 쉽게 볼 수 있는 장소에 게시하지 아니한 관계인 교재1권 70

 점검기록표 미기록

1차 위반	2차 위반	3차 이상 위반
100만원 과태료	200만원 과태료	300만원 과태료

제2장 화재의 예방 및 안전관리에 관한 법률

8 200만원 이하의 과태료 〔교재 1권 27, 52〕

(1) **소방활동구역**을 출입한 사람 〔교재 1권 27〕
(2) 소방자동차의 출동에 **지장**을 준 자

5년 이하의 징역 또는 5000만원 이하의 벌금 〔교재 1권 27〕	200만원 이하의 과태료
소방자동차의 **출동**을 **방해**한 사람	소방자동차의 **출동**에 **지장**을 준 자

(3) 기간 내에 **소방안전관리자 선임신고**를 하지 아니한 자 또는 소방안전관리자의 성명 등을 게시하지 아니한 자 〔교재 1권 52〕
(4) 기간 내에 **건설현장 소방안전관리자 선임신고**를 하지 아니한 자 〔교재 1권 52〕

비교 | 건설현장 소방안전관리자 선임신고 지연기간 |||
|---|---|---|
| 1개월 미만 | 1~3개월 미만 | 3개월 이상 또는 미제출 |
| 50만원 과태료 | 100만원 과태료 | 200만원 과태료 |

(5) 기간 내에 소방훈련 및 교육 결과를 제출하지 아니한 자 〔교재 1권 52〕

기출문제

19 다음 중 200만원 이하의 과태료 처분에 해당되지 <u>않는</u> 것은?
〔교재 1권 27, 52〕
① 소방활동구역에 출입한 사람
② 소방자동차의 출동에 지장을 준 자
③ 기간 내에 소방안전관리자 선임을 하지 아니한 자
                      선임신고를
④ 한국소방안전원 또는 이와 유사한 명칭을 사용한 자

해설
• 소방안전관리자 선임을 하지 아니한 자 : 300만원 이하의 벌금

 ③

중요

소방안전관리자 미선임	소방안전관리자 미선임 신고
300만원 이하의 벌금	200만원 이하의 과태료

* **20만원 이하의 과태료** 〔교재 1권 25〕
① 화재로 **오인**할 만한 우려가 있는 불을 피우거나 **연막소독**을 실시하고자 하는 자가 신고를 하지 아니하여 소방자동차를 출동하게 한 자
② 화재로 오인할 만한 불을 피우거나 **연막소독** 시 신고지역
  ㉠ **시**장지역
  ㉡ **공**장·창고 밀집지역
  ㉢ **목**조건물 밀집지역
  ㉣ **위**험물의 **저**장 및 **처**리시설 밀집지역
  ㉤ **석**유화학제품을 생산하는 공장지역
  ㉥ **시**·도의 **조례**로 정하는 지역 또는 장소

기억법
시공 목위석시연

* **300만원 이하의 과태료** 〔교재 1권 52〕
소방안전관리 업무를 하지 아니한 특정소방대상물의 관계인 또는 소방안전관리자

제2편 소방관계법령

20 다음 보기를 보고, 각 벌칙에 해당하는 벌금(또는 과태료)의 값이 적은 순서대로 나열한 것은?

교재 1권
32,
51,
69

> ㉠ 화재안전조사를 정당한 사유 없이 거부·방해·기피한 자 – 300만원 이하의 벌금
> ㉡ 피난명령을 위반한 자 – 100만원 이하의 벌금
> ㉢ 소방시설 등에 대하여 스스로 점검을 하지 않거나 관리업자 등으로 하여금 정기적으로 점검하지 아니한 자 – 1년 이하의 징역 또는 1000만원 이하의 벌금
> ㉣ 소방시설의 기능과 성능에 지장을 주는 폐쇄, 차단 행위를 한 자 – 5년 이하의 징역 또는 5000만원 이하의 벌금

① ㉠-㉡-㉢-㉣
② ㉢-㉡-㉠-㉣
③ ㉡-㉠-㉣-㉢
④ ㉡-㉠-㉢-㉣

해설 벌금(또는 과태료)의 값이 적은 순서대로 나열한 것은 ㉡ 100만원 이하의 벌금 - ㉠ 300만원 이하의 벌금 - ㉢ 1000만원 이하의 벌금 - ㉣ 5000만원 이하의 벌금

정답 ④

유사 기출문제

21 ★★★
교재 1권 50-51, 69-70

다음 사항 중 가장 높은 벌칙에 해당되는 것은?

① 소방시설 등에 대하여 스스로 점검을 하지 않거나 관리업자 등으로 하여금 정기적으로 점검하게 하지 아니한 자 – 1년 이하의 징역 또는 1000만원 이하의 벌금
② 정당한 사유 없이 화재안전조사 결과에 따른 조치명령을 위반한 자 – 3년 이하의 징역 또는 3000만원 이하의 벌금
③ 소방안전관리자, 총괄소방안전관리자, 소방안전관리보조자를 선임하지 아니한 자 – 300만원 이하의 벌금
④ 소방시설을 설치하지 않았다. – 300만원 이하의 과태료

정답 ②

---

21 다음 중 위반사항과 벌칙이 옳게 짝지어진 것은?

교재 1권
25,
51,
69

① 소방시설의 기능과 성능에 지장을 줄 수 있는 폐쇄·차단 등의 행위를 한 자 → 3년 이하의 징역 또는 3000만원 이하의 벌금
   5년   5000
② 소방안전관리자, 총괄소방안전관리자, 소방안전관리보조자를 선임하지 아니한 자 → 300만원 이하의 과태료
   벌금
③ 법에 위반하여 소방활동구역에 함부로 출입한 자 → 300만원 이하의 과태료
   200
④ 시장지역에서 화재로 오인할 만한 우려가 있는 불을 피우거나 연막소독을 실시하고자 하는 자가 신고를 하지 아니하여 소방자동차를 출동하게 한 자 → 20만원 이하의 과태료

정답 ④

제2장 화재의 예방 및 안전관리에 관한 법률

9 100만원 이하의 과태료 〔교재 1권 52〕

실무교육을 받지 아니한 **소방안전관리자** 및 **소방안전관리보조자** 〔문22 보기④〕
〔교재 1권 52〕

기출문제

22 다음 중 100만원 이하의 과태료에 해당되는 것은?
〔교재 1권 32, 52〕

① 피난명령을 위반한 자 — 100만원 이하의 벌금
② 정당한 사유 없이 물의 사용이나 수도의 개폐장치의 사용 또는 조작을 하지 못하게 방해한 자 — 100만원 이하의 벌금
③ 정당한 사유 없이 소방대가 현장에 도착할 때까지 사람을 구출하는 조치 또는 불을 끄거나 불이 번지지 않도록 조치를 아니한 사람 — 100만원 이하의 벌금
④ 실무교육을 받지 아니한 소방안전관리자 및 소방안전관리보조자

정답 ④

10 20만원 이하의 과태료 〔교재 1권 25〕

아래의 지역 또는 장소에서 **화재**로 **오인**할 만한 우려가 있는 불을 피우거나 **연막소독**을 실시하고자 하는 자가 신고를 하지 아니하여 **소방자동차**를 **출동**하게 한 자 〔문23 보기①〕

(1) 시장지역
(2) **공장·창고**가 밀집한 지역
(3) **목조건물**이 밀집한 지역
(4) 위험물의 저장 및 처리시설이 밀집한 지역
(5) 석유화학제품을 **생산**하는 공장이 있는 지역
(6) 그 밖에 **시·도**의 조례로 정하는 지역 또는 장소

* 100만원 이하의 벌금
〔교재 1권 32〕
① 피난명령을 위반한 자
② 정당한 사유 없이 물의 사용이나 수도의 개폐장치의 사용 또는 조작을 하지 못하게 방해한 자
③ 정당한 사유 없이 소방대가 현장에 도착할 때까지 사람을 구출하는 조치 또는 불을 끄거나 불이 번지지 않도록 조치를 아니한 사람

제2편 소방관계법령

Key Point

기출문제

23 화재로 오인할 만한 우려가 있는 불을 피우거나 연막소독을 실시하고자 하는 자가 신고를 하지 아니하여 소방자동차를 출동하게 한 자의 벌칙은?

① 20만원 이하의 과태료
② 50만원 이하의 과태료
③ 100만원 이하의 벌금
④ 200만원 이하의 과태료

해설 ① 연막소독으로 소방자동차 출동 : 20만원 이하의 과태료

정답 ①

유사 기출문제

24 ★★★
교재 1권 29, 32, 51

다음 중 벌금이 가장 많은 사람은?

① 갑 : 나는 정당한 사유 없이 소방용수시설을 사용하였어. — 5년 이하의 징역 또는 5000만원 이하의 벌금
② 을 : 나는 화재시 피난명령을 위반하였어. — 100만원 이하의 벌금
③ 병 : 나는 불이 번질 우려가 있는 소방대상물의 강제처분을 방해하였어. — 3년 이하의 징역 또는 3000만원 이하의 벌금
④ 정 : 나는 소방안전관리자에게 불이익한 처우를 한 관계인이야. — 300만원 이하의 벌금

정답 ①

24 다음 사항 중 가장 높은 벌칙에 해당되는 것은?

① 정당한 사유 없이 소방용수시설 또는 비상소화장치를 사용하거나 소방용수시설 또는 비상소화장치의 효용을 해하거나 그 정당한 사용을 방해한 사람 — 5년 이하의 징역 또는 5000만원 이하의 벌금
② 화재안전조사를 정당한 사유 없이 거부·방해·기피한 자 — 300만원 이하의 벌금
③ 긴급조치를 정당한 사유 없이 방해한 자 — 100만원 이하의 벌금
④ 피난명령을 위반한 자 — 100만원 이하의 벌금

정답 ①

제3장 소방시설 설치 및 관리에 관한 법률

01 소방시설 설치 및 관리에 관한 법률의 목적 [교재 1권 53]

(1) 소방시설 등의 설치·관리와 소방용품 성능관리에 필요한 사항을 규정함으로써 국민의 생명·신체 및 **재산보호** [문01 보기②]
(2) **공공**의 **안전**과 **복리증진** 이바지 [문01 보기②]

기출문제

01 소방시설 설치 및 관리에 관한 법률의 목적에 대한 설명으로 옳은 것을 모두 고르시오. [교재 1권 53]

㉠ 화재를 예방·경계·진압하는 목적이 있다. — 소방기본법의 목적
㉡ 국민의 재산을 보호하는 목적이 있다.
㉢ 공공의 안녕 및 질서유지를 목적으로 한다. — 소방기본법의 목적
㉣ 복리증진에 이바지함을 목적으로 한다.

① ㉠, ㉡
② ㉡, ㉣
③ ㉠, ㉡, ㉢
④ ㉠, ㉡, ㉢, ㉣

정답 ②

Key Point

* 소방기본법의 목적 [교재 1권 22]
① 화재예방·경계 및 진압
② 화재, 재난·재해 등 위급한 상황에서의 구조·구급활동
③ 국민의 생명·신체 및 재산보호
④ 공공의 안녕 및 질서유지와 복리증진에 이바지

제2편 소방관계법령

* **특정소방대상물 vs 소방대상물** 〔문02 보기④〕
① **특정소방대상물**
　다수인이 출입·근무하는 장소 중 소방시설 설치장소
② **소방대상물**
　소방차가 출동해서 불을 끌 수 있는 것
　㉠ 건축물
　㉡ 차량
　㉢ 선박(항구에 매어 둔 선박)
　㉣ 선박건조구조물
　㉤ 산림
　㉥ 인공구조물
　㉦ 물건

　기억법
　건차선 산인물

02 다음 중 용어의 정의에 대한 설명으로 틀린 것은?

〔교재 1권 22, 24, 53〕

① 항구에 매어 둔 선박은 소방대상물이다.
② 소방대는 소방공무원, 의용소방대원, 의무소방원을 말한다.
③ 소방시설에는 소화설비가 해당된다.
④ 특정소방대상물은 건축물, 차량 등을 말한다.
　　　　　소방대상물

정답 ④

중요 용어 〔교재 1권 53〕

용어	정 의
소방시설	소화설비·경보설비·피난구조설비·소화용수설비·그 밖에 소화활동설비로서 **대통령령**으로 정하는 것 〔문03 보기③〕
특정소방대상물	① 건축물 등의 규모·용도 및 수용인원 등을 고려하여 소방시설을 설치하여야 하는 소방대상물로서 **대통령령**으로 정하는 것 ② 다수인이 출입 또는 근무하는 장소 중 소방시설을 설치하여야 하는 장소

기출문제

03 다음 중 용어의 정의에 대한 설명이 틀린 것은?

〔교재 1권 22-24, 53〕

① 항구에 매어 둔 선박은 소방대상물에 해당된다.
② 소유자, 관리자, 점유자는 관계인에 해당된다.
③ 소방시설에는 소화설비, 경보설비, 피난구조설비, 소화용수설비, 소화활동설비 등이 해당된다.
④ 소방대에는 소방공무원, 자위소방대원, 의무소방원이 해당된다.
　　　　　　　　　　　　　　　　　　의용

정답 ④

* **소방대** 〔교재 1권 24〕
① **소**방공무원
② **의**무소방원
③ **의용**소방대원

기억법
의소(의용소방대)

제3장 소방시설 설치 및 관리에 관한 법률

02 용어의 정의

1 무창층 교재 1권 53-54

지상층 중 다음에 해당하는 개구부면적의 합계가 그 층의 바닥면적의 $\frac{1}{30}$ 이하가 되는 층 문04 보기④

Key Point

✽ 무창층 교재 1권 53-54
$\frac{1}{30}$ 이하

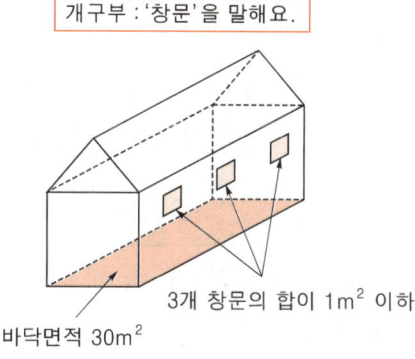

개구부 : '창문'을 말해요.

3개 창문의 합이 1m² 이하
바닥면적 30m²

▎무창층▎

(1) 크기는 지름 **50cm 이상**의 원이 통과할 수 있을 것 문05 보기①
　　　　　　　　　이하 ✕
(2) 해당층의 바닥면으로부터 개구부 밑부분까지의 높이가 **1.2m** 이내일 것
　　　　　　　　　　　　　　　　　　　　　　　　　　1.5m ✕
유사04 보기③

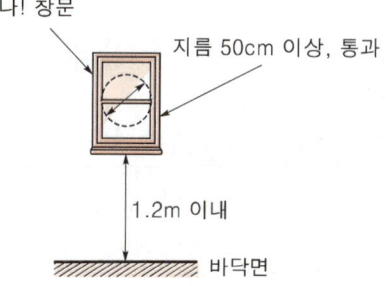

화재발생시 사람이 통과할 수 있는 어깨너비, 키 등의 최소기준을 생각해 봐요.

나! 창문
지름 50cm 이상, 통과
1.2m 이내
바닥면

(3) **도로** 또는 **차량**이 진입할 수 있는 **빈터**를 향할 것

제2편 소방관계법령

(4) 화재시 건축물로부터 쉽게 **피난**할 수 있도록 개구부에 **창살**이나 그 밖의 장애물이 설치되지 않을 것
(5) 내부 또는 외부에서 **쉽게 부수거나 열** 수 있을 것

기출문제

유사 기출문제

04 ★ 교재 1권 53~54
소방관계법에 의한 **무창층**의 정의는 지상층 중 개구부면적의 합계가 해당층 바닥면적의 $\frac{1}{30}$ 이하가 되는 층을 말하는데, 여기서 말하는 개구부의 요건으로 틀린 것은?

① 크기는 지름 50cm 이상의 원이 통과할 수 있을 것
② 도로 또는 차량이 진입할 수 있는 빈터를 향할 것
③ 해당층의 바닥면으로부터 개구부 밑부분까지의 높이가 1.5m 이내일 것
　　1.2m
④ 내부 또는 외부에서 쉽게 부수거나 열 수 있을 것

정답 ③

---

04 ★★★ 교재 1권 53~54
다음 중 무창층에 대한 설명으로 옳은 것은?

① 창문이 없는 층이나 그 층의 일부를 이루는 실
② 지하층의 명칭
③ 직접 지상으로 통하는 출입구나 개구부가 없는 층
④ 지상층 중 개구부면적의 합계가 그 층의 바닥면적의 $\frac{1}{30}$ 이하가 되는 층

해설
④ 무창층 : 지상층 중 개구부면적의 합계가 그 층의 바닥면적의 $\frac{1}{30}$ 이하가 되는 층

정답 ④

---

05 ★★ 교재 1권 53~54
다음 중 소방시설 설치 및 관리에 관한 법률에서 정하는 무창층이 아닌 것은?

① 크기가 지름 50cm 이하의 원이 통과할 수 있을 것
　　　　　　　　　이상
② 해당층의 바닥면으로부터 개구부 밑부분까지의 높이가 1.2m 이내일 것
③ 화재시 건축물로부터 쉽게 피난할 수 있도록 창살이나 그 밖의 장애물이 설치되지 않을 것
④ 내부 또는 외부에서 쉽게 부수거나 열 수 있을 것

정답 ①

제3장 소방시설 설치 및 관리에 관한 법률

2 피난층 〔교재 1권 55〕

곧바로 지상으로 갈 수 있는 출입구가 있는 층

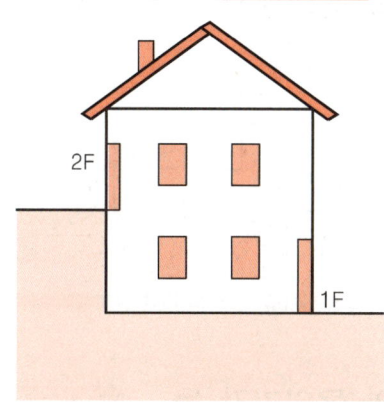

| 피난층 |

공하성 기억법 피곧(피곤)

기출문제

06 피난층에 대한 뜻이 옳은 것은?
〔교재 1권 55〕
① 곧바로 지상으로 갈 수 있는 출입구가 있는 층
② 건축물 중 지상 1층만을 피난층으로 지정할 수 있다.
③ 직접 지상으로 통하는 계단과 연결된 지상 2층 이상의 층
④ 옥상의 지하층으로서 옥상으로 직접 피난할 수 있는 층

정답 ①

* 피난층 〔교재 1권 55〕
❖ 꼭 기억하세요 ❖

43

03 건축허가 등의 동의

1 건축허가 등의 동의권자 [교재 1권 55]

소방본부장 · 소방서장

민원인(건축주) →건축허가신청→ 건축허가청(시·군·구청) →건축허가 동의요청→ 소방관서(소방본부·소방서)
← 허가 및 사용승인 ← 회신

2 건축허가 등의 동의기간 등 [교재 1권 55]

내 용	날 짜
동의요구 서류보완	**4일** 이내 [문07 보기②] ~~7일 이내~~
건축허가 등의 취소통보	**7일** 이내 [문07 보기③]
건축허가 및 사용승인 동의회신 통보	**5일**(특급 소방안전관리대상물은 **10일**) 이내 [문07 보기①]
동의시기	건축허가 등을 **하기 전**
동의요구자	건축허가 등의 권한이 있는 행정기관

기출문제

07 건축허가 등의 동의절차에 관한 사항으로 틀린 것은? [교재 1권 55]

① 5일(특급 소방안전관리대상물인 경우에는 10일) 이내 동의회신 통보
② 보완이 필요시 <u>7일</u> 이내-보완기간 내 미보완시 동의요구서 반려
                 4
③ 허가청에서 허가 등의 취소시 7일 이내 취소통보
④ 동의회신 후 건축허가 등의 동의대장에 기재 후 관리

정답 ②

Key Point

★ **건축허가 등의 동의** [교재 1권 55]
건축허가청에서 건축허가를 하기 전에 소방시설 설치, 화재예방 관련사항을 사전에 조사하여 적법 여부를 확인하는 절차

★ **건축허가 등의 취소통보** [교재 1권 55]
7일 이내

★ **건축허가 등의 동의절차** [교재 1권 55]
동의회신 후 건축허가 등의 동의대장에 기재 후 관리
[문07 보기④]

유사 기출문제

07 ★★ [교재 1권 55]
건축허가 등의 동의절차에 관한 사항으로 틀린 것은?
① 1급 소방안전관리대상물인 경우에는 <u>10일</u> 이내
        5일
  동의회신 통보
② 보완이 필요시 4일 이내-보완기간 내 미보완시 동의요구서 반려
③ 허가청에서 허가 등의 취소시 7일 이내 취소통보
④ 동의회신 후 건축허가 등의 동의대장에 기재 후 관리

정답 ①

제3장 소방시설 설치 및 관리에 관한 법률

08 소방시설의 설치 및 관리 등에 관한 사항 중 건축허가 등의 동의에 대한 설명으로 틀린 것은?

① 동의시기는 건축허가 등을 한 후이다. (하기 전)
② 동의요구자는 건축허가 등의 권한이 있는 행정기관이다.
③ 허가청에서 허가 등의 취소시 7일 이내 취소통보를 하여야 한다.
④ 5일(특급 소방안전관리대상물인 경우에는 10일) 이내 동의회신을 통보하여야 한다.

 ①

3 건축허가 등의 동의대상물 교재 1권 55~56

연면적 400m² 이상		차고·주차장
학교	100m²	① 바닥면적 200m² 이상
노유자시설, 수련시설	200m²	② 자동차 20대 이상
정신의료기관, 장애인재활시설 (입원실 없는 정신건강의학과 제외)	300m²	

공하성 기억법 2자(이자)

(1) **6층** 이상인 건축물
(2) **항공기격납고, 관망탑, 항공관제탑, 방송용 송수신탑**
(3) 지하층 또는 무창층의 바닥면적 **150m²** 이상(공연장은 **100m²** 이상)
(4) **위험물저장 및 처리시설**
(5) 전기저장시설, 풍력발전소
(6) 조산원, 산후조리원, 의원(입원실 또는 인공신장실이 있는 것)
(7) 결핵환자나 한센인이 24시간 생활하는 노유자시설
(8) **지하구** 문09 보기④
    지하가 ×
(9) 요양병원(의료재활시설 제외)
(10) 노인주거복지시설·노인의료복지시설 및 재가노인복지시설, 학대피해노인 전용쉼터, 아동복지시설, 장애인거주시설
(11) 정신질환자 관련시설(종합시설 중 24시간 주거를 제공하지 아니하는 시설 제외)

* 학교

건축허가 동의	연결살수설비
100m²	700m²

* 6층 이상 vs 11층 이상

6층 이상	11층 이상
① 건축허가 동의 ② 자동화재탐지설비 ③ 스프링클러설비	방염 (아파트 제외)

* 지하구 vs 지하가

지하구	지하가
지하의 전기통신 등의 케이블통로	① 지하상가 ② 터널

45

제2편 소방관계법령

(12) 노숙인자활시설, 노숙인재활시설 및 노숙인요양시설
(13) 공장 또는 창고시설로서 지정수량의 **750배 이상**의 특수가연물을 저장·취급하는 것
(14) 가스시설로서 지상에 노출된 수조의 저장용량의 합계가 **100톤** 이상인 것

유사 기출문제

09 ★★ 교재 1권 55-56

건축허가 등의 동의대상물의 범위 기준에 대한 설명으로 틀린 것은?

① 1급 소방안전관리대상물인 경우 5일 이내에 동의회신통보를 하여야 한다.
② 장애인재활시설은 연면적 400m² 이상이면 건축허가 등의 동의대상이다. ~~300m²~~
③ 승강기 등 기계장치에 의한 주차시설로서 자동차 20대 이상을 주차할 수 있는 시설은 건축허가 동의대상이다.
④ 보완이 필요시 4일 이내의 기간을 정하여 보완을 요구할 수 있다.

정답 ②

★ **건축허가 등의 동의대상** 교재 1권 55

신축·증축·개축·재축·이전·용도변경 또는 대수선의 허가 협의 및 사용승인 신청이 필요한 건축물

기출문제

09 교재 1권 55-56

건축허가 등의 동의를 받아야 하는 건축물 등의 범위로 옳지 <u>않은</u> 것은?

① 연면적 400m² 이상인 건축물[학교시설 100m², 노유자시설 및 수련시설 200m², 정신의료기관(입원실이 없는 정신건강의학과 의원 제외) 300m²]
② 차고·주차장 또는 주차용도로 사용되는 층 중 바닥면적이 200m² 이상인 층이 있는 시설
③ 지하층 또는 무창층이 있는 건축물로서 바닥면적이 150m²(공연장의 경우에는 100m²) 이상인 층이 있는 것
④ 위험물저장 및 처리시설, <u>지하가</u>
　　　　　　　　　　　　　　지하구

 ④

10 ★★★ 교재 1권 55-56

건축허가 등의 동의대상물의 범위 기준으로 옳지 <u>않은</u> 것은?

① 특급 소방안전관리대상물의 경우 10일 이내에 동의회신을 통보하여야 한다.
② 허가청에서 허가 등의 취소시 7일 이내에 취소통보를 하여야 한다.
③ 차고·주차장으로 사용되는 층 중 바닥면적이 200m² 이상인 층이 있는 시설은 건축허가 등의 동의대상이다.
④ 신축, 증축, 개축, 재축, 철거 등이 건축허가 등의 동의 대상이다.
　　　　　　　　　　　　해당 없음

정답 ④

4 단독주택 및 공동주택(아파트 및 기숙사 제외)에 설치하는 소방시설 〔교재 1권 56〕

(1) 소화기
(2) 단독경보형 감지기

기출문제

11 ★★ 〔교재 1권 56〕

다음 중 소화기 및 단독경보형 감지기 설치대상물로서 옳은 것은?
① 단독주택 및 공동주택(아파트 포함) — 해당 없음
② 단독주택 및 공동주택(기숙사 포함) — 해당 없음
③ 단독주택 및 공동주택(아파트 및 기숙사 제외)
④ 단독주택 및 다중이용업소 — 해당 없음

해설 ③ 단독주택 및 공동주택(아파트 및 기숙사 제외)

정답 ③

Key Point 유사 기출문제

11 ★★ 〔교재 1권 56〕

단독주택 및 공동주택(아파트 및 기숙사 제외)의 소유자가 설치하여야 하는 소방시설을 모두 고른 것은?

㉠ 소화기
㉡ 옥내소화전
㉢ 단독경보형 감지기
㉣ 간이소화용구

① ㉠
② ㉠, ㉡
③ ㉠, ㉢
④ ㉠, ㉢, ㉣

해설 ③ 소화기, 단독경보형 감지기 설치대상

정답 ③

---

5 피난시설, 방화구획 및 방화시설의 범위 〔교재 1권 152-153〕

(1) 피난시설에는 **복도**, **출입구**(비상구), **계단**(직통계단, 피난계단 등), **피난용 승강기**, **옥상광장**, **피난안전구역** 등이 있다. 〔문12 보기①②〕
(2) 방화구획의 종류에는 **내화구조**의 **벽·바닥**, **60분+ 또는 60분 방화문**, **자동방화셔터** 등이 있다.
(3) 방화시설에는 **내화구조**, **방화구조**, **방화벽**, **마감재료**(불연재료, 준불연재료, 난연재료), **배연설비**, **소방관진입창** 등이 있다. 〔문12 보기③〕

제2편 소방관계법령

기출문제

12 피난시설, 방화구획 및 방화시설의 범위에 대한 설명으로 옳지 않은 것은?

교재 1권 152-153

① 피난시설에는 계단, 복도, 출입구 등이 있다.
② 피난시설에는 피난용 승강기, 옥상광장, 피난안전구역 등이 있다.
③ 방화시설에는 내화구조, 방화구조, 방화벽 등이 있다.
④ 피난시설, 방화구획 및 방화시설의 폐쇄행위 등을 하면 안 된다.
　― 피난시설, 방화구획 및 방화시설 관련 금지행위로 범위에 해당하지 않는다.

정답 ④

| 피난계단 |

중요 피난계단의 종류 및 피난시 이동경로   교재 1권 154

피난계단의 종류	피난시 이동경로
피난계단	옥내 → 계단실 → 피난층
특별피난계단	옥내 → 노대 또는 부속실 → 계단실 → 피난층

* **특별피난계단**
　교재 1권 154
반드시 부속실이 있음

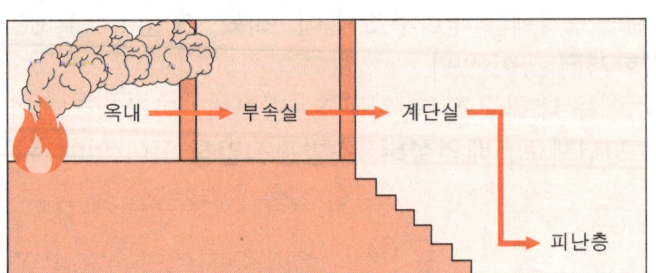

| 특별피난계단 |

제3장 소방시설 설치 및 관리에 관한 법률

기출문제

13 다음 조건을 참고하여 피난계단수 및 피난계단의 종류를 선정했을 때 옳은 것은?

- 건물의 서측 및 동측에 계단이 하나씩 설치되어 있다.
- 피난시 이동경로는 옥내 → 노대 또는 부속실 → 계단실 → 피난층이다.

① 총 계단수 : 1개, 피난계단
② 총 계단수 : 2개, 피난계단
③ 총 계단수 : 1개, 특별피난계단
④ 총 계단수 : 2개, 특별피난계단

해설 계단은 서측과 동측 두 곳에 있으므로 피난계단의 수는 **2개**이고, 피난시 이동경로가 **옥내 → 노대 또는 부속실 → 계단실 → 피난층**이므로 **특별피난계단**을 선정

정답 ④

14 다음 중 피난시 이동경로가 옥내 → 계단실 → 피난층의 순서로 되어 있는 피난계단의 종류는?

① 직통계단
② 피난계단
③ 일반계단
④ 특별피난계단

해설 ② 피난계단 : 옥내 → 계단실 → 피난층

정답 ②

6 피난시설, 방화구획 및 방화시설의 훼손행위

(1) 피난시설, 방화구획 및 방화시설을 **폐쇄**하거나 **훼손**하는 등의 행위
(2) 피난시설, 방화구획 및 방화시설의 주위에 **물건을 쌓아두거나 장애물**을 설치하는 행위
(3) 피난시설, 방화구획 및 방화시설의 용도에 장애를 주거나 「소방기본법」에 따른 **소방활동**에 **지장**을 주는 행위
(4) 그 밖에 **피난시설, 방화구획** 및 **방화시설**을 **변경**하는 행위

Key Point

유사 기출문제

13 ★★★
다음 중 **특별피난계단**의 피난시 이동경로를 올바르게 연결한 것은?

㉠ 부속실
㉡ 계단실
㉢ 피난층
㉣ 옥내

① ㉣→㉠→㉡→㉢
② ㉠→㉡→㉢→㉣
③ ㉣→㉢→㉡→㉠
④ ㉠→㉢→㉡→㉣

해설 ① 특별피난계단 : 옥내→부속실→계단실→피난층

정답 ①

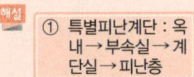

* **배연설비**
실내의 연기를 외부로 배출시켜 주는 설비

제2편 소방관계법령

* 노대 [교재 1권 157]
'베란다' 또는 '발코니'를 말한다.

* 옥상광장
① 2층 이상 노대
② 높이 1.2m 이상

7 옥상광장 등의 설치 [교재 1권 157-158]

(1) 옥상광장 또는 **2층** 이상의 층에 노대 등의 주위에는 높이 **1.2m** 이상의 난간 설치 [문15 보기①②]
  3층 이상 ✗

(2) **5층 이상**의 층으로 옥상광장 설치대상
  ① 제2종 근린생활시설 중 **공연장·종교집회장·인터넷컴퓨터게임시설제공업소**(바닥면적 합계가 각각 **300m² 이상**) [문15 보기③④]
  ② 문화 및 집회시설(전시장 및 동식물원 **제외**)
  ③ 종교시설, 판매시설, 주점영업, 장례시설

기출문제

15 다음 중 옥상광장 등의 설치에 관한 설명으로 옳지 않은 것은?
[교재 1권 157-158]
  ① 옥상광장에 노대 등의 주위에는 높이 1.2m 이상의 난간을 설치하여야 한다.
  ② <u>3층</u> 이상의 층에 노대 등의 주위에는 높이 1.2m 이상의 난간을 설치하여야 한다.
     2층
  ③ 5층 이상의 층이 근린생활시설 중 공연장의 용도로 쓰이는 경우에는 옥상광장 설치대상에 해당된다.
  ④ 5층 이상의 층이 근린생활시설 중 종교집회장의 용도로 쓰이는 경우에는 옥상광장 설치대상에 해당된다.

  정답 ②

04 방염

1 방염성능기준 이상의 실내장식물 등을 설치해야 할 장소 [교재 1권 59]

(1) 조산원, 산후조리원, 공연장, 종교집회장
(2) **11층** 이상의 층(**아파트** 제외) [문16 보기①]
         아파트 포함 ✗
(3) **체**력단련장 [문16 보기②]

50

제3장 소방시설 설치 및 관리에 관한 법률

(4) 문화 및 집회시설(옥내에 있는 시설)
(5) 운동시설(**수영장** 제외)
   수영장 포함 ✗
(6) **숙**박시설 · **노**유자시설 문16 보기③④
(7) 의료시설(요양병원 등), 의원, 치과의원, 한의원
(8) 수련시설(**숙**박시설이 있는 것)
(9) **방**송국 · 촬영소
   전화통신용 시설 ✗
(10) 종교시설
(11) 합숙소
(12) 다중이용업소(단란주점영업, 유흥주점영업, 노래연습장의 영업장 등)

공하성 기억법 방숙체노

Key Point

* 방염성능기준 이상 특정 소방대상물 교재 1권 59
운동시설(수영장 제외)

기출문제

16 ★★★ 방염성능기준을 적용하지 않아도 되는 곳은?
교재 1권 59
① 60층 아파트
   아파트는 제외
② 체력단련장
③ 숙박시설
④ 노유자시설

정답 ①

17 ★★ 다음 중 방염성능기준 이상의 실내장식물을 설치하여야 할 장소로 알맞은 것을 모두 고른 것은?
교재 1권 59

㉠ 숙박시설	㉡ 노유자시설
㉢ 요양병원	㉣ 교육연구시설 중 합숙소
㉤ 근린생활시설 중 의원	

① ㉠, ㉡
② ㉠, ㉡, ㉢
③ ㉠, ㉡, ㉢, ㉣
④ ㉠, ㉡, ㉢, ㉣, ㉤

해설 ④ ㉠ 숙박시설 ㉡ 노유자시설 ㉢ 요양병원
㉣ 교육연구시설 중 합숙소 ㉤ 근린생활시설 중 의원

정답 ④

유사 기출문제

16 ★★ 교재 1권 59
방염성능기준 이상의 실내 장식물 등을 설치하여야 할 장소로 옳지 않은 것은?
① 운동시설(수영장 포함)
   제외
② 노유자시설
③ 숙박이 가능한 수련시설
④ 다중이용업소

정답 ①

17 ★★★ 교재 1권 59
다음 중 방염성능기준 이상의 실내장식물을 설치하여야 할 장소로서 틀린 것은 어느 것인가?
① 노유자시설
② 미용원
   해당 없음
③ 교육연구시설 중 합숙소
④ 숙박시설

정답 ②

제2편 소방관계법령

18 다음 중 방염성능기준 이상의 실내장식물을 설치하여야 할 장소로서 틀린 것은 어느 것인가?

교재 1권 59

① 다중이용업소
② 숙박이 가능한 수련시설
③ 방송통신시설 중 전화통신용 시설 (방송국·촬영소)
④ 근린생활시설 중 체력단련장

정답 ③

❷ 방염대상물품 교재 1권 59-60

* **방염대상물품**
  교재1권 59-60

제조 또는 가공공정에서 방염처리를 한 물품	건축물 내부의 천장이나 벽에 설치하는 물품
벽지류(두께 2mm 미만인 종이벽지 제외)	두께 2mm 이상의 종이류

제조 또는 가공공정에서 방염처리를 한 물품	건축물 내부의 천장이나 벽에 설치하는 물품
① 창문에 설치하는 **커튼류**(블라인드 포함) ② 카펫 ③ **벽지류**(두께 **2mm 미만**인 **종이벽지** 제외) ④ 전시용 합판·목재·섬유판 ⑤ 무대용 합판·목재·섬유판 ⑥ **암막·무대막**(영화상영관·가상체험 체육시설업의 **스크린** 포함) ⑦ 섬유류 또는 합성수지류로 제작된 **소파·의자**(단란주점·유흥주점·노래연습장에 한함)	① 종이류(두께 **2mm 이상**), **합성수지류** 또는 **섬유류**를 주원료로 한 물품 (문19 보기②) ② **합판**이나 **목재** ③ 공간을 구획하기 위하여 설치하는 **간이칸막이** ④ **흡음·방음**을 위하여 설치하는 **흡음재**(흡음용 커튼 포함) 또는 **방음재**(방음용 커튼 포함) ※ **가구류**(옷장, 찬장, 식탁, 식탁용 의자, 사무용 책상, 사무용 의자 및 계산대)와 너비 **10cm 이하**인 **반자돌림대, 내부마감재료** 제외

* **가상체험 체육시설업**
  실내에 1개 이상의 별도의 구획된 실을 만들어 골프종목의 운동이 가능한 시설을 경영하는 영업(**스크린 골프연습장**)

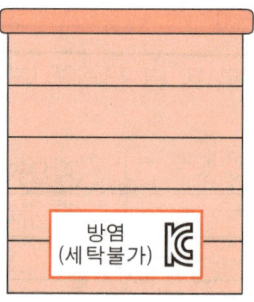

┃ 방염커튼 ┃

제3장 소방시설 설치 및 관리에 관한 법률

기출문제

19 ★★★ 교재 1권 59-60

다음 방염대상물품 중 제조 또는 가공공정에서 방염처리를 한 물품이 아닌 것은?

① 창문에 설치하는 커튼류(블라인드 포함)
② 종이류(두께 2mm 이상) — 건축물 내부의 천장이나 벽에 설치하는 물품
③ 암막·무대막(영화상영관에서 설치하는 스크린과 가상체험 체육시설업에 설치되는 스크린을 포함)
④ 섬유류 또는 합성수지류 등을 원료로 하여 제작된 소파·의자(단란주점, 유흥주점 및 노래연습장에 한함)

정답 ②

3 방염처리된 물품의 사용을 권장할 수 있는 경우   교재 1권 60

(1) **다**중이용업소·**의**료시설·**노**유자시설·**숙**박시설·**장**례시설에 사용하는 **침**구류, **소**파, **의**자

> 공하성 기억법 다의 노숙장 침소의

(2) 건축물 **내부**의 **천장** 또는 **벽**에 부착하거나 설치하는 **가구류**

기출문제

20 ★★★ 교재 1권 60

다음 중 방염처리된 물품의 사용을 권장할 수 있는 경우는?

① 의료시설에 설치된 소파
② 노유자시설에 설치된 암막
　　해당 없음
③ 종합병원에 설치된 무대막
　　해당 없음
④ 종교시설에 설치된 침구류
　해당 없음

해설 ① 의료시설에 설치된 침구류, 소파, 의자

 ①

Key Point

유사 기출문제

19 ★★ 교재 1권 59-60

다음 중 방염에 대한 설명으로 옳은 것은?

① 11층 이상의 아파트는
　제외
　방염성능기준 이상의 실내장식물을 설치하여야 한다.
② 방염성능기준 이상의 실내장식물을 설치하여야 하는 옥내시설은 문화 및 집회시설, 종교시설, 운동시설(수영장 포함) 등
　제외
이 있다.
③ 방염처리물품 중에서 선처리물품의 성능검사 실시기관은 한국소방산업기술원이다.
④ 창문에 설치하는 커튼류(블라인드 제외)는 방
　　　　　포함
염대상물품이다.

정답 ③

---

* 방염처리된 물품의 사용을 권장할 수 있는 경우

교재 1권 60

① 다중이용업소
② 의료시설　　**침**구류
③ 노유자시설　**소**파,
④ 숙박시설　　**의**자
⑤ 장례시설

공하성 기억법
침소의

유사 기출문제

21 ★★ 교재 1권 59-60

다음 중 방염에 대한 설명으로 옳은 것은?

① 건축물의 옥내에 있는 시설로 운동시설(수영장 포함)은 방염성능기준 이상 ~~제외~~의 실내장식물을 설치하여야 한다.
② 11층 이상(아파트 제외)인 건축물은 방염성능기준 이상의 실내장식물 등을 설치하여야 한다.
③ 창문에 설치하는 커튼류(블라인드 제외)는 방 ~~포함~~염대상물품이다.
④ 다중이용업소에서 사용하는 섬유류는 방염처리된 물품의 사용을 권장할 수 있다.
섬유류는 방염대상물품이다.

정답 ②

★ 방염 현장처리물품의 실시기관   교재 1권 61
시·도지사(관할소방서장)

---

21 ★★ 방염에 관한 다음 ( ) 안에 적당한 말을 고른 것은?
교재 1권 59

방염성능기준 이상의 실내장식물 등을 설치하여야 할 장소는 (㉠)이며, 방염대상물품은 (㉡)에 설치하는 스크린이다.

① ㉠ : 운동시설, ㉡ : 골프연습장
② ㉠ : 노유자시설, ㉡ : 야구연습장
③ ㉠ : 아파트, ㉡ : 농구연습장
④ ㉠ : 방송국, ㉡ : 탁구연습장

해설
① 방염성능기준 이상의 실내장식물 등을 설치하여야 할 장소는 **운동시설**이며, 방염대상물품은 **스크린 골프연습장**(가상체험 체육시설업)이다.

정답 ①

4 방염처리물품 교재 1권 60-61

방염 현장처리물품의 실시기관	방염 선처리물품의 성능검사 실시기관
시·도지사(관할소방서장)	한국소방산업기술원

기출문제

22 ★★★ 방염에 있어서 현장처리물품의 실시기관은?
교재 1권 61

① 행정안전부장관
② 소방청장
③ 소방본부장
④ 관할소방서장

해설
④ 현장처리물품 : 시·도지사(관할소방서장)

정답 ④

제3장 소방시설 설치 및 관리에 관한 법률

05 소방시설의 자체점검제도

1 작동점검과 종합점검 [교재 1권 62-63]

소방시설 등 자체점검의 점검대상, 점검자의 자격, 점검횟수 및 시기

점검구분	정의	점검대상	점검자의 자격 (주된 인력)	점검횟수 및 점검시기
작동점검	소방시설 등을 인위적으로 조작하여 정상적으로 작동하는지를 점검하는 것	① 간이스프링클러설비·자동화재탐지설비가 설치된 특정소방대상물	• 관계인 • 소방안전관리자로 선임된 소방시설관리사 또는 소방기술사 • 소방시설관리업에 등록된 기술인력 중 소방시설관리사 또는 「소방시설공사업법 시행규칙」에 따른 특급 점검자	• 작동점검은 **연 1회** 이상 실시하며, 종합점검대상은 종합점검(최초점검 제외)을 받은 달부터 **6개월**이 되는 달에 실시 • 종합점검대상 외의 특정소방대상물은 사용승인일이 속하는 달의 말일까지 실시
		② ①에 해당하지 아니하는 특정소방대상물	• 소방시설관리업에 등록된 기술인력 중 소방시설관리사 • 소방안전관리자로 선임된 소방시설관리사 또는 소방기술사	
		③ 작동점검 제외대상 • 소방안전관리자를 선임하지 않는 대상 • 위험물제조소 등 • 특급 소방안전관리대상물		

Key Point

* **점검시기** [교재 1권 63]
① 종합점검: 건축물 사용승인일이 속하는 달
② 작동점검: 종합점검(최초점검 제외)을 받은 달부터 6개월이 되는 달

* **작동점검 제외대상** [교재 1권 62]
① 위험물제조소 등
② 소방안전관리자를 선임하지 않는 대상
③ 특급 소방안전관리대상물

제2편 소방관계법령

* 종합점검 점검자격
  교재 1권 63
① 소방안전관리자
  ㉠ 소방시설관리사
  ㉡ 소방기술사
② 소방시설관리업자 : 소방시설관리사 참여

점검 구분	정 의	점검대상	점검자의 자격 (주된 인력)	점검횟수 및 점검시기
종합점검	소방시설 등의 작동점검을 포함하여 소방시설 등의 설비별 주요 구성부품의 구조기준이 화재안전기준과「건축법」등 관련 법령에서 정하는 기준에 적합한지 여부를 점검하는 것 (1) 최초점검 : 해당 특정소방대상물의 소방시설 등이 신설된 경우 (2) 그 밖의 종합점검 : 최초점검을 제외한 종합점검	④ 소방시설 등이 신설된 경우에 해당하는 특정소방대상물 ⑤ **스프링클러설비**가 설치된 특정소방대상물 ⑥ **물분무등소화설비**(호스릴 방식의 물분무등소화설비만을 설치한 경우는 제외)가 설치된 연면적 **5000㎡** 이상인 특정소방대상물(위험물제조소 등 제외) ⑦ 다중이용업의 영업장이 설치된 특정소방대상물로서 연면적이 **2000㎡** 이상인 것 ⑧ **제연설비**가 설치된 터널 ⑨ **공공기관** 중 연면적(터널·지하구의 경우 그 길이와 평균폭을 곱하여 계산된 값)이 **1000㎡** 이상인 것으로서 옥내소화전설비 또는 자동화재탐지설비가 설치된 것(단, 소방대가 근무하는 공공기관 제외) 중요 종합점검 ① 공공기관 : 1000㎡ ② 다중이용업 : 2000㎡ ③ 물분무등(호스릴 ✕) : 5000㎡	• 소방시설관리업에 등록된 기술인력 중 **소방시설관리사** • 소방안전관리자로 선임된 **소방시설관리사** 또는 **소방기술사**	〈점검횟수〉 ㉠ 연 1회 이상(특급 소방안전관리대상물은 반기에 1회 이상) 실시 ㉡ ㉠에도 불구하고 소방본부장 또는 소방서장은 소방청장이 소방안전관리가 우수하다고 인정한 특정소방대상물에 대해서는 3년의 범위에서 소방청장이 고시하거나 정한 기간 동안 종합점검을 면제할 수 있다(단, 면제기간 중 화재가 발생한 경우는 제외). 〈점검시기〉 ㉠ ④에 해당하는 특정소방대상물은 건축물을 사용할 수 있게 된 날부터 60일 이내 실시 ㉡ ㉠을 제외한 특정소방대상물은 건축물의 사용승인일이 속하는 달에 실시(단, 학교의 경우 해당 건축물의 사용승인일이 1월에서 6월 사이에 있는 경우에는 6월 30일까지 실시할 수 있다.) ㉢ 건축물 사용승인일 이후 ㉠에 따라 종합점검대상에 해당하게 된 경우에는 그 다음 해부터 실시 ㉣ 하나의 대지경계선 안에 2개 이상의 자체점검대상 건축물 등이 있는 경우 그 건축물 중 사용승인일이 가장 빠른 연도의 건축물의 사용승인일을 기준으로 점검할 수 있다.

제3장 소방시설 설치 및 관리에 관한 법률

자체점검

종합점검	작동점검
사용승인 달에 실시	종합점검＋6개월 ↓

기출문제

23 다음 중 자체점검에 대한 설명으로 옳은 것은?
① 소방대상물의 규모·용도 및 설치된 소방시설의 종류에 의하여 자체점검자의 자격·절차 및 방법 등을 달리한다.
② 작동점검시 항시 소방시설관리사가 참여해야 한다.
　　관계인, 소방안전관리자, 소방시설관리업자
③ 종합점검시 소방시설별 점검장비를 이용하여 점검하지 않아도 된다.
　　　　　　　　　　　　　　　　　　　　해야 한다.
④ 종합점검시 특급, 1급은 연 1회만 실시하면 된다.
　　특급은 반기별 1회 이상, 1급은 연 1회 이상

정답 ①

종합점검

특 급	1·2급
반기별	연 1회

24 건축물 사용승인일이 2021년 5월 1일이라면 종합점검 시기와 작동점검 시기를 순서대로 맞게 말한 것은?
① 종합점검 시기 : 5월 15일, 작동점검 시기 : 11월 1일
② 종합점검 시기 : 5월 15일, 작동점검 시기 : 12월 1일
③ 종합점검 시기 : 6월 15일, 작동점검 시기 : 11월 1일
④ 종합점검 시기 : 6월 15일, 작동점검 시기 : 12월 1일

해설 자체점검의 실시

종합점검	작동점검
사용승인 달에 실시	종합점검＋6개월 ↓

Key Point

유사 기출문제

24-1 ★★★ 〔교재 1권 63〕
건축물 사용승인일이 2021년 3월 3일이라면 종합점검 시기와 작동점검 시기를 순서대로 맞게 말한 것은?
① 2월 15일, 8월 5일
② 3월 15일, 9월 5일
③ 4월 15일, 10월 5일
④ 5월 15일, 11월 5일

해설 자체점검의 실시
(1) 종합점검 : 건축물 사용승인일이 3월 3일이며 3월에 실시해야 하므로 3월 15일이 된다.
(2) 작동점검 : 종합점검(최초점검 제외)을 받은 달부터 6개월이 되는 달(지난 달)에 실시하므로 3월에 종합점검을 받았으므로 6개월이 지난 9월달에 작동점검을 받으면 된다.

정답 ②

24-2 ★★ 〔교재 1권 63〕
건축물 사용승인일이 2021년 1월 30일이라면 종합점검 시기와 작동점검 시기를 순서대로 맞게 말한 것은?
① 종합점검 시기 : 1월, 작동점검 시기 : 7월
② 종합점검 시기 : 6월, 작동점검 시기 : 12월
③ 종합점검 시기 : 4월, 작동점검 시기 : 10월
④ 종합점검 시기 : 3월, 작동점검 시기 : 9월

해설 (1) 종합점검 : 건축물 사용승인일이 1월 30일이면 1월에 실시해야 하므로 1월에 받으면 된다.
(2) 작동점검 : 종합점검(최초점검 제외)을 받은 달부터 6개월이 되는 달(지난 달)에 실시하므로 1월에 종합점검을 받았으므로 6개월이 지난 7월달에 작동점검을 받으면 된다.

정답 ①

제2편 소방관계법령

(1) **종합점검** : 건축물 사용승인일이 5월 1일이기 때문에 **5월**에 **실시**해야 하므로 5월 15일에 받으면 된다.
(2) **작동점검** : 종합점검(최초점검 제외)을 받은 달부터 6개월이 되는 달 (지난 달)에 실시하므로 5월에 종합점검을 받았으므로 **6개월**이 지난 11월달(11월 1일~11월 30일)에만 작동점검을 받으면 된다.

정답 ①

25 종합점검 대상인 특정소방대상물의 작동점검을 실시하고자 한다. 이 때 종합점검을 받은 달부터 몇 개월이 되는 달에 실시하여야 하는가?

교재 1권 63

① 1개월 ② 6개월
③ 8개월 ④ 10개월

해설 ② 작동점검 : 종합점검(최초점검 제외)을 받은 달부터 6개월이 되는 달에 실시

정답 ②

26 다음 보기를 보고, 작동점검일을 옳게 말한 것은?

교재 1권 63

• 스프링클러설비가 설치되어 있다.
• 완공일 : 2021년 5월 10일
• 사용승인일 : 2021년 7월 10일

① 2021년 11월 15일   ② 2021년 12월 15일
③ 2022년 1월 15일   ④ 2022년 2월 15일

해설 자체점검의 실시
(1) **종합점검** : 건축물 사용승인일이 7월 10일이며 **7월**에 **실시**해야 한다.
(2) **작동점검** : 종합점검(최초점검 제외)을 받은 달부터 6개월이 되는 달 (지난 달)에 실시하므로 7월에 종합점검을 받았으므로 6개월이 지난 **2022년 1월달**에 작동점검을 받으면 된다. 그러므로 **2022년 1월 15일** 이 답이 된다.

정답 ③

2 자체점검 후 결과조치   교재 1권 67

작동점검·종합점검 결과 **보**관 : **2**년

공하성 기억법 보2(보이차)

* 작동점검·종합점검 결과 보관 교재 1권 67
2년

제3장 소방시설 설치 및 관리에 관한 법률

3 소방시설 등의 자체점검 실시결과 보고서 〔교재 1권 66-67〕

구 분	제출기간	제출처
관리업자 또는 소방안전관리자로 선임된 소방시설관리사·소방기술사	10일 이내	관계인
관계인	15일 이내	소방본부장·소방서장

기출문제

27 다음 중 소방시설의 자체점검에 대한 설명으로 옳은 것은?

〔교재 1권 63-64, 67〕

① 자체점검 실시결과 보고를 마친 관계인은 소방시설 등 자체점검 실시결과 보고서를 점검이 끝난 날부터 2년간 자체 보관해야 한다.
② 작동점검은 사용승인일과 같은 날에 실시하여야 한다.
   사용승인일이 속하는 달의 말일까지
③ 연면적 2000m² 이상인 다중이용업소는 작동점검을 받은 달부터
   종합점검(최초점검 제외)
   6개월이 되는 달에 실시한다.
④ 제연설비가 설치된 터널은 종합점검만 실시하면 된다.
   작동점검과 종합점검을 실시하여야 한다.

정답 ①

* 다중이용업소의 자체점검
연면적 2000m² 이상

제4장 다중이용업소의 안전관리에 관한 특별법

Key Point

✱ 다중이용업
불특정 다수인이 이용하는 영업 중 화재 등 재난발생 시 생명·신체·재산상의 피해가 발생할 우려가 높은 것으로서 대통령령으로 정하는 영업

✱ 음식점(다중이용업)

지하층	지상층
66m² ↑	100m² ↑

01 다중이용업 [교재 1권 72-74]

(1) 휴게음식점영업·일반음식점영업·제과점영업 : **100m²** 이상(지하층은 **66m²** 이상) (단, 주출입구가 1층 또는 지상과 직접 접하는 층에 설치되고 영업점의 주된 출입구가 건축물 외부의 지면과 직접 연결된 경우 제외)
(2) 단란주점영업·유흥주점영업
(3) 영화상영관·비디오물감상실업·비디오물소극장업 및 복합영상물제공업
(4) 학원 수용인원 **300명** 이상
(5) 학원 수용인원 **100~300명** 미만
   ① **기숙사**가 있는 학원
   ② **2 이상** 학원 수용인원 **300명** 이상
   ③ **다중이용업**과 **학원**이 함께 있는 것
(6) **목욕장업**
(7) 게임제공업, 인터넷 컴퓨터게임시설제공업·복합유통게임제공업
(8) 노래연습장업
(9) 산후조리업
(10) **고시원업**
(11) 전화방업
(12) 화상대화방업
(13) 수면방업
(14) 콜라텍업
(15) 방탈출카페업
(16) 키즈카페업
(17) 만화카페업
(18) 권총사격장(실내사격장에 한함)
(19) 가상체험 체육시설업(실내에 **1개** 이상의 별도의 구획된 실을 만들어 골프종목의 운동이 가능한 시설을 경영하는 영업으로 한정)
(20) 안마시술소

제4장 다중이용업소의 안전관리에 관한 특별법

02 다중이용업소의 안전시설 등

시 설		종 류
소방시설	소화설비	• 소화기 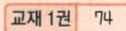 • 자동확산소화기  • 간이스프링클러설비(캐비닛형 간이스프링클러설비 포함)
	피난구조설비	• 유도등 • 유도표지 • 비상조명등 • 휴대용 비상조명등 • 피난기구(미끄럼대 · 피난사다리 · 구조대 · 완강기 · 다수인 피난장비 · 승강식 피난기) • 피난유도선
	경보설비	• 비상벨설비 또는 자동화재탐지설비 • 가스누설경보기
그 밖의 안전시설		• **창문**(단, 고시원업의 영업장에만 설치) • **영상음향차단장치**(단, 노래반주기 등 영상음향장치를 사용하는 영업장에만 설치) • **누전차단기**

Key Point

* 다중이용업소 소화설비
  ① 소화기
  ② 자동확산소화기
  ③ 간이스프링클러설비(캐비닛형, 간이스프링클러설비 포함)

기출문제

01 다중이용업소의 안전시설로서 소방시설에 해당되지 않는 것은?
① 소화기
② 자동확산소화기
③ 자동식사이렌설비 → 비상벨설비
④ 가스누설경보기

정답 ③

03 다중이용업소의 소방안전교육

(1) 실시권한
　　소방청장 · 소방본부장 · 소방서장

제2편 소방관계법령

(2) **교육대상자**
① 다중이용업주
② 종업원 : 종업원 1명 이상 또는 국민연금가입 의무대상자 1명 이상
③ 다중이용업을 하려는 자

04 300만원 이하의 과태료 〈교재 1권 79〉

(1) **소방안전교육**을 받지 않거나 종업원이 소방안전교육을 받도록 하지 않은 경우
(2) 안전시설 미설치자(누전차단기) 〈문02 보기②〉
(3) 설치신고 미실시자
(4) 피난시설·방화구획·방화시설의 폐쇄·훼손·변경
(5) **피난안내도** 미비치 〈문02 보기①〉
(6) **피난안내영상물** 미상영
(7) 다중이용업주의 안전시설 등에 대한 정기점검 등을 위반하여 다음의 어느 하나에 해당하는 자
  ① 안전시설 등을 점검(위탁하여 실시하는 경우 포함)하지 아니한 자
  ② 정기점검결과서를 작성하지 아니하거나 거짓으로 작성한 자
  ③ 정기점검결과를 보관하지 아니한 자 〈문02 보기③〉
(8) **소방안전관리업무** 태만 〈문02 보기④〉

* **과태료**
지정된 기한 내에 어떤 의무를 이행하지 않았을 때 부과하는 돈

* **안전시설**
누전차단기 등

기출문제

02 다중이용업소의 안전관리에 관한 특별법상 과태료 부과대상에 해당하지 <u>않는</u> 것은? 〈교재 1권 79〉
① 피난안내도를 갖추어 두지 않은 경우
② <u>배선용 차단기</u>를 설치하지 않은 경우
　　　누전차단기
③ 정기점검결과서를 보관하지 않은 경우
④ 소방안전관리업무를 하지 않은 경우

정답 ②

제5장 초고층 및 지하연계 복합건축물 재난관리에 관한 특별법

01 초고층건축물 vs 지하연계 복합건축물

초고층건축물	지하연계 복합건축물
① **50층** 이상 ② **200m** 이상	① 지하부분이 지하역사 또는 지하도 상가와 연결된 건축물(**11층** 이상 또는 1일 수용인원 **5000명** 이상) ② 문화 및 집회시설 ③ 판매시설 ④ 운수시설 ⑤ 업무시설 ⑥ 숙박시설 ⑦ 위락시설 중 테마파크업의 시설 ⑧ 종합병원·요양병원

02 피난안전구역의 설치

* **피난안전구역**
건축물의 피난·안전을 위하여 건축물 중간층에 설치하는 대피공간

구 분	설 명
초고층건축물	피난층 또는 지상으로 통하는 직통계단과 직접 연결되는 피난안전구역을 지상층으로부터 최대 30개층마다 1개소 이상 설치
30~49층 이하 지하연계 복합건축물	피난층 또는 지상으로 통하는 직통계단과 직접 연결되는 피난안전구역을 해당 건축물 전체 층수의 $\frac{1}{2}$에 해당하는 층으로부터 상하 5개층 이내에 1개소 이상 설치
16층 이상 29층 이하 지하연계 복합건축물	지상층별 거주밀도가 m^2당 1.5명을 초과하는 층은 해당 층의 사용형태별 면적의 합의 $\frac{1}{10}$에 해당하는 면적

제2편 소방관계법령

유사 기출문제

01 ★★★　교재 1권 84

지상 48층 지하연계 복합건축물이 있다. 피난안전구역을 설치할 때 적합하지 않은 층은?

① 19층　② 20층
③ 28층　④ 30층

해설 30~49층 이하 지하연계 복합건축물

층수 × $\frac{1}{2}$ ± 상·하 5개층
= 48층 × $\frac{1}{2}$ ± 상·하 5개층
= 19~29층
∴ 30층은 해당 없음

정답 ④

기출문제

01 교재 1권 84

지상 36층 지하연계 복합건축물이 있다. 피난안전구역을 설치할 때 적합하지 않은 층은?

① 12층　② 18층
③ 20층　④ 23층

해설 30~49층 이하 지하연계 복합건축물

층수 × $\frac{1}{2}$ ± 상·하 5개층 = 36층 × $\frac{1}{2}$ ± 상·하 5개층 = 13~23층

∴ 12층은 해당 없음

정답 ①

---

03 총괄재난관리자의 총괄·관리업무　교재 1권 85

(1) 재난예방 및 피해경감계획의 수립·시행
(2) 협의회의 구성·운영
(3) 교육 및 훈련
(4) **종합방재실**의 설치·운영
(5) **종합재난관리체제**의 구축·운영
(6) **피난안전구역** 설치·운영
(7) 유해·위험물질의 관리 등
(8) **초기대응대** 구성·운영
(9) 대피 및 피난유도
(10) 그 밖에 재난 및 안전관리에 관한 업무로서 **행정안전부령**으로 정한 사항

> **참고** 행정안전부령으로 정한 사항
>
> • 초고층 건축물 등의 유지·관리 및 점검, 보수 등에 관한 사항
> • 통합안전점검 실시에 관한 사항
> • 홍보계획의 수립·시행에 관한 사항
> • 방범, 보안, 테러 대비·대응 계획의 수립 및 시행에 관한 사항

제5장 초고층 및 지하연계 복합건축물 재난관리에 관한 특별법

04 총괄재난관리자의 자격 [교재 1권 86]

(1) 건축사
(2) 건축·기계·전기·토목·안전관리분야 **기술사**
(3) **특급** 소방안전관리자
(4) 건축·기계·전기·토목·안전관리자 분야 **기사**+**실무경력 5년** 이상
   건축설비 ×
(5) 건축·기계·전기·토목·안전관리자 분야 **산업기사**+**실무경력 7년** 이상
   건축설비 ×
(6) 주택관리사+**실무경력 5년** 이상

Key Point

* 총괄재난관리자 [교재 1권 86]

기사· 주택관리사	산업기사
5년 이상	7년 이상

기출문제

02 다음 중 총괄재난관리자의 자격으로 옳지 <u>않은</u> 것은?
[교재 1권 86]
① 건축사
② 주택관리사로서 재난 및 안전관리에 관한 실무경력이 5년 이상인 사람
③ <u>건축설비분야</u> 산업기사로서 재난 및 안전관리에 관한 실무경력이 7년 이상인 사람
   건축분야
④ 기계분야 기사로서 재난 및 안전관리에 관한 실무경력이 5년 이상인 사람

정답 ③

05 총괄재난관리자의 지정 및 등록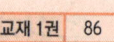

구 분	설 명
초고층건축물을 신축·증축·개축·재축·이전 또는 대수선한 경우	건축물의 사용승인 또는 사용검사 등을 받은 날
용도변경 또는 용도변경에 따른 수용인원 증가로 초고층건축물 등이 된 경우	사용검사 등을 받은 날 또는 용도변경 사실을 건축물 대장에 기록한 날
초고층건축물을 양수·경매·환가·압류재산의 매각, 인수한 경우	양수 또는 인수한 날
총괄재난관리자를 해임하였거나 퇴직한 경우	해임한 날 또는 퇴직한 날

* 초고층건축물 교육 및 훈련
매년 1회 이상

06 총괄재난관리자에 대한 교육

교육 주기	교육 내용
최초 6개월 이내, 그 후 2년마다 1회 이상	① 재난관리 일반 ② 법 및 하위법령의 주요 내용 ③ 재난예방 및 피해경감계획 수립에 관한 사항 ④ 관계인, 상시근무자 및 거주자에 대하여 실시하는 재난 및 테러 등에 대한 교육·훈련에 관한 사항 ⑤ 종합방재실의 설치·운영에 관한 사항 ⑥ 종합재난관리체제의 구축에 관한 사항 ⑦ 피난안전구역의 설치·운영에 관한 사항 ⑧ 유해·위험물질의 관리 등에 관한 사항 ⑨ 그 밖에 소방청장이 필요하다고 인정하는 사항

* 초고층건축물 교육 및 훈련 실시 후

결과보고서	서류보관
10일 이내 시·군·구 본부장에게 제출	1년

중요 초고층건축물 교육 및 훈련계획

수 립	제 출
매년 12월 15일까지 수집	특별자치시장·특별자치도지사 또는 시장·군수·구청장

* 소화·피난 등의 훈련과 방화관리상 필요한 교육 : 14일 전까지 소방서장과 협의

07 초고층건축물 초기대응대 구성·운영

구 성	수행역할
상주 **5명** 이상의 관계인 (단, **공동주택**은 **3명** 이상)	① 재난발생장소 등 **현황파악**, **신고** 및 **관계지역**에 대한 전파 ② **거주자** 및 **입점자** 등의 대피 및 피난 유도 ③ 재난 초기 대응 ④ 구조 및 응급조치 ⑤ 긴급구조기관에 대한 재난정보 제공 ⑥ 그 밖에 재난예방 및 피해경감을 위하여 필요한 사항

❋ 초고층건축물 초기대응대 구성
상주 5명 이상의 관계인(단, 공동주택은 3명 이상)

08 초고층건축물 초기대응대의 교육 및 훈련내용

(1) 재난발생장소 확인방법
(2) 재난의 신고 및 관계지역 전파 등의 방법
(3) **초기대응** 및 신체방호방법
(4) 층별 **거주자** 및 **입점자** 등의 **피난유도**방법
(5) **응급구호** 방법
(6) **소방** 및 **피난** 시설 작동방법
(7) **불**을 사용하는 설비 및 기구 등의 열원(熱源)차단방법
(8) **위험물품** 응급조치 방법
(9) 소방대 도착시 현장유도 및 정보제공 등
(10) 안전방호방법
(11) 그 밖에 재난초기대응에 필요한 사항

제6장 재난 및 안전관리 기본법

01 재난 〔교재 1권 91〕

자연재난	사회재난
태풍, **홍수**, **호우**(豪雨), **강풍**, **풍랑**, **해일**(海溢), 대설, 한파, 낙뢰, 가뭄, 폭염, 지진, 황사(黃砂), 조류(藻類) 대발생, 조수(潮水), 화산활동, 소행성·유성체 등 자연우주물체의 추락·충돌, 그 밖에 이에 준하는 자연현상으로 인하여 발생하는 재해	**화재·붕괴·폭발·교통사고**(항공사고 및 해상사고 포함)·**화생방사고**·환경오염사고 등으로 인하여 발생하는 **대통령령**으로 정하는 규모 이상의 피해와 국가핵심기반의 마비, 감염병 또는 **가축전염병**의 확산 등으로 인한 피해

* **국가핵심기반** 〔교재 1권 91〕
에너지, 정보통신, 교통수송, 보건의료 등 국가경제, 국민의 안전·건강 및 정부의 핵심기능에 중대한 영향을 미칠 수 있는 시설, 정보기술시스템 및 자산

02 국가안전관리기본계획의 수립 〔교재 1권 92〕

국무총리	중앙행정기관의 장
국가안전관리기본계획 수립지침 작성	① 재난 및 안전관리업무 기본계획 작성 ② 재난관리책임기관 장에게 통보

│ 안전관리계획의 구분 및 작성책임 │

안전관리계획의 구분 및 분류	작성 및 책임자
국가안전관리 기본계획(국가단위)	국무총리
국가안전관리 기본계획(부처단위)	중앙행정기관의 장
시·도 안전관리계획	시·도지사
시·군·구 안전관리계획	시장·군수·구청장

03 재난관리책임기관의 재난 방지 조치

(1) 재난에 대응할 **조직**의 **구성** 및 **정비**
(2) 재난의 예측 및 예측정보 등의 제공·이용에 관한 체계의 구축
(3) 재난 발생에 대비한 **교육·훈련**과 재난관리예방에 관한 **홍보**
(4) 재난이 발생할 위험이 높은 분야에 대한 **안전관리체계**의 **구축** 및 **안전관리규정**의 제정
(5) 국가핵심기반의 관리
(6) **특정관리대상지역**에 관한 조치
(7) 재난방지시설의 **점검·관리**
(8) 재난관리자원의 관리
(9) 그 밖에 재난을 예방하기 위하여 필요하다고 인정되는 사항

04 국가재난관리기준에 포함되어야 할 사항

(1) 재난분야 **용어정의** 및 **표준체계** 정립
(2) 국가재난 대응체계에 대한 원칙
(3) **재난경감·상황관리·유지관리** 등에 관한 일반적 기준
(4) 재난에 관한 예보·경보의 발령 기준
(5) **재난상황**의 **전파**
(6) 재난발생시 효과적인 지휘·통제 체제 마련
(7) 재난관리를 효과적으로 수행하기 위한 관계기관 간 상호협력 방안
(8) 재난관리체계에 대한 평가 기준이나 방법
(9) 그 밖에 재난관리를 효율적으로 수행하기 위하여 **행정안전부장관**이 필요하다고 인정하는 사항

★ 국가재난관리 기준의 재정·운영
행정안전부장관

★ 재난분야 위기관리 매뉴얼 작성·운용
재난관리책임기관의 장

제2편 소방관계법령

05 재난의 선포절차 및 과정

* 재난사태의 선포·해제

행정안전부장관

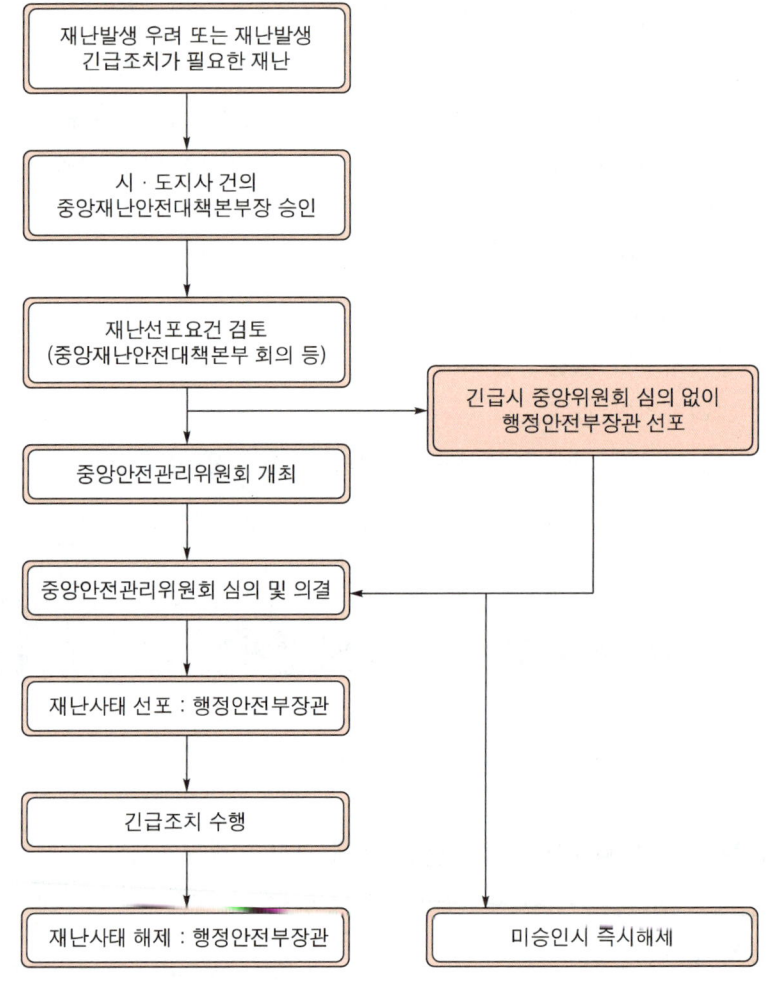

- 재난발생 우려 또는 재난발생 긴급조치가 필요한 재난
- 시·도지사 건의 중앙재난안전대책본부장 승인
- 재난선포요건 검토 (중앙재난안전대책본부 회의 등)
- 중앙안전관리위원회 개최
- 중앙안전관리위원회 심의 및 의결
- 재난사태 선포 : 행정안전부장관
- 긴급조치 수행
- 재난사태 해제 : 행정안전부장관

- 긴급시 중앙위원회 심의 없이 행정안전부장관 선포
- 미승인시 즉시해세

제6장 재난 및 안전관리 기본법

06 재난유형별 대응체계 교재1권 98

단 계	내 용	비 고
관심 (Blue)	**징후**가 있으나, 그 활동이 **낮으며** 가까운 기간 내에 국가 위기로 발전할 가능성이 비교적 **낮은 상태**	징후활동 감시
주의 (Yellow)	**징후활동**이 **비교적 활발**하고 국가위기로 발전할 수 있는 일정 수준의 **경향성**이 나타나는 상태	대비계획 점검
경계 (Orange)	**징후활동**이 **매우 활발**하고 전개속도, 경향성 등이 현저한 수준으로서 국가위기로의 발전 가능성이 **농후**한 상태	즉각 대응 태세 돌입
심각 (Red)	**징후활동**이 **매우 활발**하고 전개속도, 경향성 등이 심각한 수준으로서 **확실**시되는 상태	대규모 인원 피난

Key Point

* 재난유형별 대응체계 교재1권 98

단 계	내 용
관심	징후활동 낮음
주의	징후활동 비교적 활발
경계	징후활동 매우 활발, 농후
심각	징후활동 매우 활발, 확실

기출문제

01 ★★★ 교재1권 98

재난유형별 대응체계 중 징후활동이 매우 활발하고 전개속도, 경향성 등이 현저한 수준으로서 국가위기로의 발전 가능성이 농후한 상태는 어떤 단계에 해당되는가?

① 관심 ② 주의
③ 경계 ④ 심각

해설 ③ 경계 : 징후활동 매우 활발, 농후

정답 ③

07 재난사태 선포 vs 특별재난지역 선포 〔교재 1권 96, 98〕

재난사태 선포	특별재난지역 선포
행정안전부장관	대통령

* 특별재난지역 선포 건의 〔교재 1권 98〕
중앙대책본부장

08 특별재난의 범위 〔교재 1권 99〕

(1) 자연재난으로서 국고지원대상 피해 기준금액의 **2.5배**를 **초과**하는 피해가 발생한 재난

(2) 자연재난으로서 국고지원대상에 해당하는 시·군·구의 관할 읍·면·동의 국고지원대상 피해 기준금액의 $\frac{1}{4}$ 을 **초과**하는 피해가 발생한 재난

(3) 사회재난 중 재난이 발생한 해당 지방자치단체의 행정능력이나 재정능력으로는 재난의 수습이 곤란하여 **국가적 차원**의 **지원**이 필요하다고 인정되는 재난

(4) 그 밖에 재난발생으로 인한 생활기반상실 등 극심한 피해의 효과적인 수습 및 복구를 위하여 국가적 차원의 특별한 조치가 필요하다고 인정되는 재난

제 7 장 위험물안전관리법

01 위험물안전관리법

1 지정수량 교재1권 102

위험물의 종류별로 위험성을 고려하여 **대통령령**이 정하는 수량으로서, 제조소 등의 설치허가 등에서 기준이 되는 수량 문01 보기③

> **Key Point**
>
> * 위험물 교재1권 101
> 인화성 또는 발화성 등의 성질을 가지는 것으로서 대통령령이 정하는 물품

기출문제

01 위험물의 종류별로 위험성을 고려하여 대통령령이 정하는 수량으로서 제조소 등의 설치허가 등에서 기준이 되는 수량을 무엇이라 하는가?
교재1권 102
① 허가수량　　　　　② 유효수량
③ 지정수량　　　　　④ 저장수량

해설 ③ 지정수량 : 위험성을 고려하여 대통령령이 정하는 수량

정답 ③

2 위험물의 지정수량 교재1권 102

위험물	지정수량
유 황	100kg
휘발유	200L 문02 보기② 종화성 기억법 휘2
질 산	300kg
알코올류	400L 문02 보기①
등유·경유	1000L 문02 보기③

73

제2편 소방관계법령

위험물	지정수량
중유	2000L 문02 보기④ 중2(간부 중위)

기출문제

02 위험물과 지정수량의 연결이 잘못 연결된 것은?
[교재 1권 102]
① 알코올류-400L
② 휘발유-200L
③ 등유-1000L
④ 중유-4000L → 2000

정답 ④

3 선임신고 [교재 1권 40, 104]

14일 이내에 **소방본부장·소방서장**에게 신고
(1) 소방안전관리자
(2) 위험물안전관리자

* 30일 이내 [교재 1권 39-40, 104]
① 소방안전관리자의 **재선임**(다시 선임)
② 위험물안전관리자의 **재선임**(다시 선임)

4 위험물취급자격자의 자격 [교재 1권 105]

위험물취급자격자의 구분	취급할 수 있는 위험물
위험물기능장, 위험물산업기사, 위험물기능사	모든 위험물
위험물안전관리자 교육이수자	제4류 위험물
소방공무원 근무경력 **3년** 이상인 자	제4류 위험물

5 위험물안전관리자 대리자 자격요건 [교재 1권 106]

(1) 위험물의 취급에 관한 자격취득자
(2) 안전교육을 받은 자
(3) 제조소 등의 위험물안전관리 업무에서 안전관리자를 지휘·감독하는 직위에 있는 자

* 위험물안전관리자 대리자 직무대행기간 [교재 1권 106]
30일 이하

6 1인의 위험물안전관리자를 중복 선임할 수 있는 경우

(1) 보일러・버너 7개 이하의 일반취급소・저장소를 동일인이 설치한 경우
(2) 차량에 고정된 수조 또는 운반용기에 옮겨 담기 위한 5개 이하의 일반취급소(일반취급소간의 **보행거리**가 **300m 이내**인 경우)와 저장소를 동일인이 설치한 경우
(3) 동일구 내에 있거나 상호 **보행거리 100m** 이내의 거리에 있는 저장소로서 동일인이 설치한 경우
   ① **10개** 이하의 **옥내저장소**
   ② **30개** 이하의 **옥외탱크저장소**
   ③ **옥내탱크저장소**
   ④ **지하탱크저장소**
   ⑤ **간이탱크저장소**
   ⑥ **10개** 이하의 **옥외저장소**
   ⑦ **10개** 이하의 **암반탱크저장소**
(4) 다음의 기준에 모두 적합한 5개 이하의 제조소 등을 동일인이 설치한 경우
   ① 각 제조소 등이 동일구 내에 위치하거나 상호 **100m** 이내의 거리에 있을 것
   ② 각 제조소 등에서 저장 또는 취급하는 위험물의 최대수량이 지정수량의 **3000배** 미만(단, 저장소 제외)
(5) **선박주유취급소**의 고정주유설비에 공급하기 위한 위험물을 저장하는 저장소와 당해 선박주유취급소와 제조소를 동일인이 설치한 경우

* 보행거리
걸어서 갈 수 있는 거리

7 1인의 위험물안전관리자를 중복하여 선임하는 경우 대리자의 자격이 있는 자를 지정하여 위험물안전관리자를 보조하게 하여야 하는 곳

(1) 제조소
(2) 이송취급소
(3) 일반취급소 (단, 인화점이 **38℃** 이상인 **제4류 위험물**만을 지정수량의 **30배 이하**로 취급하는 일반취급소로서 다음 일반취급소 제외)

제2편 소방관계법령

① **보일러**·버너 또는 이와 비슷한 것으로서 위험물을 소비하는 장치로 이루어진 일반취급소
② 위험물을 용기에 옮겨 담거나 차량에 고정된 수조에 주입하는 일반취급소

8 제조소 등의 사용중지시 행정안전부령으로 정하는 안전조치 〔교재 1권 110〕

(1) 탱크 배관 등 위험물을 저장 또는 취급하는 설비에서 위험물 및 가연성 증기 등의 제거
(2) 관계인이 아닌 사람에 대한 해당 제조소 등에의 출입금지 조치
(3) 해당 제조소 등의 사용중지 사실의 게시
(4) 그 밖에 위험물의 사고 예방에 필요한 조치

9 위험물의 저장·취급과 관련한 각종 신청 〔교재 1권 111〕

종류 \ 내용	절차	시기
임시저장·취급	소방본부장 또는 소방서장의 승인	저장·취급 전
안전관리자 선임신고	소방본부장·소방서장에게 신고	선임 후 **14일** 이내
제조소 등의 설치 또는 변경	시·도지사(소방서장)의 허가 또는 협의(군용위험물시설)	공사착공 전
품명, 수량 또는 지정수량의 변경	시·도지사(소방서장)에게 신고	변경 **1일** 전
탱크안전성능검사	시·도지사(소방서장 등)에게 검사	완공검사 전
완공검사	시·도지사(소방서장 등)에게 검사	완공 후 사용개시 전
제조소 등의 승계신고	시·도지사(소방서장)에게 신고	양도·인도를 받은 자가 **30일** 이내
제조소 등의 용도폐지신고	시·도지사(소방서장)에게 신고	용도 폐지 후 **14일** 이내
제조소 등의 사용 중지등	시·도지사(소방서장)에게 신고	중지 또는 재개 **14일** 전
예방규정 제출	시·도지사(소방서장)에게 제출	시살 사용개시 전

* 제조소 등의 용도폐지 신고 〔교재 1권 109〕
14일 이내

10 정기점검대상인 제조소 [교재 1권 113]

(1) 지정수량의 **10배** 이상 제조소·일반취급소
(2) 지정수량의 **100배** 이상 옥외저장소
(3) 지정수량의 **150배** 이상 옥내저장소
(4) 지정수량의 **200배** 이상 옥외탱크저장소

> 공하성 기억법
> 0 제일
> 0 외
> 5 내
> 0 탱

(5) 암반탱크저장소
(6) 이송취급소
(7) **지하탱크저장소**
(8) **이동탱크저장소**
(9) 지하에 매설된 수조가 있는 제조소·주유취급소·일반취급소

11 제조소 등의 정기점검 대상범위 [교재 1권 114]

정기점검구분	점검대상	점검자의 자격	점검기록 보존연한	횟 수
일반점검	정기점검대상	안전관리자 운송자 (이동탱크저장소)	3년	연 1회 이상
구조안전점검	특정·준특정 옥외탱크 저장소 (저장 또는 취급하는 액체위험물의 최대수량이 50만L 이상인 것)	소방청장이 고시하는 점검방법에 관한 지식 및 기능이 있는 자	25년 (구조안전점검시기 연장신청을 하여 안전조치가 적정한 것으로 인정받은 경우)	아래 어느 하나에 해당하는 기간 이내 1회 이상

[구조안전점검기간]
1. 제조소 등의 설치허가에 따른 완공검사합격확인증을 교부받은 날부터 **12년**
2. 최근의 정밀정기검사를 받은 날부터 **11년**
3. 특정·준특정옥외저장탱크에 안전조치를 한 후 공사에 구조안전점검시기 연장신청을 하여 해당 안전조치가 적정한 것으로 인정받은 경우에는 최근의 정밀정기검사를 받은 날부터 **13년**

* 제조소 등 정기점검 결과제출 [교재 1권 115]
점검한 날부터 30일 이내 시·도지사(소방서장)

* **제조소 등 정기점검 결과제출** 교재 1권 115
점검한 날부터 30일 이내 시·도지사(소방서장)

12 제조소 등 정기점검 기록사항 교재 1권 115

(1) 점검을 실시한 제조소 등의 명칭
(2) 점검의 방법 및 결과
(3) 점검 연월일
(4) 점검을 한 안전관리자 또는 점검을 한 수조시험자와 점검에 참관한 안전관리자의 성명

* **벌칙** 교재 1권 115

무기, 3년	무기, 5년	1~10년
위험물 유출, 상해	위험물 유출, 사망	위험물 유출, 위험

13 벌칙 교재 1권 115

벌 칙	구 분
무기 또는 3년 이상의 징역	위험물을 유출하여 사람을 **상해**에 이르게 한 사람
무기 또는 5년 이상의 징역	위험물을 유출하여 사람을 **사망**에 이르게 한 사람
1년 이상 10년 이하의 징역	위험물을 유출하여 사람에게 **위험**을 발생시킨 사람

중요 제조소 등의 점검결과를 기록·보존하지 않는 자 교재 1권 118

1차 위반	2차 위반	3차 위반
250만원 과태료	400만원 과태료	500만원 과태료

제3편

건축관계법령

칭찬 10계명

1. 칭찬할 일이 생겼을 때는 즉시 칭찬하라.
2. 잘한 점을 구체적으로 칭찬하라.
3. 가능한 한 공개적으로 칭찬하라.
4. 결과보다는 과정을 칭찬하라.
5. 사랑하는 사람을 대하듯 칭찬하라.
6. 거짓 없이 진실한 마음으로 칭찬하라.
7. 긍정적인 눈으로 보면 칭찬할 일이 보인다.
8. 일이 잘 풀리지 않을 때 더욱 격려하라.
9. 잘못된 일이 생기면 관심을 다른 방향으로 유도하라.
10. 가끔씩 자기 자신을 스스로 칭찬하라.

제 1 장 건축관계법령

* 지하층
건축물의 바닥이 지표면 아래에 있는 층으로서 그 바닥으로부터 지표면까지의 평균 높이가 해당층 높이(층고)의 $\frac{1}{2}$ 이상인 것

01 지하층

건축물의 바닥이 지표면 아래에 있는 층으로서 그 바닥으로부터 지표면까지의 평균 높이가 해당 층 높이(층고)의 $\frac{1}{2}$ 이상인 것

참고 지하층의 개념

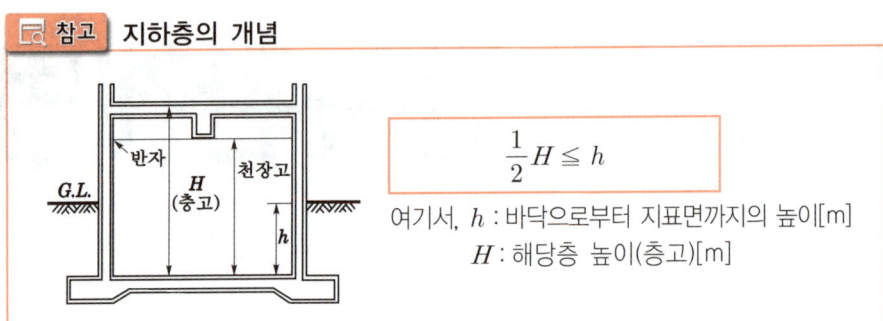

$$\frac{1}{2}H \leq h$$

여기서, h : 바닥으로부터 지표면까지의 높이[m]
H : 해당층 높이(층고)[m]

기출문제

01 지하층이라 함은 건축물의 바닥이 지표면 아래에 있는 층으로서 바닥에서 지표면까지의 평균 높이가 해당 층 높이의 얼마 이상인 것을 말하는가?

① $\frac{1}{2}$ ② $\frac{1}{3}$
③ $\frac{1}{4}$ ④ $\frac{1}{5}$

해설 지하층
건축물의 바닥이 지표면 아래에 있는 층으로서 그 바닥으로부터 지표면까지의 평균 높이가 해당 층 높이(층고)의 $\frac{1}{2}$ 이상인 것

정답 ①

제1장 건축관계법령

02 주요구조부 교재 1권 126

(1) 내력**벽**(그 밖에 이와 유사한 부분 제외)
(2) **보**(작은 보 제외)
(3) **지**붕틀(차양 제외)
(4) **바**닥(최하층 바닥 제외)
(5) **주**계단(옥외계단 제외)
(6) **기**둥(사이기둥 제외)

> 공하성 기억법 벽보지 바주기

Key Point

* 주요구조부 교재 1권 126
  ① 내력벽
  ② 보
  ③ 지붕틀
  ④ 바닥
  ⑤ 주계단
  ⑥ 기둥

기출문제

02 ★★★ 건축물의 주요구조부에 해당되지 않는 것은?
교재 1권 126
① 내력벽   ② 기둥
③ 주계단   ④ 작은 보
                          해당 없음

정답 ④

03 내화구조와 방화구조 교재 1권 133-134

내화구조	방화구조	
	구조내용	기 준
① 철근콘크리트조 ② 연와조(벽돌조) ③ 일정 시간 동안 형태나 강도 등이 크게 변하지 않는 구조 ④ 대체로 화재 후에도 재사용이 가능한 구조	• 철망모르타르 바르기	바름두께가 **2cm** 이상인 것
	• 석고판 위에 시멘트 모르타르 또는 회반죽을 바른 것 • 시멘트모르타르 위에 타일을 붙인 것	두께의 합계가 **2.5cm** 이상인 것
	• 심벽에 흑으로 맞벽치기 한 것	두께와 무관함
	• 「산업표준화법」에 따른 한국산업표준이 정하는 바에 의하여 시험한 결과 방화 2급 이상에 해당하는 것	

* 방화구조

철망모르타르	기 타
2cm ↑	2.5cm ↑

* 모르타르
모래와 시멘트 섞은 것

※ **연와조** 교재 1권 133
'벽돌조'를 말한다.

기출문제

03 내화구조가 아닌 것은? 교재 1권 133

① 철골트러스 — 해당 없음
② 연와조
③ 철근콘크리트조
④ 화재시에 일정 시간 동안 형태나 강도 등이 크게 변하지 않는 구조

해설 ① 철골트러스는 해당 없음

정답 ①

중요 ▶ 내화구조의 기준 교재 1권 134-135

내화구분		기 준
벽	모든 벽	① 철골·철근콘크리트조로서 두께가 **10cm** 이상인 것 ② 골구를 철골조로 하고 그 양면을 두께 **4cm** 이상의 철망 모르타르로 덮은 것 ③ 두께 **5cm** 이상의 콘크리트 블록·벽돌 또는 석조로 덮은 것 ④ 철재로 보강된 **콘크리트블록조·벽돌조** 또는 석조로서 철재에 덮은 콘크리트블록의 두께가 **5cm** 이상인 것 ⑤ 벽돌조로서 두께가 **19cm** 이상인 것 ⑥ 고온·고압의 증기로 양생된 경량기포 콘크리트 패널 또는 경량기포 콘크리트 블록조로서 두께가 10cm 이상인 것
	외벽 중 비내력벽	① 철골·철근콘크리트조로서 두께가 **7cm** 이상인 것 ② 골구를 철골조로 하고 그 양면을 두께 **3cm** 이상의 철망 모르타르로 덮은 것 ③ 두께 **4cm** 이상의 콘크리트 블록·벽돌 또는 석조로 덮은 것 ④ 철재로 보강괸 콘크리트블록조·벽돌조 또는 석조로서 철재에 덮은 콘크리트블록 등의 두께가 4cm 이상인 것 ⑤ 석조로서 두께가 **7cm** 이상인 것
기둥 (작은 지름이 25cm 이상인 것)		① 철근콘크리트조 또는 철골철근콘크리트조 ② 철골을 두께 **6cm**(경량골재를 사용하는 경우에는 5cm) 이상의 철망 모르타르로 덮은 것 ③ 두께 **7cm** 이상의 콘크리트 블록·벽돌 또는 석조로 덮은 것 ④ 철골을 두께 **5cm** 이상의 콘크리트로 덮은 것
바닥		① 철골·철근콘크리트조로서 두께가 **10cm** 이상인 것 ② 철재로 보강된 콘크리트블록조·벽돌조 또는 석조로서 철재에 덮은 콘크리트블록 등의 두께가 **5cm** 이상인 것 ③ 철재의 양면을 두께 **5cm** 이상의 철망 모르타르로 덮은 것

제1장 건축관계법령

내화구분	기 준
보	① 철골을 두께 **6cm**(경량골재를 사용하는 경우에는 5cm) 이상의 철망 모르타르로 덮은 것 ② 두께 **5cm** 이상의 콘크리트로 덮은 것 ③ 철근콘크리트조 또는 철골철근콘크리트조 ④ 철골조의 지붕틀(바닥으로부터 그 아랫부분까지의 높이가 4m 이상인 것에 한함)로서 바로 아래에 반자가 없거나 불연재료로 된 반자가 있을 것
지붕	① 철근콘크리트조 또는 철골철근콘크리트조 ② 철재로 보강된 콘크리트블록조·벽돌조 또는 석조 ③ 철재로 보강된 유리블록 또는 망입유리로 된 것
계단	① 철근콘크리트조 또는 철골철근콘크리트조 ② 무근콘크리트조·콘크리트블록조·벽돌조 또는 석조 ③ **철재로 보강된 콘크리트블록조·벽돌조 또는 석조** ④ **철골조**
기타	기타 내화성능이 인정된 구조(건축물의 피난·방화구조 등의 기준에 관한 규칙 제3조 제8호 내지 제10호에 의한 경우를 말함)

* 보
철골을 두께 6cm 이상의 철망 모르타르로 덮는 것

04 건축 교재 1권 126-132

종 류	설 명
신축	건축물이 없는 대지(기존 건축물이 해체되거나 멸실된 대지를 포함)에 새로 건축물을 축조하는 것(부속 건축물만 있는 대지에 새로 주된 건축물을 축조하는 것을 포함하되, 개축 또는 재축에 해당하는 경우를 제외)
증축	기존 건축물이 있는 대지 안에서 건축물의 건축면적·연면적·층수 또는 높이를 증가시키는 것을 말한다. 즉 기존 건축물이 있는 대지에 건축하는 것은 기존 건축물에 붙여서 건축하거나 별동으로 건축하거나 관계없이 증축에 해당
개축	기존 건축물의 **전부** 또는 **일부**(내력벽·기둥·보·지붕틀 중 **3개 이상**이 포함되는 경우)를 해체하고 그 대지에 동일한 규모의 범위 안에서 건축물을 **다시 축조**하는 것

제3편 건축관계법령

Key Point

※ 개축 vs 재축
교재 1권 129-130

개축	재축
전부 또는 일부 다시 축조	다시 축조

종류	설명

재축	건축물이 천재지변이나 그 밖에 재해로 멸실된 경우 그 대지 안에 다음의 요건을 갖추어 다시 축조하는 것
	① 연면적 합계는 종전 규모 이하로 할 것
	② 동수, 층수 및 높이는 다음 어느 하나에 해당할 것
	   ㉠ 동수, 층수 및 높이가 모두 종전 규모 이하일 것
	   ㉡ 동수, 층수 또는 높이의 어느 하나가 종전 규모를 초과하는 경우에는 해당 동수, 층수 및 높이가 건축법령에 모두 적합할 것

이전	건축물의 주요구조부를 해체하지 않고 동일한 대지 안의 다른 위치로 옮기는 것
리모델링	건축물의 노후화를 억제하거나 기능 향상 등을 위하여 대수선하거나 건축물의 **일부**를 **증축** 또는 **개축**하는 행위

기출문제

04 다음 용어의 정의 중 건축에 관한 설명으로 옳지 <u>않은</u> 것은?

교재 1권 126-132

① 신축 : 건축물이 없는 대지(기존 건축물이 철거 또는 멸실된 대지를 포함)에 새로이 건축물을 축조하는 것(부속 건축물만 있는 대지에 새로이 주된 건축물을 축조하는 것을 포함하되, 개축 또는 재축에 해당하는 경우를 제외)을 말한다.
② 증축 : 기존 건축물이 있는 대지 안에서 건축물의 건축면적·연면적·층수 또는 높이를 증가시키는 것을 말한다. 즉, 기존 건축물이 있는 대지에 건축하는 것은 기존 건축물에 붙여서 건축하거나 별동으로 건축하거나 관계없이 증축에 해당한다.
③ 개축 : 건축물이 천재지변, 그 밖의 재해에 의하여 멸실된 경우에 <u>재축</u> 그 대지 안에 종전과 동일한 규모의 범위 안에서 다시 축조하는 것을 말한다.
④ 이전 : 건축물의 주요 구조부를 해체하지 않고 동일한 대지 안의 다른 위치로 옮기는 것을 말한다.

정답 ③

05 대수선의 범위

(1) **내력벽**을 증설 또는 해체하거나 그 벽면적을 **30m²** 이상 수선 또는 변경하는 것
(2) **기둥**을 증설 또는 해체하거나 **3개** 이상 수선 또는 변경하는 것
(3) **보**를 증설 또는 해체하거나 **3개** 이상 수선 또는 변경하는 것
(4) **지붕틀**(한옥의 경우에는 지붕틀의 범위에서 서까래 제외)을 증설 또는 해체하거나 **3개** 이상 수선 또는 변경하는 것
(5) 방화벽 또는 방화구획을 위한 바닥 또는 벽을 증설 또는 해체하거나 수선 또는 변경하는 것
(6) 주계단·피난계단 또는 특별피난계단을 증설 또는 해체하거나 수선 또는 변경하는 것
(7) 다가구주택의 가구 간 경계벽 또는 다세대주택의 세대 간 경계벽을 증설 또는 해체하거나 수선 또는 변경하는 것
(8) 건축물의 외벽에 사용하는 **마감재료**를 증설 또는 해체하거나 벽면적 **30m²** 이상 수선 또는 변경하는 것

Key Point

✱ 대수선
서까래 제외

기출문제

05 다음 용어의 정의 중 대수선에 관한 설명으로 옳지 않은 것은?

① 내력벽을 증설 또는 해체하거나 그 벽면적을 30m² 이상 수선 또는 변경하는 것
② 기둥을 증설 또는 해체하거나 3개 이상 수선 또는 변경하는 것
③ 보를 증설 또는 해체하거나 3개 이상 수선 또는 변경하는 것
④ 지붕틀(한옥의 경우에는 지붕틀의 범위에서 서까래를 포함)을 증설 또는 해체하거나 3개 이상 수선 또는 변경하는 것

는 제외

정답 ④

제3편 건축관계법령

※ 내화구조 vs 방화구조

교재 1권 133, 136

내화구조	방화구조
① 철근콘크리트조	① 철망 모르타르 바르기
② 연와조(벽돌조)	② 회반죽 바르기

06 내화구조 및 방화구조 교재 1권 133, 136

구 분	내화구조	방화구조
정의	① 화재에 견딜 수 있는 성능을 가진 구조 ② 화재시에 일정시간 동안 형태나 강도 등이 크게 변하지 않는 구조 ③ 화재 후에도 재사용이 가능한 정도의 구조	화염의 확산을 막을 수 있는 성능을 가진 구조
종류	① 철근콘크리트조 ② 연와조(벽돌조)	① 철망 모르타르 바르기 ② 회반죽 바르기

기출문제

06 다음 중 방화구조의 종류로만 묶여져 있는 것은? 교재 1권 136

① 철근콘크리트 · 연와조 — 내화구조
② 철망모르타르바르기 · 회반죽 바르기 — 내화구조
③ 철근콘크리트조 · 철망모르타르바르기
④ 연와조 · 회반죽 바르기 — 내화구조

정답 ②

07 면적의 산정 교재 1권 136-144

용 어	설 명
대지면적	대지의 수평투영면적으로 하되 다음에 해당하는 면적은 제외한다. ① 대지 안에 건축선이 정하여진 경우 그 건축선과 도로 사이의 대지면적 ② 대지에 도시·군계획시설인 도로·공원 등이 있는 경우 그 도시·군계획시설에 포함되는 대지면적

제1장 **건축관계법령**

용어	설 명
건축면적	건축물의 **외벽**의 중심선으로 둘러싸인 부분의 수평투영면적
바닥면적	건축물의 **각 층** 또는 그 일부로서 벽, 기둥, 기타 이와 유사한 구획의 중심선으로 둘러싸인 부분의 수평투영면적
연면적	하나의 건축물의 각 층의 **바닥면적**의 합계
건폐율	대지면적에 대한 **건축면적**의 비율
용적률	대지면적에 대한 **연면적**의 비율

> **중요**
>
> | 건폐율 | 용적률 |
> |---|---|
> | 건축면적 비율 | 연면적 비율 |

* **연면적**
하나의 건축물의 각 층의 바닥면적의 합계

기출문제

07 다음 중 건축관계법령에서 정하는 용어에 대한 설명으로 옳지 않은 것은?

교재 1권 136-144

① 바닥면적 : 건축물의 각 층 또는 그 일부로서 벽, 기둥, 기타 이와 유사한 구획의 중심선으로 둘러싸인 부분의 수평투영면적
② 연면적 : 하나의 건축물의 각 층의 바닥면적의 합계
③ 건폐율 : 대지면적에 대한 바닥면적의 비율
　　　　　　　　　　　　　　　　　건축면적
④ 용적률 : 대지면적에 대한 연면적의 비율

정답 ③

* **건폐율 vs 용적률**
교재 1권 144

건폐율	용적률
건축면적의 비율	연면적의 비율

제 2 장 피난시설, 방화구획 및 방화시설의 관리

01 피난시설, 방화구획 및 방화시설의 범위 〔교재 1권 152-157〕

(1) 피난시설에는 **계단**, **복도**, **출입구**, 피난용 승강기, 옥상광장, 피난안전구역 등이 있다.
(2) 피난계단의 종류에는 **직통계단**, **피난계단**, **특별피난계단**이 있다.

* **직통계단** 〔교재 1권 153〕
건축물의 피난층 외의 층에서 피난층 또는 지상으로 통하는 계단

02 직통계단 보행거리 기준 〔교재 1권 153〕

구 분	보행거리
일반기준	• 30m 이하
건축물의 주요구조부(내화구조 또는 불연재료)	• 50m 이하 • 16층 이상인 공동주택의 경우 16층 이상의 층 : 40m 이하
반도체 및 디스플레이 패널 제조공장으로 자동화 생산시설에 자동식 소화설비를 설치한 경우	• 75m 이하(무인화 공장 : 100m 이하)

🔖 중요

직통계단	피난계단	특별피난계단
곧바로 1층으로 갈 수 있는 계단	직통계단+방화문	직통계단+방화문+부속실

* **옥상광장**
① 2층 이상 노대
② 높이 1.2m 이상

* **노대** 〔교재 1권 157〕
'베란다' 또는 '발코니'를 말한다.

03 옥상광장 등의 설치 〔교재 1권 157-158〕

(1) 옥상광장 또는 **2층** 이상의 층에 노대 등의 주위에는 높이 **1.2m** 이상의 난간 설치
　　　　3층 이상 ✕
　　〔문01 보기①②〕

88

제2장 피난시설, 방화구획 및 방화시설의 관리

 Key Point

(2) **5층 이상**의 층으로 옥상광장 설치대상
　① 근린생활시설 중 **공연장·종교집회장·인터넷컴퓨터게임 시설제공업소**(바닥면적 합계가 각각 **300m² 이상**) 문01 보기③④
　② 문화 및 집회시설(전시장 및 동식물원 **제외**)
　③ 종교시설, 판매시설, 주점영업, 장례시설

기출문제

01 다음 중 옥상광장 등의 설치에 관한 설명으로 옳지 않은 것은?

교재 1권
157
-158

　① 옥상광장에 노대 등의 주위에는 높이 1.2m 이상의 난간을 설치하여야 한다.
　② 3층 이상의 층에 노대 등의 주위에는 높이 1.2m 이상의 난간을 설치하여야 한다.
　③ 5층 이상의 층이 근린생활시설 중 공연장의 용도로 쓰이는 경우에는 옥상광장 설치대상에 해당된다.
　④ 5층 이상의 층이 근린생활시설 중 종교집회장의 용도로 쓰이는 경우에는 옥상광장 설치대상에 해당된다.

정답 ②

04 피난용 승강기의 설치기준 교재 1권 161

(1) 승강장의 바닥면적은 승강기 **1대당 6m² 이상**으로 할 것
(2) 각 층으로부터 피난층까지 이르는 승강로를 단일구조로 연결하여 설치할 것
(3) 예비전원으로 작동하는 조명설비를 설치할 것
(4) 승강장의 출입구 부근의 잘 보이는 곳에 해당 승강기가 피난용 승강기임을 알리는 표지를 설치할 것

중요

일반용 승강기	비상용 승강기	피난용 승강기
평상시+일반인	• 평상시+일반인 • 재난시+소방관	재난시+일반인

* **피난용 승강기**
교재 1권 160
화재 등 재난 발생시 거주자의 피난활동에 적합하게 제조·설치된 엘리베이터로서 평상시에는 승객용으로 사용하는 엘리베이터

제3편 건축관계법령

05 방화구획의 기준 교재 1권 163

* 방화구획 기준(층마다 구획)
  ① 3층 이상
  ② 지하층

대상건축물	대상규모	층 및 구획방법		구획부분의 구조
주요 구조부가 내화구조 또는 불연재료로 된 건축물	연면적 1000m² 넘는 것	• 10층 이하	• 바닥면적 1000m² 이내마다(스프링클러×3배=3000m²)	• 내화구조로 된 바닥·벽 • 60분+방화문, 60분 방화문 • 자동방화셔터
		• 매 층마다	다만, 지하 1층에서 지상으로 직접 연결하는 경사로 부위는 제외	
		• 11층 이상	• 바닥면적 200m²(스프링클러×3배=600m²) 이내마다(실내마감을 불연재료로 한 경우 500m² 이내마다)(스프링클러×3배=1500m²) 문02 보기④	

• 스프링클러, 기타 이와 유사한 자동식 소화설비를 설치한 경우 바닥면적은 위의 **3배** 면적으로 산정한다.
• 필로티나 그 밖의 비슷한 구조의 부분을 주차장으로 사용하는 경우 그 부분은 건축물의 다른 부분과 구획할 것

기출문제

유사 기출문제

02 ★★ 교재 1권 163
건축물의 피난·방화구조 등의 기준에 관한 규칙상 방화구획의 설치기준 중 스프링클러설비를 설치한 10층 이하의 층은 바닥면적 몇 m² 이내마다 방화구획을 구획하여야 하는가?
① 1000 ② 1500
③ 2000 ④ 3000

 ④ 스프링클러소화설비를 설치했으므로 1000m²×3배 = 3000m²
정답 ④

02 ★★★ 교재 1권 163
건축물에 설치하는 방화구획의 기준에 관한 설명으로 옳지 않은 것은?

① 스프링클러설비가 설치된 10층 이하의 층은 바닥면적 3000m² 이내마다 구획한다.
② 매 층마다 구획한다.
③ 11층 이상의 층은 바닥면적 600m² 이내마다 구획한다.
  <u>200</u>
④ 벽 및 반자의 실내에 접하는 부분의 마감이 불연재료이고 스프링클러설비가 설치된 11층 이상의 층은 1500m² 이내마다 구획한다.

정답 ③

제2장 피난시설, 방화구획 및 방화시설의 관리

06 자동방화셔터

1 개 념 교재 1권 165

내화구조로 된 벽을 설치하지 못하는 경우 화재시 연기 및 열을 감지하여 자동 폐쇄되는 셔터를 말한다.

2 자동방화셔터가 갖추어야 할 요건 교재 1권 164

(1) 피난이 가능한 **60분+방화문** 또는 **60분 방화문**으로부터 **3m** 이내에 별도로 설치할 것
(2) 전동방식이나 수동방식으로 개폐할 수 있을 것
(3) 불꽃감지기 또는 연기감지기 중 하나와 열감지기를 설치할 것
(4) **불꽃**이나 **연기**를 감지한 경우 **일부 폐쇄**되는 구조일 것
(5) **열**을 감지한 경우 **완전 폐쇄**되는 구조일 것

Key Point

* 빠른 순서
① 연기
② 열

* 자동방화셔터
  교재 1권 164

일부 폐쇄	완전 폐쇄
불꽃, 연기감지	열감지

기출문제

03 ★★ 자동방화셔터에 관한 다음 ( ) 안에 알맞은 말로 옳은 것은?

교재 1권 164

- 불꽃이나 (㉠)를 감지한 경우 일부 폐쇄되는 구조일 것
- (㉡)을 감지한 경우 완전 폐쇄되는 구조일 것

① ㉠ : 열, ㉡ : 연기
② ㉠ : 연기, ㉡ : 열
③ ㉠ : 열, ㉡ : 스프링클러헤드
④ ㉠ : 연기, ㉡ : 스프링클러헤드

해설 자동방화셔터

일부 폐쇄	완전 폐쇄
불꽃, 연기감지	열감지

정답 ②

제3편 건축관계법령

※ 방화문 교재1권 164
화재의 확대, 연소를 방지하기 위해 방화구의 개구부에 설치하는 문

07 방화문의 구분 교재1권 164

60분+ 방화문	60분 방화문	30분 방화문
연기 및 **불꽃**을 차단할 수 있는 시간이 **60분** 이상이고, **열**을 차단할 수 있는 시간이 **30분** 이상인 방화문	연기 및 불꽃을 차단할 수 있는 시간이 60분 이상인 방화문	연기 및 불꽃을 차단할 수 있는 시간이 30분 이상 60분 미만인 방화문
• 연기+불꽃=60분 • 열=30분	연기+불꽃=60분	연기+불꽃=30~60분

기출문제

04 ★★ 교재1권 164

30분 방화문에 대한 설명으로 옳은 것은?

① 연기 및 불꽃을 차단할 수 있는 시간이 60분 이상이고, 열을 차단할 수 있는 시간이 30분 이상인 방화문 — 60분+방화문
② 연기 및 불꽃을 차단할 수 있는 시간이 60분 이상인 방화문 — 60분 방화문
③ 연기 및 불꽃을 차단할 수 있는 시간이 30분 이상 60분 미만인 방화문 — 30분 방화문
④ 연기 및 불꽃을 차단할 수 있는 시간이 30분 미만인 방화문 — 해당 없음

정답 ③

제2장 피난시설, 방화구획 및 방화시설의 관리

08 배연설비(배연창, 배연구) 설치대상

설치대상	층 수
① 공연장, 종교집회장, 인터넷컴퓨터게임시설제공업소 및 다중생활시설(공연장, 종교집회장 및 인터넷컴퓨터게임시설제공업소는 바닥면적의 합계가 각각 300m² 이상인 경우만 해당) ② 문화 및 집회시설, 종교시설, 판매시설, 운수시설 ③ 의료시설(요양병원 및 정신병원 제외) ④ 연구소 ⑤ 아동관련시설, 노인복지시설(노인요양시설은 제외) ⑥ 유스호스텔 ⑦ 운동시설, 업무시설, 숙박시설, 위락시설, 관광휴게시설, 장례시설	6층 이상
① 요양병원 및 정신병원 ② 노인요양시설 · 장애인 거주시설 및 장애인 의료재활시설 ③ 산후조리원	모든 층

* 배연설비 vs 제연설비

배연설비	제연설비
연기배출	연기배출 ＋공기공급

09 소방관 진입창의 설치기준

(1) **2~11층** 이하인 층(직접 지상으로 통하는 출입구가 있는 층은 제외)에 각각 **1개소 이상** 설치할 것(이 경우 소방관이 진입할 수 있는 창의 가운데에서 벽면 끝까지의 수평거리가 **40m 이상**인 경우에는 **40m 이내**마다 소방관이 진입할 수 있는 창을 추가 설치)

(2) 소방차 진입로 또는 소방차 진입이 가능한 **공터**에 면할 것

(3) 창문의 가운데에 지름 **20cm 이상**의 역삼각형을 야간에도 알아볼 수 있도록 **빛 반사** 등으로 **붉은색**으로 표시할 것

(4) 창문의 한쪽 모서리에 타격지점을 지름 **3cm 이상**의 원형으로 표시할 것

(5) 창문유리의 크기는 폭 **90cm 이상**, 높이 **1m 이상**으로 하고, 실내 바닥면으로부터 창의 아랫부분까지의 높이는 **80cm**(난간이 설치된 노대등에 설치하는 경우 120cm) **이내**로 할 것

* 소방관 진입창
2~11층 이하에 1개소 이상 설치

제3편 건축관계법령

(6) 다음에 해당하는 유리를 사용할 것
  ① 플로트판유리로서 그 두께가 **6mm 이하**인 것
  ② **강화유리** 또는 **배강도유리**로서 그 두께가 **5mm 이하**인 것
  ③ ① 또는 ②에 해당하는 유리로 구성된 **이중유리**로서 그 두께가 **24mm 이하**인 것
  ④ ① 또는 ②에 해당하는 유리로 구서오딘 삼중유리(이 경우 각각의 유리에 비산방지필름을 부착하는 경우에는 그 필름 두께를 50mm 이하로 해야 함)

10 방화에 지장이 없는 재료의 구분 교재 1권 168

불연재료	준불연재료	난연재료
불에 타지 아니하는 성질을 가진 재료 ① 콘크리트 〈문05 보기④〉 ② 석재 ③ 벽돌 〈문05 보기③〉 ④ 기와 〈문05 보기①〉 ⑤ 철강(철근 ×) ⑥ 알루미늄 ⑦ 유리 ⑧ 시멘트 모르타르 ⑨ 회	불연재료에 준하는 성질을 가진 재료	불에 잘 타지 아니하는 성능을 가진 재료

기출문제

05 ★★★ 불연재료가 아닌 것은?
교재 1권 168
  ① 기와   ② 연와조 – 내화구조
  ③ 벽돌   ④ 콘크리트

  정답 ②

* 연와조
  '벽돌조'라고도 한다.

* 내화구조
  ① 철근콘크리트조
  ② 연와조

94

제2장 피난시설, 방화구획 및 방화시설의 관리

11 규제대상

건축물 내부 마감재료의 규제대상 교재1권 168	건축물 외벽 마감재료 규제대상 교재1권 169
① 공동주택 ② 발전시설 ③ 공장 ④ 문화 및 집회시설	① 의료시설 ② 교육연구시설 ③ **3층** 이상 또는 높이 **9m** 이상 건축물

* 건축물 내부 vs 외벽 마감재료 규제대상

건축물 내부	건축물 외벽
① 공동주택 ② 발전시설 ③ 공장 ④ 문화 및 집회시설	① 의료시설 ② 교육연구시설 ③ 3층 이상 또는 높이 9m 이상 건축물

제**4**편

소방학개론

인생에 있어서 가장 힘든 일은
아무것도 하지 않는 것이다.

제1장 연소이론

01 연소이론

1 연소의 3요소와 4요소 교재 1권 173

연소의 3요소	연소의 4요소
• **가**연물질 • **산**소공급원(공기・오존・산화제・지연성 가스) • **점**화원(활성화에너지) 공하성 기억법 가산점	• **가**연물질 • **산**소공급원(공기・오존・산화제・지연성 가스) • **점**화원(활성화에너지) • 화학적인 **연**쇄반응 공하성 기억법 가산점연

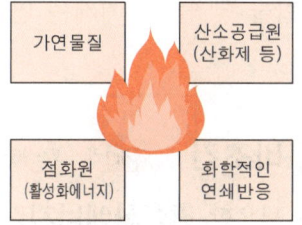

| 연소의 4요소 |

Key Point

* **연소** 교재 1권 173
가연물이 공기 중에 있는 산소 또는 산화제와 반응하여 **열**과 **빛**을 발생하면서 **산화**하는 현상

* **연소의 3요소** 교재 1권 173
① **가**연물질
② **산**소공급원
③ **점**화원

공하성 기억법
가산점

중요 소화방법의 예 교재 1권 191-192

제거소화	질식소화	냉각소화	억제소화
• 가스밸브의 **폐쇄**(차단) 문01 보기① • 가연물 직접 **제거** 및 **파괴** • **촛불**을 입으로 불어 가연성 증기를 순간적으로 날려 보내는 방법 문01 보기④ • 산불화재시 진행방향의 나무 **제거**	• 불연성 기체로 연소물을 덮는 방법 • 불연성 포로 연소물을 덮는 방법 • 불연성 고체로 연소물을 덮는 방법	• 주수에 의한 냉각작용 • 이산화탄소소화약제에 의한 냉각작용 문01 보기③	• 화학적 작용에 의한 소화방법 문01 보기②
연소의 3요소를 이용한 소화방법			연소의 4요소를 이용한 소화방법

제4편 소방학개론

Key Point

기출문제

01 다음 중 연소의 3요소를 이용한 소화방법이 잘못 설명된 것은?

교재 1권 191-192

① 밸브차단 — 가연물과 관련
② 할로겐소화약제를 이용한 억제소화 — 연소의 4요소를 이용한 소화방법
③ 이산화탄소를 이용한 냉각소화 — 산소공급원과 관련
④ 촛불을 입으로 불어 가연성 증기를 순간적으로 날려 보내는 방법
— 가연물과 관련

정답 ②

유사 기출문제

02 ★★★ 교재 1권 191-192

다음 중 연소의 4요소에 대한 설명으로 옳은 것은?

① 가연물질이 되기 위해서는 활성화에너지가 커야 한다. → 작아야
② 공기 중에는 산소가 12% 포함되어 있다. → 21%
③ 오존은 산소공급원이 될 수 없다. → 있다.
④ 할론, 할로겐화합물 및 불활성기체는 연쇄반응을 차단하는 역할을 한다.

정답 ④

※ **활성화에너지**
'최초 점화에너지'와 동일한 뜻

02 다음 중 연소의 4요소에 대한 설명으로 옳은 것은?

교재 1권 191-192

① 가연물질은 산소와 결합하면 흡열반응을 한다. → 발열
② 산소는 가연물질의 연소를 차단하는 역할을 한다. → 돕는
③ 지연성 가스는 산소공급원이 될 수 있다.
④ 할론, 할로겐화합물 및 불활성기체는 연쇄반응을 순조롭게 한다. → 억제

정답 ③

2 가연성물질의 구비조건   교재 1권 174-175

(1) 화학반응을 일으킬 때 필요한 **활성화에너지값**이 **작아야** 한다.   문03 보기①

(2) 일반적으로 산화되기 쉬운 물질로서 산소와 결합할 때 **발열량**이 커야 한다.   문03 보기②

(3) 열의 축적이 용이하도록 **열전도**의 값이 **작아야** 한다.   문03 보기③

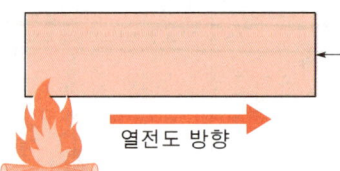

〈가연물질별 열전도〉
- 철 : 열전도 빠르다(크다). → 불에 잘 타지 않는다.
- 종이 : 열전도 느리다(작다). → 불에 잘 탄다.

| 열전도 |

제1장 연소이론

(4) 지연성 가스인 산소·염소와의 친화력이 강해야 한다.
(5) 산소와 접촉할 수 있는 표면적이 큰 물질이어야 한다.
(6) **연쇄반응**을 일으킬 수 있는 물질이어야 한다.

> **용어** 활성화에너지(최소 점화에너지)
> 가연물이 처음 연소하는 데 필요한 열

✱ 지연성 가스
가연성물질이 잘 타도록 도와주는 가스 '**조연성 가스**' 라고도 함

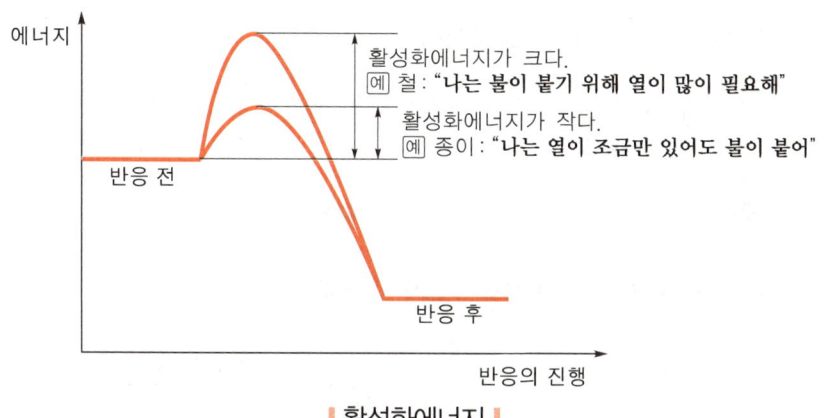

‖ 활성화에너지 ‖

기출문제

03 가연성물질의 구비조건으로 옳은 것은?

① 화학반응을 일으킬 때 필요한 활성화에너지값이 커야 한다. (작아야)
② 일반적으로 산화되기 쉬운 물질로서 산소와 결합할 때 발열량이 커야 한다.
③ 열의 축적이 용이하도록 열전도의 값이 커야 한다. (작아야)
④ 산소와 접촉할 수 있는 표면적이 작은 물질이어야 한다. (큰)

정답 ②

✱ 가연성물질 구비조건
① 활성화에너지 ↓
② 열전도 ↓

제4편 소방학개론

Key Point

유사 기출문제

04 ★★★ [교재 1권 174-175]
다음 중 가연성물질의 구비조건이 아닌 것은?
① 산소와의 친화력이 크다.
② 활성화에너지가 작다.
③ 열전도율이 작다.
④ 인화점이 크다. — 관계 없음

정답 ④

---

04 [교재 1권 174-175]

가연성물질의 구비조건이다. 빈칸에 알맞은 것은?

- 활성화에너지의 값이 (㉠)
- 열전도도가 (㉡)

① ㉠ 커야 한다. ㉡ 커야 한다.
② ㉠ 커야 한다. ㉡ 작아야 한다.
③ ㉠ 작아야 한다. ㉡ 커야 한다.
④ ㉠ 작아야 한다. ㉡ 작아야 한다.

해설
④ ㉠ 활성화에너지의 값이 작아야 한다.
　㉡ 열전도도가 작아야 한다.

정답 ④

3 가연물이 될 수 없는 조건 [교재 1권 174]

특 징	불연성 물질
불활성기체	• **헬**륨 • **크**립톤 • **네**온 • **크**세논 • **아**르곤 • **라**돈 공하성 기억법 **헬네아크라**
완전산화물	• 물(H_2O) • 산화알루미늄(Al_2O_3) • **이산화탄소(CO_2)** • 삼산화황(SO_3)
흡열반응물질 [문06 보기③]	• 질소 • 질소산화물

* 이산화탄소 [교재 1권 174]
산소와 화학반응을 일으키지 않음

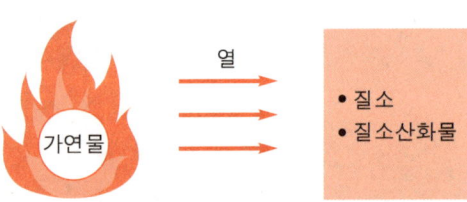

∥ 흡열반응물질 ∥

제1장 연소이론

기출문제

05 다음 중 가연성물질의 특징으로 옳은 것은?
① 최소 점화에너지값이 클수록 연소가 잘 된다. (작은)
② 아르곤은 산소와 결합하지 못하는 불활성기체로 가연물질이 될 수 없다.
③ 기체는 고체보다 열전도값이 커서 연소반응이 잘 일어난다. (작아)
④ 질소산화물은 산소와 화합하여 발열반응을 하므로 연소가 잘 된다. (흡열) (안된다)

정답 ②

중요 — 지연성가스
(1) 산소
(2) 공기
(3) 오존
(4) 염소
(5) 불소

공학성 기억법 산공오염불

06 질소 또는 질소산화물이 가연물이 될 수 없는 이유로 옳은 것은?
① 산소와 화합하여 연쇄반응을 하기 때문이다.
② 산소와 화합하여 산화반응을 하기 때문이다.
③ 산소와 화합하여 흡열반응을 하기 때문이다.
④ 산소와 화합하여 발열반응을 하기 때문이다.

해설 ③ 질소·질소산화물 : 흡열반응

정답 ③

4 공기 중 산소(약 21%)

공기 중 산소농도

구 분	산소농도
체적비	약 21%

Key Point

유사 기출문제

05 ★★★
다음 중 가연성물질에 대한 설명으로 옳은 것을 모두 고르시오.

㉠ 활성화에너지값이 작을수록 연소되기 쉽다.
㉡ 열전도가 클수록 연소되기 어렵다.
㉢ 산화되기 쉬운 물질로서 산소와 결합할 때 발열량이 클수록, 가연물질이 되기 쉽다.
㉣ 산소, 염소는 지연성 가스로 가연물질의 연소를 돕는다.

① ㉠, ㉢, ㉣
② ㉡, ㉢, ㉣
③ ㉠, ㉡, ㉢
④ ㉠, ㉡, ㉢, ㉣

해설 ④ ㉠, ㉡, ㉢, ㉣이 옳은 설명

정답 ④

＊ 흡열반응
열을 흡수하는 반응

＊ 공기 중 산소농도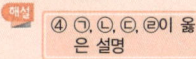
체적비 : 약 21%

5 점화원

종류	설명
화염	아무리 작은 화염이라도 가연성 혼합기체는 확실하게 인화한다. 일반적으로 화염에는 **최저온도**가 있고 그 값은 탄화수소 등에서는 약 **1200℃** 정도이다.
열면	가연물이 고온의 고체표면에 접촉하면 조건에 따라서 발화된다. 가연물의 발화 여부는 뜨거운 가열체의 면적에 영향을 크게 받는데, 프로판-공기 혼합기체를 약 **850℃**가 되는 흡입시의 담뱃불에 의해 발화되지 않는 것은 **담뱃불**이라고 하는 발화원이 작기 때문이다.
전기불꽃	**단시간**에 집중적으로 에너지를 대상물에 부여하므로 에너지밀도가 높은 발화원이다. 장시간 ✗
단열압축	기체를 압축하면 열이 발생·축적되는데 이 열이 발화의 에너지원으로 작용할 수 있다.
자연발화	물질이 외부로부터 에너지를 **공급받지 않아도** 자체적으로 온도가 상승하여 발화하는 현상이다.
기타	이외에 마찰, 충격, 열선, 광선 등도 발화의 에너지원이 될 수 있다.

※ **전기불꽃**
단시간에 집중적으로 에너지를 대상물에 부여하므로 에너지밀도가 높은 발화원

기출문제

07 다음 중 점화원에 관한 설명으로 옳지 않은 것은?

① 단열압축 : 기체를 압축하면 열이 발생·축적되는데 이 열이 발화의 에너지원으로 작용할 수 있다.
② 화염 : 최저온도가 있고, 그 값은 탄화수소 등에서는 약 1200℃ 정도이다.
③ 전기불꽃 : 장시간에 집중적으로 에너지를 대상물에 부여하므로 에너지밀도가 높은 발화원이다.
   단시간
④ 자연발화 : 물질이 외부로부터 에너지를 공급받지 않아도 온도가 상승하여 발화하는 현상이다.

 정답 ③

제1장 연소이론

중요 자연발화의 형태 〔교재1권 176〕

자연발화형태	종류
분해열	• **셀**룰로이드 • **나**이트로셀룰로오스 〔공하성 기억법〕 분셀나
산화열	• 건성유(정어리유, 아마인유, 해바라기유) • 석탄 • 원면 • 고무분말
발효열	• **퇴**비 • **먼**지 • **곡**물 〔공하성 기억법〕 발퇴먼곡
흡착열	• **목**탄 • **활**성탄 〔공하성 기억법〕 흡목탄활

기출문제

08 석탄에 자연발화를 일으키는 원인은? 〔교재 1권 176〕
① 분해열
② 산화열
③ 발효열
④ 중합열

[해설] ② 석탄 – 산화열

[정답] ②

유사 기출문제

08 〔교재 1권 176〕
장기간 방치하면 습기, 고온 등에 의해 분해가 촉진되고 분해열이 축적되면 자연발화 위험성이 있는 것은?
① 셀룰로이드
② 질산나트륨
③ 과망가니즈산칼륨
④ 과염소산

[해설] ① 분해열 : 셀룰로이드

정답 ①

103

제4편 소방학개론

6 연소형태의 종류 〈교재 1권 178-180〉

구 분	종 류
표면연소	• 숯 • 코크스 • 목재의 말기연소 • 금속(마그네슘 등) **공하성 기억법** 표숯코목금마
분해연소	• 석탄 • 종이 • 목재 **공하성 기억법** 분종목재
증발연소	• 황 • 고체파라핀(양초) • 열가소성 수지(열에 의해 녹는 플라스틱)
자기연소	• 자기반응성 물질(제5류 위험물) • 폭발성 물질

★ 표면연소 vs 분해연소 〈교재 1권 178-180〉

표면연소	분해연소
목재의 말기연소	목재

중요 연소형태의 정의

구 분	설 명
표면연소	화염 없이 연소하는 형태
분해연소	가연성 고체가 열분해하면서 가연성 증기가 발생하여 연소하는 현상
증발연소	고체가 열에 의해 융해되면서 액체가 되고 이 액체의 증발에 의해 가연성 증기가 발생하는 경우의 연소
자기연소	분자 내에 산소를 함유하고 있어서 열분해에 의해 가연성 증기와 산소를 동시에 발생시키는 물질의 연소

기출문제

09 다음 중 고체의 연소형태가 아닌 것은? 〈교재 1권 178-180〉

① 표면연소 : 숯, 코크스
② 분해연소 : 종이, 목재
③ 증발연소 : 고체파라핀, 열가소성 수지
④ 자기연소 : 황, 마그네슘
  　　　　　증발연소　표면연소

정답 ④

★ 고체·액체·기체연소 〈교재 1권 178-180〉

고체연소	액체연소	기체연소
① 분해연소	① 분해연소	① 확산연소
② 증발연소	② 증발연소	② 예혼합연소
③ 표면연소		
④ 자기연소		

제1장 연소이론

02 연소용어

1 인화점 [교재 1권 181]

(1) 인화가 가능한 가연성물질의 최저온도
(2) 외부로부터 에너지를 받아서 착화가 가능한 가연성물질의 최저온도
(3) 인화점이 낮을수록 위험하므로 물질의 위험성을 평가하는 척도로 쓰이며, 「위험물안전관리법」에서 석유류를 분류하는 기준으로도 쓰인다.
(4) 액체의 경우 액면에서 증발된 증기의 농도가 그 증기의 연소하한계에 달할 때의 액체온도가 '**인화점**'이다.

Key Point

* 위험성평가 척도 [교재 1권 181]
인화점

2 발화점 [교재 1권 181]

(1) 외부로부터의 직접적인 에너지 공급 없이(점화원 없이) 물질 자체의 **열축적**에 의하여 착화되는 **최저온도** [문10 보기①]
(2) **점화원**이 **없는 상태**에서 가연성물질을 공기 또는 산소 중에서 가열함으로써 발화되는 **최저온도** [문10 보기②]
(3) 발화점=착화점=착화온도
(4) 발화점이 **낮을수록 위험**하다. [문10 보기③]
(5) 발화점은 보통 **인화점**보다 수백도가 **높은 온도**이다. [문10 보기④]

기출문제

10 ★★ 발화점에 대한 설명으로 옳은 것은?
[교재 1권 181]

① 외부의 직접적인 점화원 없이 가열된 열의 축적에 의하여 발화에 이르는 최저의 온도를 말한다.
② 점화원이 있는 상태에서 가연성물질을 공기 또는 산소 중에서 가열
   없는
함으로써 발화되는 최저온도를 말한다.
③ 발화점이 높을수록 위험하다.
   낮을수록
④ 발화점은 보통 인화점보다 수백도가 낮은 온도이다.
   높은

정답 ①

유사 기출문제

10 ★ [교재 1권 181]
발화점에 대한 설명으로 틀린 것은?
① 외부의 직접적인 점화원 없이 가열된 열의 축적에 의하여 발화에 이르는 최저의 온도를 말한다.
② 점화원이 없는 상태에서 가연성물질을 공기 또는 산소 중에서 가열함으로써 발화되는 최저온도를 말한다.
③ 발화점이 높을수록 위험하다.
   낮을
④ 발화점은 보통 인화점보다 수백도가 높은 온도이다.

정답 ③

3 연소점

(1) 인화점보다 5~10℃ 높으며, 연소상태가 5초 이상 유지되는 온도
(2) 점화에너지에 의해 화염이 발생하기 시작하는 온도
(3) 발생한 화염이 꺼지지 않고 지속되는 온도
(4) 연소를 지속시킬 수 있는 최저온도
(5) 연소상태가 계속(유지)될 수 있는 온도

기억법 연510유

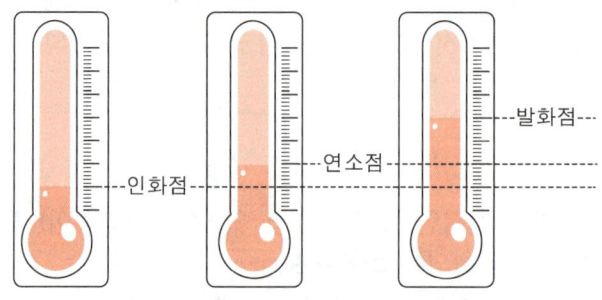

▌인화점·연소점·발화점

기출문제

11. 연소점은 일반적으로 인화점보다 대략 몇 도 정도 높은 온도에서 연소상태가 5초 이상 유지될 수 있는 온도를 말하는가?

① 2~3℃ ② 5~10℃
③ 15~20℃ ④ 20~30℃

해설 ② 연소점 : 인화점+5~10℃

정답 ②

용어 연소와 관계되는 용어

발화점	인화점	연소점
• 외부의 직접적인 점화원 없이 가열된 열의 축적에 의하여 발화에 이르는 **최저의 온도**	• 점화원에 의해 인화되는 최저온도	• 인화점보다 5~10℃ 높으며, 연소상태가 5초 이상 지속할 수 있는 온도 • 연소를 지속시킬 수 있는 최저온도 • 연소상태가 계속될 수 있는 온도 **기억법** 연105초지계

---

* **인화점**
인화점이 낮을수록 위험

* **연소점**
인화점보다 5~10℃ 높으며, 연소상태가 5초 이상 지속할 수 있는 온도

제1장 연소이론

기출문제

12 다음 중 연소와 관련된 용어에 대한 설명으로 옳은 것은?

① 공기에는 산소가 약 16%(→21) 포함되어 있어서 산소공급원 역할을 한다.
② 휘발유가 발화점 이상의 온도가 되면 점화원 없이 가열된 열의 축적에 의하여 발화할 수 있다.
③ 연소점은 인화점보다 5~10도 정도 낮다.(→높다.)
④ 자연발화는 점화원이 될 수 없다.(→있다.)

정답 ②

4 가연성 증기의 연소범위

(1) **가연성 증기**와 **공기**와의 혼합상태, 즉 **가연성 혼합기**가 연소(폭발)할 수 있는 범위
(2) 연소농도의 **최저 한도**를 **하한**, **최고 한도**를 **상한**이라 한다.
(3) 혼합물 중 가연성 가스의 농도가 너무 희박해도, 너무 농후해도 연소는 일어나지 않는다.
(4) **온도**와 **압력**이 **상승**함에 따라 대개 확대되어 **위험성**이 **증가**한다.

가 스	하한계(vol%)	상한계(vol%)
아세틸렌	2.5	81
수 소	4.1	75
메틸알코올	6	36
아세톤	2.5	12.8
암모니아	15	28
휘발유	1.2	7.6
등 유	0.7	5
중 유	1	5

Key Point

유사 기출문제

12 ★★
다음 중 연소의 특성으로 옳지 않은 것은?
① 인화점이 낮을수록 위험하다.
② 연소점은 인화점보다 5~10℃ 높다.
③ 발화점은 외부의 직접적인 점화원 없이 가열된 열의 축적에 의하여 발화에 이르는 최고의(→최저) 온도이다.
④ 연소범위가 넓을수록 위험하다.

정답 ③

★ 공기 중 산소농도
21%

★ 점화원의 종류
① 화염
② 열면
③ 전기불꽃
④ 단열압축
⑤ 자연발화

★ 연소범위
연소범위가 넓을수록 위험
하한 ㉠ 상한   ㉡ 상한
'㉠ 상한'보다 '㉡ 상한'이 연소(폭발)범위가 넓어 위험성이 증가할 수 있다.

★ 아세틸렌
연소범위가 가장 넓음

제4편 소방학개론

공하성 기억법

아	2581
수	475
메	636
아	25128
암	1528
휘	1276
등	075
중	15

비교 LPG(액화석유가스)의 폭발범위 교재1권 206

부 탄	프로판
1.8~8.4%	2.1~9.5%

2.5% 미만 — 연소가 일어나지 않는다.
2.5~81% — 연소가 일어난다.
81% 초과 — 연소가 일어나지 않는다.

▮ 아세틸렌의 연소범위 ▮

기출문제

★★★
13 다음 중 가연성 증기의 연소범위로 틀린 것은?
교재 1권 178

① 수소 : 4.1~75vol%
② 아세틸렌 : 15~28vol% (2.5~81)
③ 아세톤 : 2.5~12.8vol%
④ 휘발유 : 1.2~7.6vol%

정답 ②

유사 기출문제

13 ★★★ 교재 1권 178
가연성 증기 중 중유의 연소범위(vol%)로 옳은 것은?
① 1~5 ② 1.2~7.6
③ 6~36 ④ 2.5~81

해설 ① 중유 : 1~5vol%

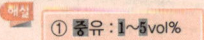
공하성 기억법
중15

정답 ①

제1장 연소이론

14 ★★★ 교재 1권 178

다음 연소(폭발)범위에 대한 설명 중 (㉠), (㉡) 안에 들어갈 올바른 것을 고른 것은?

> 연소(폭발)범위는 (㉠)와(과) (㉡)와(과)의 혼합상태, 즉 가연성 혼합기가 연소(폭발)할 수 있는 범위를 말한다.

① ㉠ 가연성 액체, ㉡ 대기압
② ㉠ 혼합성 증기, ㉡ 공기
③ ㉠ 조연성 증기, ㉡ 대기압
④ ㉠ 가연성 증기, ㉡ 공기

해설
> ④ 연소(폭발)범위 : **가연성 증기**와 **공기**와의 혼합된 물질이 연소할 수 있는 범위

정답 ④

Key Point

유사 기출문제

14 ★★★ 교재 1권 178

다음 중 연소(폭발)범위에 대한 설명으로 옳은 것은?

① 가연성 증기와 공기가 혼합되었을 때 연소가 일어나지 않고 폭발에 (계속되고) 이르는 범위를 말한다.
② 가연성 증기의 농도가 상한보다 농후하면 연소가 더 활발하게 일어 (일어나지 않는다.) 난다.
③ 한이 클수록, 상한이 (작을수록) 작을수록 위험성이 증 (클수록) 가한다.
④ 온도와 압력이 상승함에 따라 대개 확대되어 위험성이 증가한다.

정답 ④

109

제2장 화재이론

01 화재의 종류 교재 1권 182-184

1 화재의 분류

종류	적응물질	소화약제
일반화재(A급)	• 보통가연물(폴리에틸렌 등) • 종이 • 목재, 면화류, 석탄 • **재를 남김**	① 물 ② 수용액
유류화재(B급)	• 유류 • 알코올 • **재를 남기지 않음**	① 포(폼)
전기화재(C급)	• 변압기 • 배전반	① 이산화탄소 ② 분말소화약제 ③ 주수소화 금지
금속화재(D급)	• 가연성 금속류(나트륨 등)	① 금속화재용 분말소화약제 ② 마른 모래(건조사) 문0 보기①
주방화재(K급)	• 식용유 • 동·식물성 유지	① 강화액

Key Point

* 일반화재
교재 1권 182-183
물로 소화가 가능함

유사 기출문제

01 ★★★ 교재 1권 184
K급 화재의 적응물질로 맞는 것은?
① 목재
② 유류
③ 금속류
④ 동·식물성 유지

해설
④ K급 : 동·식물성 유지(식용유)

정답 ④

기출문제

01 ★★★ 교재 1권 183
금속화재의 소화방법으로 적당한 것은?
① 마른 모래(건조사)
② 물
③ 이산화탄소
④ 분말소화제

해설
① 금속화재 : 마른 모래(건조사)

정답 ①

제2장 화재이론

02. 화재의 분류 및 종류에 대한 설명으로 옳은 것은?
교재 1권 182-183

① A - 일반화재 - 폴리에틸렌
    　　　　　　　에틸렌
② B - 전기화재 - 석탄
    　　유류　　　알코올
③ C - 유류화재 - 목재
    　　전기　　　변압기
④ D - 금속화재 - 나트륨

정답 ④

03. 다음에 제시한 화재시의 적절한 소화방법으로 옳은 것은?
교재 1권 182-183

① 나트륨 : 대량의 물로 냉각소화
    　　　　　마른 모래
② 목재 : 이산화탄소소화약제
    　　　물
③ 유류 : 폼소화약제
④ 전기 : 포소화약제
    　　　이산화탄소소화약제, 분말소화약제

정답 ③

04. 다음은 화재의 종류와 특징, 해당 화재에 적응성이 있는 소화방법에 대한 설명이다. 옳은 것은?
교재 1권 182-183

① A급 화재는 일반화재이며 일반가연물이 타고 나서 재가 남는 화재이다. 다량의 물 또는 수용액으로 냉각소화가 적응성이 있다.
② B급 화재는 유류화재이며 물이 닿으면 폭발위험이 있다. 마른 모래를 덮어 질식소화해야 한다.
    포 등을 이용해
③ C급 화재는 전기화재이며 감전의 위험이 있다. 포 등을 이용한 억제소화가 적응성이 있다.
    이산화탄소소화약제를 사용한 냉각소화가
④ D급 화재는 금속화재이며 연소 후 재가 남지 않는다. 이산화탄소소화약제에 적응성이 있다.
    　　　　　　　　　　　　　남는다.
    마른 모래 등으로 덮어 질식소화를 한다.

정답 ①

Key Point

유사 기출문제

02 ★★★　교재 1권 184
주방화재에 해당하는 것은?
① A급 화재
② B급 화재
③ C급 화재
④ K급 화재

해설
④ 주방화재 : K급

정답 ④

＊ 폼(포) vs 이산화탄소

폼(포)	이산화탄소
AC급	BC급

111

제4편 소방학개론

05 다음 중 화재의 종류와 소화방법이 올바른 것은?

교재 1권 182-183

① A급 화재 : 마른 모래
　　　　　　　수계소화약제
② B급 화재 : 수계소화약제
　　　　　　　불연성 포
③ C급 화재 : 이산화탄소소화약제
④ D급 화재 : 수계소화약제
　　　　　　　금속화재용 특수분말이나 마른 모래

정답 ③

2 실내화재의 현상 교재 1권 185-186

용 어	설 명
플래시오버(flashover)	실내가 **일순간**에 **폭발적**으로 전체가 **화염**에 휩싸이는 현상
백드래프트(backdraft)	**문**을 **개방**할 때 신선한 **공기**가 **유입**되어 단시간에 폭발적으로 연소하는 현상
롤오버(rollover)	**화염**이 연소되지 않은 **가연성 가스**를 통해 전파되는 현상

* 플래시오버(flashover)
실내가 일순간에 폭발적으로 전체가 화염에 휩싸이는 현상

06 다음 중 실내화재현상이 아닌 것은?

교재 1권 185-186

① 플래시오버
② 보일오버
　　유류수조(기름탱크)에서 발생
③ 백드래프트
④ 롤오버

정답 ②

112

제2장 화재이론

02 열전달의 종류 교재 1권 187-188

종류	설 명
전도 (Conduction)	• 하나의 물체가 다른 물체와 **직접 접촉**하여 전달되는 것 예) 가늘고 긴 **금속막대**의 한쪽 끝을 불꽃으로 가열하면 불꽃이 닿지 않은 다른 부분에도 열이 전달되어 뜨거워지는 것
대류 (Convection)	• **유체**의 흐름에 의하여 열이 전달되는 것 예) ① **난로**에 의해 방 안의 공기가 더워지는 것 ② 위쪽에 있는 냉각부분의 **찬 공기**가 아래로 흘러들어 전체를 차게 하는 것
복사 (Radiation) 문07 보기③	• 화재시 열의 이동에 가장 크게 작용하는 열이동방식 • 화염의 **접촉 없이** 연소가 확산되는 현상 • 화재현장에서 **인접건물**을 **연소**시키는 주된 원인 예) **양지**바른 곳에서 따뜻한 것을 느끼는 것

Key Point

* **전도** 교재 1권 187
하나의 물체가 다른 물체와 직접 접촉하여 전달되는 것

* **유체** 교재 1권 188
기체 또는 액체를 말한다.

* **복사** 교재 1권 188
화재시 열의 이동에 가장 크게 작용하는 열이동방식

기출문제

07 ★★★ 화재에서 화염의 접촉없이 연소가 확산되는 현상으로 화재현장에서 인접건물을 연소시키는 주된 원인은 무엇인가?

교재 1권 188

① 전도
② 대류
③ 복사
④ 비화

 ③ 복사 : 화염의 접촉없이 연소

정답 ③

유사 기출문제

07 ★★★ 교재 1권 188
양지바른 곳에서 따뜻한 것을 느끼는 것은 열전달의 3요소 중 어느 것에 해당되는가?

① 전도
② 대류
③ 복사
④ 비화

해설 ③ 복사 : 양지바른 곳에서 따뜻함을 느낌

정답 ③

113

제4편 소방학개론

Key Point

03 연소생성물

연기의 이동속도 | 교재 1권 189

구 분	이동속도
수평방향	0.5~1.0m/sec 문08 보기①
계단실 등 수직방향	① 화재초기 : 2~3m/sec 문08 보기② ② 농연 : 3~5m/sec 문08 보기③

* 농연
'짙은 연기'를 말한다.

공하성 기억법 계35

기출문제

08 ★★★ 교재 1권 189

다음 중 화재발생시 연기에 대한 설명으로 틀린 것은?

① 수평방향으로 0.5~1m/sec의 속도로 이동한다.
② 수직방향으로는 화재초기 2~3m/sec의 속도로 이동한다.
③ 농연일 때 계단실 내의 수평이동속도는 3~5m/sec이다.
   (수직)
④ 패닉현상에 빠지게 되는 2차적 재해의 우려가 있다.

정답 ③

유사 기출문제

08 ★★★ 교재 1권 189

다음 중 연기의 유동 및 확산속도에 대한 것으로 옳은 것은?

① 수평방향으로 0.5~1m/min sec 의 속도로 이동한다.
② 수직방향으로는 화재초기 2~3m/sec의 속도로 이동한다.
③ 농연일 때 계단실 내의 수직이동속도는 3~5m/min sec 로 이동한다.
④ 농연일 때 계단실 내의 수직이동속도는 4~5m/sec 의 속도로 이동한다.
       3

정답 ②

09 ★★★ 교재 1권 189

다음 중 연기의 유동 및 확산속도를 옳게 설명한 것은?

① 수평방향으로 1.5~2m/sec의 속도로 이동한다.
            (0.5~1)
② 수평방향보다 수직방향일 때 더 빠르게 확산된다.
③ 수직방향으로는 화재초기 2~3m/min 속도로 이동한다.
                    (sec)
④ 농연일 때 계단실 내의 수직이동시 0.3~0.5m/sec로 아주 느리게 이동한다.
                        (3~5)   (빠르)

정답 ②

제2장 화재이론

04 건물화재성상

1 성장기 vs 최성기 교재 1권 185

성장기	최성기
• 실내 전체에 화염이 확산되는 최성기의 전초단계 문10 보기②	• 연기의 양은 적어지고 화염의 분출이 강해지며 **유리파손** 문10 보기④ • **구조물 낙하** • 연소가 최고조에 달하는 단계 문10 보기③

기출문제

10 다음 중 화재성상단계의 설명으로 틀린 것은? 교재 1권 185
① 초기는 실내온도가 아직 크게 상승하지 않는다.
② 성장기는 실내 전체에 화염이 확산되는 최성기의 전초단계이다.
③ 최성기는 연소가 최고조에 달하는 단계이다.
④ 최성기는 연기의 양이 많아지고(적어), 화염의 분출이 강해지며 유리가 파손된다.

정답 ④

2 실내화재의 진행과 온도변화 교재 1권 184

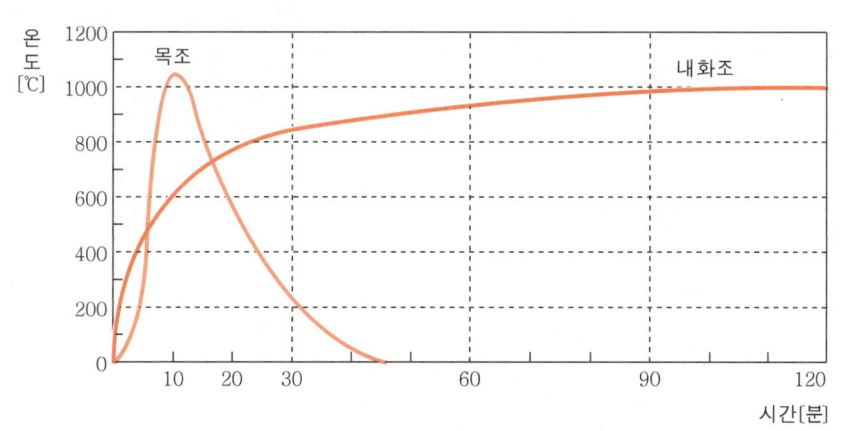

Key Point

* 화재성상단계 교재 1권 185
초기 → 성장기 → 최성기 → 감쇠기

* 초기 교재 1권 185
실내온도가 아직 크게 상승하지 않는다. 문10 보기①

* 내화조 온도특성 교재 1권 184
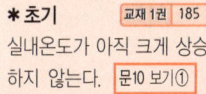
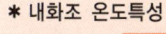
저온장기형

* 목조 온도특성 교재 1권 184
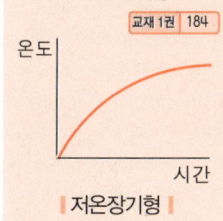
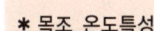
고온단기형

115

제4편 소방학개론

기출문제

11 다음 중 화재성상단계에 대한 설명으로 틀린 것은?
   ① 목조건축물은 고온장기형, 내화구조는 저온단기형이다.
      (단기)   (장기)
   ② 성장기에는 개구부에서 세력이 강한 검은 연기가 분출한다.
   ③ 연소가 최고조에 달하는 단계는 최성기이다.
   ④ 초기 → 성장기 → 최성기 순으로 온도가 상승하고 감쇠기에 이르면 온도는 점차 내려가기 시작한다.

   정답 ①

중요

목조건축물	내화구조
고온단기형	저온장기형

* **감쇠기** 교재 1권 185
온도가 점차 내려가기 시작한다.

제3장 소화이론

01. 소화방법

제거소화	질식소화	냉각소화	억제소화
가연물 제거	산소공급원 차단 (산소농도 **15%** 이하)	**열**을 뺏음 (**착화온도** 낮춤)	연쇄반응 약화

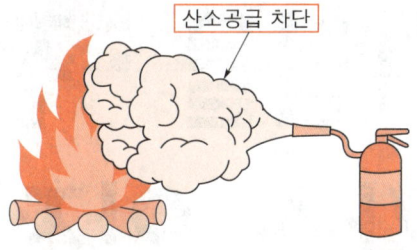

질식소화

Key Point

* 제거소화
연소반응에 관계된 **가연물**이나 그 주위의 **가연물**을 **제거**함으로써 연소반응을 중지시켜 소화하는 방법

02. 소화방법의 예

제거소화	질식소화	냉각소화	억제소화
• 가스밸브의 **폐쇄** • 가연물 직접 **제거** 및 **파괴** • **촛불**을 입으로 불어 가연성 증기를 순간적으로 날려 보내는 방법 • 산불화재시 진행방향의 나무 **제거**	• 불연성 기체로 연소물을 덮는 방법 • 불연성 포로 연소물을 덮는 방법 • 불연성 고체로 연소물을 덮는 방법	• 주수에 의한 냉각작용 • 이산화탄소소화약제에 의한 냉각작용	• 화학적 작용에 의한 소화방법

* 질식소화
산소공급원을 차단하여 소화하는 방법

제 5 편

위험물 · 전기 · 가스 안전관리

당신의 변화를 위한 10가지 조언

1. 남과 경쟁하지 말고 자기 자신과 경쟁하라.
2. 자기 자신을 깔보지 말고 격려하라.
3. 당신에게는 장점과 단점이 있음을 알라(단점은 인정하고 고쳐 나가라).
4. 과거의 잘못은 관대히 용서하라.
5. 자신의 외모, 가정, 성격 등을 포용하도록 노력하라.
6. 자신을 끊임없이 개선시켜라.
7. 당신은 지금 매우 중대한 어떤 계획에 참여하고 있다고 생각하라(그 책임의식은 당신을 변화시킨다).
8. 당신은 꼭 성공한다고 믿으라.
9. 끊임없이 정직하라.
10. 주위에 내 도움이 필요한 이들을 돕도록 하라(자신의 중요성을 다시 느끼게 할 것이다).

― 김형모의 「마음의 고통을 돕기 위한 10가지 충고」 중에서 ―

제1장 위험물안전관리

01 위험물류별 특성 〔교재 1권 199-200〕

유별	성 질	설 명
제1류	산화성 고체 공화성 기억법 1산고(일산고)	① 강산화제로서 다량의 산소 함유 〔문어 보기①〕 ② 가열, 충격, 마찰 등에 의해 분해, 산소 방출
제2류	가연성 고체 공화성 기억법 2가고(이가 고장)	① 저온착화하기 쉬운 가연성물질 〔문어 보기②〕 ② 연소시 유독가스 발생
제3류	자연발화성 물질 및 금수성 물질 공화성 기억법 3발(세발낙지)	① 물과 반응하거나 자연발화에 의해 발열 또는 가연성 가스 발생 〔문어 보기③〕 ② 용기 파손 또는 누출에 주의
제4류	인화성액체	① **인화**가 용이 ② 대부분 **물보다 가볍고**, 증기는 **공기보다 무거움** 〔문어 보기④〕 ③ **주수소화**가 **불가능**한 것이 대부분임 ④ 대부분 물에 녹지 않음 ⑤ 증기는 공기와 혼합되어 연소·폭발
제5류	자기반응성 물질	① 가연성으로 **산소**를 **함유**하여 **자기연소** ② **가열**, **충격**, **마찰** 등에 의해 착화, 폭발 ③ **연소속도**가 **매우 빨라서** 소화 곤란 ④ 자기반응성 물질 공화성 기억법 5산(오산지역)
제6류	산화성 액체 공화성 기억법 산액	① 조연성 액체 ② 산화제

Key Point

* 제1류 위험물 〔교재 1권 199〕
  산화성 고체

* 제2류 위험물 〔교재 1권 199〕
  가연성 고체

제5편 위험물·전기·가스 안전관리

*** 제1류 위험물**
산화성 고체(강산화제)

기출문제

01 다음 중 제1류 위험물의 특성으로 옳은 것은?
교재 1권 199
① 강산화제로서 다량의 산소 함유
② 저온착화하기 쉬운 가연성물질 – 제2류 위험물의 특성
③ 물과 반응하거나 자연발화에 의해 발열 또는 가연성 가스 발생 – 제3류 위험물의 특성
④ 대부분 물보다 가볍고, 증기는 공기보다 무거움 – 제4류 위험물의 특성

정답 ①

02 다음 중 제2류 위험물의 특성으로 옳은 것은?
교재 1권 199
① 저온착화하기 쉬운 가연성물질
② 가열, 충격, 마찰 등에 의해 분해, 산소방출 – 제1류 위험물의 특성
③ 용기 파손 또는 누출에 주의 – 제3류 위험물의 특성
④ 연소속도가 매우 빨라서 소화곤란 – 제5류 위험물의 특성

정답 ①

* 제5류 위험물
초기에만 대량 주수

* 제3류 위험물
물과 반응하거나 자연발화에 의해 발열

03 물과 반응하거나 자연발화에 의해 발열 또는 가연성 가스가 발생하는 위험물은?
교재 1권 199
① 제1류 위험물
② 제2류 위험물
③ 제3류 위험물
④ 제4류 위험물

해설 ③ 제3류 위험물(자연발화성 물질 및 금수성 물질)

정답 ③

제1장 위험물안전관리

04 ★★★ [교재 1권 199-200]
다음 중 제5류 위험물의 특성이 아닌 것은?
① 가연성으로 산소를 함유하여 자기연소
② 가열, 충격, 마찰 등에 의해 착화, 폭발
③ 연소속도가 매우 빨라서 소화 곤란
④ 주수소화가 불가능한 것이 대부분임 – 제4류 위험물의 특성

정답 ④

용어 주수소화
물을 뿌려서 소화

05 ★★ [교재 1권 201]
다음 중 제4류 위험물에 대한 설명으로 옳은 것은?
① 자기반응성 물질이다. 제5류 위험물
② 대부분 물보다 무겁고, 증기는 공기보다 가볍다.
   가볍 / 무겁다.
③ 증기는 공기와 혼합되어 연소·폭발한다.
④ 트리나이트로톨루엔(TNT), 나이트로글리세린(NG) 등이 여기에 해당된다. – 제5류 위험물의 특성

정답 ③

06 ★★★ [교재 1권 199-201]
다음 중 제1~6류 위험물에 대한 설명으로 옳지 않은 것은?
① 제1류 위험물과 제6류 위험물은 산화제로 쓰일 수 있다.
② 제3류 위험물은 물에 반응하지 않으나, 자연발화에 의해 발열 또는
   반응하거나
   가연성 가스가 발생한다.
③ 제4류 위험물은 증기가 공기와 혼합되면 연소·폭발한다.
④ 제5류 위험물은 자기반응성 물질로 연소속도가 매우 빨라서 소화가 곤란하다.

정답 ②

Key Point

유사 기출문제

04 ★★★ [교재 1권 199-200]
다음은 어떤 위험물에 대한 설명인가?

• 가연성으로 산소를 함유하여 자기연소가 가능하다.
• 가열, 충격, 마찰 등에 의해 착화, 폭발할 수 있다.
• 연소속도가 매우 빨라서 소화가 곤란하다.

① 제2류 위험물
② 제3류 위험물
③ 제4류 위험물
④ 제5류 위험물

해설 ④ 제5류 위험물 : 자기연소 가능

정답 ④

＊제4류 위험물 [교재 1권 201]
증기는 공기와 혼합되어 연소·폭발한다.

유사 기출문제

06 ★★★ [교재 1권 199-200]
위험물류별 특성에 관한 다음 ( ) 안의 용어가 옳은 것은?

㉠ 제2류 위험물 : ( ) 고체
㉡ 제5류 위험물 : ( ) 물질

① 산화성, 가연성
② 가연성, 인화성
③ 자연발화성, 산화성
④ 가연성, 자기반응성

해설 ④ ㉠ 제2류 : 가연성 고체
㉡ 제5류 : 자기반응성 물질

정답 ④

제2장 전기안전관리

Key Point

* **승압 · 고압전류**
  전기화재의 주요 원인이라고 볼 수 없다.

  공학성 기억법
  전승고

유사 기출문제

01-1 ★★★
  교재 1권 202-204
전기안전관리상 주요 화재 원인이 아닌 것은?
① 전선의 합선(단락)에 의한 발화
② 누전에 의한 발화
③ 과전류(과부하)에 의한 발화
④ 전기절연저항에 의한 발화
  – 해당 없음
  정답 ④

01-2 ★★
  교재 1권 202-204
전기화재의 주요 화재원인이 아닌 것은?
① 전선의 합선(단락)에 의한 발화
② 누전에 의한 발화
③ 과전류(과부하)에 의한 발화
④ 누전차단기 고장 – 주요 화재원인이 아님
  정답 ④

01 전기화재의 주요 화재원인 교재 1권 202-204

(1) 전선의 **단락**(합선)에 의한 발화 문01 보기①
   단선 ✕
(2) **과전류**(과부하)에 의한 발화 문01 보기③
(3) **누전**에 의한 발화 문01 보기②

기출문제

01 ★★
  교재 1권 202-204
전기안전관리의 주요 화재원인이 아닌 것은?
① 전선의 합선(단락)에 의한 발화
② 누전에 의한 발화
③ 과전류(과부하)에 의한 발화
④ 규격 이상의 전선 또는 전기기계기구 등의 과열, 배선 및 전기기계
   미달
   기구 등의 절연불량 또는 정전기로부터의 불꽃

   정답 ④

02 전기화재 예방요령 교재 1권 204

(1) 사용하지 않는 기구는 전원을 끄고 플러그를 뽑아둔다. 문02 보기㉠
(2) **과전류** 차단장치를 설치한다. 문02 보기㉡

제2장　전기안전관리

(3) 규격 퓨즈를 사용하고 끊어질 경우 그 원인을 조치한다. 문02 보기ⓒ
(4) 비닐장판이나 **양탄자 밑**으로는 전선이 지나지 **않도록** 한다. 문02 보기ⓒ
(5) 누전차단기를 설치하고 **월 1~2회** 작동 여부를 확인한다.
(6) 전선이 쇠붙이나 움직이는 물체와 접촉되지 않도록 한다.
(7) 전선은 묶거나 꼬이지 않도록 한다.

기출문제

02 전기화재 예방요령으로 틀린 것을 모두 고른 것은?

교재 1권 204

ⓐ 사용하지 않는 기구는 전원을 끄고 플러그를 꽂아둔다.
　　　　　　　　　　　　　　　　　　　　　　뽑아둔다.
ⓑ 과전류 차단장치를 설치한다.
ⓒ 규격 퓨즈를 사용하고 끊어질 경우 그 원인을 조치한다.
ⓓ 비닐장판 밑으로 전선이 보이지 않게 정리하여 넣어둔다.
　 비닐강판이나 양탄자 밑으로는 전선이 지나지 않도록 한다.

① ㄱ　　　　　　② ㄱ, ㄹ
③ ㄴ, ㄷ　　　　④ ㄴ, ㄷ, ㄹ

정답 ②

03 다음 중 전기화재 예방요령에 대한 설명으로 옳지 않은 것은?

교재 1권 204

① 누전차단기를 설치하고 월 1~2회 작동 여부를 확인한다.
② 단선이 되면 화재발생위험이 높기 때문에 주의한다.
　 단락
③ 과전류 차단장치를 설치한다.
④ 고열이 발생하는 기구에는 고무코드전선을 사용한다.

정답 ②

Key Point

＊ 누전차단기
교재 1권 204
월 1~2회 작동 여부를 확인

유사 기출문제

03★★★　교재 1권 204
누전차단기를 설치하고 작동 여부 확인은 어떻게 해야 하는가?
① 월 1~2회 작동 여부를 확인한다.
② 월 3~4회 작동 여부를 확인한다.
③ 연 1~2회 작동 여부를 확인한다.
④ 연 3~4회 작동 여부를 확인한다.

해설 누전차단기
월 1~2회 작동 여부를 확인한다.

정답 ①

＊ 단선 vs 단락

단선	단락
선이 끊어진 것	두 선이 붙은 것
안전	화재위험

123

제3장 가스안전관리

LPG vs LNG | 교재 1권 206, 208

구분 \ 종류	액화석유가스 (LPG)	액화천연가스 (LNG)
주성분	• 프로판(C_3H_8) • 부탄(C_4H_{10}) 〔공하성 기억법〕 P프부	• 메탄(CH_4) 문어 보기① 〔공하성 기억법〕 N메
비중	• 1.5~2(누출시 낮은 곳 체류)	• 0.6(누출시 천장 쪽 체류)
폭발범위 (연소범위)	• 프로판 : 2.1~9.5% • 부탄 : 1.8~8.4%	• 5~15%
용도	• 가정용 • 공업용 • 자동차연료용	• 도시가스
증기비중	• 1보다 큰 가스	• 1보다 작은 가스
탐지기의 설치위치	• 탐지기의 **상단**은 **바닥면**의 **상방 30cm** 이내에 설치 ┃LPG 탐지기 위치┃ • 가스연소기 또는 관통부로부터 수평거리 **4m** 이내에 설치	• 탐지기의 **하단**은 **천장면**의 **하방 30cm** 이내에 설치 ┃LNG 탐지기 위치┃ • 가스연소기로부터 수평거리 **8m** 이내에 설치
공기와 무게 비교	• 공기보다 무겁다.	• 공기보다 가볍다.

* LPG 비중 교재 1권 206
1.5~2

제3장 가스안전관리

기출문제

01 액화천연가스(LNG)의 주성분으로 옳은 것은?
① CH_4
② C_2H_6
③ C_3H_8
④ C_4H_{10}

해설 ① CH_4 : 메탄

정답 ①

02 다음 중 LPG와 LNG에 대한 설명으로 옳은 것은?
① LPG의 주성분은 메탄(CH_4)이다. 프로판(C_3H_8), 부탄(C_4H_{10})
② LPG용 가스누설경보기 탐지기의 상단은 바닥면의 상방 30cm 이내의 위치에 설치한다.
③ LNG용 가스누설경보기 탐지기의 하단은 바닥면의 하방 30cm 이내 천장면
의 위치에 설치한다.
④ LNG용 가스누설경보기는 가스연소기로부터 수평거리 4m 이내의 8m
위치에 설치한다.

정답 ②

03 LPG의 탐지기의 설치위치로 옳은 것은?
① 하단은 천장면의 하방 30cm 이내에 위치
② 상단은 천장면의 하방 30cm 이내에 위치
③ 하단은 바닥면의 상방 30cm 이내에 위치
④ 상단은 바닥면의 상방 30cm 이내에 위치

해설 ④ LPG 탐지기 : 상단 바닥면의 상방 30cm 이내

정답 ④

Key Point

유사 기출문제

01 연료가스 중 부탄의 폭발범위로 옳은 것은?
① 1.5~2% ② 1.8~8.4%
③ 2.1~9.5% ④ 5~15%

해설 ② 부탄 : 1.8~8.4%

정답 ②

02 연료가스에 대한 설명으로 옳지 않은 것은?
① LNG의 주성분은 C_4H_{10} CH_4
이다.
② LPG의 비중은 1.5~2이다.
③ LPG의 가스누설경보기는 가스연소기 또는 관통부로부터 수평거리 4m 이내의 위치에 설치한다.
④ 프로판의 폭발범위는 2.1~9.5%이다.

정답 ①

03 다음은 액화석유가스(LPG)에 대한 다음 ( ) 안의 내용으로 옳은 것은?

㉠ 가스연소기로부터 수평거리 ( ) 이내 위치에 가스누설경보기 설치
㉡ 탐지기의 상단은 ( )의 상방 30cm 이내의 위치에 설치

① 4m, 천장면
② 8m, 바닥면
③ 4m, 바닥면
④ 8m, 천장면

해설 LPG
③ ㉠ 수평거리 4m 이내
㉡ 바닥면의 상방 30cm 이내

정답 ③

제5편 위험물·전기·가스 안전관리

유사 기출문제

04 ★★★
교재 1권 206, 208

다음 중 연료가스의 종류와 특성으로 옳지 않은 것은?
① LNG의 비중은 0.6이다.
② LNG의 주성분은 메탄이다.
③ LPG는 가정용, 공업용 등으로 쓰인다.
④ LPG는 가스연소기로부터 수평거리 8m 이내의 (4m) 위치에 가스누설경보기를 설치하여야 한다.

정답 ④

---

04 ★★★
교재 1권 206, 208

다음 중 가스안전관리에 있어서 연료가스에 대한 설명으로 옳은 것은?

① LPG는 가정용으로 사용하고, 비중은 1.5~2이며 가스누설경보기는 가스연소기 또는 관통부로부터 수평거리 4m 이내의 위치에 설치한다.
② LNG는 도시가스용으로 사용하고 비중이 0.6이며 가스누설경보기는 가스연소기로부터 수평거리 4m 이내의 위치에 설치한다. (8)
③ LPG는 메탄이 주성분이며 가스누설경보기 탐지기의 하단은 천장 (프로판, 부탄) (상단) 면의 하방 30cm 이내의 위치에 설치한다. (상방)
④ LNG는 프로판과 부탄이 주성분이며 가스누설경보기 탐지기의 상단 (메탄) (하단) 은 바닥면의 상방 30cm 이내의 위치에 설치한다. (하방)

정답 ①

---

05 ★★★
교재 1권 206, 208

다음은 LNG와 LPG를 비교한 표이다. 표에서 잘못된 부분을 찾으시오.

구 분 \ 종 류	액화석유가스(LPG)	액화천연가스(LNG)
㉠ 주성분	• 프로판(C_3H_8) • 부탄(C_4H_{10})	• 메탄(CH_4)
㉡ 비중	• 누출시 낮은 곳 체류	• 누출시 천장 쪽 체류
㉢ 가스누설경보기의 설치위치	가스연소기로부터 수평거리 (가스연소기 또는 관통부) 8m 이내에 설치 (4m)	가스연소기 또는 관통부로 (가스연소기) 부터 수평거리 4m 이내에 설치 (8m)
㉣ 탐지기의 설치위치	• 탐지기의 **상단**은 바닥면의 **상방 30cm** 이내에 설치	• 탐지기의 **하단**은 천장면의 **하방 30cm** 이내에 설치

① ㉠ 주성분
② ㉡ 비중
③ ㉢ 가스누설경보기의 설치위치
④ ㉣ 탐지기의 설치위치

정답 ③

제3장 **가스안전관리**

06 다음 LPG와 LNG에 대한 설명을 보고 (㉠), (㉡), (㉢), (㉣) 안에 들어갈 내용이 옳은 것은?

교재 1권 206, 208

LPG	LNG
• 가스연소기 또는 관통부로부터 수평거리 (㉠) 이내의 위치에 가스누설경보기 설치 • 탐지기의 (㉡)단은 바닥면의 (㉡)방 30cm 이내의 위치에 설치	• 가스연소기로부터 수평거리 (㉢) 이내의 위치에 가스누설경보기 설치 • 탐지기의 (㉣)단은 천장면의 (㉣)방 30cm 이내의 위치에 설치

① ㉠ : 8m, ㉡ : 상, ㉢ : 4m, ㉣ : 하
② ㉠ : 8m, ㉡ : 하, ㉢ : 4m, ㉣ : 상
③ ㉠ : 4m, ㉡ : 상, ㉢ : 8m, ㉣ : 하
④ ㉠ : 4m, ㉡ : 하, ㉢ : 8m, ㉣ : 상

해설 ③

LPG	LNG
㉠ 수평거리 **4m** 이내 ㉡ **상**단 바닥면 **상**방 30cm 이내	㉢ 수평거리 **8m** 이내 ㉣ **하**단 천장면 **하**방 30cm 이내

정답 ③

Key Point

* LPG vs LNG

교재 1권 206, 208

LPG	LNG
공기보다 무겁다.	공기보다 가볍다.

공사장 안전관리 계획 및 화기취급 감독 등

이제 고지가 얼마 남지 않았다.

제1장 공사장 안전관리 계획 및 감독

01 임시소방시설의 종류 [교재 1권 214]

종류	설명
소화기	–
간이소화장치	물을 방사하여 **화재**를 **진화**할 수 있는 장치
비상경보장치	화재가 발생한 경우 주변에 있는 작업자에게 **화재사실**을 알릴 수 있는 장치
간이피난유도선	화재가 발생한 경우 **피난구 방향**을 안내할 수 있는 장치
가스누설경보기	**가연성 가스**가 누설 또는 발생된 경우 **탐지**하여 **경보**하는 장치
비상조명등	**화재발생시** 안전하고 원활한 피난활동을 할 수 있도록 **거실** 및 **피난통로** 등에 설치하여 **자동점등**되는 조명장치
방화포	**용접용단** 등 **작업**시 발생하는 금속성 불티로부터 가연물이 점화되는 것을 방지해주는 **천** 또는 **불연성 물품**

Key Point

* 임시소방시설
건물을 짓는 공사현장에 설치하는 시설

* 임시소방시설 vs 소방시설

임시소방시설	소방시설
간이피난유도선	피난유도선

02 임시소방시설의 유지·관리 주요 내용 [교재 1권 213]

(1) **피난시설** 및 **방화시설**의 관리
(2) **소방시설**이나 그 밖의 소방 관련 시설의 관리
(3) **화기취급**의 **감독**
(4) 그 밖의 소방안전관리상 필요한 업무

제6편 공사장 안전관리 계획 및 화기취급 감독 등

※ 인화성 vs 가연성

인화성	가연성
불꽃을 갖다 대었을 때 불이 붙는 성질	불에 타는 성질

03 공사장 소방안전과 관련된 구체적인 작업 사항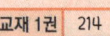

(1) **인화성·가연성·폭발성 물질**을 취급하거나 가연성 가스를 발생시키는 작업
(2) **용접·용단**(금속·유리·플라스틱 따위를 녹여서 절단하는 일) 등 불꽃을 발생시키거나 화기를 취급하는 작업
(3) **전열기구**, **가열전선** 등 열을 발생시키는 기구를 취급하는 작업
(4) **알루미늄**, **마그네슘** 등을 취급하여 폭발성 부유분진(공기 중에 떠다니는 미세한 입자)을 발생시킬 수 있는 작업
(5) 그 밖에 이와 비슷한 작업으로 **소방청장**이 정하여 고시하는 작업

04 공사장 공종별 화재위험

구 분	화재위험 요소
가설공사	• **부지확보** 및 **정리단계** 현장관리 미흡 • **착공초기** 전기사용간 화재위험(발전기, 기존배선 임의사용 등) • **가연성폐기물** 적치/관리 미흡 • 공사 중 **수전설비** 설치/관리 • 현장 내 **폐목 소각**/난로관리 미흡
굴착 및 발파공사	• 발파시 폭약 발화위험 • **폭약** 및 **위험물** 관리 미흡 • 굴착 및 발파공사 • **장비통행**으로 인한 **전선관리** 미흡
강구조물 공사	• 용접/절단 작업시 **불티** 발생 • 목재 등 **가연성자재** 관리 미흡
마감공사	• **우레탄폼** 등 **단열재** 설치 공정간 폭발, 화재위험 증가 • 대량의 가연성 자재(도배지/가구/접착제 등) 반입/사용 • 지상 **타공종** 진행 및 **조경공** 진행으로 인한 지하공간 자재 적치 • 대량의 **분진**발생 • **소방시설** 및 **방재시스템** 미비

제1장 공사장 안전관리 계획 및 감독

구 분	화재위험 요소
전기 및 기계공사	• **용접/그라인더/절단**작업 불티발생 • **임시발전기** 사용/전선관리 미흡 • 엘리베이터 설치 전 **샤프트** 관리미흡 • **다공종 동시작업** 진행 • 소방시설 조기설치 불가 • 작업자 출입/**피난로** 확보 난이
기타공사 (해체공사)	• 철거작업간 **비내화성 가림막** 설치 • 발파시 폭약 발화위험 • 폭약 및 위험물관리 미흡

* 비내화성 교재1권 218
불에 잘 타는 성질

 안전관리계획 교재1권 219

안전관리계획의 수립절차	안전관리계획 작성 내용
① 안전관리계획 수립 대상 여부 확인 ② **건설업자** 또는 **주택건설등록업자**는 안전관리계획을 작성하여 공사감독자 또는 감리원의 확인을 받아 **공사착공 전 발주자**에게 제출(안전관리계획 변경시에도 동일함) ③ 안전관리계획을 제출받은 **발주자**는 해당 건설공사의 관할 **행정기관**에 제출 ④ 안전관리계획을 제출받은 **행정기관**은 내용을 검토, 필요시 **보완요청**	화재안전과 관련하여 공종별 안전조치, 공사장 주변 안전 등에 포함하여 함께 제시해야 한다. ① 건설공사 개요 및 안전관리조직 ② **공종별** 안전**점검**계획 ③ 공사장 주변의 안전관리대책 ④ **통행안전시설** 설치 및 **교통소음**에 관한 계획 ⑤ 안전관리비 집행계획 ⑥ 안전교육 및 비상시 긴급조치계획 ⑦ **공종별** 안전**관리**계획

제6편 공사장 안전관리 계획 및 화기취급 감독 등

※ 비화기 교재 1권 220
① 수동수압 절단
② 기계적 볼팅, 이음쇠 사용
③ 나사, 플랜지 이음
④ 왕복톱
⑤ 기계적 파이프 절단기

06 화기작업의 최소화 방법 교재 1권 220

화 기	비화기
톱, 토치를 이용한 절단작업 ➡	**수**동수압 절단
용접 ➡	**기**계적 볼팅, 이음쇠 사용
납땜 ➡	**나**사, 플랜지 이음
방사톱 ➡	**왕**복톱
토치 및 방사톱 절단 ➡	기계적 파이프 절단기

공하성 기억법 수기 나왕비

기출문제

01 ★★ 화기작업을 최소화하기 위해서는 동일공정, 동일작업방법이라 하더라도, 이를 대체할 수 있는 비화기 방법을 적극적으로 활용하여야 한다. 다음 중 <u>비화기</u>에 해당하지 <u>않는</u> 것은?
교재 1권 220
① 기계적 볼팅, 이음쇠 사용
② 수동수압 절단
③ 방사톱
　　왕복톱
④ 기계적 파이프 절단기

정답 ③

07 화기작업 금지구역 교재 1권 221

(1) 가연성액체, 인화성가스, 가연성덕트 또는 가연성금속 등을 보관하거나 사용하는 구역
(2) 가연성이 높은 재료(**발포플라스틱 단열재, 샌드위치 패널** 등)로 마감된 칸막이, 벽, 천장 또는 지붕 및 코어부

(3) 고무라이닝 장비
(4) **산소농도**가 **높은** 환경
(5) **산화제** 물질의 보관 및 취급 장소
(6) 폭발물 및 위험물 보관 및 취급장소

08 고위험장소 작업시 대책 〔교재 1권 221〕

(1) 분진 및 유증기, 가스 등 위험요인을 충분히 제거하고 작업하되, 해당 물질의 축적이 심하고 제거가 곤란한 경우에는 화기작업은 불가
(2) 화기작업시 떨어진 가연성물질까지 스파크를 전달할 수 있는 덕트 및 컨베이어 등의 작동은 중단
(3) 가급적 **가동중단시간**에 **화기작업 계획**을 세워 실시할 것
(4) **수조** 및 **보일러**에서의 화기작업은 인정된 자격을 갖춘 도급업자만 작업 가능
(5) **화재감시자** 배치를 통해, 작업시작 전부터 작업 중, 작업완료 이후까지 지속적인 화재감시상태를 유지할 것

※ 고위험장소 작업 대책
〔교재 1권 221〕
가동중단시간에 화기작업 계획 세울 것

09 밀폐공간의 화기작업시 조치사항 〔교재 1권 221-222〕

(1) 밀폐된 작업공간 내에 가연성, 폭발성 기체나 유독가스 존재여부 및 산소결핍 여부를 작업 전에 반드시 확인하고, **작업 중**에도 지속적으로 공기 중 **산소농도**를 **체크**
(2) 밀폐공간과 연결되는 모든 파이프, 덕트, 전선 등은 작업에 지장을 주지 않는 한 연결을 끊거나 막아서 작업장 내로의 유입을 차단
(3) 작업 중 지속적인 **환기**가 가능토록 조치
(4) 용접에 필요한 가스실린더, 전기동력원 등은 밀폐공간 외부 안전한 곳에 배치
(5) 감시인은 **작업자**가 **내부**에 있을 때에는 **항상 정위치**하며, **보호구**를 포함하여 적정한 **개인보호장구**를 갖출 것

10 발화원 관리사항

(1) 흡연구역지정 등 근로자 **흡연관리** 철저
(2) LPG 및 압력용기, **유기용제**, 유류 등 화재·폭발 위험물 관리 철저
(3) 용접, 용단작업시 발생하는 불꽃관리 및 인화물·가연물 방호관리 철저
(4) **화기 사용계획서** 및 **작업 현황판** 활용 관리
(5) 야적물 보양은 **불연성 재료**를 활용하고 태그 부착관리
(6) **화기 작업**시 **사전 허가제** 실시
(7) **소화기**를 **지참**한 화재감시인 배치(**작업 종료 후 최소 30분** 이상)
(8) 화기작업 허가서 발급시 소방안전관리자, 안전/화재감시단 등에 통보하여 밀착관리
(9) **야간 및 정전시 대비 피난로 표시** : 야간 및 정전시 피난로를 쉽게 확인할 수 있도록 축광물질 등을 활용하여 대피로 표시
(10) **방송시설 설치** : 현장 내 방송시설을 설치하여 비상시 방송의 지시에 따라 신속한 배치가 가능토록 조치

> ✱ LPG
> '액화석유가스'를 말한다.

제 2 장 화기취급작업 감독 및 화재위험 작업 허가·관리

01 관계인 및 소방안전관리자의 업무

특정소방대상물(관계인)	소방안전관리대상물(소방안전관리자)
① 피난시설·방화구획 및 방화시설의 관리 ② 소방시설, 그 밖의 소방관련시설의 관리 ③ **화기취급**의 감독 ④ 소방안전관리에 필요한 업무 ⑤ 화재발생시 초기대응	① 피난시설·방화구획 및 방화시설의 관리 ② 소방시설, 그 밖의 소방관련시설의 관리 ③ **화기취급**의 감독 ④ 소방안전관리에 필요한 업무 ⑤ 화재발생시 초기대응 ⑥ **소방계획서**의 작성 및 시행(대통령령으로 정하는 사항 포함) ⑦ **자위소방대** 및 **초기대응체계**의 구성·운영·교육 ⑧ 소방**훈련** 및 **교육** ⑨ 소방안전관리에 관한 업무수행에 관한 기록·유지

Key Point

* 소방안전관리자 만의 업무

① 소방계획서의 작성 및 시행(대통령령으로 정하는 사항 포함)
② 자위소방대 및 초기대응체계의 구성·운영·교육
③ 소방훈련 및 교육
④ 소방안전관리에 관한 업무수행에 관한 기록·유지

기출문제

01 ★★ 소방안전관리자를 선임하지 아니하는 특정소방대상물의 관계인의 업무에 해당하지 않는 것은?

① 화기취급의 감독
② 소방시설 그 밖의 소방관련시설의 관리
③ 자위소방대 및 초기대응체계의 구성·운영·교육 — 소방안전관리자 업무
④ 피난시설, 방화구획 및 방화시설의 관리

정답 ③

유사 기출문제

01 ★★★
소방안전관리대상물을 제외한 특정소방대상물에 소방안전관리자의 업무가 아닌 것은?

① 소방계획서의 작성 및 시행(대통령령으로 정하는 사항 제외) 포함
② 피난시설, 방화구획 및 방화시설의 관리
③ 소방시설이나 그 밖의 소방관련시설의 관리
④ 화기취급의 감독

정답 ①

제6편 공사장 안전관리 계획 및 화기취급 감독 등

02 가연성물질이 있는 장소에서 화재위험작업시 준수사항

교재 1권 225

(1) 작업 준비 및 작업 절차 수립
(2) **작업장 내** 위험물의 사용 보관 현황 파악
(3) 화기작업에 따른 인근 가연성물질에 대한 방호조치 및 **소화기구** 비치
(4) 용접불티 **비산방지덮개, 용접방화포** 등 불꽃, 불티 등 비산방지 조치
(5) 인화성액체의 증기 및 인화성 가스가 남아있지 않도록 환기 등의 조치
(6) 작업근로자에 대한 **화재예방** 및 **피난교육** 등 비상조치

03 용접·용단 작업시 화재감시자 지정장소

교재 1권 226

* 용접·용단 작업시 작업반경
  11m 이내

(1) 작업반경 **11m 이내**에 건물구조 자체나 내부(개구부 등으로 **개방**된 부분을 포함)에 가연성물질이 있는 장소
(2) 작업반경 **11m 이내**의 바닥 하부에 가연성물질이 **11m 이상** 떨어져 있지만 불꽃에 의해 쉽게 발화될 우려가 있는 장소
(3) 가연성물질이 금속으로 된 칸막이·벽·천장 또는 지붕의 반대쪽 면에 인접해 있어 열전도나 열복사에 의해 발화될 우려가 있는 장소

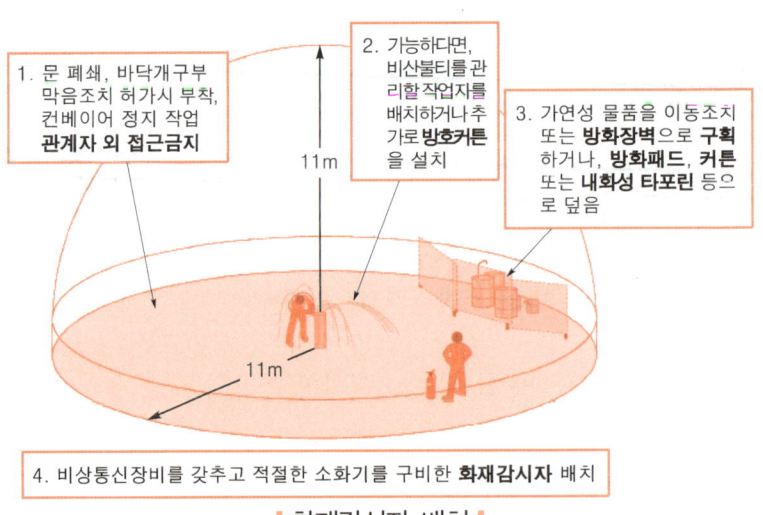

| 화재감시자 배치 |

제2장 화기취급작업 감독 및 화재위험작업 허가·관리

04 용접방법에 따른 분류 교재 1권 228-229

분 류		설 명
아크용접	정의	고열에 의해 금속을 용융시켜 용착하는 용접
	특성	① **청백색**의 빛과 열 ② 최고온도 : 약 **6000°C**(일반적으로 3500~5000°C)
가스용접 (용단)	정의	**가연성가스**와 **산소**의 반응에 의한 용접법
	특성	① 팁 끝쪽 : **휘백색**의 백심 ② 백심 주의 : 푸른 속불꽃 ③ 속불꽃 끝쪽 : 투명한 청색

Key Point

* 가연성가스 교재 1권 229
① 아세틸렌(C_2H_2)
② 프로판(C_3H_8)
③ 부탄(C_4H_{10})
④ 수소(H_2)

05 용접(용단) 작업시 비산불티의 특징 교재 1권 230

(1) 용접(용단) 작업시 **수천개**의 비산된 불티 발생
(2) 비산불티는 풍향, 풍속 등에 의해 비산거리 상이
(3) 비산불티는 약 **1600°C** 이상의 고온체
(4) 발화원이 될 수 있는 비산불티의 크기의 직경은 약 **0.3~3mm**
(5) 비산불티는 짧게는 작업과 동시에부터 **수 분** 사이, 길게는 **수 시간** 이후에도 화재가능성이 있음
(6) 용접(용단) 작업시 **작업높이**, **철판두께**, **풍속** 등에 따른 불티의 비산거리는 조건 및 환경에 따라 상이

* 스패터(spatter) 현상 교재 1권 229
용접 작업시에 작은 입자의 용적들이 비산되는 현상

제6편 공사장 안전관리 계획 및 화기취급 감독 등

06 용접·용단 작업자의 주요 재해발생원인 및 대책

※ 불꽃비산대책
① 불꽃받이나 방염시트 사용
② 불꽃비산구역 내 가연물을 제거하고 정리·정돈
③ 소화기 비치

구 분	주요발생원인	대 책
화재	불꽃비산	• **불꽃받이**나 **방염시트** 사용 • 불꽃비산구역 내 가연물을 제거하고 정리·정돈 • **소화기** 비치
	열을 받은 용접부분의 뒷면에 있는 가연물	• 용접부 뒷면을 점검 • 작업종료 후 점검
폭발	토치나 호스에서 가스누설	• 가스누설이 없는 토치나 호스 사용 • 좁은 구역에서 작업할 때는 휴게시간에 토치를 **공기**의 **유통**이 좋은 장소에 둘 것 • 호스접속시 실수가 없도록 **호스**에 **명찰**을 부착
	드럼통이나 수조를 용접, 절단시 잔류 가연성 가스 증기의 폭발	• 내부에 가스나 증기가 없는 것 확인
	역화	• 정비된 토치와 호스 사용 • **역화방지기** 설치
화상	토치나 호스에서 산소 누설	• 산소누설이 없는 호스 사용
	산소를 공기대신으로 환기나 압력 시험용으로 사용	• 산소의 위험성 교육 실시 • **소화기** 비치

07 화기취급작업의 일반적인 절차

처리절차		임무내용
사전허가	① 작업허가	• 작업요청 • 승인 검토 및 허가서 발급
안전조치	① 화재예방조치 ② 안전교육	• 가연물 이동 및 보호 조치 • 소방시설 작동 확인 • 용접·용단 장비·보호구 점검 • 화재안전교육 • 비상시 행동요령 교육
작업·감독	① 화재감시자 입회 및 감독 ② 최종 작업 확인	• 화재감시자 입회 • 화기취급감독 • 현장 상주 및 화재감시 • 작업 종료 확인

Key Point

* 화기취급작업의 안전조치 업무내용
① 가연물 이동 및 보호 조치
② 소방시설 작동 확인
③ 용접·용단 장비·보호구 점검
④ 화재안전교육
⑤ 비상시 행동요령 교육

제 7 편

종합방재실의 운영

브레슬로 박사가 제안한 7가지 건강습관

1. 하루 7~8시간 충분한 수면
2. 금연
3. 적정한 체중 유지
4. 과음을 삼간다.
5. 주 3회 이상 운동
6. 아침 식사를 거르지 않는다.
7. 간식을 먹지 않는다.

제7편 종합방재실의 운영

01 종합방재실의 구축효과 〔교재 1권 240〕

(1) 화재피해 최소화
(2) 화재시 신속한 대응
(3) 시스템 안전성 향상
(4) 유지관리 비용 절감

Key Point

* 종합방재실
일명 '**방재센터**'라고 부른다.

기출문제

01 다음 중 종합방재실의 구축효과로 옳지 않은 것은?
〔교재 1권 240〕
① 화재피해의 최소화
② 화재시 신속한 대응
③ 시스템 안전성 향상
④ 유지관리 비용 증가 → 절감

정답 ④

02 종합방재실 〔교재 1권 244-245, 249〕

종합방재실의 개수	종합방재실의 위치	정기유지보수
1개	1층 또는 피난층	월 1회 이상

* 종합방재실의 개수
〔교재 1권 244-245〕
1개

제7편 종합방재실의 운영

기출문제

02 종합방재실의 개수는 일반적으로 몇 개가 적당한가?
① 1개　　② 2개
③ 3개　　④ 4개

해설 ① 종합방재실 개수 : 1개

정답 ①

03 종합방재실의 위치는 몇 층이 가장 알맞은가?
① 1층　　② 2층
③ 3층　　④ 최상층

해설 ① 종합방재실 위치 : 1층 또는 피난층

정답 ①

04 종합방재실의 운영상 유지보수는 시스템의 매뉴얼을 근거로 하여 월 몇 회 정기적으로 실시하는가?
① 월 1회　　② 월 2회
③ 연 1회　　④ 연 2회

해설 ① 종합방재실 정기 유지보수 : 월 1회 이상

정답 ①

03 종합방재실의 위치

* 종합방재실의 위치
1층 또는 피난층

(1) **1층** 또는 **피난층**
(2) 초고층 건축물 등에 특별피난계단이 설치되어 있고, 특별피난계단 출입구로부터 **5m** 이내에 종합방재실을 설치하려는 경우에는 **2층** 또는 **지하 1층**에 설치할 수 있다.

제7편 종합방재실의 운영

(3) 공동주택의 경우에는 **관리사무소 내**에 설치할 수 있다.
(4) **비상용 승강장, 피난 전용 승강장** 및 **특별피난계단**으로 이동하기 쉬운 곳
(5) 재난정보 수집 및 제공, 방재활동의 거점 역할을 할 수 있는 곳
(6) **소방대**가 쉽게 도달할 수 있는 곳
(7) **화재** 및 **침수** 등으로 인하여 피해를 입을 우려가 적은 곳

04 종합방재실의 구조 및 면적 〈교재 1권 246, 248〉

(1) 다른 부분과 방화구획으로 설치할 것[단, 다른 제어실 등의 감시를 위하여 두께 **7mm** 이상의 망입유리(두께 **16.3mm** 이상의 접합유리 또는 두께 **28mm** 이상의 복층유리 포함)로 된 **4m²** 미만의 붙박이창 설치 가능]
(2) 인력의 대기 및 휴식 등을 위하여 종합방재실과 방화구획된 부속실을 설치할 것
(3) 면적은 **20m²** 이상으로 할 것
(4) 재난 및 안전관리, 방범 및 보안, 테러 예방을 위하여 필요한 시설·장비의 설치와 근무인력의 재난 및 안전관리 활동, 재난 발생시 소방대원의 지휘활동에 지장이 없도록 설치할 것
(5) 출입문에는 **출입제한** 및 **통제장치**를 갖출 것
(6) 초고층 건축물 등의 관리주체의 인력을 **3명** 이상 상주하도록 할 것

기출문제

05 ★★ 종합방재실의 설치기준에 대한 설명으로 옳은 것은? 〈교재 1권 244-245, 246〉
① 공동주택의 경우 관리사무소 내에 설치할 수 없다. → 있다.
② 종합방재실은 반드시 1층에 설치해야 한다. → 1층 또는 피난층
③ 종합방재실의 면적은 30m²로 해야 한다. → 20
④ 재난정보 수집 및 제공, 방재활동의 거점 역할을 할 수 있는 곳이어야 한다.

정답 ④

유사 기출문제

05-1 ★ 〈교재 1권 245〉
다음 중 종합방재실의 위치에 대한 설명으로 틀린 것은?
① 1층 또는 피난층
② 초고층 건축물에 특별피난계단이 설치되어 있고, 특별피난계단 출입구로부터 5m 이내에 종합방재실을 설치하려는 경우에는 지하 1층 또는 지하 2층에 설치할 → 2층 또는 지하 1층 수 있다.
③ 화재 및 침수 등으로 인하여 피해를 입을 우려가 적은 곳
④ 공동주택의 경우에는 관리사무소 내에 설치할 수 있다.

정답 ②

05-2 ★ 〈교재 1권 246〉
종합방재실의 구조 및 면적에 관한 사항으로 틀린 것은?
① 일반적으로 다른 부분과 방화구획으로 설치할 것
② 인력의 대기 및 휴식 등을 위하여 종합방재실과 방화구획된 부속실을 설치할 것
③ 재난 및 안전관리, 방범 및 보안, 테러 예방을 위하여 필요한 시설·장비의 설치와 근무인력의 재난 및 안전관리 활동, 재난 발생시 소방대원의 지휘활동에 지장이 없도록 설치할 것
④ 응급시설을 요청할 수 → 해당 없음 있는 장치를 갖출 것

정답 ④

제7편 종합방재실의 운영

06 다음 중 종합방재실의 설치기준에 관한 사항으로 옳지 않은 것은?

① 다른 부분과 방화구획으로 설치할 것
② 인력의 대기 및 휴식 등을 위해 종합방재실과 방화구획된 부속실을 설치할 것
③ 면적은 20m² 이상으로 할 것
④ 초고층 건축물 등의 관리주체의 인력을 2명 이상 상주하도록 할 것
　　　　　　　　　　　　　　　　　　3명

해설 종합방재실의 설치기준
(1) 다른 부분과 **방화구획**으로 설치할 것 보기 ①
(2) 인력의 대기 및 휴식 등을 위해 종합방재실과 방화구획된 부속실을 설치할 것 보기 ②
(3) 면적 : **20m²** 이상 보기 ③
(4) 출입문에는 **출입제한** 및 **통제장치**를 갖출 것
(5) 재난 및 안전관리, 방범 및 보안, 테러 예방을 위하여 필요한 시설·장비의 설치와 근무인력의 재난 및 안전관리활동, 재난 발생시 소방대원의 지휘활동에 지장이 없도록 설치할 것
(6) 초고층 건축물 등의 관리주체의 인력을 **3명** 이상 **상주**하도록 할 것 보기 ④

정답 ④

중요 종합방재실 기준

종합방재실 개수	초고층 건축물
1개	3명 상주

* 종합방재실
  교재 1권 246, 248
  ① 면적 20m² 이상
  ② 3명 이상 상주

제8편

응급처치 이론 및 실습

내가 못하면 아무도 못하는 그날까지...

제8편 응급처치 이론 및 실습

Key Point

* 응급처치
가정, 직장 등에서 부상이나 질병으로 인해 위급한 상황에 놓인 환자에게 의사의 치료가 시행되기 전에 즉각적이며 임시적으로 제공하는 처치

01 응급처치의 중요성 〔교재 1권 255〕

(1) 긴급한 환자의 생명 유지 〔문01 보기②〕
(2) 환자의 고통 경감 〔문01 보기③〕
(3) 위급한 부상부위의 응급처치로 치료기간 단축
(4) 현장처치의 원활화로 의료비 절감 〔문01 보기④〕

유사 기출문제

01 ★ 〔교재 1권 255〕
다음 중 응급처치의 중요성에 해당하지 <u>않는</u> 것은?
① 긴급한 환자의 생명 유지
② 환자의 고통 경감
③ 위급한 부상부위의 응급처치로 치료기간 단축
④ 구조자의 처치실력 향상
　　　해당 없음
　　　　　　　정답 ④

기출문제

★★
01 응급처치의 중요성에 관한 설명으로 틀린 것은? 〔교재 1권 255〕
① 환자의 건강체크와 사전예방
　　응급처치는 사전예방 불가능
② 긴급한 환자의 생명 유지
③ 환자의 고통 경감
④ 현장처치의 원활화로 의료비 절감

　정답 ①

02 응급처치요령(기도확보) 〔교재 1권 255〕

(1) 환자의 입 내에 이물질이 있을 경우 기침을 유도한다. 〔문02 보기①〕
(2) 환자의 입 내에 눈에 보이는 이물질이라 하여 함부로 제거하려 해서는 안 된다.
　　　　　　　　　　　　　　　　손을 넣어 제거한다. ✗
〔문02 보기②〕
(3) 이물질이 제거된 후 머리를 뒤로 젖히고, 턱을 위로 들어 올려 기도가 개방되도록 한다. 〔문02 보기③〕 옆으로 ✗   아래로 내려 ✗

146

(4) 환자가 기침을 할 수 없는 경우 **복부 밀어내기**를 실시한다. 문02 보기④

> **중요 - 응급처치의 일반원칙**
>
> (1) 구조자는 자신의 안전을 최우선시 한다. 문03 보기①
> (2) 응급처치시 사전에 보호자 또는 당사자의 이해와 동의를 얻어 실시하는 것을 원칙으로 한다.
> (3) 불확실한 처치는 하지 않는다.
> (4) 119구급차를 이용시 전국 어느 곳에서나 이송거리, 환자 수 등과 관계 없이 어떠한 경우에도 무료이나 사설단체 또는 병원에서 운영하고 있는 앰뷸런스는 일정요금을 징수한다.

Key Point

* 복부 밀어내기
  기침을 할 수 없는 경우 실시

기출문제

02 다음 중 응급처치요령으로 옳지 않은 것은?
교재 1권 255
① 환자의 입 내에 이물질이 있을 경우 기침을 유도한다.
② 환자의 입 내에 이물질이 눈으로 보일 경우 손을 넣어 제거한다.
　　　　　　　　　　　　　　　함부로 제거하려 해서는 안 된다.
③ 이물질이 제거된 후 머리를 뒤로 젖히고, 턱을 위로 들어 올려 기도가 개방되도록 한다.
④ 환자가 기침을 할 수 없는 경우 복부 밀어내기를 실시한다.

정답 ②

03 다음 응급처치에 대한 설명으로 틀린 것은?
교재 1권 255-256
① 구조자는 자신의 안전을 최우선한다.
② 현장처치의 원활화로 의료비 절감도 응급처치의 중요성에 해당한다.
③ 눈에 보이는 이물질이라 하여 함부로 제거하려 해서는 안 된다.
④ 기도를 개방할 때는 머리를 옆으로 젖히고, 턱을 아래로 내린다.
　　　　　　　　　　　　　뒤로　　　　　위로 들어 올린다.

정답 ④

유사 기출문제

03 ★ 교재 1권 256
다음 중 응급처치의 일반적인 원칙으로 틀린 것은?
① 구조대상자의 안전을 최
　구조자
　우선한다.
② 불확실한 처치는 하지 않는다.
③ 응급처치시 사전에 보호자 또는 당사자의 이해와 동의를 얻어 실시하는 것을 원칙으로 한다.
④ 119 구급차를 이용시 어떠한 경우에도 무료이나 사설단체 또는 병원에서 운영하고 있는 앰뷸런스는 일정요금이 징수된다.

정답 ①

제8편 응급처치 이론 및 실습

Key Point

03 출혈의 증상 [교재 1권 258]

(1) 호흡과 맥박이 빠르고 **약하고 불규칙**하다. [문04 보기①]
　　　　　　 느리고 ✕
(2) 반사작용이 둔해진다. [문04 보기②]
　　　　민감해진다 ✕
(3) 체온이 떨어지고 **호흡곤란**도 나타난다. [문04 보기③]
(4) 혈압이 점차 저하되며, 피부가 **창백**해진다. [문04 보기④]
(5) **구토**가 발생한다.
(6) **탈수현상**이 나타나며 갈증을 호소한다.

유사 기출문제

04 ★ [교재 1권 258]
다음 중 출혈시 증상이 아닌 것은?
① 호흡과 맥박이 느리고 약
　　　　　　 빠르고
하고 불규칙하다.
② 체온이 떨어지고 호흡곤란도 나타난다.
③ 탈수현상이 나타나며 갈증이 심해진다.
④ 구토가 발생한다.
　　　　　　정답 ①

기출문제

04 ★★ [교재 1권 258]
응급처치요령 중 **출혈의 증상**으로 틀린 것은?
① 호흡과 맥박이 빠르고 약하고 불규칙하다.
② 반사작용이 민감해진다.
　　　　　 둔해진다.
③ 체온이 떨어지고 호흡곤란도 나타난다.
④ 혈압이 점차 저하되며, 피부가 창백해진다.

　정답 ②

＊ 출혈시의 응급처치방법 [교재 1권 258-259]
① 직접압박법
② 지혈대 사용법

04 출혈시 응급처치 [교재 1권 258-259]

지혈방법	설명
직접 압박법	① 출혈 상처부위를 **직접 압박**하는 방법이다. [문05 보기①②] ② 출혈부위를 심장보다 높여준다. ③ 소독거즈로 출혈부위를 덮은 후 4~6인치 압박붕대로 　　　　　　　　　　　　　　　　　　　　　탄력붕대 ✕ 　출혈부위가 압박되게 감아준다.

148

지혈방법	설 명
지혈대 사용법	① 절단과 같은 **심한 출혈**이 있을 때나 지혈법으로도 출혈을 막지 못할 경우 최후의 수단으로 사용하는 방법 문05 보기③④ ② **5cm** 이상의 띠 사용 ~~3cm~~ ✕

기출문제

05 ★★★ 응급처치요령 중 출혈시 응급처치방법으로 옳은 것은?
교재 1권 258-259

① 직접 압박법을 행한다.
② 지혈대 사용법은 출혈 상처부위를 직접 압박하는 방법이다.
   직접 압박법
③ 직접 압박법은 절단과 같은 심한 출혈이 있을 때에 사용하는 방법
   지혈대 사용법
  이다.
④ 직접 압박법은 지혈법으로도 출혈을 막지 못할 경우 최후의 수단으
   지혈대 사용법
  로 사용한다.

정답 ①

06 ★ 다음 중 출혈시 처치방법으로 옳은 것은?
교재 1권 258-259

① 지혈대를 오랜 시간 장착, 방치하면 혈액으로부터 공급받던 산소
  의 부족으로 조직괴사가 유발되니 3cm 이상의 띠를 사용하여야
                                            5
  한다.
② 직접 압박법을 시행할 때 출혈부위를 심장보다 높여준다.
③ 직접 압박법은 소독거즈로 출혈부위를 덮은 후 4~6인치 탄력붕대로
                                                       압력
  출혈부위가 압박되게 감아준다.
④ 절단과 같은 심한 출혈이 있을 때는 직접 압박법을 사용한다.
                                      지혈대

정답 ②

Key Point

유사 기출문제

05 ★★ 교재 1권 258-259

출혈시 응급처치방법으로 옳은 것은?

① 직접 압박법을 한다.
② 기침이 나오지 않을 경우 복부 밀어내기를 사용한다.
   이물질이 목에 걸렸을 때 처치법
③ 구토 발생시 자동심장충격기를 사용한다.
   심정지환자에게 사용
④ 지혈대 사용법은 ~~3cm~~
                  5cm
이상의 띠를 사용한다.

정답 ①

제8편 응급처치 이론 및 실습

Key Point

* **화상의 분류** [교재1권 260]
  ① 표피화상
  ② 부분층화상
  ③ 전층화상

* **화상환자 이동 전 조치사항** [교재1권 260-261]
  ① 옷을 잘라내지 말고 수건 등으로 닦거나 접촉되는 일이 없도록 한다.
  ② 화상부분의 오염 우려 시는 소독거즈가 있을 경우 화상부위를 덮어주면 좋다.
  ③ 화상부위의 화기를 빼기 위해 실온의 물로 씻어낸다.
  ④ 물집이 생기면 상처가 남을 수 있으므로 터트리지 않는다.

05 화상의 분류 [교재1권 260]

표피화상(1도 화상)	부분층화상(2도 화상)	전층화상(3도 화상)
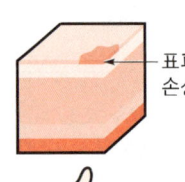 	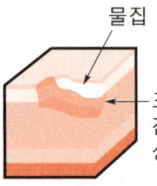 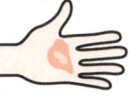	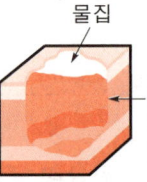 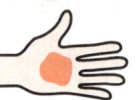
• 피부 **최상층**(표피)의 화상 • 약간의 부종과 **홍반**이 나타나고 부어오르면서 통증을 느낌 • 일광화상 시 주로 발생 • 흉터가 없고 수일 내 피부가 회복됨	• 피부 **중간층**(진피)까지 손상되는 화상 • 심한 통증과 **수포** 발생 • 모세혈관이 손상되어 물집이 터져 진물이 나고 감염의 위험이 있음 • 병원 진료와 항생제 복용 필요	• 피부의 **3개 층**(표피, 진피, 지방층) 모두 손상되는 화상 • 피부에 체액이 통하지 않아 화상 부위가 **건조**하며 통증이 없음 • 화상 부위가 **갈색** 또는 흰색을 띠고 화상 주변 부위에 심한 통증 동반

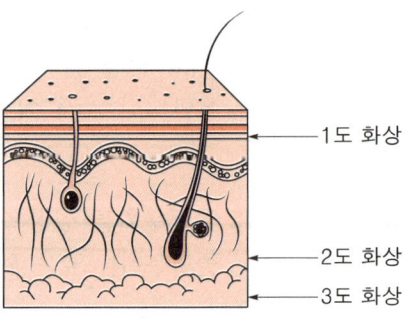

| 화상의 분류 |

제8편 응급처치 이론 및 실습

기출문제

07 화상의 분류 중 부분층화상(2도 화상)에 대한 설명으로 옳지 않은 것은?
교재 1권 260

① 피부의 두 번째 층까지 화상으로 손상되어 심한 통증과 발적이 생긴다.
② 수포가 발생하므로 표피가 얼룩얼룩하게 되고 진피의 모세혈관이 손상된다.
③ 물집이 터져 진물이 나고 감염의 위험이 있다.
④ 피부에 체액이 통하지 않아 화상부위는 건조하며 통증이 없다.
　　　　　　　　　　　　　　　　　전층화상(3도 화상)

정답 ④

08 다음 중 화상에 대한 설명으로 옳은 것은?
교재 1권 260

① 피부 바깥층의 화상을 말하며 약간의 부종과 홍반이 나타나며 부어오르는 통증을 느끼나 치료시 흉터없이 치료되는 화상은 표피화상이다.
② 심한 통증과 발적, 수포가 발생하므로 표피가 얼룩얼룩하게 되고 진피의 모세혈관이 손상되며 물집이 터져 진물이 나고 감염의 위험이 있는 화상은 전층화상이다.
　　　　　　　　　　　　　　　　　부분층
③ 부분층화상은 피하지방과 근육층까지 손상을 입는 것이다.
　　전층
④ 진피의 모세혈관이 손상되는 화상에서는 통증을 느끼지 못한다.
　　　　　　　　　　　　　　　심한 통증을 느낀다(부분층
　　　　　　　　　　　　　　　화상에 대한 설명).

정답 ①

유사 기출문제

07 ★★★　교재 1권 260
다음 중 부분층화상에 대한 설명으로 틀린 것은?

① 발적, 수포가 발생하므로 표피가 얼룩얼룩하게 된다.
② 피부에 체액이 통하지 않아 화상부위는 건조하며 통증이 없다. – 전층화상에 대한 설명
③ 2도 화상이라고 한다.
④ 진피의 모세혈관이 손상된다.

정답 ②

제8편 응급처치 이론 및 실습

06 화상환자 이동 전 조치 교재 1권 260-261

(1) 화상환자가 착용한 옷가지가 피부조직에 붙어 있을 때에는 옷을 잘라내지 말고 수건 등으로 닦거나 접촉되는 일이 없도록 한다.
　　　　　　　　　　　　　　　　　　　　　　　　잘라낸다. ✗   문09 보기①

(2) 통증 호소 또는 피부의 변화에 동요되어 **간장**, **된장**, **식용기름**을 바르는 일이 없도록 하여야 한다.

(3) **1·2도 화상**은 화상부위를 흐르는 물에 식혀준다. 이때 물의 온도는 실온, 수압은 약하게 하여 화상부위보다 위에서 아래로 흘러내리도록 한다.
　같은 온도 ✗
　(화기를 빼기 위해 실온의 물로 씻어냄) 문09 보기②

(4) **3도 화상**은 물에 적신 천을 대어 열기가 심부로 전달되는 것을 막아주고 통증을 줄여준다.

(5) 화상부분의 오염 우려시는 소독거즈가 있을 경우 화상부위를 덮어주면 좋다. 그러나 골절환자일 경우 무리하게 압박하여 드레싱하는 것은 금한다.
　문09 보기④

(6) 화상환자가 부분층화상일 경우 **수포(물집)**상태의 감염 우려가 있으니 터트리지 말아야 한다. 문09 보기③

✱ 1~3도 화상

1·2도 화상	3도 화상
물에 식혀줌	물에 적신 천을 대어줌

제8편 응급처치 이론 및 실습

기출문제

09 화상의 응급처치사항으로 옳은 것은?

교재 1권 260-261

① 화상환자가 착용한 옷가지가 피부조직에 붙어 있을 때에는 통풍이 잘되게 옷을 잘라낸다.
　　옷을 잘라내지 말고 수건 등으로 닦는다.
② 화상부위의 화기를 빼지 말고 같은 온도의 물로 씻어낸다.
　　화기를 빼기 위해 실온의 물로
③ 물집이 생기면 상처가 남을 수 있으므로 터트려야 한다.
　　　　　　　　　　　　　　　터트리지 않는다.
④ 화상부분의 오염 우려시는 소독거즈가 있을 경우 화상부위를 덮어주면 좋다.

정답 ④

10 화상의 응급처치방법 중 화상환자 이동 전 조치사항으로 틀린 것은?

교재 1권 260-261

① 화상환자가 착용한 옷가지가 피부조직에 붙어 있을 때에는 옷가지를 떼어낸다.
　　옷을 잘라내지 말고 수건 등으로 닦거나 접촉되는 일이 없도록 한다.
② 통증 호소 또는 피부의 변화에 동요되어 간장, 된장, 식용기름을 바르는 일이 없도록 하여야 한다.
③ 1·2도 화상은 화상부위를 흐르는 물에 식혀준다.
④ 화상부분의 오염 우려시는 소독거즈가 있을 경우 화상부위를 덮어주면 좋다.

정답 ①

07 심폐소생술

교재 1권 262

심폐소생술 실시	심폐소생술 기본순서 문11 보기①
호흡과 심장이 멎고 4~6분이 경과하면 산소 부족으로 뇌가 손상되어 원상 회복되지 않으므로 호흡이 없으면 즉시 심폐소생술을 실시해야 한다.	가슴압박 → 기도유지 → 인공호흡 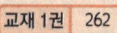 기억법 가기인

Key Point

유사 기출문제

09 ★★★ 교재 1권 260-261

다음 중 화상환자 이동 전 조치사항에 대한 (　) 안의 내용이 올바르게 된 것은?

• 화상환자가 착용한 옷가지가 피부조직에 붙어 있을 때에는 옷(㉠) 수건 등으로 닦거나 접촉되는 일이 없도록 한다.
• (㉡) 화상은 물에 적신 천을 대어 열기가 심부로 전달되는 것을 막아주고 통증을 줄여준다.
• 화상환자가 부분층화상일 경우 수포(물집)상태의 감염 우려가 있으니 (㉢) 한다.

① ㉠ : 잘라내지 말고, ㉡ : 1도, ㉢ : 터트리지 말아야
② ㉠ : 잘라내고, ㉡ : 2도, ㉢ : 터트려야
③ ㉠ : 잘라내지 말고, ㉡ : 3도, ㉢ : 터트리지 말아야
④ ㉠ : 잘라내고, ㉡ : 3도, ㉢ : 터트려야

해설
③ ㉠ : 잘라내지 말고
　㉡ : 3도
　㉢ : 터트리지 말아야

정답 ③

10 ★ 교재 1권 260-261

화상의 응급처치방법 중 화상환자 이동 전 조치사항으로 옳지 않은 것은?

① 화상환자가 착용한 옷가지가 피부조직에 붙어 있을 때에는 옷가지를 잘라내야 한다.
　옷을 잘라내지 말고 수건 등으로 닦거나 접촉되는 일이 없도록 한다.
② 통증 호소 또는 피부의 변화에 동요되어 간장, 된장, 식용기름을 바르는 일이 없도록 하여야 한다.
③ 3도 화상은 물에 적신 천을 대어 열기가 심부로 전달되는 것을 막아주고 통증을 줄여준다.
④ 화상부분의 오염 우려시는 소독거즈가 있을 경우 화상부위를 덮어주면 좋다.

정답 ①

제8편 응급처치 이론 및 실습

 **Key Point**

＊ 심폐소생술
　　교재 1권　262-264

호흡과 심장이 멎고 **4~6분**이 경과하면 산소부족으로 뇌가 손상되므로 즉시 **심폐소생술** 실시
① 가슴압박 30회 시행
② 인공호흡 2회 시행
③ 가슴압박과 인공호흡의 반복

기출문제

11 ★★ 다음 중 심폐소생술 순서로 맞는 것은?

교재 1권 262

① 가슴압박 → 기도유지 → 인공호흡
② 기도유지 → 인공호흡 → 가슴압박
③ 인공호흡 → 기도유지 → 가슴압박
④ 가슴압박 → 인공호흡 → 기도유지

해설
> ① 가슴압박 → 기도유지 → 인공호흡

정답 ①

08 성인의 가슴압박   교재 1권 263-264

(1) 환자의 **어깨**를 두드린다.
(2) 쓰러진 환자의 얼굴과 가슴을 10초 이내로 관찰하여 호흡이 있는지를 확인한다. 문12 보기④   10초 이상 ✕
(3) 구조자의 체중을 이용하여 압박 문12 보기①
(4) 인공호흡에 자신이 없으면 가슴압박만 시행 문12 보기②

구 분	설 명 문12 보기③
속 도	분당 100~120회
깊 이	약 5cm

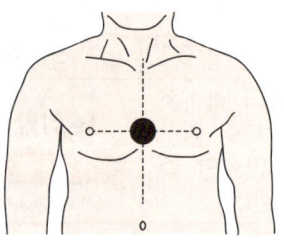

| 가슴압박 위치 |

제8편 응급처치 이론 및 실습

기출문제

12 다음 중 심폐소생술에 대한 설명으로 옳은 것은?

교재 1권 263-264

① 구조자의 체중을 이용하여 압박하면 안 된다.
　　　　　　　　　　　　　　　　　압박해야 한다.
② 인공호흡에 자신이 없으면 가슴압박만 시행한다.
③ 가슴압박은 분당 100~120회 5cm 깊이로 깊고 강하게 누르고 압박대 이완의 시간비율이 30 대 2로 되게 한다.
　　　　　　　　　　　　　　　　　　　　50　　50
④ 쓰러진 환자의 얼굴과 가슴을 10초 이상 관찰하여 호흡이 있는지를 확인한다.
　　　　　　　　　　　　　　　　　　이내

정답 ②

09 심폐소생술의 진행과 자동심장충격기

1 심폐소생술의 진행 교재 1권 264

구 분	시행횟수
가슴압박	30회
인공호흡	**2**회

공하성 기억법 인2(인위적)

2 자동심장충격기(AED) 사용방법 교재 1권 265-267

(1) 자동심장충격기를 심폐소생술에 방해가 되지 않는 위치에 놓은 뒤 전원버튼을 누른다. 문14 보기④
(2) 환자의 상체를 노출시킨 다음 패드 포장을 열고 2개의 패드를 환자의 가슴에 붙인다. 문13 보기④
(3) 패드는 **왼쪽 젖꼭지 아래의 중간겨드랑선**에 설치하고 **오른쪽 빗장뼈(쇄골) 바로 아래**에 붙인다. 문13 보기①

* 심폐소생술
  교재 1권 262-264
호흡과 심장이 멎고 **4~6분**이 경과하면 산소부족으로 뇌가 손상되므로 즉시 **심폐소생술** 실시
① 가슴압박 **30회** 시행
② 인공호흡 **2회** 시행
③ 가슴압박과 인공호흡의 반복

제8편 응급처치 이론 및 실습

Key Point

패드의 부착위치

패드 1	패드 2
오른쪽 빗장뼈(쇄골) 바로 아래	왼쪽 젖꼭지 아래의 중간겨드랑선

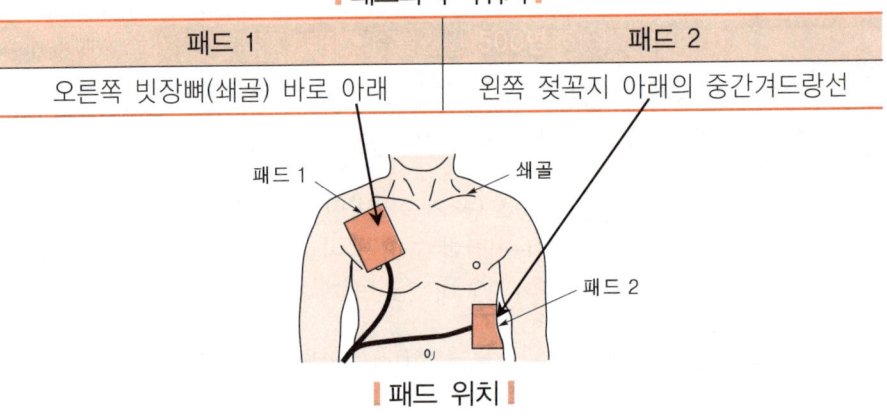

패드 위치

(4) 심장충격이 필요한 환자인 경우에만 제세동버튼이 깜박이기 시작하며, 깜박일 때 심장충격버튼을 눌러 심장충격을 시행한다.
(5) 심장충격버튼을 누르기 전에는 반드시 주변사람 및 구조자가 환자에게서 (누른 후에는 ×) 떨어져 있는지 다시 한 번 확인한 후에 실시하도록 한다. 문13 보기③
(6) 심장충격이 필요 없거나 심장충격을 실시한 이후에는 즉시 **심폐소생술**을 다시 시작한다. 문13 보기②
(7) **2분**마다 심장리듬을 분석한 후 반복 시행한다.

기출문제

13 ★★★ 자동심장충격기(AED) 사용방법으로 틀린 것은?
교재 1권 265-267

① 패드는 왼쪽 젖꼭지 아래의 중간겨드랑선에 설치하고 오른쪽 빗장뼈(쇄골) 바로 아래에 붙인다.
② 심장충격이 필요 없거나 심장충격을 실시한 이후에는 즉시 심폐소생술을 다시 시작한다.
③ 심장충격버튼을 누른 후에는 반드시 주변사람 및 구조자가 환자에게 떨어져 있는지 다시 한 번 확인한다. (누르기 전에는)
④ 환자의 상체를 노출시킨 다음 패드 포장을 열고 2개의 패드를 환자의 가슴에 붙인다.

정답 ③

유사 기출문제

13 ★★ 교재 1권 265-267
다음 중 자동심장충격기(AED) 사용방법으로 옳지 않은 것은?

① 자동심장충격기를 심폐소생술에 방해가 되지 않는 위치에 놓은 뒤 전원버튼을 누른다.
② 환자의 상체를 노출시킨 다음 패드 포장을 열고 2개의 패드를 환자의 가슴 피부에 붙인다.
③ 패드 1은 왼쪽 빗장뼈(오른쪽)(쇄골) 바로 아래에, 패드 2는 오른쪽(왼쪽) 젖꼭지 아래의 중간겨드랑선에 붙인다.
④ 심장충격이 필요한 환자인 경우에만 제세동버튼이 깜박이기 시작하며, 깜박일 때 심장충격버튼을 눌러 심장충격을 시행한다.

정답 ③

제8편 응급처치 이론 및 실습

14 자동심장충격기(AED) 사용방법으로 틀린 것은?

교재 1권 265-267

① 패드는 오른쪽(왼쪽) 젖꼭지 아래의 중간겨드랑선에 설치하고 왼쪽(오른쪽) 빗장뼈(쇄골) 바로 아래에 붙인다.
② 심장충격이 필요 없거나 심장충격을 실시한 이후에는 즉시 심폐소생술을 다시 시작한다.
③ 심장충격이 필요한 환자인 경우에만 제세동버튼이 깜박이기 시작하며, 깜박일 때 심장충격버튼을 눌러 심장충격을 시행한다.
④ 자동심장충격기를 심폐소생술에 방해가 되지 않는 위치에 놓은 뒤 전원버튼을 누른다.

정답 ①

15 다음 그림 중 심폐소생술(CPR) 순서로 옳은 것은?

교재 1권 262-264

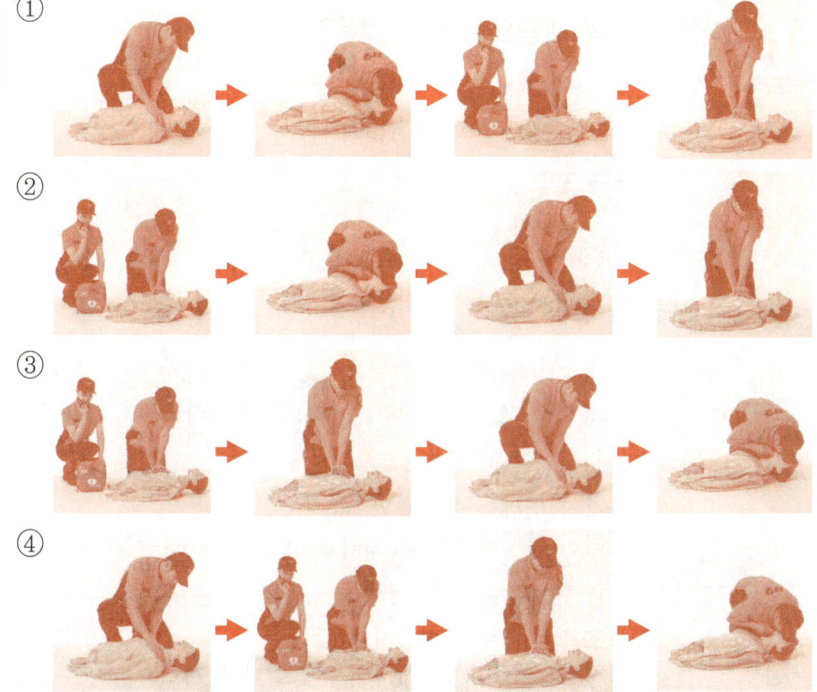

* CPR
'Cardio Pulmonary Resuscitation'의 약자

제8편 응급처치 이론 및 실습

Key Point

> 해설 ▸ 심폐소생술(CPR) 순서

(1) 반응의 확인   (2) 119신고   (3) 가슴압박 30회 시행   (4) 인공호흡 2회 시행

> 정답 ④

> 중요 ▸ 올바른 심폐소생술 시행방법

반응의 확인 → 119신고 → 호흡확인 → 가슴압박 30회 시행 → 인공호흡 2회 시행 → 가슴압박과 인공호흡의 반복 → 회복자세

16 다음 빈칸의 내용으로 옳은 것은?

교재 1권
262
-263

환자의 (㉠)를 두드리면서 "괜찮으세요?"라고 소리쳐서 반응을 확인한다.
쓰러진 환자의 얼굴과 가슴을 (㉡) 이내로 관찰하여 호흡이 있는 지를 확인한다.

| 반응 및 호흡 확인 |

① ㉠ : 어깨, ㉡ : 1초   ② ㉠ : 손바닥, ㉡ : 5초
③ ㉠ : 어깨, ㉡ : 10초   ④ ㉠ : 손바닥, ㉡ : 10초

> 해설 ▸ 성인의 가슴압박

(1) 환자의 **어깨**를 두드린다. 보기 ㉠
(2) 쓰러진 환자의 얼굴과 가슴을 10초 이내로 관찰하여 호흡이 있는 지를 확인한다. 보기 ㉡
    (10초 이상 ✗)
(3) 구조자의 체중을 이용하여 압박
(4) 인공호흡에 자신이 없으면 가슴압박만 시행

구 분	설 명
속 도	분당 100~120회
깊 이	약 5cm(소아 4~5cm)

* 가슴압박
① 속도 : 100~120회/분
② 깊이 : 약 5cm(소아 4~5cm)

158

제8편 응급처치 이론 및 실습

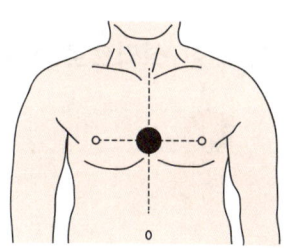
▎가슴압박 위치 ▎

정답 ③

17 다음은 인공호흡에 관한 내용이다. 보기 중 옳은 것을 있는 대로 고른 것은?

교재 1권 264

▎인공호흡 ▎

㉠ 턱을 목 아래쪽으로 내려 공기가 잘 들어가도록 해준다.
   들어올려
㉡ 머리를 젖혔던 손의 엄지와 검지로 환자의 코를 잡아서 막고, 입을 크게 벌려 환자의 입을 완전히 막은 후 가슴이 올라올 정도로 1초에 걸쳐서 숨을 불어 넣는다.
㉢ 숨을 불어 넣을 때에는 환자의 가슴이 부풀어 오르는지 눈으로 확인하고 공기가 배출되도록 해야 한다.
   숨을 불어넣은 후에는 입을 떼고 코도 놓아주어서 공기가 배출되도록 한다.
㉣ 인공호흡이 꺼려지는 경우에는 가슴압박만 시행할 수 있다.

① ㉠　　　　　　　　　　② ㉡
③ ㉡, ㉣　　　　　　　　④ ㉠, ㉢

정답 ③

* 심폐소생술

가슴압박	인공호흡
30회	2회

제8편 응급처치 이론 및 실습

Key Point

★ 패드의 부착위치

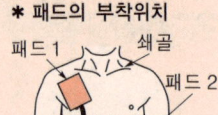

패드 1	패드 2
오른쪽 빗장뼈(쇄골) 바로 아래	왼쪽 젖꼭지 아래의 중간겨드랑선

18 다음 중 그림에 대한 설명으로 옳지 <u>않은</u> 것은?

교재 1권 262-264

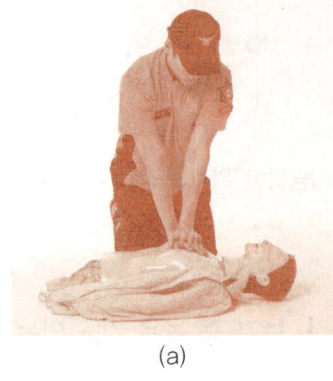
(a)

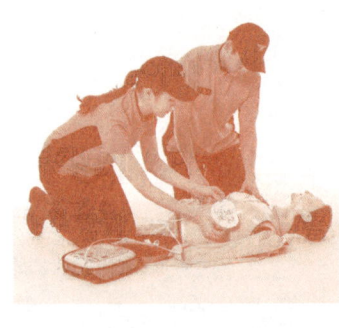
(b)

① 철수 : (a) 절차에는 분당 100~120회의 속도로 약 5cm 깊이로 강하고 빠르게 시행해야 해.
② 영희 : 그림에서 보여지는 모습은 심폐소생술 관련 동작이야. 그리고 기본순서로는 가슴압박>기도유지>인공호흡으로 알고 있어.
③ 민수 : 환자 발견 즉시 (a)의 모습대로 30회의 가슴압박과 <u>5</u>회의
  2
  인공호흡을 119구급대원이 도착할 때까지 반복해서 시행해야 해.
④ 지영 : (b)의 응급처치 기기를 사용시 2개의 패드를 각각 오른쪽 빗장뼈 아래와 왼쪽 젖꼭지 아래의 중간겨드랑선에 부착해야 해.

해설 (1) 성인의 가슴압박
① 환자의 어깨를 두드린다.
② 쓰러진 환자의 얼굴과 가슴을 10초 이내로 관찰하여 호흡이 있는지를 확인한다. (10초 이상 ✗)
③ 구조자의 체중을 이용하여 압박
④ 인공호흡에 자신이 없으면 가슴압박만 시행

구 분	설 명 보기 ①
속 도	분당 100~120회
깊 이	약 5cm

★ 호흡확인 교재 1권 263
10초 이내로 관찰

제8편 응급처치 이론 및 실습

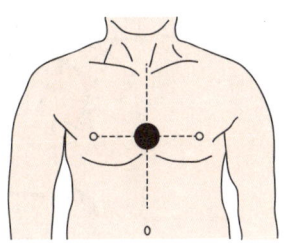

┃가슴압박 위치┃

(2) 심폐소생술 교재1권 262

심폐소생술 실시	심폐소생술 기본순서 보기②
호흡과 심장이 멎고 4~6분이 경과하면 산소 부족으로 뇌가 손상되어 원상 회복되지 않으므로 호흡이 없으면 즉시 심폐소생술을 실시해야 한다.	가슴압박 → 기도유지 → 인공호흡 공라성 기억법 가기인

┃심폐소생술의 진행┃ 교재1권 263-264

구 분	시행횟수 보기③
가슴압박	30회
인공호흡	2회

공라성 기억법 인2(인위적)

(3) 자동심장충격기(AED) 사용방법 교재1권 265-266
 ① 자동심장충격기를 심폐소생술에 방해가 되지 않는 위치에 놓은 뒤 전원버튼을 누른다.
 ② 환자의 상체를 노출시킨 다음 패드 포장을 열고 2개의 패드를 환자의 가슴에 붙인다.
 ③ 패드는 **왼쪽 젖꼭지 아래**의 **중간겨드랑선**에 설치하고 **오른쪽 빗장뼈**(쇄골) **아래**에 붙인다. 보기④

┃패드의 부착위치┃

패드 1	패드 2
오른쪽 빗장뼈(쇄골) 아래	왼쪽 젖꼭지 아래의 중간겨드랑선

* AED 사용방법
 교재1권 265-266
① 전원켜기
② 두개의 패드 부착
③ 심장리듬 분석
④ 심장충격(제세동) 시행
⑤ 즉시 심폐소생술 다시 시행

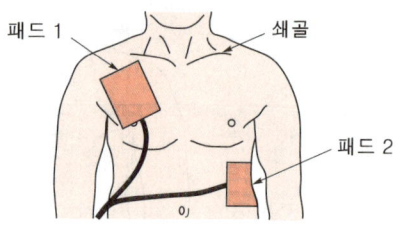

|패드 위치|

④ 심장충격이 필요한 환자인 경우에만 제세동버튼이 깜박이기 시작하며, 깜박일 때 심장충격버튼을 눌러 심장충격을 시행한다.
⑤ 심장충격버튼을 누르기 전에는 반드시 주변사람 및 구조자가
   (누른 후에는 ×)
환자에게서 떨어져 있는지 다시 한 번 확인한 후에 실시하도록 한다.
⑥ 심장충격이 필요 없거나 심장충격을 실시한 이후에는 즉시 **심폐소생술**을 다시 시작한다.
⑦ **2분**마다 심장리듬을 분석한 후 반복 시행한다.

정답 ③

✱ 심장리듬분석
2분마다

제2권

제1편 소방시설의 구조·점검 및 실습

제2편 소방계획 수립

제3편 소방안전교육 및 훈련

제4편 작동점검표 작성 실습

" 내가 못하면 아무도 못하는 그 날까지 "

- 공하성 -

제 1 편

소방시설의 구조·점검 및 실습

> **성공을 위한 10가지 충고 Ⅰ**
> 1. 시간을 낭비하지 말라.
> 2. 포기하지 말라.
> 3. 열심히 하고 나태하지 말라.
> 4. 생활과 사고를 단순하게 하라.
> 5. 정진하라.
> 6. 무관심하지 말라.
> 7. 책임을 회피하지 말라.
> 8. 낭비하지 말라.
> 9. 조급하지 말라.
> 10. 연습을 쉬지 말라.
>
> - 김형모의 「마음의 고통을 돕기 위한 10가지 충고」 중에서 -

제1장 소방시설의 종류

01 간이소화용구 〔교재 2권 9〕

(1) **에어로졸식** 소화용구 〔문01 보기⑦〕
(2) **투척용** 소화용구 〔문01 보기ⓒ〕
(3) 소공간용 소화용구 및 소화약제 외의 것(**팽창질석, 팽창진주암, 마른 모래**) 〔문01 보기ⓒⓔⓜ〕

* 마른 모래
예전에는 '**건조사**'라고 불리었다.

기출문제

01 다음 중 간이소화용구를 모두 고른 것은?
〔교재 2권 9〕

㉠ 에어로졸식 소화용구   ㉡ 투척용 소화용구
㉢ 팽창질석   ㉣ 팽창진주암
㉤ 마른 모래(모래주머니)

① ㉠, ㉡
② ㉠, ㉡, ㉣
③ ㉠, ㉡, ㉢, ㉤
④ ㉠, ㉡, ㉢, ㉣, ㉤

해설 ④ 간이소화용구 : ㉠, ㉡, ㉢, ㉣, ㉤

정답 ④

02 피난구조설비 〔교재 2권 10〕

* 피난구조설비
〔교재 2권 10〕
① 비상조명등
② 유도등

(1) 피난기구
① **피**난사다리
② **구**조대
③ **완**강기

166

제1장 소방시설의 종류

④ 간이완강기
⑤ 미끄럼대
⑥ 다수인 피난장비
⑦ 승강식 피난기
— 그 밖에 화재안전기준으로 정하는 것

> 종하성 기억법 피구완

(2) 인명구조기구
① **방열**복
② **방화**복(안전모, 보호장갑, 안전화 포함)
③ **공**기호흡기
④ **인**공소생기

> 종하성 기억법 방화열공인

* 인명구조기구 교재 2권 10
① 방열복
② 방화복(안전모, 보호장갑, 안전화 포함)
③ 공기호흡기
④ 인공소생기

(3) 유도등·유도표지

(4) 비상조명등·휴대용 비상조명등

(5) 피난유도선

03 소화활동설비 교재 2권 10

(1) **연**결송수관설비
(2) **연**결살수설비
(3) **연**소방지설비
(4) **무**선통신보조설비
(5) **제**연설비 문02 보기③
(6) **비**상**콘**센트설비

> 종하성 기억법 3연무제비콘(3년에 한번씩 제비가 콘도에 오지 않는다(무)!)

167

제1편 소방시설의 구조·점검 및 실습

* 물분무등소화설비
  교재 2권 9
  ① **물**분무소화설비
  ② **미**분무소화설비
  ③ **포**소화설비
  ④ **이**산화탄소소화설비
  ⑤ **할**론소화설비
  ⑥ **할**로겐화합물 및 불활성 기체 소화설비
  ⑦ **분**말소화설비
  ⑧ **강**화액소화설비
  ⑨ **고**체에어로졸소화설비

  종하성 기억법
  분포할이 할강미고

기출문제

02 다음 중 소화활동설비로 옳은 것은?
교재 2권 10
① 단독경보형 감지기 — 경보설비   ② 물분무등소화설비 — 소화설비
③ 제연설비   ④ 통합감시시설 — 경보설비

정답 ③

04 자동화재탐지설비의 설치대상   교재 2권 364

설치대상	조 건
① 정신의료기관·의료재활시설	• 창살설치 : 바닥면적 300m² 미만 • 기타 : 바닥면적 300m² 이상
② 노유자시설	• 연면적 400m² 이상
③ **근**린생활시설 문03 보기①·**위**락시설 ④ **의**료시설(정신의료기관 또는 요양병원 제외) ⑤ **복**합건축물·장례시설	• 연면적 600m² 이상
⑥ 목욕장·문화 및 집회시설, 운동시설 ⑦ 종교시설 ⑧ 방송통신시설·관광휴게시설 ⑨ 업무시설 문03 보기③·판매시설 문03 보기② ⑩ 항공기 및 자동차 관련시설·공장·창고시설 ⑪ 지하가(터널 제외)·운수시설·발전시설·위험물 저장 및 처리시설 ⑫ 교정 및 군사시설 중 국방·군사시설	• 연면적 1000m² 이상
⑬ **교**육연구시설 문03 보기④·**동**식물관련시설 ⑭ **자**원순환관련시설·**교**정 및 군사시설(국방·군사시설 제외) ⑮ **수**련시설(숙박시설이 있는 것 제외) ⑯ 묘지관련시설	• 연면적 2000m² 이상

제1장 소방시설의 종류

설치대상	조 건
⑰ 지하가 중 터널	• 길이 **1000m** 이상
⑱ 지하구	• 전부
⑲ 노유자생활시설	
⑳ 공동주택	
㉑ 숙박시설	
㉒ 6층 이상인 건축물	
㉓ 조산원 및 산후조리원	
㉔ 전통시장	
㉕ 요양병원(정신병원과 의료재활시설 제외)	
㉖ ⑪에 해당하지 않는 발전시설 중 전기저장시설	
㉗ 특수가연물 저장·취급	• 지정수량 **500배** 이상
㉘ 수련시설(숙박시설이 있는 것)	• 수용인원 **100명** 이상

종합성 기억법 근위의복 6, 교동자교수 2

기출문제

03 ★★ 다음 중 자동화재탐지설비의 소방시설 적용기준으로 틀린 것은?
(교재 2권 364)

① 근린생활시설(목욕장 제외)로서 연면적 600m² 이상
② 판매시설로서 연면적 1000m² 이상
③ 업무시설로서 연면적 1000m² 이상
④ 교육연구시설로서 연면적 1500m² 이상
　　　　　　　　　　　　　　　　 2000

정답 ④

유사 기출문제

03 ★★　　교재 2권 364
다음 중 자동화재탐지설비를 설치하지 않아도 되는 곳은?
① 노유자생활시설 전부
② 지하가 중 길이 500m
　　　　　　　　 1000
　의 터널
③ 연면적 600m²의 숙박시설
④ 연면적 2000m²의 교육연구시설

정답 ②

제1편 소방시설의 구조·점검 및 실습

Key Point

05 비상조명등의 설치대상 〔교재 2권 365〕

설치대상	조 건
5층 이상(지하층 포함) 문04 보기①	연면적 3000m² 이상
지하층·무창층 문04 보기②	바닥면적 450m² 이상
터 널 문04 보기③	길이 500m 이상

※ 휴대용 비상조명등 설치대상 〔교재 2권 365〕
숙박시설

비교 **휴대용 비상조명등의 설치대상**

설치대상	조 건
숙박시설 문04 보기④	전 부
수용인원 100명 이상의 영화상영관, 대규모 점포, 지하역사, 지하상가	전 부

기출문제

04 다음 중 비상조명등을 설치하지 않아도 되는 곳은?

〔교재 2권 365〕

① 지하층을 포함하는 층수가 5층 이상의 연면적 3000m² 이상의 건축물
② 450m² 이상의 지하층 또는 무창층
③ 길이 500m 이상의 터널
④ 숙박시설 → 휴대용 비상조명등의 설치대상

정답 ④

제1장 소방시설의 종류

06 옥내소화전설비의 설치대상 〔교재 2권 361〕

설치대상	조 건
• 차고·주차장	200m² 이상
• 근린생활시설 • 판매시설 〔문05 보기②〕 • 업무시설(금융업소·사무소) • 숙박시설(여관·호텔)	연면적 1500m² 이상
• 문화 및 집회시설 • 운동시설 • 종교시설	연면적 3000m² 이상
• 특수가연물 저장·취급	지정수량 750배 이상
• 지하가 중 터널	1000m 이상

Key Point

* **특수가연물 지정수량** 〔교재 2권 361-364〕

자동화재
탐지설비
	• 건축허가
	  동의
	• 옥내·외
	  소화전설비
		스프링
		클러설비
		(공장·
		창고시설)

지정수량 500배 이상	지정수량 750배 이상	지정수량 1000배 이상

07 옥외소화전설비의 설치대상 〔교재 2권 363〕

설치대상	조 건
목조건축물	**국보·보물** 전부
지상 1·2층 〔문05 보기③〕	바닥면적 합계 9000m² 이상
특수가연물 저장·취급	지정수량 750배 이상

08 스프링클러설비의 설치대상 〔교재 2권 361-362〕

설치대상	조 건

① 문화 및 집회시설(동·식
   물원 제외)
② 종교시설(주요구조부가 목
   조인 것 제외)
③ 운동시설(물놀이형 시설,
   바닥이 불연재료이고, 관
   람석 없는 운동시설 제외)
	• 수용인원 – **100명** 이상
	• 영화상영관 – 지하층·무창층 500m²
	  (기타 1000m²)
	• 무대부
	  – 지하층·무창층·4층 이상 300m² 이상
	  – 1~3층 500m² 이상

171

* 6층 이상
① 건축허가 동의
② 자동화재탐지설비
③ 스프링클러설비

설치대상	조 건
④ 판매시설 ⑤ 운수시설 ⑥ 물류터미널	• 수용인원 **500명** 이상 • 바닥면적 합계 **5000m²** 이상
⑦ 조산원, 산후조리원 ⑧ 정신의료기관 ⑨ 종합병원, 병원, 치과병원, 한방병원 및 요양병원 ⑩ 노유자시설 ⑪ 수련시설(숙박 가능한 곳) ⑫ 숙박시설	• 바닥면적 합계 **600m²** 이상
⑬ 지하가(터널 제외)	• 연면적 **1000m²** 이상
⑭ 지하층·무창층(축사 제외) ⑮ 4층 이상	• 바닥면적 **1000m²** 이상
⑯ 10m 넘는 랙크식 창고	• 바닥면적 합계 **1500m²** 이상
⑰ 창고시설(물류터미널 제외)	• 바닥면적 합계 **5000m²** 이상
⑱ 기숙사 ⑲ 복합건축물	• 연면적 **5000m²** 이상
⑳ 6층 이상	모든 층
㉑ 공장 또는 창고시설	• 특수가연물 저장·취급 – 지정수량 **1000배** 이상 • 중·저준위 방사성 폐기물의 저장시설 중 소화수를 수집·처리하는 설비가 있는 저장시설
㉒ 지붕 또는 외벽이 불연재료가 아니거나 내화구조가 아닌 공장 또는 창고시설	• 물류터미널 – 바닥면적 합계 **2500m²** 이상 – 수용인원 **250명** 이상 • 창고시설(물류터미널 제외)-바닥면적 합계 **2500m²** 이상 • 지하층·무창층·4층 이상-바닥면적 **500m²** 이상 • 랙크식 창고-바닥면적 합계 **750m²** 이상 • 특수가연물 저장·취급-지정수량 **500배** 미만
㉓ 교정 및 군사시설	• 보호감호소, 교도소, 구치소 및 그 지소, 보호관찰소, 갱생보호시설, 치료감호시설, 소년원 및 소년분류심사원의 수용거실 • 보호시설(외국인보호소는 보호대상자의 생활공간으로 한정) • 유치장
㉔ 발전시설	• 전기저장시설

제1장 소방시설의 종류

기출문제

05  철수씨는 본인이 근무하는 건물에 설치되어 있는 소방시설이 궁금하였다. 설치되지 <u>않아도</u> 되는 소방시설은 다음 중 무엇인가?

【철수씨가 근무하는 건물현황】
- 용도 : 판매시설
- 연면적 : 5000m²
- 층수 : 11층

① 자동화재탐지설비 ② 옥내소화전설비
③ <u>옥외소화전설비</u> ④ 스프링클러설비

   지상 1·2층 바닥면적 합계가 9000m²
   이상이 되지 않으므로 옥외소화전설비
   설치제외대상

정답 ③

Key Point

* 옥외소화전설비 설치대상
지상 1·2층 바닥면적 합계 9000m² 이상

제 2 장 소화설비

01 소화기구

1 소화능력 단위기준 및 보행거리

소화기 분류		능력단위	보행거리
소형소화기		1단위 이상	20m 이내
대형소화기	A급	10단위 이상	30m 이내
	B급	20단위 이상	

* 대형소화기
  ① A급 : 10단위 이상
  ② B급 : 20단위 이상

공하성 기억법 보3대, 대2B(데이빗!)

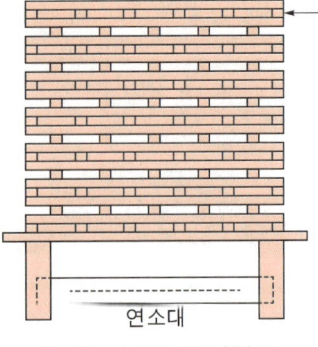

▮A급 소화능력시험▮

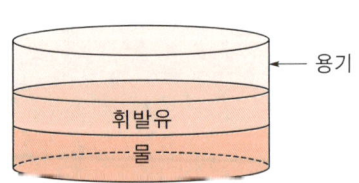

▮B급 소화능력시험▮

기출문제

01 다음 중 특정소방대상물의 각 부분으로부터 1개의 소화기까지의 보행거리로 옳은 것은?

① 소형소화기 : 10m 이내, 대형소화기 : 20m 이내
② 소형소화기 : 15m 이내, 대형소화기 : 20m 이내
③ 소형소화기 : 20m 이내, 대형소화기 : 30m 이내
④ 소형소화기 : 20m 이내, 대형소화기 : 35m 이내

제2장 소화설비

해설 소화기의 설치기준

구 분	설 명
보행거리 20m 이내	소형소화기
보행거리 30m 이내	대형소화기

꼼꼼히 기억법 대3(대상을 받다.)

정답 ③

2 분말소화기 vs 이산화탄소소화기 교재 2권 14-16

(1) 분말소화기

① 소화약제 및 적응화재

적응화재	소화약제의 주성분	소화효과 문02 보기②
BC급	탄산수소나트륨($NaHCO_3$)	• 질식효과 • 부촉매(억제)효과
	탄산수소칼륨($KHCO_3$)	
ABC급 문02 보기①	제1인산암모늄($NH_4H_2PO_4$)	
BC급	탄산수소칼륨($KHCO_3$)+요소($NH_2)_2CO$	

② 축압식 분말소화기의 구조

축압식 소화기 : 압력계 ○

• 용기 중에 소화약제와 함께 소화약제의 방출원이 되는 질소 등의 압축가스를 봉입한 방식 문02 보기④
• 용기 내 압력을 확인할 수 있도록 지시압력계가 부착되어 사용 가능한 범위가 **녹색(0.7~0.98MPa)**으로 되어 있음

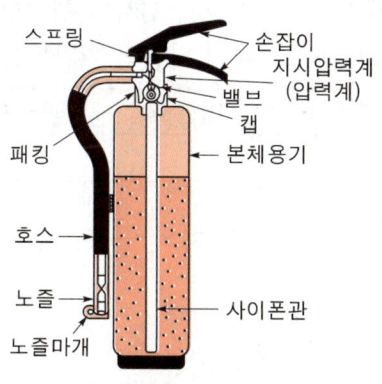

│축압식 소화기│

Key Point

* **담홍색** 교재 2권 21
① 제1인산암모늄
 ($NH_4H_2PO_4$)
② ABC급

* **부촉매효과**
① 분말소화기
② 할로겐화합물소화기

* **MPa**
'메가파스칼'이라고 읽는다.

제1편 소방시설의 구조·점검 및 실습

Key Point

유사 기출문제

02 ★★★ [교재 2권 15]

다음 분말소화기에 대한 설명 중 ( ) 안에 들어갈 내용으로 옳은 것은?

적응화재 및 주성분	ABC급	(㉠)
종류 및 특징	(㉡) 소화기	지시압력계 부착
지시압력계 사용가능 범위	(㉢)MPa~(㉣)MPa	

① ㉠ : 탄산수소나트륨
　　　제1인산암모늄
② ㉡ : 가압식
　　　축압식
③ ㉢ : 0.8
　　　0.7
④ ㉣ : 0.98

정답 ④

★ 대형소화기 [교재 2권 11]

분류	능력단위
A급	10단위 이상
B급	20단위 이상
C급	적응성이 있는 것

기출문제

02 ★★ [교재 2권 14-15]

분말소화기에 대한 설명으로 틀린 것은?

① ABC급의 적응화재의 주성분은 제1인산암모늄이다.
② 소화효과는 질식, 부촉매(억제)이다.
③ 가압식 분말소화기는 지시압력계가 부착되어 있다.
　　　축압
④ 축압식 소화기는 용기 중에 소화약제와 함께 소화약제의 방출원이 되는 질소 등의 압축가스를 봉입한 방식이다.

정답 ③

03 ★★ [교재 2권 13-14]

ABC급 대형소화기에 관한 설명 중 틀린 것은?

① 주성분은 제1인산암모늄이다.
② 능력단위가 B급 화재 30단위 이상, C급 화재는 적응성이 있는 것
　　　　　　　　　　　　20
　을 말한다.
③ 능력단위가 A급 화재 10단위 이상인 것을 말한다.
④ 소화효과는 질식, 부촉매(억제)이다.

정답 ②

③ 내용연수 [문04 보기④]

소화기의 내용연수를 **10년**으로 하고 내용연수가 지난 제품은 교체 또는 성능확인을 받을 것. 성능검사에 합격한 소화기는 내용연수 등이 경과한 날의 다음 달부터 다음의 기간동안 사용할 수 있다.

내용연수 경과 후 10년 미만	내용연수 경과 후 10년 이상
3년	1년

제2장 소화설비

기출문제

04 분말소화기의 내용연수로 알맞은 것은?
① 3년 ② 5년
③ 8년 ④ 10년

해설 ④ 분말소화기 내용연수 : 10년

정답 ④

05 다음 표를 참고하여 소화기에 대한 설명으로 옳은 것은?

주성분	이산화탄소
총중량	5kg
능력단위	B2, C 적응
제조연월일	2022.3.15.

┃혼 파손┃

① 분말소화기이며 2032년 3월 14일까지 사용 가능하다.
　　이산화탄소소화기　　　　　　　　　　내용연수가 없다.
② 유류화재의 소화능력단위는 2단위이다.
③ 혼이 파손되었지만 교체할 필요는 없다.
　　　　　　파손되었으므로 교체해야 한다.
④ 일반화재에 사용이 가능하다.
　　유류화재, 전기화재

해설
② B2, C 적응
　　　└ 사용가능
　　　└ 전기화재
　└ 2단위
　└ 유류화재

정답 ②

(2) 이산화탄소소화기

주성분	적응화재
이산화탄소(순도 99.5% 이상)	BC급

Key Point

* **이산화탄소소화기**
혼 파손시 교체해야 한다.
문05 보기③

* **B2, C 의미**
① B급 2단위
② C급 사용가능

* **분말소화기 vs 이산화탄소소화기** 문05 보기①

분말소화기	이산화탄소소화기
10년	내용연수 없음

* **소화능력단위** 문05 보기②④
A3, B5, C급 적응
일반화재　전기화재
3단위　　사용가능
　　유류화재
　　5단위

177

Key Point

* **할론 분자식**

```
   C  F  Cl  Br
   ↓  ↓  ↓  ↓
 Halon 1  2  1  1
   ↓  ↓  ↓  ↓
   C  F₂ Cl  Br
```

3 할로겐화합물 소화기 [교재 2권 16]

종 류	소화약제
할론 1211	브로모클로로디플루오로메탄
할론 1301	브로모트리플루오로메탄
HCFC-123	디클로로트리플루오로에탄
FK-5-1-12	도데카플루오로-2-메틸 펜탄-3-원
HFC-236fa	헥사플루오로프로판
HCFC-123, 테트라플루오로메탄(FC-1-4) 및 아르곤 구성	HCFC BLEND B
-	할론 1211 및 할론 1301을 혼합한 약제

* **소화기구의 표시사항** [교재 2권 20]
① 소화기-소화기
② 투척용 소화용구-투척용 소화용구
③ 마른 모래-소화용 모래
④ 팽창진주암 및 팽창질석 -소화질석

* **소화기의 설치기준** [교재 2권 19-20]
① 설치높이 : 바닥에서 1.5m 이하
② 설치면적 : 구획된 실 바닥면적 33m² 이상에 1개 설치

* **1.5m 이하** [교재 2권 20, 37]
① 소화기구(자동확산소화기 제외)
② 옥내소화전 방수구

4 특정소방대상물별 소화기구의 능력단위기준 [교재 2권 18, 20]

특정소방대상물	소화기구의 능력단위	건축물의 주요구조부가 **내화구조**이고, 벽 및 반자의 실내에 면하는 부분이 **불연재료·준불연재료** 또는 **난연재료**로 된 특정소방대상물의 능력단위
• **위**락시설 _{공하성 기억법} 위3(위상)	바닥면적 **30m²**마다 1단위 이상	바닥면적 **60m²**마다 1단위 이상
• **공**연장 • **집**회장 • **관람**장 • **문**화재 • **장**례식장 및 **의**료시설 _{공하성 기억법} 5공연장 문의 집관람(손오공 연장 문의 집관람)	바닥면적 **50m²**마다 1단위 이상	바닥면적 **100m²**마다 1단위 이상
• **근**린생활시설 [문06 보기②] • **판**매시설 • 운수시설 • **숙**박시설 • **노**유자시설 • **전**시장	바닥면적 **100m²**마다 1단위 이상	바닥면적 **200m²**마다 1단위 이상

제2장 소화설비

특정소방대상물	소화기구의 능력단위	건축물의 주요구조부가 **내화구조**이고, 벽 및 반자의 실내에 면하는 부분이 **불연재료·준불연재료** 또는 **난연재료**로 된 특정소방대상물의 능력단위
• 공동**주**택(아파트 등) • **업**무시설(**사무실** 등) • **방**송통신시설 • **공**장 • **창**고시설 • **항**공기 및 자동**차**관련시설, **관광**휴게시설	바닥면적 **100m²**마다 1단위 이상	바닥면적 **200m²**마다 1단위 이상
• 그 밖의 것	바닥면적 **200m²**마다 1단위 이상	바닥면적 **400m²**마다 1단위 이상

[공하성 기억법] 근판숙노전 주업방차창 1항 관광(근판숙노전 주업방차창 일본항 관광)

Key Point

＊ 소수점 발생시

소방안전관리 보조자수	소화기구의 능력단위
교재 1권 14	교재 2권 18
소수점 버림	소수점 올림

기출문제

06 ★★★ 교재 2권 18

바닥면적이 2000m²인 근린생활시설에 3단위 분말소화기를 비치하고자 한다. 소화기의 개수는 최소 몇 개가 필요한가? (단, 이 건물은 내화구조로서 벽 및 반자의 실내에 면하는 부분이 불연재료이다.)

① 3개　　② 4개
③ 5개　　④ 6개

해설 **근린생활시설**로서 **내화구조**이며, **불연재료**이므로 바닥면적 200m²마다 1단위 이상이다.

$$\frac{2000\text{m}^2}{200\text{m}^2}(\text{소수점 올림})=10단위$$

$$\frac{10단위}{3단위}(\text{소수점 올림})=3.3 ≒ 4개$$

정답 ②

유사 기출문제

06 ★★★　교재 2권 18

다음 조건을 참고하여 2단위 분말소화기의 설치개수를 구하면 몇 개인가?

• 용도 : 근린생활시설
• 바닥면적 : 3000m²
• 구조 : 건축물의 주요구조부가 내화구조이고, 내장마감재는 불연재료로 시공되었다.

① 8개　　② 15개
③ 20개　④ 30개

해설 **근린생활시설**로서 **내화구조**이고 **불연재료**인 경우이므로 바닥면적 200m²마다 1단위 이상

$$\frac{3000\text{m}^2}{200\text{m}^2}=15단위$$

• 15단위를 15개라고 쓰면 **틀린다**. 특히 주의!

2단위 분말소화기를 설치하므로

소화기개수 $=\frac{15단위}{2단위}$
$=7.5$
$≒ 8개(소수점 올림)$

정답 ①

제1편 소방시설의 구조·점검 및 실습

Key Point

유사 기출문제

07 ★★★ [교재 2권 18]
다음 업무시설에 설치해야 하는 소화기의 능력단위는? (단, 주요구조부는 내화구조이고, 벽 및 반자의 실내에 면하는 부분은 가연재료이다.)

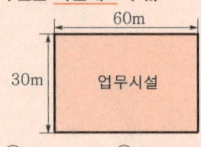

① 6 ② 7
③ 9 ④ 18

해설 업무시설로서 내화구조이지만 불연재료, 난연재료가 아닌 가연재료이므로 바닥면적 100cm²마다 1단위 이상이다.
업무시설 면적= 60m× 30m= 1800m²

$$\frac{1800m^2}{100m^2} = 18단위$$

정답 ④

* 별도로 구획된 실
[교재 2권 20]
바닥면적 33m² 이상에만 소화기 1개 배치

08 ★★★ [교재 2권 18-20]
다음 사무실에서 소화능력단위가 2단위인 소화기는 최소 몇 개 설치해야 하는가? (단, 주요구조부가 내화구조이고, 벽 및 반자의 실내는 준불연재료로 되어 있다.)

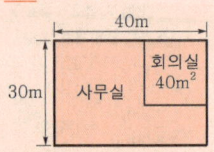

① 4개 ② 5개
③ 6개 ④ 7개

해설 사무실은 업무시설로서 내화구조, 준불연재료이므로 바닥면적 200m²마다 1단위 이상이다.
사무실 면적
= 40m × 30m
= 1200m²

---

07 ★★★ [교재 2권 18]
지하 1층을 판매시설의 용도로 사용하는 바닥면적이 3000m²일 경우 이 장소에 분말소화기 1개의 소화능력단위가 A급 기준으로 3단위의 소화기로 설치할 경우 본 판매시설에 필요한 분말소화기의 개수는 최소 몇 개인가?

① 10개 ② 20개
③ 30개 ④ 40개

해설 판매시설로서 내화구조이고 불연재료·준불연재료·난연재료인 경우가 아니므로 바닥면적 100m²마다 1단위 이상이므로

$$\frac{3000m^2}{100m^2} = 30단위$$

● 30단위를 30개라고 쓰면 틀린다. 특히 주의!

3단위 소화기를 설치하므로
$$소화기개수 = \frac{30단위}{3단위} = 10개$$

정답 ①

08 ★★★ [교재 2권 18-20]
소화능력단위가 3단위인 소화기를 설치할 경우 휴게실, 상담실을 포함한 사무실 전체 면적 1750m²에 필요한 소화기의 개수는 최소 몇 개인가? (단, 주요구조부가 내화구조이고 벽 및 반자의 실내는 난연재료로 되어 있다.)

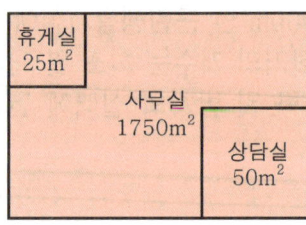

① 2개 ② 3개
③ 4개 ④ 5개

해설 사무실은 업무시설로서 내화구조, 난연재료이므로 바닥면적 200m²마다 1단위 이상이다.

$$\frac{1750m^2}{200m^2} = 8.75 ≒ 9단위$$

제2장 소화설비

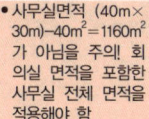

- 1750m²-(25+50)m²=1675m²로 계산하는 것이 아니고 휴게실, 상담실을 포함한 사무실 전체 면적 1750m²으로 계산해야 함

3단위 소화기를 설치하므로
소화기개수= $\frac{9단위}{3단위}$ = 3개

바닥면적 33m² 이상의 구획된 실에 추가로 배치하므로 상담실에 추가로 1개, 33m² 미만인 휴게실은 설치를 제외한다.

- 바닥면적 33m² 이상의 구획된 실에 추가로 배치한다고 하여 상담실 = $\frac{50m^2}{33m^2}$ = 1.51 ≒ 2개가 아님을 주의!
- 추가로 배치하는 것은 바닥면적이 아무리 커도 소화기 1개만 배치

∴ 3개+1개=4개

정답 ③

Key Point

- 사무실면적 (40m× 30m)-40m²=1160m² 가 아님을 주의! 회의실 면적을 포함한 사무실 전체 면적을 적용해야 함

$\frac{1200m^2}{200m^2}$ = 6단위

2단위 소화기를 설치하므로
소화기개수= $\frac{6단위}{2단위}$ = 3개

바닥면적 33m² 이상시 추가로 1개를 회의실에 배치

∴ 3개+1개=4개

정답 ①

★ **소화기** 교재 2권 20
① 각 층마다 설치
② 설치높이 : 바닥에서 1.5m 이하

---

09 ★★ 교재 2권 14, 18, 20

다음을 보고 소화기 설치기준에 대한 설명으로 옳은 것을 고른 것은?

㉠ 소화기는 각 층마다 설치하여야 한다.
㉡ 대형소화기의 소화능력단위는 A급 20단위 이상, B급 10단위 이상인 소화기이다.
㉢ 소화기는 바닥으로부터 높이 1.2m 이하의 곳에 비치한다.
   1.5m
㉣ 위락시설의 소화기의 능력단위기준 바닥면적은 30m²이다.

① ㉠, ㉣
② ㉡, ㉣
③ ㉡, ㉢
④ ㉠, ㉢, ㉣

정답 ①

09 ★★★ 교재 2권 14-15, 20

다음 그림에 대한 설명으로 옳은 것을 고른 것은?

(A10) (B20) (C적응)

축압식 분말소화기(차륜식)

㉠ 축압식 소화기는 지시압력계의 사용 가능한 범위는 적색이다.
   녹색
㉡ 특정소방대상물의 각 부분으로부터 1개의 소화기까지의 보행거리 50m 이내가 되도록 배치한다.
   30m
㉢ 금속화재에 대한 적응성이 없다.
㉣ 제1인산암모늄이 주성분이다.

① ㉠, ㉡ ② ㉠, ㉣
③ ㉡, ㉢ ④ ㉢, ㉣

해설
㉢ ABC급 소화기이므로 금속화재(D급)에는 적응성이 없음
㉣ ABC급 소화기이므로 제1인산암모늄이 주성분이 맞음

A급 10단위(A10), B급 20단위(B20) 이상이므로 대형소화기에 해당되며 보행거리 30m 이내에 배치

정답 ④

제1편 소방시설의 구조·점검 및 실습

5 소화기의 점검 교재 2권 22

(1) 호스·혼·노즐

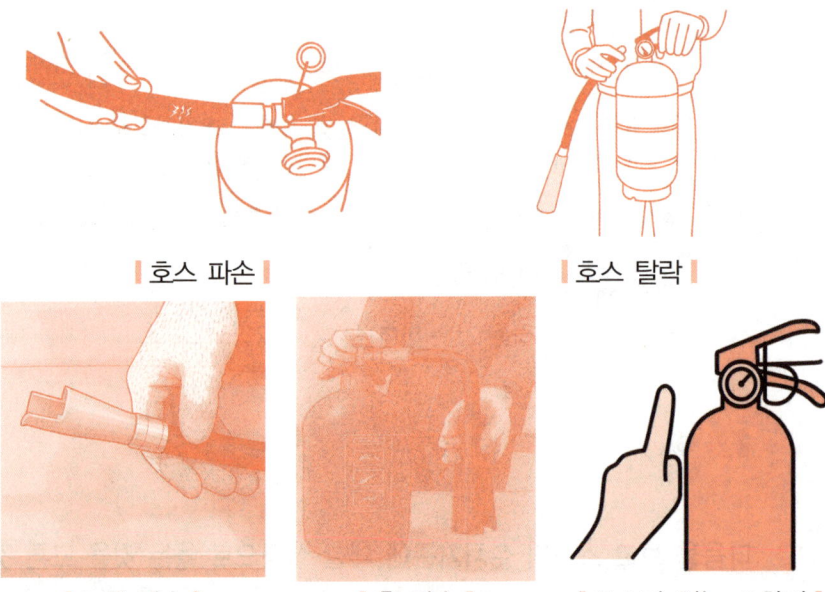

| 호스 파손 | 호스 탈락 |

| 노즐 파손 | 혼 파손 | 호스가 없는 소화기 |

* 소화기점검
① 그림 A : 호스 파손
② 그림 B : 호스 탈락
③ 그림 C : 노즐 파손
④ 그림 D : 혼 피손

▶ 기출문제

10 다음은 소화기점검 중 호스·혼·노즐에 대한 그림이다. 그림과 내용이 맞는 것은?

교재 2권 22

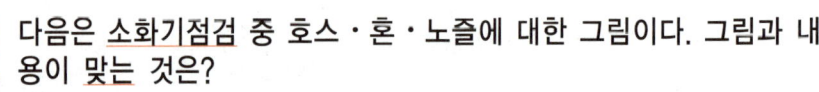

| 그림 A | 그림 B |

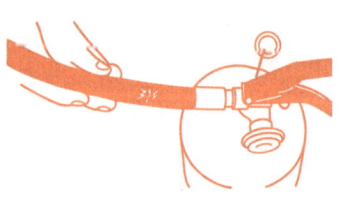

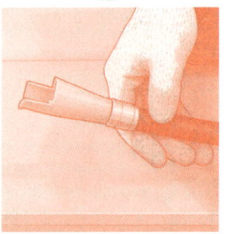

| 그림 C | 그림 D |

182

제2장 소화설비

호스 탈락, 호스 파손, 노즐 파손, 혼 파손

① 호스 탈락-그림 A, 호스 파손-그림 B, 노즐 파손-그림 C, 혼 파손-그림 D
② 호스 탈락-그림 B, 호스 파손-그림 A, 노즐 파손-그림 C, 혼 파손-그림 D
③ 호스 탈락-그림 C, 호스 파손-그림 D, 노즐 파손-그림 A, 혼 파손-그림 B
④ 호스 탈락-그림 D, 호스 파손-그림 C, 노즐 파손-그림 A, 혼 파손-그림 B

해설 소화기점검
(1) 호스 파손 : 호스가 찢어진 그림(그림 A)
(2) 호스 탈락 : 호스가 용기와 분리된 그림(그림 B)
(3) 노즐 파손 : 노즐이 깨진 그림(그림 C)
(4) 혼 파손 : 나팔모양의 혼이 깨진 그림(그림 D)

정답 ②

(2) **지시압력계의 색표시에 따른 상태** : 0.7~0.98MPa 정상

노란색(황색)	녹 색	적 색
압력이 부족한 상태	정상압력 상태	정상압력보다 높은 상태

* 지시압력계
① 노란색(황색) : 압력부족
② 녹색 : 정상압력
③ 적색 : 정상압력 초과

소화기 지시압력계

기출문제

11 축압식 소화기의 압력게이지가 다음 상태인 경우 판단으로 맞는 것은?

① 압력이 부족한 상태이다.
② 정상압력보다 높은 상태이다.
③ 정상압력을 가르키고 있다.
④ 소화약제를 정상적으로 방출하기 어려울 것으로 보인다.

해설 ② 지침이 오른쪽에 있으므로 정상압력보다 높은 상태

정답 ②

제1편 소방시설의 구조·점검 및 실습

12 다음 그림의 소화기를 점검하였다. 점검 결과에 대한 내용으로 옳은 것은?

교재 2권
15,
22,
326

주의사항
1. 매월 1회 이상 지시압력계의 바늘이 정상위치에 있는가를 확인
2. 소화기 설치시에는 태양의 직사 고온다습의 장소를 피한다.
3. 사용시에는 바람을 등지고 방사하고 사용 후에는 내부약제를 완전 방출하여야 한다.
4. 사람을 향하여 방사하지 마십시오.
※ 소화약제 물질 안전자료 관련정보(MSDS정보)
① 위험물질 정보(0.1% 초과시 목록) : 없음
② 내용물의 5%를 초과하는 화학물질목록 : 제1인산암모늄, 석분
③ 위험한 약제에 관한 정보 : 폐자극성 분진

제조연월	2008.06

번 호	점검항목	점검결과
1-A-007	○ 지시압력계(녹색범위)의 적정 여부	㉠
1-A-008	○ 수동식 분말소화기 내용연수(10년) 적정 여부	㉡

설비명	점검항목	불량내용
소화설비	1-A-007	㉢
	1-A-008	

① ㉠ ×, ㉡ ○, ㉢ 약제량 부족
② ㉠ ○, ㉡ ○, ㉢ 없음
③ ㉠ ×, ㉡ ×, ㉢ 약제량 부족, 내용연수 초과
④ ㉠ ○, ㉡ ×, ㉢ 내용연수 초과

해설

㉠ 지시압력계가 녹색범위를 가리키고 있으므로 적정여부는 ○

지시압력계의 색표시에 따른 상태

노란색(황색)	녹 색	적 색
압력이 부족한 상태	정상압력 상태	정상압력보다 높은 상태

● 용기 내 압력을 확인할 수 있도록 지시압력계가 부착되어 사용가능한 범위가 **녹색(0.7~0.98MPa)**으로 으로 되어있음

㉡ 제조연월 : 2008.6이고 내용연수가 10년이므로 2018.6까지가 유효기간이다. 따라서 내용연수가 초과되었으므로 ×

㉢ 불량내용은 내용연수 초과이다.
● 소화기의 내용연수를 10년으로 하고 내용연수가 지난 제품은 교체 또는 성능확인을 받을 것

---

* 지시압력계

노란색(황색)	녹 색	직 색
압력부족	압력정상	압력높음

제2장 소화설비

내용연수	
내용연수 경과 후 10년 미만	내용연수 경과 후 10년 이상
3년	1년

Key Point

* 내용연수

10년 미만	10년 이상
3년	1년

참고 지시압력계

① 노란색(황색) : 압력부족
② 녹색 : 정상압력
③ 적색 : 정상압력초과

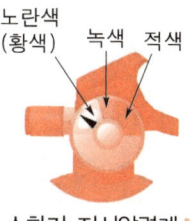

소화기 지시압력계

정답 ④

13 다음 소화기 점검 후 아래 점검 결과표의 작성(㉠~㉢)순으로 가장 적합한 것은?

교재 2권
22-23, 326

소화기 점검사항

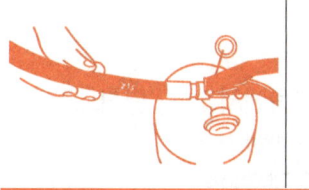 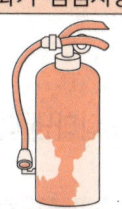 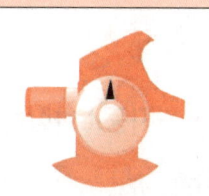

번 호	점검항목	점검결과
1-A-006	○ 소화기의 변형손상 또는 부식 등 외관의 이상 여부	㉠
1-A-007	○ 지시압력계(녹색범위)의 적정 여부	㉡

설비명	점검항목	불량내용
소화설비	1-A-007	㉢
	1-A-008	

① ㉠ ○, ㉡ ×, ㉢ 약제량 부족
② ㉠ ○, ㉡ ×, ㉢ 외관부식, 호스파손
③ ㉠ ×, ㉡ ○, ㉢ 외관부식, 호스파손
④ ㉠ ×, ㉡ ○, ㉢ 약제량 부족

해설
㉠ 호스가 파손되었고 소화기가 부식되었으므로 외관의 이상이 있기 때문에 ×
㉡ 지시압력계가 녹색범위를 가리키고 있으므로 적정여부는 ○
㉢ 불량내용은 외관부식과 호스파손이다.
※ 양호 ○, 불량 ×로 표시하면 됨

정답 ③

제1편 소방시설의 구조·점검 및 실습

Key Point

* 주거용 주방자동소화장치
  교재 2권 25
  ① 열원자동차단
  ② 소화약제방출

* 방출구
  약제가 나오는 곳

6 주거용 주방자동소화장치 〔교재 2권 25-26〕

주거용 주방에 설치된 열발생 조리기구의 사용으로 인한 화재발생시 열원(**전기** 또는 **가스**)을 자동으로 차단하며, 소화약제를 방출하는 소화장치

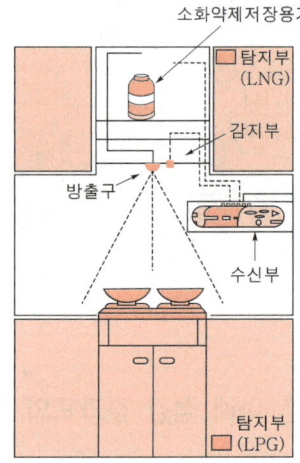

기출문제

14 자동소화장치의 구조를 나타낸 다음 그림에서 ㉠의 명칭으로 옳은 것은?

〔교재 2권 26〕

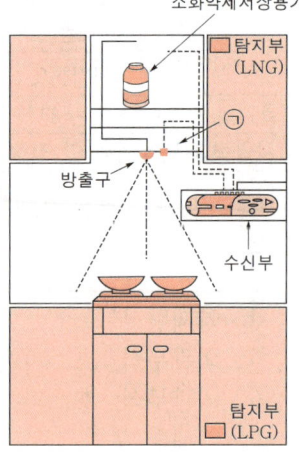

① 감지부   ② 가스누설차단밸브
③ 솔레노이드밸브   ④ 수동조작밸브

해설
① 감지부 : 화재시 발생하는 열을 감지하는 부분

정답 ①

제2장 소화설비

02 옥내소화전설비

1 옥내소화전설비의 구조 및 점검

옥내소화전설비 vs 옥외소화전설비 [교재 2권 30, 37, 51-52]

구 분	옥내소화전설비	옥외소화전설비
방수량	• 130L/min 이상 문15 보기②	• 350L/min 이상
방수압	• 0.17~0.7MPa 이하 문15 보기①	• 0.25~0.7MPa 이하
호스구경	• 40mm(호스릴 25mm) 공하성 기억법 내호25, 내4(내사 종결)	• 65mm
최소방출시간	• 20분 : 29층 이하 • 40분 : 30~49층 이하 • 60분 : 50층 이상	• 20분
설치거리	수평거리 25m 이하	수평거리 40m 이하
표시등	적색등	적색등

Key Point

* 옥내소화전설비 [교재 2권 30]
① 방수량 : 130L/min 이상
② 최소방수압 : 0.17MPa

* 소화기
0.7~0.98MPa

소형소화기	대형소화기
보행거리 20m	보행거리 30m

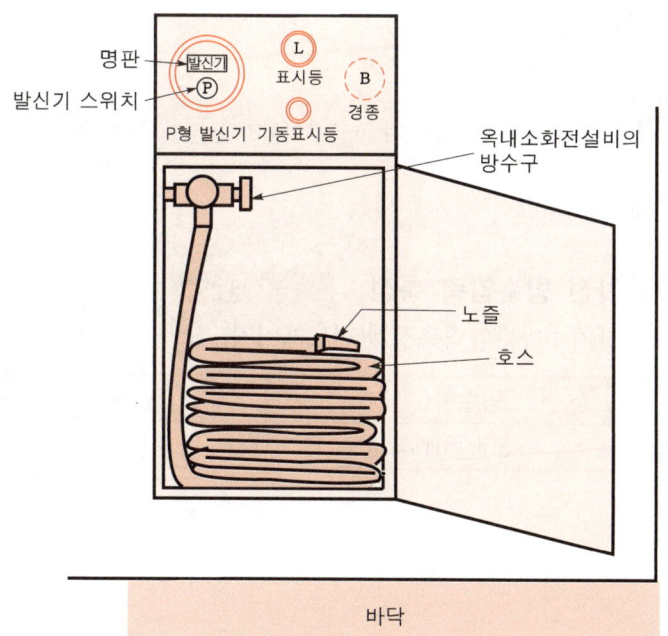

∥옥내소화전설비∥

제1편 소방시설의 구조·점검 및 실습

기출문제

15. 옥내소화전설비에 대한 설명으로 옳은 것은?
교재 2권 30-31

① 방수압은 0.17MPa 이상 0.7MPa 이하를 갖추어야 한다.
② 방수량은 350L/min 이상이어야 한다. (130)
③ 고층건축물이란 50층 이상인 건축물을 말한다. (30)
④ 소방용설비 외의 다른 설비와 수조를 겸용하는 경우에는 옥내소화전펌프의 풋밸브 또는 흡수배관의 흡수구를 다른 설비의 풋밸브 또는 흡수구보다 높은 위치에 설치하여야 한다. (낮은)

정답 ①

* **고층건축물** 교재 2권 30
① 30층 이상
② 높이 120m 이상

16. 옥내소화전설비에서 몇 층 이상인 소방대상물은 스프링클러설비와 펌프를 겸용할 수 없는가?
교재 2권 30

① 6층 이상
② 11층 이상
③ 30층 이상
④ 50층 이상

해설 ③ 옥내소화전설비, 스프링클러설비와 펌프 겸용 사용금지 : 30층 이상

정답 ③

(1) 옥내소화전 방수압력 측정 교재 2권 41-42

① 측정장치 : 방수압력측정계(피토게이지)
②

방수량	방수압력 문20 보기③
130L/min	0.17~0.7MPa 이하

* **방수압력측정계**
'피토게이지'라고도 불린다.

188

제2장 소화설비

③ 방수시간 **3분** 및 방사거리 **8m** 이상으로 정상범위인지 측정한다.
④ 방수압력 측정방법 : 방수구에 호스를 결속한 상태로 노즐의 선단에 방수압력측정계(피토게이지)를 근접$\left(\dfrac{D}{2}\right)$시켜서 측정하고 방수압력측정계의 압력계상의 눈금을 확인한다. 문20 보기④

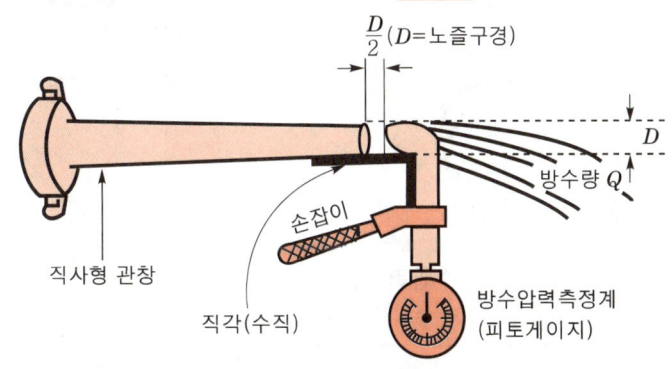

┃ 방수압력 측정 ┃

(2) **옥내소화전설비 저수량** 문17 보기①

$$Q = 2.6N \text{(30층 미만)}$$
$$Q = 5.2N \text{(30~49층 이하)}$$
$$Q = 7.8N \text{(50층 이상)}$$

여기서, Q : 수원의 저수량[m³]
  N : 가장 많은 층의 소화전개수(30층 미만 : 최대 **2개**, 30층 이상 : 최대 **5개**)

* 옥내소화전설비 저수량

$Q = 2.6N$

여기서,
Q : 수원의 저수량[m³]
N : 가장 많은 층의 소화전개수(30층 미만 : 최대 **2개**, 30층 이상 : 최대 **5개**)

기출문제

17 ★★★
교재 2권 30

어떤 건물에 옥내소화전이 1층에 4개, 2층에 2개 설치되어 있다. 이때 옥내소화전의 저수량은 몇 m³인가? (단, 건물은 10층이다.)

① 5.2 ② 7.8
③ 10.4 ④ 13

해설 **옥내소화전수원**의 **저수량** Q는
$Q = 2.6N = 2.6 \times 2 = 5.2 \text{m}^3$

정답 ①

18 옥내소화전 방수압력시험에 필요한 장비로 옳은 것은?

교재 2권 41-42

해설 옥내소화전 방수압력 측정

(1) 측정장치 : 방수압력측정계(피토게이지)

(2)

방수량	방수압력
130L/min	0.17~0.7MPa 이하

(3) 방수압력 측정방법 : 방수구에 호스를 결속한 상태로 노즐의 선단에 방수압력측정계(피토게이지)를 근접$\left(\dfrac{D}{2}\right)$시켜서 측정하고 방수압력측정계의 압력계상의 눈금을 확인한다.

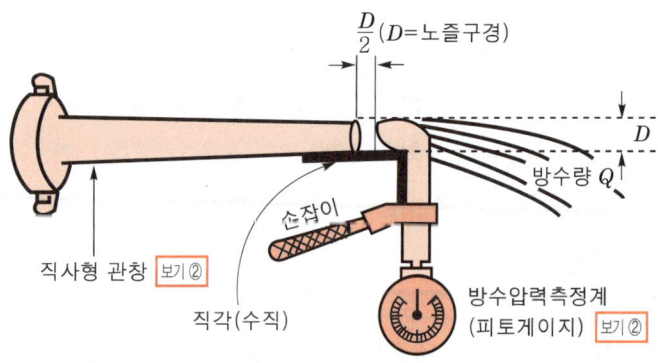

▎방수압력 측정▎

정답 ②

* 옥내소화전 방수압력 시험
 ① 직사형 관창
 ② 방수압력측정계(피토게이지)

제2장 소화설비

19 방수압력시험 장비를 사용하여 방수압력시험시 장비의 측정 모습으로 옳은 것은?

교재 2권
41-42

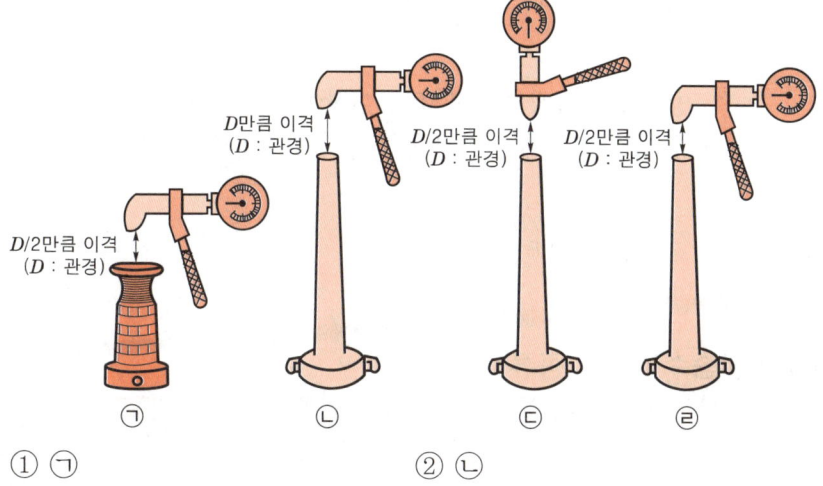

① ㉠
② ㉡
③ ㉢
④ ㉣

해설 옥내소화전 방수압력 측정
(1) 측정장치 : 방수압력측정계(피토게이지)
(2)

방수량	방수압력
130L/min	0.17~0.7MPa 이하

(3) 방수압력 측정방법 : 방수구에 호스를 결속한 상태로 노즐의 선단에 방수압력측정계(피토게이지)를 근접$\left(\dfrac{D}{2}\right)$시켜서 측정하고 방수압력측정계의 압력계상의 눈금을 확인한다. 보기 ㉣

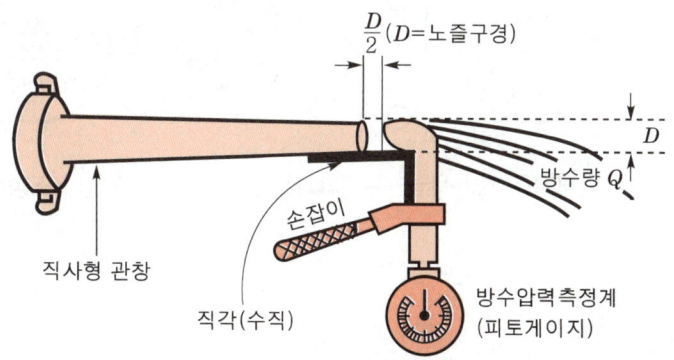

▌방수압력 측정▐

정답 ④

* 옥내소화전
① 방수량 : 130L/min
② 방수압력 : 0.17~0.7MPa 이하

제1편 소방시설의 구조·점검 및 실습

Key Point

* 방수압력측정
  교재 2권 42
  ① 직사형 관창 이용
  문20 보기①
  ② 최상층 소화전 개방시 소방펌프 자동기동 및 기동표시등 확인 문20 보기②

20 다음 중 옥내소화전의 방수압력측정방법으로 옳은 것은?
교재 2권 41-42
① 반드시 방사형 관창을 이용하여 측정하여야 한다.
   직사형
② 최하층 소화전 개방시 소화펌프 자동기동 및 기동표시등을 확인
   최상층
   한다.
③ 방수압력 측정시 0.17MPa 이상이어야 한다.
④ 방수압력측정계는 봉상주수 상태에서 직각으로 완전히 밀접시켜 측
   $\frac{D}{2}$ 근접시켜서
   정하여야 한다.

정답 ③

(3) 가압송수장치의 종류 교재 2권 30-32

종 류	특 징
펌프방식	기동용 수압개폐장치 설치 문21 보기④
고가수조방식	자연낙차압 이용 문21 보기③
압력수조방식	압력수조 내 공기 충전 문21 보기①
가압수조방식	별도 압력수조 문21 보기②

* 압력수조방식 vs 가압수조방식

압력수조방식	가압수조방식
별도 공기압력수조 없음	별도 공기압력수조 있음

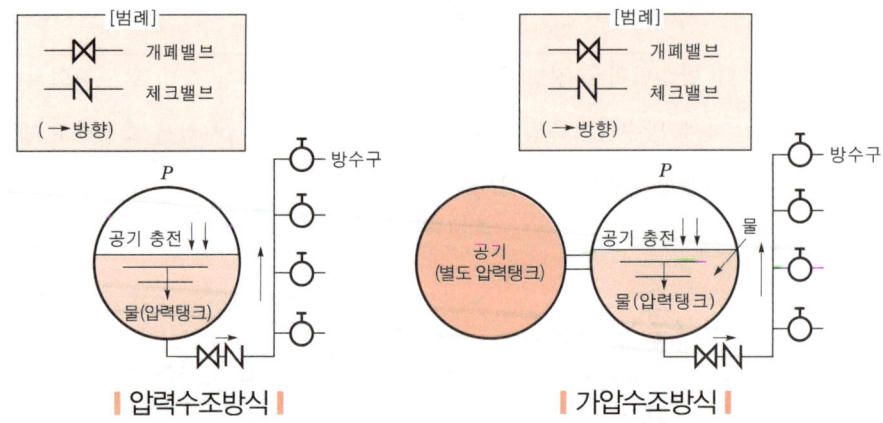

192

제2장 소화설비

기출문제

21 다음 중 옥내소화전 가압송수장치의 각 종류별 설명으로 옳은 것은?

① 펌프방식 : 압력수조 내 물을 압입하고 압축된 공기를 충전하여 송수하는 방식 (압력수조)
② 압력수조방식 : 별도의 압력수조에 가압원인 압축공기 또는 불연성 고압기체에 의해 소방용수를 가압하여 송수하는 방식 (가압)
③ 고가수조방식 : 고가수조로부터 자연낙차압을 이용하는 방식
④ 가압수조방식 : 기동용 수압개폐장치를 설치하여 소화전의 개폐밸브 개방시 배관 내 압력저하에 의하여 압력스위치가 작동함으로써 펌프를 기동하는 방식 (펌프)

정답 ③

(4) 순환배관과 릴리프밸브 문22 보기①③④ 교재 2권 36

순환배관	릴리프밸브
펌프의 **체절운전**시 수온이 상승하여 펌프에 무리가 발생하므로 순환배관상의 수온상승 방지	과압 방출

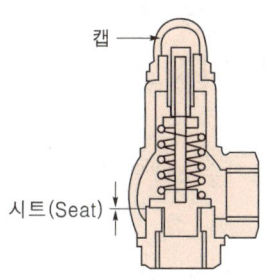

| 릴리프밸브 작동 전 |

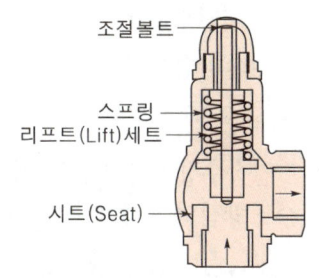

| 릴리프밸브 작동 후 |

* **릴리프밸브** 교재 2권 36
수온이 상승할 때 과압 방출
문22 보기②

제1편 소방시설의 구조·점검 및 실습

 기출문제

22 그림은 (㉠) 배관에 사용되는 (㉡) 밸브의 단면을 나타낸 그림을 보고 옳지 <u>않은</u> 것은?

교재 2권 36

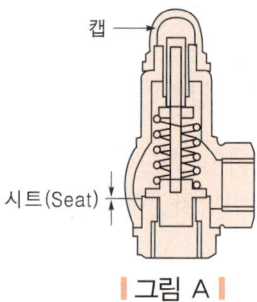

| 그림 A |

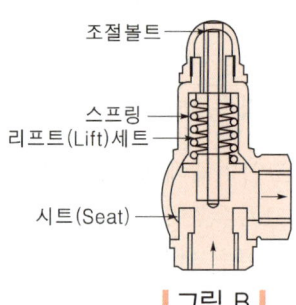

| 그림 B |

① ㉠은 순환배관이며 ㉡은 릴리프밸브이다.
② 수온이 하강할 때 ㉡ 밸브를 통하여 과압을 방출한다.
　　　　　상승
③ 그림 A는 작동 전, 그림 B는 작동 후의 단면이다.
④ 펌프의 체절운전시 사용된다.

해설
② 하강 → 상승

 정답 ②

* 옥내소화전 사용방법
　교재 2권 49-50
① 문을 연다.
② 호스를 빼고 노즐을 잡는다.
③ 밸브를 돌린다.
④ 불을 향해 쏜다.

* 옥내소화전 방수구 설치높이 교재 2권 37
1.5m 이하

23 다음 중 옥내소화전에 대한 설명으로 옳은 것은?

교재 2권 30-32, 37, 49-50

① 옥내소화전을 사용할 때 가장 먼저 해야 할 일은 발신기를 누른 후 밸브를 돌리는 것이다.
　　　　　　　　　　　문을 여는
② 가압송수장치의 종류는 펌프방식, 고가수조방식, 압력수조방식, 가압수조방식의 3가지가 있다.
　　　　　　　　　　　　　　　　　　　4
③ 방수구까지의 수평거리는 25m 이하가 되도록 하고, 방수구는 바닥으로부터 높이가 1.5m 이하의 위치에 설치해야 한다.
④ 방수량은 350L/min 이상이어야 한다.
　　　　　　130

정답 ③

194

(5) 옥내소화전함 등의 설치기준 [교재 2권 37-38]

① 방수구 : 층마다 설치하되 특정소방대상물의 각 부분으로부터 1개의 옥내소화전 방수구까지의 **수평거리 25m 이하**가 되도록 할 것(호스릴 옥내소화전설비 포함). 단, 복층형 구조의 공동주택의 경우에는 세대의 출입구가 설치된 층에만 설치 [문24 보기②]

② 호스 : 구경 **40mm**(호스릴 옥내소화전설비의 경우에는 **25mm**) **이상**의 것으로 물이 유효하게 뿌려질 수 있는 길이로 설치 [문24 보기②]

Key Point

* 옥내소화전 방수구
  수평거리 25m 이하

* 옥외소화전 방수구
  수평거리 40m 이하

기출문제

24 옥내소화전함 등의 설치기준이다. 빈칸에 알맞은 것은?

[교재 2권 37]

- 층마다 설치하되 특정소방대상물의 각 부분으로부터 1개의 옥내소화전 방수구까지의 (㉠)가 되도록 할 것
- 호스는 구경 (㉡)의 것으로 물이 유효하게 뿌려질 수 있는 길이로 설치

① ㉠ 수평거리 20m 이하, ㉡ 구경 40mm 이상
② ㉠ 수평거리 25m 이하, ㉡ 구경 40mm 이상
③ ㉠ 수평거리 20m 이하, ㉡ 구경 65mm 이상
④ ㉠ 수평거리 25m 이하, ㉡ 구경 65mm 이상

해설 ② 옥내소화전함 : 방수구 수평거리 25m 이하, 호스구경 40mm 이상

정답 ②

중요 옥내소화전함 표시등 설치위치

위치표시등	펌프기동표시등 설치위치 [문25 보기②]
옥내소화전함의 **상부**	옥내소화전함의 **상부** 또는 그 **직근(적색등)**

기출문제

25 옥내소화전함 **펌프기동표시등**의 색으로 옳은 것은?

[교재 2권 38]

① 녹색   ② 적색
③ 황색   ④ 백색

195

해설
② 펌프기동표시등 : 적색

정답 ②

* 유효수량
일반배관(일반급수관)과 소화배관(옥내소화전) 사이의 유량

(6) 옥내소화전설비 유효수량의 기준 교재 2권 41

일반배관과 소화배관 사이의 유량을 말한다.

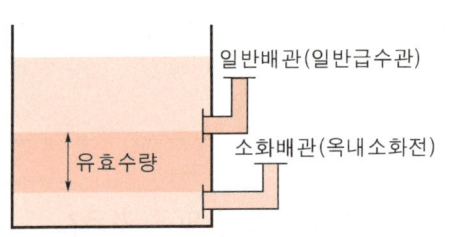 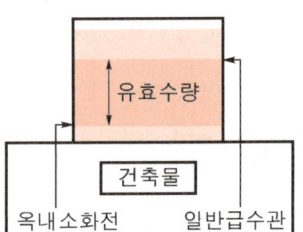

| 유효수량 |

기출문제

26 옥내소화전설비 수원의 점검 중 저수조의 유효수량은?

교재 2권 41

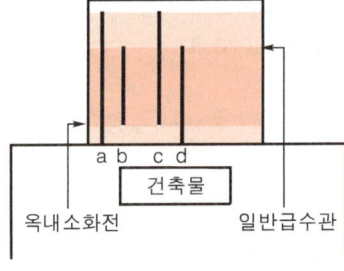

① a ② b
③ c ④ d

해설
② b : 옥내소화전과 일반급수관 사이의 유량(유효수량)

정답 ②

(7) 옥내소화전 기동용 수압개폐장치(압력챔버) 교재 2권 30-31

역할	용적
① 펌프의 자동기동 및 정지 ② 압력변화의 완충작용 ③ 압력변동에 따른 설비 보호	100L 이상

* 100L 이상
① 기동용 수압개폐장치(압력챔버)
② 물올림수조

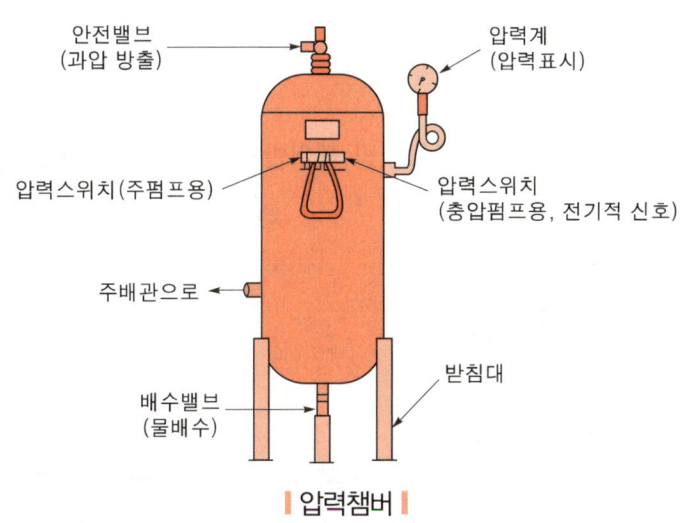

∥ 압력챔버 ∥

(8) 전자식 기동용 압력스위치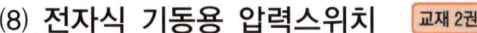

① 설치 간단
② 미세하게 세팅 가능(펌프기동 및 정지값 정확하게 설정)
③ 점검 및 유지보수 용이
④ 1개의 압력스위치로 2~3대 펌프 제어

(9) 제어반 스위치·표시등

동력제어반, 감시제어반, 주펌프·충압펌프 모두 '**자동**'위치

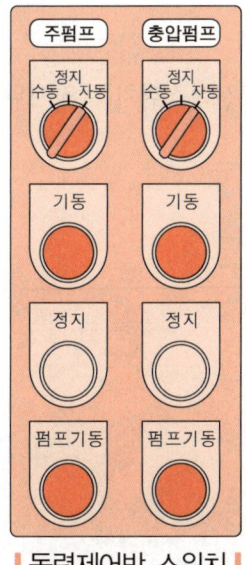

∥ 동력제어반 스위치 ∥

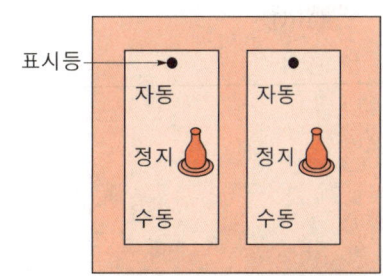

(a) 주펌프 운전선택스위치　(b) 충압펌프 운전선택스위치

∥ 감시제어반 스위치 ∥

* 전자식 기동용 압력스위치
① 설치 간단
② 미세하게 세팅 가능(펌프기동 및 정지값 정확하게 설정)
③ 점검 및 유지보수 용이
④ 1개의 압력스위치로 2~3대 펌프 제어

제1편 소방시설의 구조·점검 및 실습

* 정상적인 제어반 스위치

주펌프 운전선택스위치	충압펌프 운전선택스위치
자동	자동

기출문제

27 다음 그림을 보고 정상적인 제어반의 스위치의 상태로 옳은 것은?

교재 2권 42-43

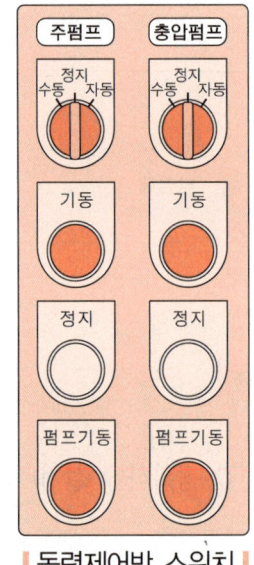

┃동력제어반 스위치┃

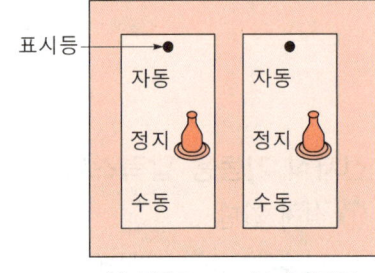

(a) 주펌프　　(b) 충압펌프
운전선택스위치　운전선택스위치

┃감시제어반 스위치┃

① 동력제어반 주펌프 운전선택스위치는 자동위치에 있어야 한다.
② 동력제어반 충압펌프 운전선택스위치는 수동위치에 있어야 한다.
　　　　　　　　　　　　　　　　　　　　　　　　　자동
③ 감시제어반 소화전 주펌프 운전선택스위치는 수동위치에 있어야
　　　　　　　　　　　　　　　　　　　　　자동
　한다.
④ 감시제어반 소화전 충압펌프 운전선택스위치는 정지위치에 있어야
　　　　　　　　　　　　　　　　　　　　　　　자동
　한다.

정답 ①

제2장 소화설비

28 그림은 옥내소화전 감시제어반 중 펌프제어를 위한 스위치의 예시를 나타낸 것이다. 평상시 및 펌프 점검시 스위치 위치에 대한 설명으로 옳은 것만 보기에서 있는 대로 고른 것은? (단, 설비는 정상상태이며 제시된 조건을 제외하고 나머지 조건은 무시한다.)

교재 2권
42~43

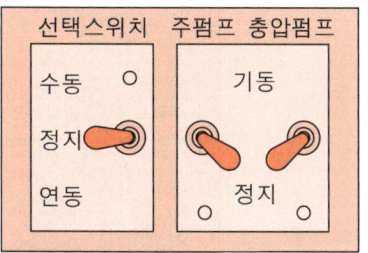

㉠ 평상시 펌프 선택스위치는 '정지' 연동
 위치에 있어야 한다.
㉡ 평상시 주펌프스위치는 '기동' 위 정지
 치에 있어야 한다.
㉢ 펌프 수동기동시 펌프 선택스위치는 '수동' 위치에 있어야 한다.

① ㉠
② ㉢
③ ㉠, ㉡
④ ㉠, ㉡, ㉢

* 연동과 같은 의미
자동

* 감시제어반 정상상태
① 선택스위치 : 연동
② 주펌프 : 정지
③ 충압펌프 : 정지

해설

	자 동	수 동	
	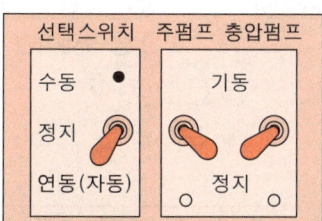● 선택스위치 : 연동(자동) ● 주펌프 : 정지 ● 충압펌프 : 정지	기동	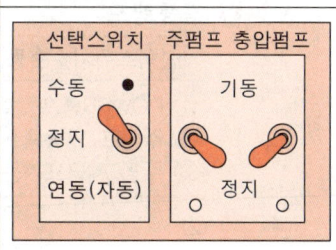●선택스위치 : 수동 ●주펌프 : 기동 ●충압펌프 : 기동
		정지	●선택스위치 : 수동 ●주펌프 : 정지 ●충압펌프 : 정지

정답 ②

제1편 소방시설의 구조·점검 및 실습

29 ★★★
교재 2권 42~43

옥내소화전 감시제어반의 스위치 상태가 아래와 같을 때, 보기의 동력제어반(㉠~㉣)에서 점등되는 표시등을 있는대로 고른 것은? (단, 설비는 정상상태이며 제시된 조건을 제외하고 나머지 조건은 무시한다.)

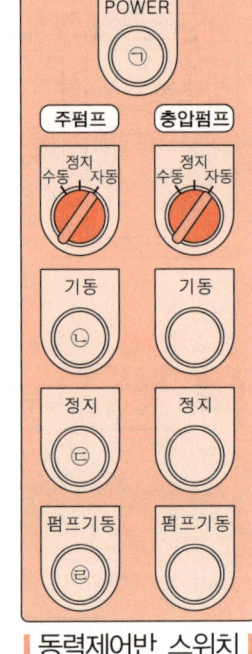

▎동력제어반 스위치 ▎

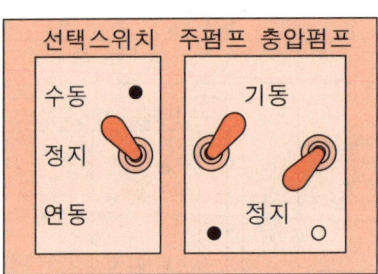

▎감시제어반 스위치 ▎

① ㉠, ㉡, ㉢ ② ㉠, ㉡, ㉣
③ ㉠, ㉣   ④ ㉡, ㉣

해설 점등램프

선택스위치 : **수동**, 주펌프 : **기동**	선택스위치 : **수동**, 충압펌프 : **기동**
① POWER램프 ② 주펌프 기동램프 ③ 주펌프 펌프기동램프	① POWER램프 ② 충압펌프 기동램프 ③ 충압펌프 펌프기동램프

정답 ②

---

* 기동 vs 펌프기동
기동과 펌프기동은 같이 점등되고, 같이 소등됨

* 선택스위치 : 수동,
  주펌프 : 기동
① POWER : 점등
② 주펌프기동 : 점등
③ 주펌프 펌프기동 : 점등

제2장 소화설비

30 종합점검 중 주펌프성능시험을 위하여 주펌프만 수동으로 기동하려고 한다. 감시제어반의 스위치 상태로 옳은 것은?

① 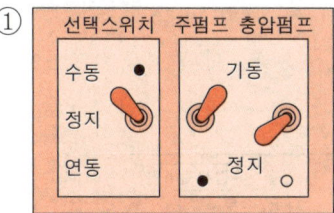 ②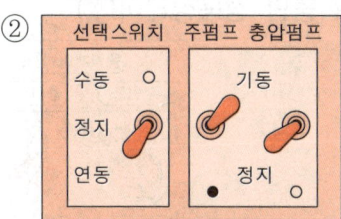

③ 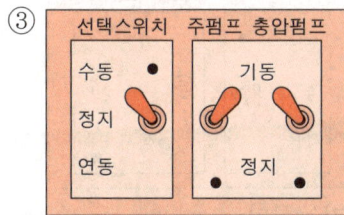 ④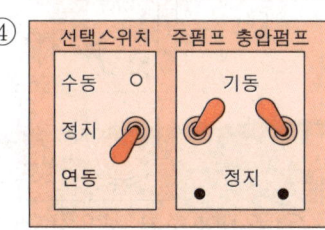

해설 점등램프

구 분	설 명
주펌프만 수동으로 기동	① 선택스위치 : 수동 보기① ② 주펌프 : 기동 보기① ③ 충압펌프 : 정지 보기①
충압펌프만 수동으로 기동	① 선택스위치 : 수동 ② 주펌프 : 정지 ③ 충압펌프 : 기동
주펌프 · 충압펌프 수동으로 기동	① 선택스위치 : 수동 ② 주펌프 : 기동 ③ 충압펌프 : 기동

정답 ①

* **주펌프만 수동으로 기동**
① 선택스위치 : 수동
② 주펌프 : 기동
③ 충압펌프 : 정지

31 옥내소화전의 동력제어반과 감시제어반을 나타낸 것이다. 다음 그림에 대한 설명으로 옳지 <u>않은</u> 것은? (단, 현재 동력제어반은 정지표시등만 점등상태이다.)

교재 2권
42~43

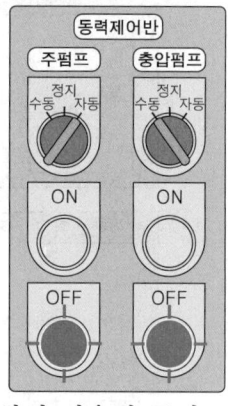
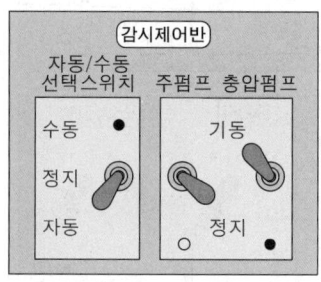

① 옥내소화전 사용시 주펌프는 기동한다.
② 옥내소화전 사용시 충압펌프는 기동하지 않는다.
③ 현재 충압펌프는 <u>기동 중</u>이다.
　　　　　　　　　정지상태
④ 현재 주펌프는 정지상태이다.

해설

① 감시제어반 **선택스위치**가 **자동**에 있으므로 옥내소화전 사용시(옥내소화전 앵글밸브를 열면) **주펌프**는 당연히 **기동**한다.(○)
② 동력제어반 충압펌프 **선택스위치**가 **수동**으로 되어 있으므로 옥내소화전 사용시(옥내소화전 앵글밸브를 열면) 충압펌프는 기동하지 않는다. 동력제어반 충압펌프 선택스위치가 **자동**으로 되어 있을 때만 옥내소화전 사용시 **충압펌프**가 **기동**한다.(○)

∥동력제어반·충압펌프 선택스위치∥

수 동	자 동
옥내소화전 사용시 충압펌프 미기동	옥내소화전 사용시 충압펌프 기동

③ 단서에 따라 동력제어반 주펌프·충압펌프의 정지표시등만 점등되어 있으므로 현재 **충압펌프**는 **정지**상태이다.

④ 단서에 따라 동력제어반 주펌프·충압펌프의 정지표시등만 점등되어 있으므로 현재 **주펌프**는 **정지**상태이다.(○)

정답 ③

* **충압펌프**
'보조펌프'라고도 부른다.

제2장 소화설비

32 옥내소화전설비의 동력제어반과 감시제어반을 나타낸 것이다. 옳지 않은 것은?

교재 2권
42~43

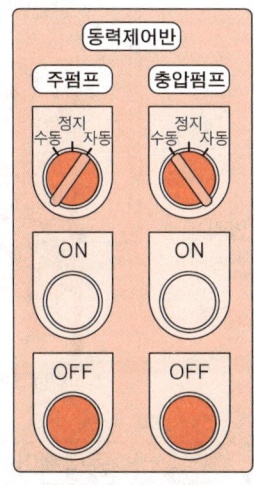
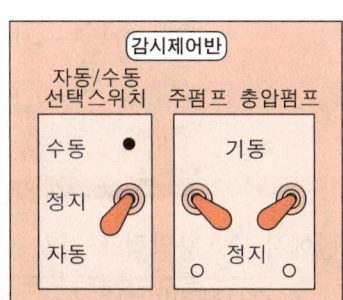

① 감시제어반은 정상상태로 유지·관리되고 있다.
② 동력제어반에서 주펌프 ON버튼을 누르면 주펌프는 기동하지 않는다.
③ 감시제어반에서 주펌프 스위치를 기동위치로 올리면 주펌프는 기동한다.
　　　　　　　　　　　　　　　　　　　　　　　　기동하지 않는다.
④ 동력제어반에서 충압펌프를 자동위치로 돌리면 모든 제어반은 정상상태가 된다.

해설
① 감시제어반 선택스위치 : 자동, 주펌프 : 정지, 충압펌프 : 정지 상태이므로 감시제어반은 정상상태로 유지·관리되고 있다.
② 동력제어반에서 주펌프 선택스위치가 자동이므로 ON버튼을 눌러도 주펌프는 기동하지 않으므로 옳다.
③ 감시제어반에서 주펌프 스위치만 기동으로 올리면 주펌프는 기동하지 않는다. 감시제어반 선택스위치 수동으로 올리고 주펌프 스위치를 기동으로 올려야 주펌프는 기동한다.
④ 동력제어반에서 충압펌프 스위치를 자동위치로 돌리면 모든 제어반은 정상상태가 되므로 옳다.

정상상태	
동력제어반	감시제어반
주펌프 선택스위치 : **자동** • 주펌프 ON 램프 : **소등** • 주펌프 OFF 램프 : **점등** 충압펌프 선택스위치 : **자동** • 충압펌프 ON 램프 : **소등** • 충압펌프 OFF 램프 : **점등**	선택스위치 : **자동** • 주펌프 : **정지** • 충압펌프 : **정지**

정답 ③

Key Point

* 평상시 상태
(1) 동력제어반
　① 주펌프 : 자동
　② 충압펌프 : 자동
(2) 감시제어반
　① 선택스위치 : 자동
　② 주펌프 : 정지
　③ 충압펌프 : 정지

제1편 소방시설의 구조·점검 및 실습

2 펌프성능시험 [교재 2권 45]

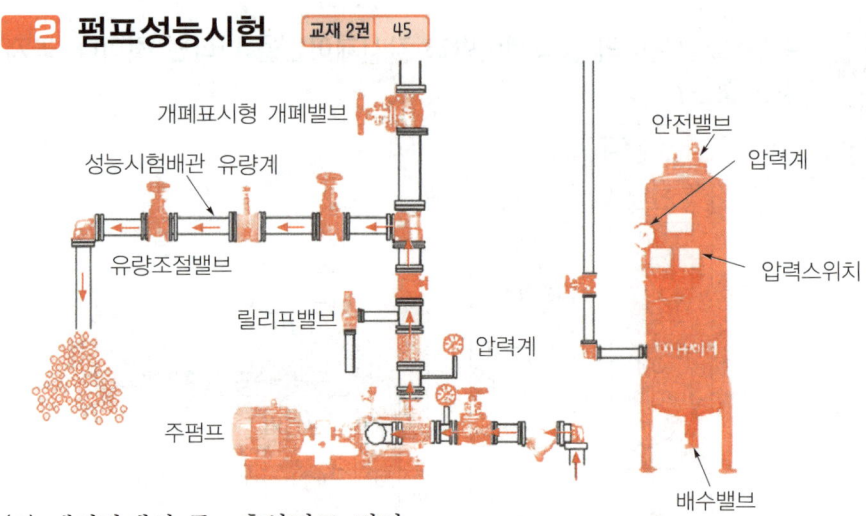

(1) 제어반에서 주·충압펌프 정지

감시제어반	동력제어반
선택스위치 정지위치	선택스위치 수동위치

(2) 펌프토출측 밸브(개폐표시형 개폐밸브) 폐쇄
(3) 설치된 펌프의 현황을 파악하여 펌프성능시험을 위한 표 작성
(4) 유량계에 **100%**, **150%** 유량 표시

기출문제

* 기동용 수압개폐장치
[교재 2권 45]

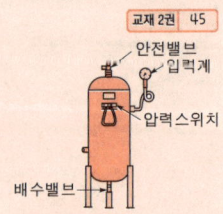

33 다음 그림은 기동용 수압개폐장치이다. ㉠, ㉡, ㉢, ㉣의 명칭으로 알맞은 것은? [교재 2권 45]

① ㉠ 안전밸브, ㉡ 압력계, ㉢ 압력스위치, ㉣ 배수밸브
② ㉠ 배수밸브, ㉡ 압력계, ㉢ 압력스위치, ㉣ 안전밸브
③ ㉠ 안전밸브, ㉡ 충압계, ㉢ 변동스위치, ㉣ 배수밸브
④ ㉠ 배수밸브, ㉡ 충압계, ㉢ 변동스위치, ㉣ 안전밸브

제2장 소화설비

해설
① ㉠ 안전밸브 ㉡ 압력계 ㉢ 압력스위치 ㉣ 배수밸브

정답 ①

3 개폐표시형 개폐밸브 vs 유량조절밸브 문35 보기③ 교재 2권 45

개폐표시형 개폐밸브	유량조절밸브
유체의 흐름을 완전히 차단 또는 조정하는 밸브	유량조절을 목적으로 사용하는 밸브

중요 ▶ 펌프성능시험·체절운전 교재2권 45~46, 49

구 분	설 명
펌프성능시험 준비	• 제어반에서 주·충압펌프 정지 문36 보기① • 펌프토출측 밸브 **폐쇄** 문36 보기② 개방 ✗ • 유량계에 100%, 150% 유량표시 문36 보기④ • 펌프성능시험 표 작성 문36 보기③
체절운전	• 정격토출압력×140%(1.4)
유량측정시 기포가 통과하는 원인	• 흡입배관의 이음부로 공기가 유입될 때 • 풋밸브와 수면 사이가 너무 가까울 때 • 펌프에 공동현상이 발생할 때

Key Point

* 펌프성능시험시 문37 보기①
유량계에 작은 기포가 통과하여서는 안 된다.

* 체절운전
펌프의 토출측 밸브를 잠근 상태, 즉 토출량이 0인 상태에서 운전하는 것

기출문제

34 펌프성능시험시 유량계에 작은 기포가 통과해서는 안 된다. 이는 유량측정시 기포가 통과할 경우 정확한 유량측정이 곤란하기 때문인데, 다음 중 기포가 통과하는 원인으로 옳지 않은 것은?

교재 2권 49

① 흡입배관의 이음부로 공기가 유입될 때
② 풋밸브와 수면 사이가 너무 가까울 때
③ 펌프에 공동현상이 발생할 때
④ 펌프에 맥동현상이 발생할 때
　　　해당 없음

정답 ④

* 유량계에 **기**포가 생기는 원인 교재2권 49
① **흡**입배관 공기유입
② **풋**밸브와 수면이 가까울 때
③ **공**동현상

공흡풋 기억법
공기

제1편 소방시설의 구조·점검 및 실습

4 가압수가 나오지 않는 경우

(1) **개폐표시형 개폐밸브**가 폐쇄된 경우
(2) **체크밸브**가 막힌 경우

기출문제

[35–36] 다음 그림을 보고 물음에 답하시오.

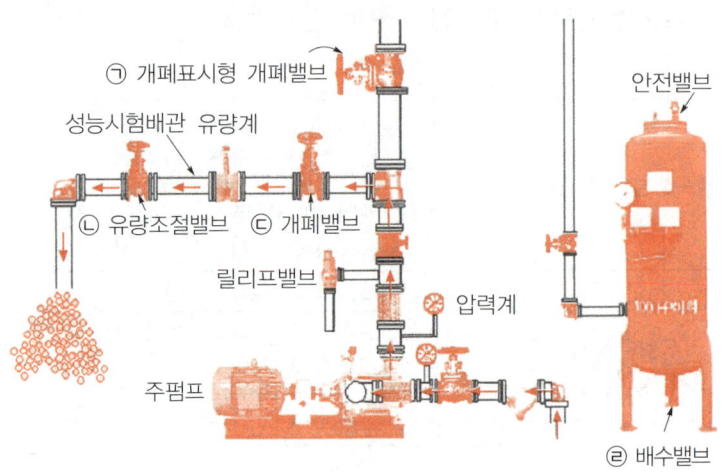

35 위 그림에서 ㉠과 ㉡의 역할은?

① ㉠-유체의 흐름방향을 90°로 변환하는 밸브
　㉡-유량조절을 목적으로 사용하는 밸브
② ㉠-유량조절을 목적으로 사용하는 밸브
　㉡-유체의 흐름방향을 90°로 변환하는 밸브
③ ㉠-유체의 흐름을 완전히 차단 또는 조정하는 밸브
　㉡-유량조절을 목적으로 사용하는 밸브
④ ㉠-유체의 흐름을 완전히 차단 또는 조정하는 밸브
　㉡-배관 내의 이물질을 제거하는 기능

교재 2권 45

* **개폐표시형 개폐밸브**
  교재 2권 45
  유체의 흐름을 완전히 차단 또는 조정하는 밸브

* **유량조절밸브**
  교재 2권 45
  유량조절을 목적으로 사용하는 밸브

제2장 소화설비

> 해설
> ③ ㉠ 개폐표시형 개폐밸브 : 유체의 흐름 차단·조정
> ㉡ 유량조절밸브 : 유량조절
>
> 정답 ③

36 위 그림에서 펌프성능시험을 하고자 할 때 준비사항으로 옳지 않은 것은?

교재 2권 45

① 제어반에서 주·충압펌프 정지
② 펌프토출측 밸브(㉠) 개방 폐쇄
③ 설치된 펌프의 현황을 파악하여 펌프성능시험을 위한 표 작성
④ 유량계에 100%, 150% 유량 표시

> 정답 ②

5 체절운전·정격부하운전·최대운전   교재 2권 45-47

구 분	운전방법	확인사항
체절운전 (무부하시험, No Flow Condition)	① 펌프토출측 개폐밸브 폐쇄 ② 성능시험배관 개폐밸브, 유량조절밸브 폐쇄 ③ 펌프 기동	① 체절압력이 **정격토출압력**의 **140%** 이하인지 확인 문37 보기② ② 체절운전시 체절압력 미만에서 릴리프밸브가 작동하는지 확인
정격부하운전 (정격부하시험, Rated Load, 100% 유량운전)	① 펌프 기동 ② 유량조절밸브를 개방	**유량계**의 유량이 **정격유량**상태 (100%)일 때 **정격토출압 이상**이 되는지 확인 문37 보기③
최대운전 (피크부하시험, Peak Load, 150% 유량운전) 문37 보기④	유량조절밸브를 더욱 개방	유량계의 유량이 **정격토출량**의 **150%**가 되었을 때 **정격토출압**의 **65%** 이상이 되는지 확인

유사 기출문제

36 ★★★ 교재 2권 45

위 그림(35-36 그림)과 같은 펌프를 기동하여 소화를 하려고 하는데 가압수가 나오지 않는 경우는 어떤 경우인가?

① ㉠ 개폐표시형 개폐밸브를 폐쇄하였을 때
② ㉡ 유량조절밸브를 폐쇄하였을 때
③ ㉢ 개폐밸브를 폐쇄하였을 때
④ ㉣ 배수밸브를 폐쇄하였을 때

> 해설
> ① 펌프토출측에 있는 **개폐표시형 개폐밸브**를 **폐쇄**하면 배관이 막히게 되어 가압수가 나오지 않아 소화를 할 수 없게 된다.
>
> 정답 ①

207

제1편 소방시설의 구조·점검 및 실습

(1) 정격토출량=토출량〔L/min〕×1.0(100%)
(2) 체절운전=토출압력(양정)×1.4(140%)
(3) 150% 유량운전 토출량=토출량〔L/min〕×1.5(150%)
(4) 150% 유량운전 토출압=정격양정〔m〕×0.65(65%)

* 최대운전(150% 유량운전)
① 토출량=정격토출량×1.5
② 토출압=정격양정×0.65

* 펌프성능시험

체절운전	최대운전
토출압 140% 이하	① 토출량 150% ② 토출압 65% 이상

기출문제

37 다음 중 펌프성능시험에 대한 설명으로 옳은 것은?

교재 2권 48~49

① 펌프성능시험시 유량계에 작은 기포가 통과하여서는 안 된다.
② 체절운전은 체절압력을 확인하여 정격토출압력의 140% <u>이상</u>인지 확인하는 시험이다.
　　　　　　　　　　　　　　　　　　　　　　　　이하
③ 정격부하운전은 유량계의 유량이 100%일 때 압력의 <u>최대치가 되는</u>
　　　　　　　　　　　　　　　　　　　　정격토출압 이상이 되는지를
지를 확인하는 시험이다.
④ 최대운전은 유량계의 유량이 정격토출량의 <u>140%</u>가 되었을 때 정격
　　　　　　　　　　　　　　　　　　　　150%
토출압의 65% 이상이 되는지를 확인하는 시험이다.

 ①

38 수원이 펌프보다 낮게 설치되어 있고, 토출량이 500L/min이고 양정이 100m인 펌프의 경우 펌프성능시험 결과표가 옳은 것은?

교재 2권 118~119

① 정격운전시 토출량의 이론치는 <u>400L/min</u>이다.
　　　　　　　　　　　　　　　500
② 정격유량의 150% 운전시 토출량의 이론치는 <u>500L/min</u>이다.
　　　　　　　　　　　　　　　　　　　　　　750
③ 체절운전시 토출압의 이론치는 1.4MPa이다.
④ 정격유량의 150% 운전시 토출압의 이론치는 <u>1</u>MPa이다.
　　　　　　　　　　　　　　　　　　　　　0.65

제2장 소화설비

해설 펌프성능시험

(1) 정격토출량=토출량[L/min]×1.0(100%)
         =500L/min×1.0(100%)
         =500L/min
(2) 150% 유량운전 토출량=토출량[L/min]×1.5(150%)
                  =500L/min×1.5(150%)
                  =750L/min
(3) 체절운전=토출압력(양정)×1.4(140%)
        =100m×1.4(140%)
        =140m
        =1.4MPa

● 100m=1MPa

(4) 150% 유량운전 토출압=정격양정[m]×0.65(65%)
                =100m×0.65(65%)
                =65m
                =0.65MPa

정답 ③

Key Point

* 펌프성능시험 공식

구분	공식
정격토출량	토출량×1
150% 유량 운전토출량	토출량×1.5
체절운전	토출압력(양정)×1.4
150% 유량 운전 토출량	정격양정×0.65

6 펌프성능곡선

체절운전은 체절압력이 정격토출압력의 **140%** 이하인지 확인하는 것이고, 최대운전은 유량계의 유량이 정격토출량의 **150%**가 되었을 때, 압력계의 압력이 정격양정의 **65%** 이상이 되는지 확인

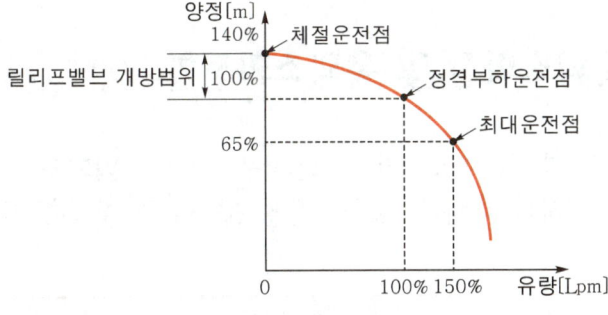

| 펌프성능곡선 |

유사 기출문제

39 ★★★ 교재 2권 47-49

수원이 펌프보다 낮게 설치되어 있고, 토출량이 500L/min이고 양정이 100m인 펌프의 경우 펌프성능곡선이 옳지 않은 것은?

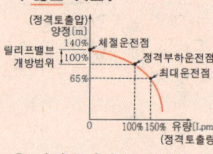

① 정격운전시 토출량의 이론치는 500L/min이다.
② 정격유량의 150% 운전시 토출량의 이론치는 750L/min이다.
③ 체절운전시 토출압의 이론치는 1.4MPa이다.
④ 정격운전시 토출압의 이론치는 0.65MPa이다.

해설 **펌프성능시험**

(1) 정격토출량(L/min)×1.0(100%)
= 500L/min×1.0(100%)
= 500L/min

(2) 150% 유량운전 토출량(L/min)×1.5(150%)
= 500L/min×1.5(150%)
= 750L/min

(3) 체절운전 토출압력(양정)×1.4(140%)
= 100m×1.4(140%)
= 140m
= 1.4MPa

(4) 정격운전 토출압(MPa)×1.0(100%)
= 100m×1.0(100%)
= 100m
= 1.0MPa

• 100m = 1MPa
• 체절운전 토출압력 = 체절운전 토출압

정답 ④

기출문제

39 ★★★ 교재 2권 47

펌프의 성능곡선에 관한 다음 (　) 안에 올바른 명칭은?

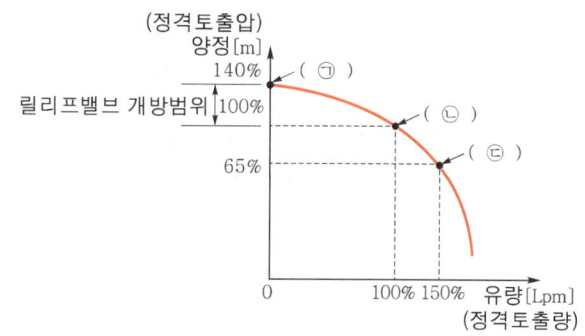

① ㉠ 정격부하운전점, ㉡ 체절운전점, ㉢ 최대운전점
② ㉠ 체절운전점, ㉡ 정격부하운전점, ㉢ 최대운전점
③ ㉠ 최대운전점, ㉡ 정격부하운전점, ㉢ 체절운전점
④ ㉠ 체절운전점, ㉡ 최대운전점, ㉢ 정격부하운전점

해설
② ㉠ 체절운전점
　㉡ 정격부하운전점
　㉢ 최대운전점

정답 ②

---

03 옥외소화전 및 옥외소화전함 교재 2권 51-52

소방대상물의 각 부분으로부터 호스접결구까지의 **수평거리**가 **40m 이하**가 되도록 설치하여야 하며, 호스구경은 **65mm**의 것으로 하여야 한다. 문40 보기④

설치거리	호스구경
5m 이내	65mm

제2장 소화설비

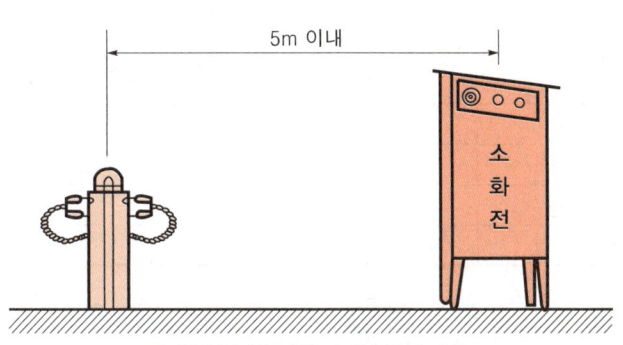

■ 옥외소화전함의 설치거리 ■

중요

구 분	옥내소화전	옥외소화전
방수압력	0.17~0.7MPa 문41 보기④	0.25~0.7MPa
방수량	130L/min	350L/min 문41 보기④
호스구경	40mm(호스릴 25mm)	65mm 문41 보기④
수평거리	25m 이하	40m 이하

Key Point

* 옥외소화전 호스구경
  교재 2권 51

65mm

기출문제

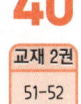

40

교재 2권
51-52

옥외소화전은 소방대상물의 각 부분으로부터 호스접결구까지의 수평거리가 몇 m 이하가 되도록 설치하여야 하며, 호스구경은 몇 mm의 것으로 하여야 하는가?

① 30m, 40mm
② 30m, 65mm
③ 40m, 40mm
④ 40m, 65mm

해설 ④ 옥외소화전 : 수평거리 40m 이하, 호스구경 65mm

 정답 ④

211

제1편 소방시설의 구조·점검 및 실습

41 다음 빈칸 (㉠), (㉡), (㉢)에 들어갈 알맞은 것은?

교재 2권
30,
37~38,
51~52

구 분	옥내소화전	옥외소화전
방수압력	(㉠)~0.7MPa	0.25~0.7MPa
방수량	130L/min	(㉡)L/min
호스구경	40mm(호스릴 25mm)	(㉢)mm

① ㉠ 0.12, ㉡ 450, ㉢ 65   ② ㉠ 0.12, ㉡ 350, ㉢ 65
③ ㉠ 0.17, ㉡ 450, ㉢ 65   ④ ㉠ 0.17, ㉡ 350, ㉢ 65

해설
④ ㉠ 옥내소화전 0.17MPa
　㉡ 옥외소화전 350L/min
　㉢ 옥외소화전 65mm

정답 ④

---

04 스프링클러설비

1 스프링클러설비의 종류 교재 2권 69~70

```
                    ┌ 폐쇄형 스프링클러헤드 방식 ┬ 습식
                    │                          ├ 건식
스프링클러설비 ─────┤                          ├ 준비작동식
                    │                          └ 부압식
                    └ 개방형 스프링클러헤드 방식 ── 일제살수식
```

 공하성 기억법 폐습건준부, 일개

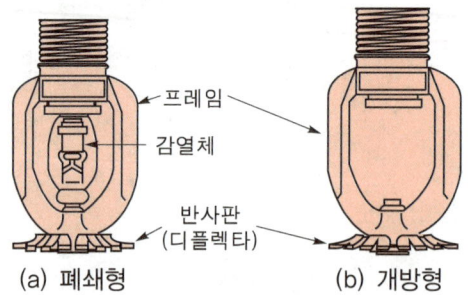

(a) 폐쇄형　　(b) 개방형

| 감열부에 따른 분류 |

---

* **공동주택 거실**
  교재 2권 68
  거실에는 **조기반응형** 스프링클러헤드 설치

* **창고시설** 교재 2권 69
  ① **습식** 스프링클러설비
  ② 라지드롭형 헤드
  　(최대 30개)
  ③ 수원의 저수량 3.2m³(랙
  　식 창고 9.6m³)

* **일제살수식**
  교재 2권 70
  개방형 헤드

212

제2장 소화설비

2 스프링클러설비의 비교 교재 2권 61-70

구 분	1차측 배관	2차측 배관	밸브 종류	헤드 종류
습 식	소화수	소화수	자동경보밸브	폐쇄형 헤드
건 식	소화수	압축공기	건식 밸브	폐쇄형 헤드
준비작동식	소화수	대기압	준비작동밸브	폐쇄형 헤드 (헤드 개방시 살수)
부압식	소화수	부압	준비작동밸브	폐쇄형 헤드 (헤드 개방시 살수)
일제살수식	소화수	대기압	일제개방밸브	개방형 헤드 (모든 헤드에 살수)

Key Point

* 비화재시 알람밸브의 경보로 인한 혼선방지를 위한 장치 교재 2권 72
① **리**타딩챔버
② **압**력스위치 내부의 지연회로

종학쌤 기억법
압비리(압력을 행사해서 비리를 저지르게 한다.)

3 스프링클러설비의 종류 교재 2권 69-70

구 분		장 점	단 점
폐쇄형 헤드 사용	습 식	• **구조**가 **간단**하고 **공사비 저렴** • 소화가 신속 • 타방식에 비해 유지·관리 용이	• **동결** 우려 장소 사용**제한** 문42 보기① • 헤드 오작동시 수손피해 및 배관부식 촉진
	건 식	• 동결 우려 장소 및 옥외 사용가능 곤란 ×	• 살수 개시 시간지연 및 복잡한 구조 • 화재 초기 **압축공기**에 의한 화재 촉진 우려 • 일반헤드인 경우 **상향형**으로 시공하여야 함
	준비 작동식	• 동결 우려 장소 사용가능 • 헤드 오작동(개방)시 수손피해 우려 없음 • 헤드 개방 전 경보로 조기대처 용이	• 감지장치로 감지기 별도 시공 필요 • 구조 복잡, 시공비 고가 • 2차측 배관 부실시공 우려
개방형 헤드 사용	일제 살수식	• **초기화재**에 신속대처 용이 • 층고가 높은 장소에서도 소화 가능	• 대량살수로 수손피해 우려 • 화재감지장치 별도 필요

213

제1편 소방시설의 구조·점검 및 실습

유사 기출문제

42 ★★ 〔교재 2권 69〕
동파 위험이 있는 스프링클러설비는?
① 습식
② 건식
③ 준비작동식
④ 일제살수식

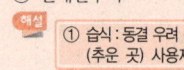
① 습식 : 동결 우려 장소 (추운 곳) 사용제한

 ①

기출문제

42 ★★ 〔교재 2권 69〕
추운 곳에 설치하기 곤란한 스프링클러설비는?
① 습식
② 건식
③ 준비작동식
④ 일제살수식

해설
① 습식 : 동결 우려 장소(추운 곳) 사용제한

정답 ①

43 ★★ 〔교재 2권 69-70〕
다음 표를 보고 스프링클러설비 종류별 장단점 중 옳은 것을 모두 고른 것은?

구 분	습 식	건 식	준비작동식	일제살수식
장점	타방식에 비해 유지·관리 용이	장소제한이 없다.	ⓒ 초기화재에 일제살수식 신속 대처 용이	ⓒ 구조가 간 습식 단하고 공 사비 저렴
단점	동결 우려 장소 사용제한	㉠ 화재 초기 압축공기에 의한 화재 촉진 우려	구조 복잡	㉣ 수손피해 우려

① ㉠, ㉡
② ㉢, ㉣
③ ㉠, ㉢
④ ㉠, ㉣

정답 ④

제2장 소화설비

4 헤드의 기준개수 교재 2권 59

특정소방대상물		폐쇄형 헤드의 기준개수
	지하가·지하역사	30
	11층 이상 문44 보기⑩	
10층 이하	공장(특수가연물), 창고시설 문44 보기㉠	
	판매시설(슈퍼마켓, 백화점 등), 복합건축물 (판매시설이 설치된 것) 문44 보기㉡	
	근린생활시설·운수시설	20
	8m 이상 문44 보기㉢㉣	
	8m 미만	10
공동주택(아파트 등)		10(각 동이 주차장으로 연결된 주차장 30)

Key Point

＊ 11층 이상인 경우 폐쇄형 헤드의 기준개수
문45 보기③
30개

기출문제

44 다음 중 스프링클러설비 헤드의 기준개수로 30개가 적용되는 장소를 모두 고른 것은? (단, ㉠~㉣은 지하층을 제외한 10층 이하인 소방대상물이다.)
교재 2권 59

㉠ 특수가연물을 저장·취급하는 공장
㉡ 판매시설, 복합건축물
㉢ 헤드 부착높이가 8m 이상인 종교시설
㉣ 헤드 부착높이가 8m 이상인 교육연구시설
㉤ 지하층을 제외한 11층 이상인 소방대상물

① ㉠, ㉡, ㉢
② ㉠, ㉢, ㉣
③ ㉠, ㉡, ㉤
④ ㉠, ㉤

해설 ③ ㉢ : 20개, ㉣ : 20개

정답 ③

＊ 스프링클러헤드

10개	20개
● 8m 미만 ● 아파트	● 8m 이상

215

제1편 소방시설의 구조·점검 및 실습

5 각 설비의 주요사항 교재 2권 30, 37, 51-52, 59

구 분	스프링클러설비	옥내소화전설비	옥외소화전설비
방수압	0.1~1.2MPa 이하 문45 보기②	0.17~0.7MPa 이하	0.25~0.7MPa 이하
방수량	80L/min 이상 문45 보기①	130L/min 이상 (30층 미만 : 최대 2개, 30층 이상 : 최대 5개)	350L/min 이상 (최대 2개)
방수구경	–	40mm	65mm

기출문제

45 다음 중 스프링클러설비에 대한 설명으로 옳은 것은?

교재 2권 59

① 스프링클러설비의 방수량은 80m³/min 이상이다.
　　　　　　　　　　　　　　　　L/min
② 스프링클러설비의 방수압력은 0.17~0.7MPa 이하이다.
　　　　　　　　　　　　　　　0.1~1.2
③ 11층 이상 건축물에 설치하는 스프링클러헤드의 기준 개수는 30개이다.
④ 스프링클러헤드의 방수구에서 유출되는 물을 세분시키는 작용을 하는 것을 프레임(Frame)이라 한다.
　　　　　　　　　　디플렉타(Deflector)

 ③

* 디플렉타(Deflector)
  =반사판
  스프링클러헤드의 방수구에서 유출되는 물을 세분시키는 작용을 하는 것 문45 보기④

46 다음 압력스위치 그림에서 기동점 셋팅값으로 옳은 것은?

교재 2권 77-79

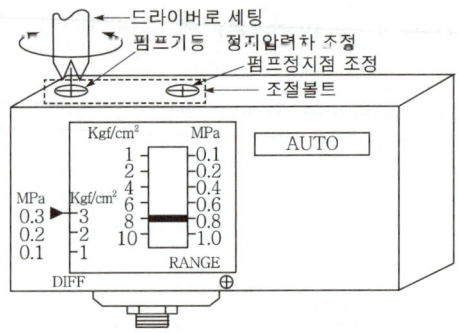

① 0.1MPa ② 0.3MPa
③ 0.5MPa ④ 0.8MPa

제2장 소화설비

 스프링클러설비의 기동점, 정지점

기동점(기동압력)	정지점(양정, 정지압력)
기동점=RANGE−DIFF 　　　=자연낙차압+0.15MPa	정지점=RANGE

기동점=RANGE−DIFF=0.8MPa−0.3MPa=0.5MPa

｜압력스위치｜

DIFF(Difference)	RANGE
펌프의 작동정지점에서 기동점과의 **압력차이**	펌프의 **작동정지점**

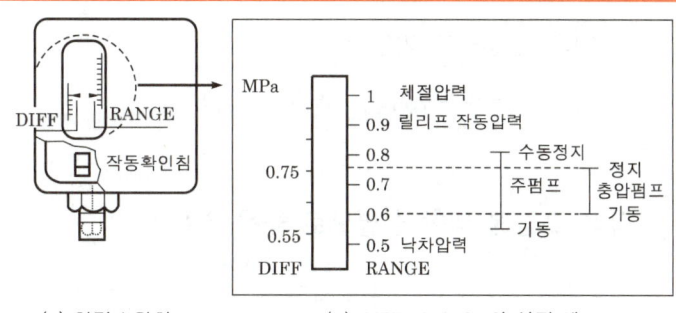

(a) 압력스위치　　　(b) DIFF, RANGE의 설정 예

* **자연낙차압**
가장 높이 설치된 헤드로부터 펌프중심점까지의 낙차를 압력으로 환산한 값

◎정답 ③

중요 충압펌프 기동점

충압펌프 기동점=주펌프 기동점+0.05MPa

---

47 ★★★ 다음 조건을 기준으로 스프링클러설비의 주펌프 압력스위치의 설정값으로 옳은 것은? (단, 압력스위치의 단자는 고정되어 있으며, 옥상수조는 없다.)

교재 2권
77~79

- 조건1 : 펌프양정 70m
- 조건2 : 가장 높이 설치된 헤드로부터 펌프 중심점까지의 낙차를 압력으로 환산한 값= 0.3MPa

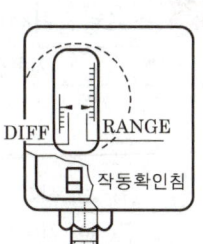

① RANGE : 0.7MPa, DIFF : 0.3MPa
② RANGE : 0.3MPa, DIFF : 0.7MPa
③ RANGE : 0.7MPa, DIFF : 0.25MPa
④ RANGE : 0.7MPa, DIFF : 0.2MPa

Key Point

* **스프링클러설비 기동점 공식**
  기동점=RANGE−DIFF
  =자연낙차압
  +0.15MPa

* **스프링클러설비 정지점 공식**
  정지점=RANGE

* **충압펌프 기동점**
  충압펌프 기동점
  =주펌프 기동점+0.05MPa

해설 스프링클러설비의 기동점, 정지점

기동점(기동압력)	정지점(양정, 정지압력)
기동점=RANGE−DIFF =자연낙차압+0.15MPa	정지점=RANGE

정지점(양정)=RANGE=70m=0.7MPa
기동점=자연낙차압+0.15MPa=0.3MPa+0.15MPa=0.45MPa
　　　=RANGE−DIFF
DIFF=RANGE−기동점=0.7MPa−0.45MPa=0.25MPa

정답 ③

중요 충압펌프 기동점

충압펌프 기동점=주펌프 기동점+0.05MPa

---

48 다음 그림에 대한 설명으로 옳은 것은?

교재 2권 77~79

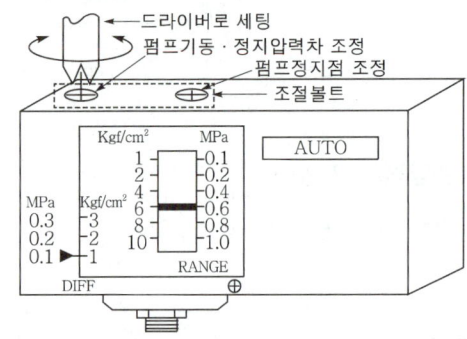

① 펌프의 정지점은 0.6MPa이다.　② 펌프의 기동점은 0.1MPa이다.
③ 펌프의 정지점은 0.1MPa이다.　④ 펌프의 기동점은 0.6MPa이다.

해설 스프링클러설비의 기동점, 정지점

기동점(기동압력)	정지점(양정, 정지압력)
기동점=RANGE−DIFF =자연낙차압+0.15MPa	정지점=RANGE

①, ③ 정지점=RANGE=0.6MPa
②, ④ 기동점=RANGE−DIFF=0.6MPa−0.1MPa=0.5MPa

정답 ①

중요 충압펌프 기동점

충압펌프 기동점=주펌프 기동점+0.05MPa

제2장 소화설비

6 습식 스프링클러설비의 작동순서 교재 2권 61

(1) 화재발생 문49 보기㉠
(2) 헤드 개방 및 방수 문49 보기㉢
(3) 2차측 배관압력 저하 문49 보기㉡
(4) 1차측 압력에 의해 습식 유수검지장치의 클래퍼 개방 문49 보기㉣
(5) 습식 유수검지장치의 압력스위치 작동 → **사이렌 경보**, **감시제어반**의 **화재표시등**, **밸브개방표시등** 점등 문49 보기㉤
(6) 배관 내 압력저하로 기동용 수압개폐장치의 압력스위치 작동 → 펌프기동 문49 보기㉥

Key Point

* 습식 스프링클러설비의
  작동 교재 2권 61
알람밸브 2차측 압력이 저하되어 클래퍼가 개방(작동)되면 압력수 유입으로 압력스위치가 작동

기출문제

49
교재 2권
61

다음 보기를 참고하여 습식 스프링클러설비의 작동순서를 올바르게 나열한 것은 어느 것인가?

㉠ 화재발생
㉡ 2차측 배관압력 저하
㉢ 헤드 개방 및 방수
㉣ 1차측 압력에 의해 습식 유수검지장치의 클래퍼 개방
㉤ 습식 유수검지장치의 압력스위치 작동 → 사이렌 경보, 감시제어반의 화재표시등, 밸브개방표시등 점등
㉥ 배관 내 압력저하로 기동용 수압개폐장치의 압력스위치 작동 → 펌프기동

① ㉠ → ㉡ → ㉢ → ㉣ → ㉤ → ㉥
② ㉠ → ㉢ → ㉡ → ㉣ → ㉤ → ㉥
③ ㉠ → ㉣ → ㉤ → ㉢ → ㉡ → ㉥
④ ㉠ → ㉤ → ㉡ → ㉢ → ㉣ → ㉥

② ㉠ → ㉢ → ㉡ → ㉣ → ㉤ → ㉥

정답 ②

제1편 소방시설의 구조·점검 및 실습

* **개폐표시형 개폐밸브**
  교재 2권 45
  유체의 흐름을 완전히 차단 또는 조정하는 밸브

* **유량조절밸브**
  교재 2권 45
  유량조절을 목적으로 사용하는 밸브로서 유량계 후단에 설치

* **알람밸브**
  '자동경보밸브'라고도 부른다.

중요 ▶ 펌프성능시험   교재2권 45, 49

(1) 펌프성능시험 준비 : 펌프토출측 밸브 **폐쇄**
(2) 체절운전=정격토출압력×**140%(1.4)**
(3) 유량측정시 기포가 통과하는 원인
   ① 흡입배관의 이음부로 공기가 유입될 때
   ② 풋밸브와 수면 사이가 너무 가까울 때
   ③ 펌프에 공동현상이 발생할 때

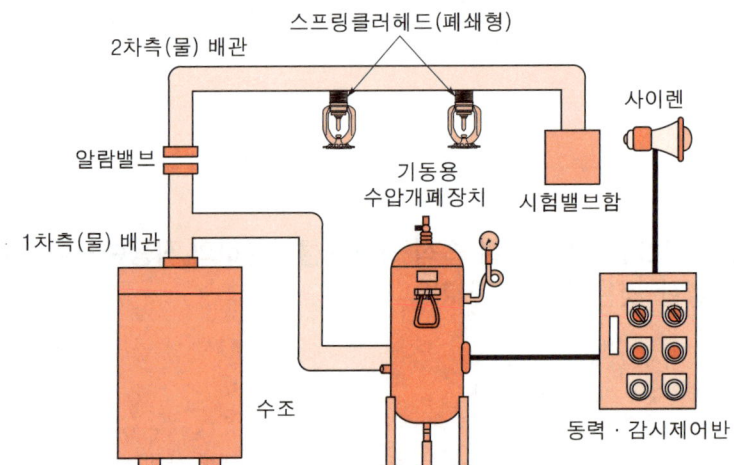

7 습식 유수검지장치의 작동과정   문50 보기④   교재 2권 61

(1) 클래퍼 개방
(2) **시트링홀**로 물이 들어감
(3) 압력스위치를 작동시켜 제어반에 **사이렌, 화재표시등, 밸브개방표시등**의 신호를 전달
(4) **펌프기동**

제2장 소화설비

기출문제

50 다음은 습식 유수검지장치 작동과정이다. ( ) 안에 들어갈 말로 알맞은 것은?

교재 2권 61

> 클래퍼 개방 → (㉠)로 물이 들어감 → (㉡)를 작동시켜 제어반에 사이렌, 화재표시등, (㉢)에 신호 전달 → 펌프기동

① ㉠ 프리액션밸브, ㉡ 릴리프밸브, ㉢ 방출표시등
② ㉠ 프리액션밸브, ㉡ 압력스위치, ㉢ 밸브개방등
③ ㉠ 시트링홀, ㉡ 릴리프밸브, ㉢ 방출표시등
④ ㉠ 시트링홀, ㉡ 압력스위치, ㉢ 밸브개방표시등

해설
④ ㉠ 시트링홀 ㉡ 압력스위치 ㉢ 밸브개방표시등

정답 ④

8 준비작동식 스프링클러설비 작동순서 교재 2권 64

(1) 작동순서
① 화재발생
② 교차회로방식의 A 또는 B 감지기 작동(경종 또는 사이렌 경보, 화재표시등 점등)
③ 감지기 A와 B 감지기 작동 또는 수동기동장치(SVP) 작동 문51 보기③
   or ✕
④ 준비작동식 유수검지장치 작동
   ㉠ 전자밸브(솔레노이드밸브) 작동
   ㉡ 중간챔버 감압
   ㉢ 밸브개방
   ㉣ 압력스위치 작동 → 사이렌 경보, 밸브개방표시등 점등
⑤ 2차측으로 급수
⑥ 헤드개방, 방수
⑦ 배관 내 압력저하로 기동용 수압개폐장치의 압력스위치 작동 → 펌프기동

* **준비작동식 스프링클러설비** 교재 2권 64
준비작동식 유수검지장치(프리액션밸브)를 중심으로 1차측은 가압수로, 2차측은 대기압 상태로 유지되어 있다가 화재발생시 감지기의 작동으로 2차측 배관에 소화수가 충수된 후 화재시 열에 의한 헤드 개방으로 배관 내의 유수가 발생하여 소화하는 방식이다.

제1편 소방시설의 구조·점검 및 실습

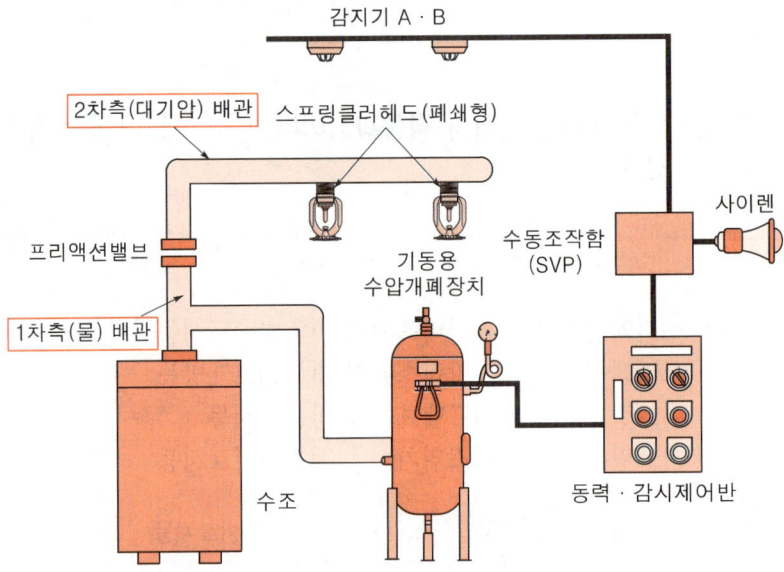

* 프리액션밸브와 같은 의미 [교재 2권] 65
① 준비작동밸브
② 준비작동식밸브

(2) 준비작동식 유수검지장치(프리액션밸브) [교재 2권] 65

A·B 감지기가 모두 작동하면 중간챔버와 연결된 전자밸브(솔레노이드밸브)가 개방되면서 중간챔버의 물이 배수되어 클래퍼가 밀려 1차측 배관의 물이 2차측으로 유수된다.

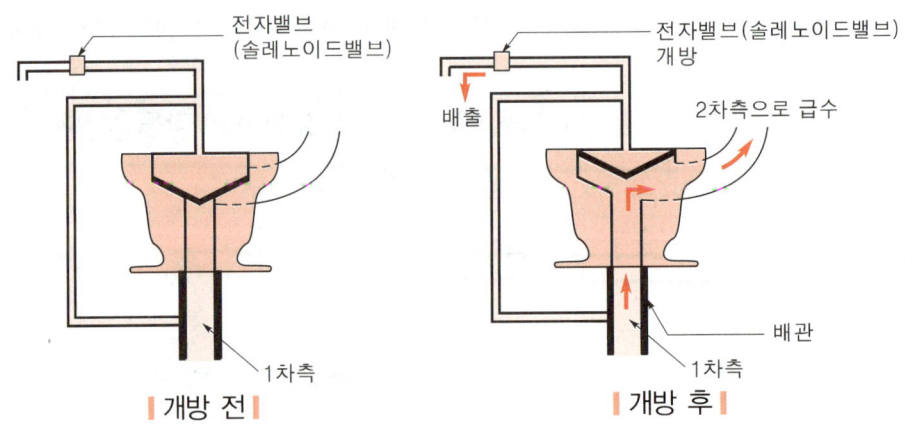

제2장 소화설비

기출문제

51 다음 스프링클러설비에 대한 설명으로 옳은 것은?
① 습식 스프링클러설비의 클래퍼가 개방되면 사이렌이 울린다.
② 건식 스프링클러설비는 동파위험이 있는 장소에 설치가 곤란하다.
   → 가능하다.
③ 준비작동식 스프링클러설비의 감지기 A 또는 B 둘 중 하나만 작동해도 펌프가 기동한다.
   → 모두 작동해야
④ 일제살수식 스프링클러설비는 초기화재에 신속대처가 용이하지 않다.
   → 하다.

정답 ①

9 습식 스프링클러설비의 점검

알람밸브 2차측 압력이 저하되어 **클래퍼**가 **개방**되면 클래퍼 개방에 따른 **압력수 유입**으로 **압력스위치**가 **작동**된다. 문52 보기①

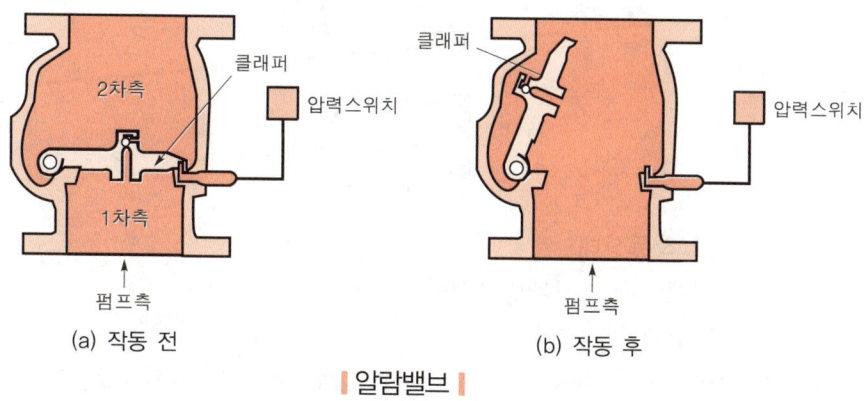

(a) 작동 전   (b) 작동 후

| 알람밸브 |

Key Point

* 습식 스프링클러설비의 클래퍼 개방시
① 사이렌 경보 문51 보기①
② 화재표시등 점등
③ 밸브개방표시등 점등

* 준비작동식 밸브
'프리액션밸브'라고도 부른다.

223

제1편 소방시설의 구조·점검 및 실습

* 클래퍼 개방
  교재 2권 71~72
  압력스위치 작동

기출문제

52 ★★ 교재 2권 71~72

습식 스프링클러설비에서 알람밸브 2차측 압력이 저하되어 클래퍼가 개방(작동)되면 가장 먼저 어떤 상황이 발생되는가?
① 압력수 유입으로 압력스위치가 작동된다.
② 다량의 물 유입으로 클래퍼 개방이 가속화된다.
③ 지연장치에 의해 설정시간 지연 후 압력스위치가 작동된다.
④ 말단시험밸브를 개방하여 가압수를 배출시킨다.

해설 ① 클래퍼가 개방되면 압력스위치 작동

정답 ①

53 ★★★ 교재 2권 75~76

그림의 밸브를 작동시켰을 때 확인해야 할 사항으로 옳지 않은 것은?

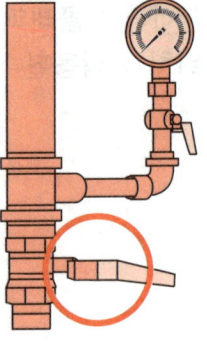

① 펌프 작동상태
② 감시제어반 밸브개방표시등
③ 음향장치 작동
④ 방출표시등 점등 — 이산화탄소소화설비, 할론소화설비에 해당하는 것으로서 스프링클러설비와는 관련 없음

해설 시험밸브 개방시 작동 또는 점등되어야 할 것
  (1) 펌프 작동
  (2) 감시제어반 밸브개방표시등(습식 : 알람밸브표시등) 점등
  (3) 음향장치(사이렌) 작동
  (4) 화재표시등 점등

* 시험밸브함이 필요한 곳
① 습식 스프링클러설비
② 건식 스프링클러설비

* 방출표시등이 필요한 설비
① 이산화탄소소화설비
② 할론소화설비

제2장 소화설비

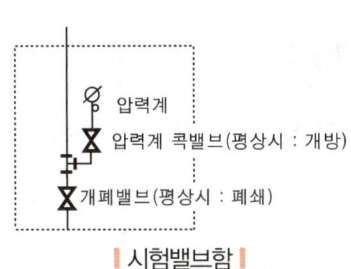

| 시험밸브함 |

정답 ④

54 습식 스프링클러설비 점검을 위하여 시험밸브함을 열었을 때 유지·관리 상태(평상시)모습으로 옳은 것은?

교재 2권 75~76

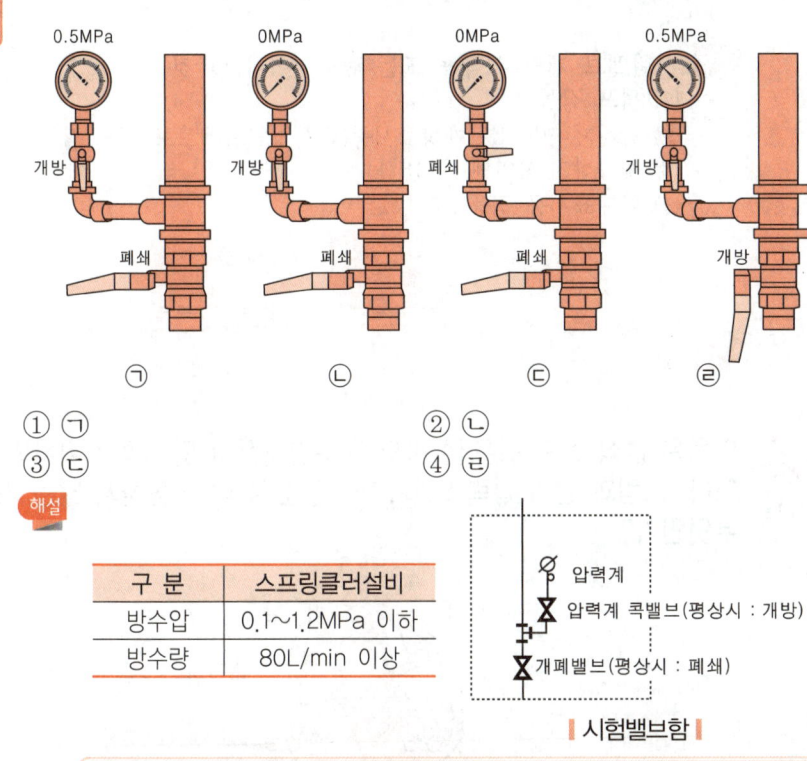

① ㉠
② ㉡
③ ㉢
④ ㉣

해설

구 분	스프링클러설비
방수압	0.1~1.2MPa 이하
방수량	80L/min 이상

㉠ 스프링클러설비의 방수압이 0.1~1.2MPa 이하이므로 0.5MPa은 옳음

정답 ①

Key Point

✽ 시험밸브함의 구성
① 압력계
② 압력계 콕밸브
③ 개폐밸브

제1편 소방시설의 구조·점검 및 실습

* 습식 vs 준비작동식

습식	준비작동식
알람밸브	프리액션밸브
감지기 X	감지기 O

* 시험밸브 개방시 점등 되는 램프
① 밸브개방표시등
② 화재표시등

55 습식 스프링클러설비 시험밸브 개방시 감시제어반의 표시등이 점등되어야 할 것으로 올바르게 짝지어 진 것은? (단, 설비는 정상상태이며, 주어지지 않은 조건은 무시한다.)

실무교재 76

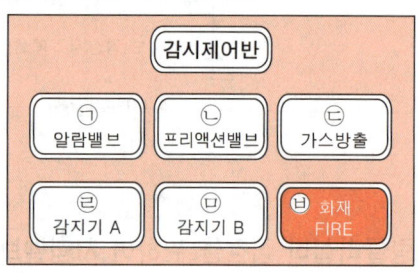

① ㉠, ㉥
② ㉡, ㉢
③ ㉢, ㉣
④ ㉣, ㉤

해설 시험밸브 개방시 작동 또는 점등되어야 할 것
 (1) 펌프 작동
 (2) 감시제어반 밸브개방표시등(습식 : 알람밸브표시등) 점등 보기 ㉠
 (3) 음향장치(사이렌) 작동
 (4) 화재표시등 점등 보기 ㉥

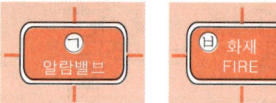

정답 ①

56 다음은 습식 스프링클러설비의 유수검지장치 및 압력스위치의 모습이다. 그림과 같이 압력스위치가 작동했을 때 작동하지 않는 기기는 무엇인가?

교재 2권 83-85

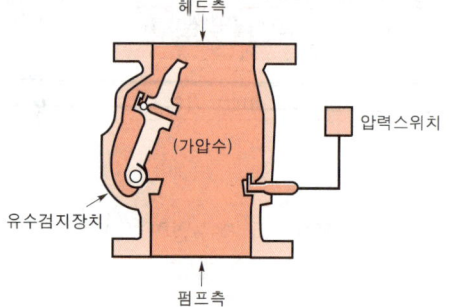

① 화재감지기 점등 – 습식 스프링클러설비는 감지기를 사용하지 않음
② 밸브개방표시등 점등
③ 사이렌 작동
④ 화재표시등 점등

제2장 소화설비

 감지기 사용유무

습식·건식 스프링클러설비	준비작동식·일제살수식 스프링클러설비
감지기 ×	감지기 ○

압력스위치 작동시의 상황
(1) 펌프 작동
(2) 감시제어반 밸브개방표시등(습식 : 알람밸브표시등) 점등
(3) 음향장치(사이렌) 작동
(4) 화재표시등 점등

정답 ①

Key Point

* 감지기 없는 스프링클러설비
① 습식 스프링클러설비
② 건식 스프링클러설비

57 습식 스프링클러설비 점검 그림이다. 점검시 제어반의 모습으로 옳지 않은 것은? (단, 설비는 정상상태이며, 나머지 조건은 무시한다.)

실무교재
75-76

‖3층 말단시험밸브 모습‖

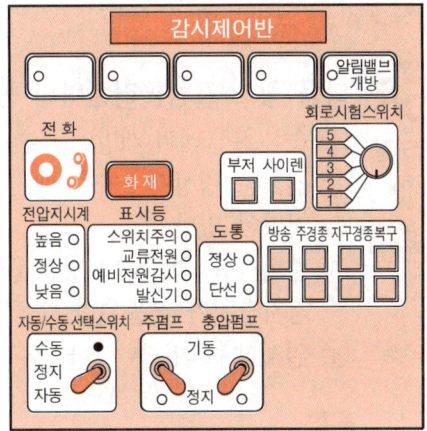

‖감시제어반‖

① 감지기 작동 — 습식 스프링클러설비는 감지기를 사용하지 않음
② 알람밸브 작동
③ 주, 충압펌프 작동
④ 사이렌 작동

 감지기 사용유무

습식·건식 스프링클러설비	준비작동식·일제살수식 스프링클러설비
감지기 × 보기①	감지기 ○

시험밸브 개방시 작동 또는 점등되어야 할 것
(1) 펌프 작동(충압펌프 작동) 보기③
(2) 감시제어반 밸브개방표시등(습식 : 알람밸브표시등) 점등 보기②
(3) 음향장치(사이렌) 작동 보기④
(4) 화재표시등 점등

정답 ①

227

제1편 소방시설의 구조·점검 및 실습

* 준비작동식·일제살수식
  교재 2권 75-76
  ① A or B 감지기 작동시 사이렌만 경보
  ② A and B 감지기 작동시 펌프 자동기동 문58 보기④

10 준비작동식, 일제살수식 확인사항   교재 2권 75-76

A or B 감지기 작동시	A and B 감지기 작동시
① 화재표시등, A 감지기 or B 감지기 지구표시등 점등 ② 경종 또는 사이렌 경보	① 전자밸브(솔레노이드밸브) 작동 ② 준비작동식밸브 개방으로 배수밸브로 배수 ③ 밸브개방표시등 점등 ④ 사이렌 경보 ⑤ 펌프 자동기동

기출문제

58 ★★ 교재 2권 62, 65, 67, 69-70

다음 중 스프링클러설비의 종류에 대한 설명으로 옳지 않은 것은?
① 습식은 클래퍼 개방에 따른 압력수 유입으로 압력스위치가 작동한다.
② 건식은 평상시 2차측 배관이 압축공기 또는 축압된 가스상태로 유지되어 있다.
③ 준비작동식은 해당 방호구역의 감지기 2개 회로가 작동될 때 유수검지장치가 작동된다.
④ 일제살수식은 A or B 감지기 작동시 펌프가 자동기동된다.
                    and

해설 ④ A or B 감지기 → A and B 감지기

정답 ④

* 준비작동식 감시제어반 감지기 A 또는 B 작동시 교재 2권 75-76
  ① 전자밸브는 작동하지 않는다. 문59 보기①
  ② 화재표시등은 점등된다. 문59 보기②
  ③ 사이렌은 울린다. 문59 보기③
  ④ 밸브개방표시등은 소등된다. 문59 보기④

59 ★★ 교재 2권 75-76

준비작동식 스프링클러설비 감시제어반에서 감지기 A의 지구표시등은 점등되고, 감지기 B의 지구표시등은 소등되어 있다면 가장 적합한 상황은 무엇인가?
① 전자밸브가 작동한다.   ② 화재표시등은 소등된다.
   작동하지 않는다.   점등
③ 사이렌은 울리지 않는다. ④ 밸브개방표시등은 소등된다.
   울린다.

정답 ④

228

제2장 소화설비

> **중요** ▸ 준비작동식 유수검지장치를 작동시키는 방법 교재 2권 73-74
>
> (1) 해당 방호구역의 감지기 2개 회로 작동 문60 보기①
> (2) SVP(수동조작함)의 수동조작스위치 작동 문60 보기②
> (3) 밸브 자체에 부착된 수동기동밸브 개방 문60 보기④
> (4) 감시제어반(수신기)측의 준비작동식 유수검지장치 수동기동스위치 작동
> (5) 감시제어반(수신기)에서 동작시험 스위치 및 회로선택 스위치로 작동(2회로 작동)

 60 다음 중 준비작동식 스프링클러설비의 유수검지장치를 작동시키는 방법에 대한 설명으로 틀린 것은?
교재 2권 74

① 해당 방호구역의 감지기 2개의 회로를 작동시킨다.
② 수동조작함(SVP)에서 수동조작스위치를 작동시킨다.
③ 말단시험밸브를 개방하여 클래퍼가 개방되는지 확인한다. — 습식 스프링클러설비 방식
④ 밸브 자체에 부착된 수동기동밸브를 개방시킨다.

정답 ③

※ 말단시험밸브(시험밸브함)가 있는 것
교재 2권 61, 63
① 습식
② 건식

 61 다음 그림의 밸브가 개방(작동)되는 조건으로 옳지 않은 것은?
교재 2권 73-74

┃프리액션밸브┃

① 방화문 감지기 작동 — 프리액션밸브는 방화문 감지기와는 무관함
② SVP(수동조작함) 수동조작 버튼 기동
③ 감시제어반에서 동작시험
④ 감시제어반에서 수동조작

* **프리액션밸브**
'준비작동식 밸브' 또는 '준비작동밸브'라고도 부른다.

해설 프리액션밸브 개방조건
(1) SVP(수동조작함) 수동조작 버튼 기동 보기②
(2) 감시제어반에서 동작시험 보기③
(3) 감시제어반에서 수동조작 보기④
(4) 해당 방호구역의 감지기 2개 회로작동
(5) 밸브 자체에 부착된 수동기동밸브 개방

정답 ①

62 그림과 같이 준비작동식 스프링클러설비의 수동조작함을 작동시켰을 때, 확인해야 할 사항으로 옳지 <u>않은</u> 것은?

실무교재 103

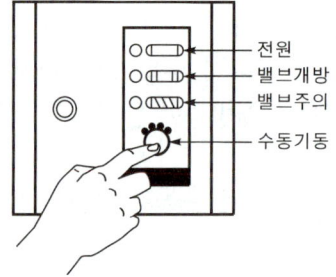

① 감지기 A 작동 — 감지기는 자동으로 화재를 감지하는 기기이므로 수동으로 수동조작함을 작동시키는 방식과는 무관함
② 감시제어반 밸브개방표시등 점등
③ 사이렌 또는 경종 작동
④ 펌프 작동

해설 준비작동식 스프링클러설비

수동기동	자동기동
수동조작함 조작	감지기 A, B 작동

수동조작함 작동시 확인해야 할 사항
(1) 펌프 작동 보기④
(2) 감시제어반 밸브개방표시등 점등 보기②
(3) 음향장치(사이렌) 작동 보기③
(4) 화재표시등 점등

정답 ①

* **감지기**
자동기동

제2장 소화설비

63 준비작동식 스프링클러설비 밸브개방시험 전 유수검지장치실에서
교재 2권 안전조치를 하려고 한다. 보기 중 안전조치 사항으로 옳은 것은?
73

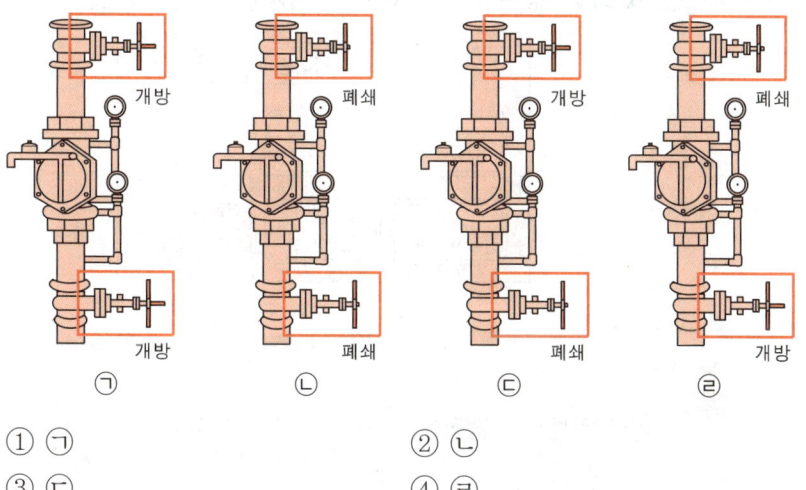

① ㉠ ② ㉡
③ ㉢ ④ ㉣

해설 준비작동식 스프링클러설비 밸브개방시험 전에는 **1차측**은 **개방**, **2차측**은 **폐쇄**되어 있어야 스프링클러헤드를 통해 물이 방사되지 않아서 안전하다.

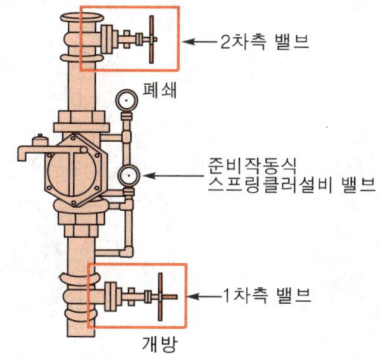

정답 ④

Key Point

* 스프링클러설비 밸브개방시험 전 상태
  ① 1차측 밸브 : 개방
  ② 2차측 밸브 : 폐쇄

231

제1편 소방시설의 구조·점검 및 실습

* 스프링클러설비 수동조작함
'SVP(슈퍼비조리판넬, Super Visory Panel)'라고도 부른다.

* ⓒ 가스 방출 문64 보기ⓒ
① 이산화탄소소화설비
② 할론소화설비

* ②ⓜ 감지기 A·B
문64 보기②ⓜ
수동조작함과 무관

64
실무교재
103
-105

준비작동식 스프링클러설비 수동조작함(SVP) 스위치를 누를 경우 다음 감시제어반의 표시등이 점등되어야 할 것으로 올바르게 짝지어 진 것으로 옳은 것은? (단, 주어지지 않은 조건은 무시한다.)

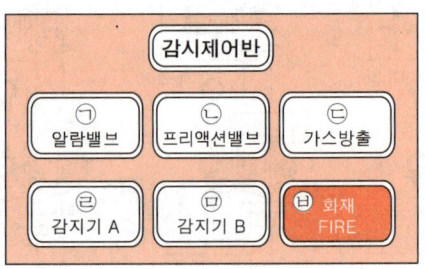

① ㄹ, ㅂ ② ㄴ, ㄷ
③ ㄴ, ㅂ ④ ㄱ, ㅂ

 해설

㉠ 알람밸브는 **습식**에 사용되므로 해당 없음

| ㉠ 알람밸브 |
| 미점등 |

㉢ 가스방출스위치는 **이산화탄소**소화설비, **할론**소화설비에 작용되므로 해당 없음

| ㉢ 가스방출 |
| 미점등 |

㉣, ㉤ 감지기 A, B에 의해 자동으로 준비작동식을 작동시키는 것이므로 수동조작함을 누르는 수동작동방식과는 무관함

| ㉣ 감지기 A | ㉤ 감지기 B |
| 미점등 |

준비작동식 수동조작함 스위치를 누른 경우
(1) 펌프 작동
(2) 감시제어반 밸브개방표시등 점등
(3) 음향장치(사이렌) 작동
(4) 화재표시등 점등

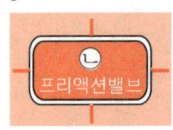 

 정답 ③

제2장 소화설비

65 다음은 준비작동식 스프링클러설비가 설치되어 있는 감시제어반이다. 그림과 같이 감시제어반에서 충압펌프를 수동기동했을 경우 옳은 것은?

실무교재
103
-105

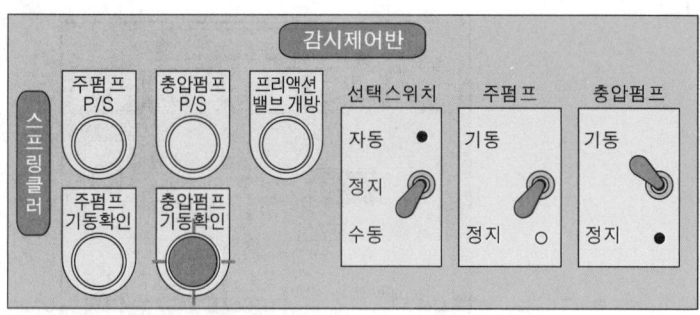

① 스프링클러헤드는 개방되었다.
　　　　　　　　　개방여부는 알 수 없다.
② 현재 충압펌프는 자동으로 작동하고 있는 중이다.
　　　　　　　　　수동
③ 프리액션밸브는 개방되었다.
　　　　　　　　되지 않았다.
④ 주펌프는 기동하지 않는다.

해설
① 충압펌프를 수동기동했지만 스프링클러헤드 개방여부는 알 수 없다.
② 감시제어반 선택스위치 : 수동, 충압펌프 : 기동이므로 충압펌프는 수동으로 작동 중이다.
③ 프리액션밸브 개방 램프가 소등되어 있으므로 개방되지 않았다.

④ 감시제어반 주펌프 : **정지**이므로 주펌프는 기동하지 않는다.

* 충압펌프 수동기동
① 선택스위치 : 수동
② 주펌프 : 정지
③ 충압펌프 : 기동

정답 ④

* 감지기가 있는 것
  ① 준비작동식
  ② 일제살수식

* 말단시험밸브가 있는 것
  ① 습식
  ② 건식

66 ★★★
실무교재
103
-105

다음 그림은 준비작동식 스프링클러 점검시 유수검지장치를 작동시키는 방법과 감시제어반에서 확인해야 할 사항이다. 다음 중 옳은 것을 모두 고르시오.

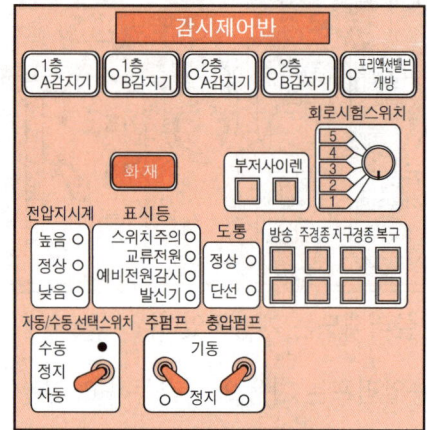

1. 프리액션밸브 유수검지장치를 작동시키는 방법
   ㉠ 화재동작시험을 통한 A, B 감지기 작동
   ㉡ 해당 구역 감지기(A, B) 2개 회로 작동
   ㉢ 말단시험밸브 개방 – 습식·건식 스프링클러설비에만 있으므로 프리액션밸브(준비작동식)는 해당 없음

2. 감시제어반 확인사항
   ㉣ 해당 구역 감지기 A, B, 지구표시등 점등
   ㉤ 프리액션밸브 개방표시등 점등
   ㉥ 도통시험회로 단선여부 확인 – 유수검지장치 작동과 무관함
   ㉦ 발신기 응답표시등 점등 확인 – 자동화재탐지설비에 적용되므로 준비작동식에는 관계없음

① ㉠, ㉡, ㉣, ㉥
② ㉠, ㉢, ㉣, ㉤
③ ㉠, ㉡, ㉣, ㉤
④ ㉠, ㉢, ㉥, ㉦

해설 말단시험밸브 여부

습식·건식 스프링클러설비	준비작동식·일제살수식 스프링클러설비
말단시험밸브 ○	말단시험밸브 ×

 ③

제2장　소화설비

05 물분무등소화설비

1 이산화탄소소화설비의 장단점 교재 2권 81

장 점	단 점
• **심부화재**에 적합하다. 문67 보기② • 화재진화 후 깨끗하다. • 피연소물에 피해가 적다. • 비전도성이므로 **전기화재**에 좋다. 문67 보기③	• 사람에게 질식의 우려가 있다. • 방사시 동상의 우려와 **소음**이 **크다**. 문67 보기① • 설비가 고압으로 특별한 주의와 관리가 필요하다. 문67 보기④

기출문제

67 다음 중 이산화탄소소화설비에 대한 설명으로 틀린 것은 무엇인가?
   교재 2권 81
   ① 소음이 작다.　(크다.)
   ② 가연물 내부에서 연소하는 심부화재에 적합하다.
   ③ 전기화재(C급)에 좋다.
   ④ 설비가 고압으로 특별한 주의와 관리가 필요하다.

   정답 ①

* 이산화탄소소화설비의 단점　교재 2권 81
  방사시 소음이 크다.

* 이산화탄소소화설비
  BC급

제1편 소방시설의 구조·점검 및 실습

Key Point

* 가스계 소화설비의 방출방식 [교재 2권 81-82]
① 전역방출방식
② 국소방출방식
③ 호스릴방식

기억법 가전국호

2 가스계 소화설비의 방출방식 [교재 2권 81-82]

전역방출방식 문68 보기②	국소방출방식	호스릴방식
고정식 소화약제 공급장치에 배관 및 분사헤드를 고정 설치하여 **밀폐 방호구역** 내에 소화약제를 방출하는 설비	고정식 소화약제 공급장치에 배관 및 분사헤드를 설치하여 직접 화점에 소화약제를 방출하는 설비로 **화재발생 부분**에만 **집중적**으로 소화약제를 방출하도록 설치하는 방식	분사헤드가 배관에 고정되어 있지 않고 소화약제 저장용기에 호스를 연결하여 사람이 직접 화점에 소화약제를 방출하는 **이동식** 소화설비
기억법 밀전	**기억법** 국화집	**기억법** 호이(호일)

▮전역방출방식▮	▮국소방출방식▮	▮호스릴방식▮

기억법 가전국호

기출문제

68 가스계 소화설비의 방출방식 중 다음 그림은 어떤 방식인가? [교재 2권 81-82]

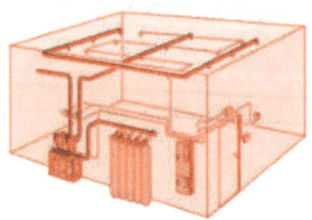

① 국소방출방식
② 전역방출방식
③ 호스릴방식
④ 확산방출방식

해설 ② 전역방출방식 그림이다.

정답 ②

* 전역방출방식 [교재 2권 81-82]
고정식 소화약제 공급장치에 배관 및 분사헤드를 고정 설치하여 밀폐방호구역 내에 소화약제를 방출하는 설비

제2장 소화설비

3 가스계 소화설비의 주요구성 교재 2권 82-85

(1) 저장용기
(2) 기동용 가스용기
(3) 솔레노이드밸브
(4) 압력스위치
(5) 선택밸브
(6) 수동조작함(수동식 기동장치)
(7) 방출표시등
(8) 방출헤드

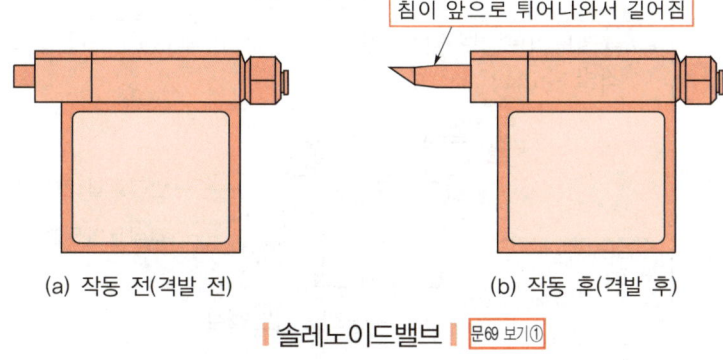

(a) 작동 전(격발 전)   (b) 작동 후(격발 후)
침이 앞으로 튀어나와서 길어짐

| 솔레노이드밸브 | 문69 보기①

Key Point

✻ 가스계 소화설비의 종류

① 이산화탄소소화설비
② 할론소화설비

* 가스계 소화설비 점검 전 안전조치사항
제어반의 솔레노이드밸브 연동정지

4 가스계 소화설비 점검 전 안전조치 〔교재 2권 87〕

단계	내용
1단계	① 기동용기에서 선택밸브에 연결된 조작동관 분리 ② 기동용기에서 저장용기에 연결된 개방용 동관 분리
2단계	③ 제어반의 솔레노이드밸브 연동정지 〔문69 보기②〕 【P형 수신기 예】
3단계	④ 솔레노이드밸브 안전클립(안전핀) 체결 후 분리, 안전클립 제거 후 격발 준비 【솔레노이드밸브】

5 기동용기 솔레노이드밸브 격발시험방법 〔교재 2권 88〕

격발시험방법	세부사항
수동조작버튼 작동 (즉시 격발) 〔문69 보기③〕	연동전환 후 기동용기 솔레노이드밸브에 부착되어 있는 수동조작버튼을 안전클립 제거 후 누름
수동조작함 작동	연동전환 후 수동조작함의 기동스위치를 누름
교차회로감지기 작동	연동전환 후 방호구역 내 교차회로(A, B) 감지기 작동
제어반 수동조작스위치 작동 〔문69 보기④〕	솔레노이드밸브 선택스위치를 수동위치로 전환 후 정지에서 기동위치로 전환하여 작동시킴

제2장 소화설비

 기출문제

69 다음 가스계 소화설비의 주요구성 중 **기동용 솔레노이드밸브**에 대한 설명으로 옳은 것은?

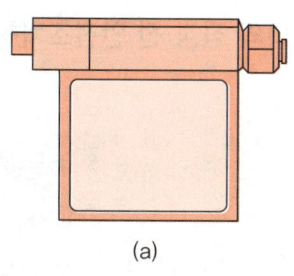
(a)

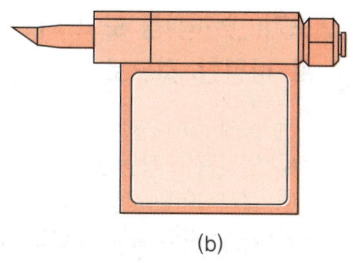
(b)

① (a)는 솔레노이드밸브 격발 후, (b)는 솔레노이드밸브 격발 전 모습이다.
　　　　　　　　　　　　　전　　　　　　　　　　　　　　　　후
② 가스계 소화설비 점검 전 안전조치를 위해 제어반의 솔레노이드밸브는 연동상태로 둔다.
　　　　　　　　　　　　　연동정지
③ 솔레노이드밸브에 부착되어 있는 수동조작버튼을 안전클립 제거 후 누르면 즉시 격발되어야 한다.
④ 격발시험을 하기 위해서는 솔레노이드밸브 선택스위치를 수동위치로 전환 후 기동에서 정지위치로 전환하여 작동시킨다.
　　　　　　　　　　　　　　　　　　정지에서 기동

정답 ③

* **기동용 솔레노이드밸브 격발시험방법**
솔레노이드밸브 선택스위치를 수동위치로 전환 후 정지에서 기동위치로 전환하여 작동

70  가스계 소화설비 기동용기함의 **솔레노이드밸브 점검 전** 상태를 참고하여 **안전조치**의 순서로 옳은 것은?

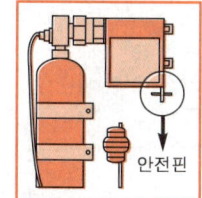
| 솔레노이드밸브 점검 전 |

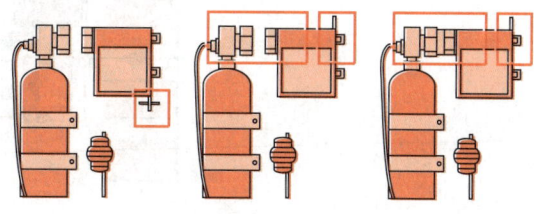
㉠ 안전핀 제거　㉡ 솔레노이드 분리　㉢ 안전핀 체결

① ㉡-㉢-㉠　　　　　② ㉢-㉡-㉠
③ ㉢-㉠-㉡　　　　　④ ㉡-㉠-㉢

* **솔레노이드 점검 전 안전조치**
① 안전핀 체결
② 솔레노이드 분리
③ 안전핀 제거

239

제1편 소방시설의 구조·점검 및 실습

해설 기동용기함의 솔레노이드밸브의 점검 전 안전조치 순서
ⓒ 안전핀 체결 → ⓒ 솔레노이드 분리 → ⓒ 안전핀 제거

정답 ②

71 보기(㉠~㉣)를 보고 가스계 소화설비의 점검 전 안전조치를 순서대로 나열한 것으로 옳은 것은?

실무교재 108

㉠ 솔레노이드밸브 분리
㉡ 연결된 조작동관 분리
㉢ 감시제어반 연동 정지
㉣ 솔레노이드밸브 안전핀 제거

① ㉡-㉢-㉣-㉠
② ㉡-㉢-㉠-㉣
③ ㉡-㉠-㉢-㉣
④ ㉢-㉡-㉣-㉠

해설 가스계 소화설비의 점검 전 안전조치
㉡ 연결된 **조작동관** 분리 → ㉢ **감시제어반** 연동 정지 → ㉠ **솔레노이드**밸브 분리 → ㉣ 솔레노이드밸브 **안전핀** 제거

정답 ②

* 가스계 소화설비의 점검 전 안전조치
① 안전핀 체결
② 솔레노이드 분리
③ 안전핀 제거

72 가스계 소화설비 중 기동용기함의 각 구성요소를 나타낸 것이다. 가스계 소화설비 작동점검 전 가장 우선해야 하는 안전조치로 옳은 것은?

실무교재 108

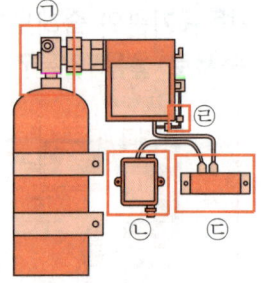

① ㉠의 연결부분을 분리한다.
② ㉡의 압력스위치를 당긴다.
③ ㉢의 단자에 배선을 연결한다.
④ ㉣ 안전핀을 체결한다.

제2장 소화설비

 가스계 소화설비의 작동점검 전 안전조치
(1) 안전핀 체결
(2) 솔레노이드 분리
(3) 안전핀 제거

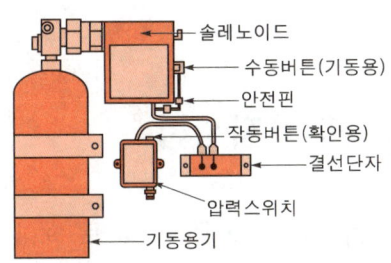

정답 ④

73
교재 2권
87~88

가스계 소화설비의 점검을 위해 <u>기동용기</u>와 <u>솔레노이드</u> 밸브를 분리하였다. 다음 그림과 같이 <u>감지기</u>를 <u>작동</u>시킨 경우 확인되는 사항으로 옳지 않은 것은? [단, 감지기(교차회로) 2개를 작동시켰다.]

* 가스계 소화설비
① 이산화탄소소화설비
② 할론소화설비

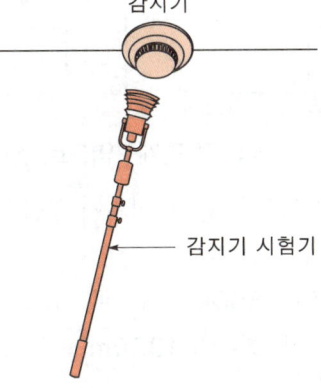

① 제어반 화재표시
② 솔레노이드밸브 파괴침 작동
③ 사이렌 또는 경종 작동
④ 방출표시등 점등 — 기동용기와 솔레노이드밸브를 분리했으므로 방출표시등은 점등되지 않는다.

 감지기를 작동시킨 경우 확인사항
(1) 제어판 화재표시
(2) 솔레노이드밸브 파괴침 작동
(3) 사이렌 또는 경종 작동

정답 ④

* 감지기를 작동시킨 경우 확인사항
① 제어판 화재표시
② 솔레노이드밸브 파괴침 작동
③ 사이렌 또는 경종 작동

제3장 경보설비

01 자동화재탐지설비

1 경계구역의 설정 기준

*** 경계구역**
자동화재탐지설비의 1회선(회로)이 화재의 발생을 유효하고 효율적으로 감지할 수 있도록 적당한 범위를 정한 구역

(1) 1경계구역이 2개 이상의 **건축물**에 미치지 않을 것

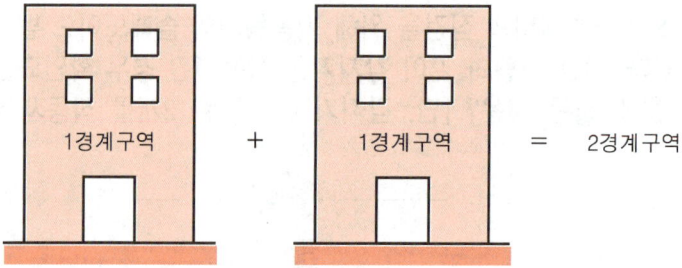

| 하나의 경계구역으로 설정불가 |

(2) 1경계구역이 2개 이상의 **층**에 미치지 않을 것(단, **500m²** 이하는 2개층을 1경계구역으로 할 수 있다.)

(3) 1경계구역의 면적은 **600m²** 이하로 하고, 1변의 길이는 **50m** 이하로 할 것(단, 내부 전체가 보이면 **1000m²** 이하로 할 것)

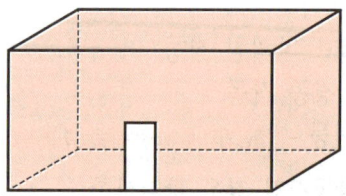

| 내부 전체가 보이면 1경계구역 면적 1000m² 이하, 1변의 길이 50m 이하 |

제3장 경보설비

기출문제

01

해당 소방대상물의 주된 출입구에서 그 내부 전체가 보이는 건축물의 자동화재탐지설비 **경계구역** 설정방법 기준으로 옳은 것은?

① 하나의 경계구역의 면적은 500m² 이하로, 한 변의 길이는 60m 이하로 할 것
② 하나의 경계구역의 면적은 600m² 이하로, 한 변의 길이는 50m 이하로 할 것
③ 하나의 경계구역의 면적은 1000m² 이하로, 한 변의 길이는 50m 이하로 할 것
④ 하나의 경계구역의 면적은 1000m² 이하로, 한 변의 길이는 60m 이하로 할 것

해설
③ 내부 전체가 보이면 1000m² 이하, 50m 이하
• ②번도 답이 되지 않느냐라고 말하는 사람이 있다. 하지만, 문제에서 "기준"으로 질문하였으므로 내부 전체가 보이는 건축물의 면적은 반드시 1000m² 이하여야 한다. 그러므로, ②번은 틀린 답이다.

정답 ③

02

어떤 건축물의 바닥면적이 각각 1층 700m², 2층 600m², 3층 300m², 4층 200m²이다. 이 건축물의 최소 경계구역수는?

① 3개 ② 4개
③ 5개 ④ 6개

해설 경계구역수

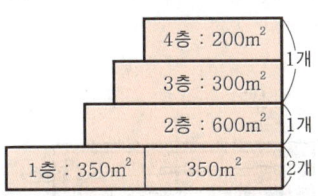

(1) 1경계구역의 면적 : **600m²** 이하로 하여야 하므로 바닥면적을 **600m²** 로 나누어주면 된다.

$$경계구역수(1개층) = \frac{바닥면적}{600m^2}(소수점 올림)$$

$$경계구역수(2개층) = \frac{2개층\ 바닥면적}{600m^2}(소수점 올림)$$

Key Point

유사 기출문제

01 ★★★ 교재 2권 95

다음 중 경계구역에 대한 설명으로 옳은 것은?

① 600m² 이하의 범위 안에서는 2개의 층을 하나의 경계구역으로 할 수 있다.
② 해당 소방대상물의 주된 출입구에서 그 내부 전체가 보이는 것에 있어서는 한 변의 길이가 100m 의 범위 내에서 1000m² 이하로 할 수 있다.
③ 하나의 경계구역이 2개 이상의 건축물에 미치지 아니하도록 한다.
④ 하나의 경계구역이 2개 이상의 용도에 미치지 아니하도록 한다.

정답 ③

02 ★★★ 교재 2권 95

어떤 건축물의 바닥면적이 각각 1층 900m², 2층 500m², 3층 400m², 4층 250m², 5층 200m²이다. 이 건축물의 최소 경계구역수는?

① 3개 ② 4개
③ 5개 ④ 6개

해설 경계구역수

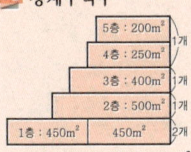

(1) 1경계구역의 면적 : **600m²** 이하

① 1층 : $\frac{바닥면적}{600m^2}$
$= \frac{900m^2}{600m^2}$
$= 1.5 ≒ 2개$

② 2층 : $\frac{바닥면적}{600m^2}$
$= \frac{500m^2}{600m^2}$
$= 0.8 ≒ 1개$

③ 3층 : $\frac{바닥면적}{600m^2}$
$= \frac{400m^2}{600m^2}$
$= 0.6 ≒ 1개$

(2) 2개층 1경계구역 : 500m² 이하

$$4{\sim}5층: \frac{2개층\ 바닥면적}{500m^2}$$
$$= \frac{(250+200)m^2}{500m^2}$$
$$= 0.9 ≒ 1개$$

∴ 2개+1개+1개+1개=5개

정답 ③

---

① 1층 : $\frac{바닥면적}{600m^2} = \frac{700m^2}{600m^2} = 1.1 ≒ 2개(절상)$

② 2층 : $\frac{바닥면적}{600m^2} = \frac{600m^2}{600m^2} = 1개$

(2) 500m² 이하는 2개층을 1경계구역으로 할 수 있으므로 2개층의 합이 500m² 이하일 때는 **500m²**로 나누어주면 된다.

3~4층 : $\frac{2개층\ 바닥면적}{500m^2} = \frac{(300+200)m^2}{500m^2} = 1개$

∴ 2개+1개+1개=4개

정답 ②

2 수신기

* 자동화재탐지설비의 수신기 교재 2권 95, 98

① 종류로는 P형 수신기, R형 수신기가 있다.
② 조작스위치는 바닥으로부터 0.8~1.5m 이하의 높이에 설치할 것
문09 보기③
③ 수위실 등 상시 사람이 근무하고 있는 장소에 설치할 것

(1) 수신기의 구분 교재 2권 95
 ① P형 수신기
 ② R형 수신기

(2) 수신기의 설치기준 교재 2권 98
 ① 수신기가 설치된 장소에는 **경계구역 일람도**를 비치할 것
 ② 수신기의 조작스위치 높이 : 바닥으로부터의 높이가 **0.8~1.5m** 이하
 ③ 수위실 등 상시 사람이 근무하고 있는 장소에 설치

3 발신기 작동스위치 교재 2권 99

(1) 0.8~1.5m의 높이에 설치한다.
(2) 발신기 작동스위치를 누르고 수신기가 작동하면 수신기의 화재표시등이 점등된다. 문09 보기②

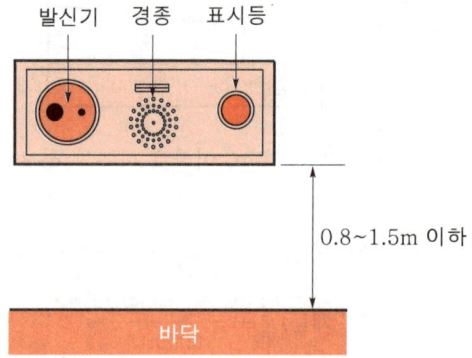

제3장 경보설비

4 감지기 〔교재 2권 99-101〕

(1) 감지기의 특징 〔교재 2권 100〕

감지기 종별	설 명
차동식 스포트형 감지기	주위 온도가 **일정상승률** 이상이 되는 경우에 작동하는 것
정온식 스포트형 감지기	주위 온도가 **일정온도** 이상이 되었을 때 작동하는 것
이온화식 스포트형 감지기	주위의 공기가 **일정농도**의 **연기**를 포함하게 되는 경우에 작동하는 것
광전식 스포트형 감지기	연기에 포함된 미립자가 **광원**에서 방사되는 광속에 의해 산란반사를 일으키는 것

Key Point

* 이온화식 스포트형 감지기 〔교재 2권 100〕
주위의 공기가 **일정농도**의 **연기**를 포함하게 되는 경우에 작동하는 것

작동표시램프(감지기 작동시 점등)

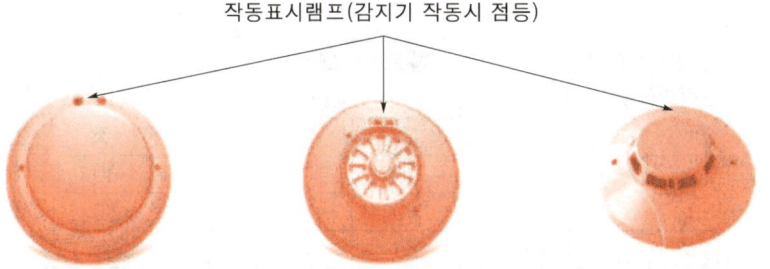

▮차동식 스포트형 감지기▮ ▮정온식 스포트형 감지기▮ ▮광전식 스포트형 감지기▮

(2) 감지기의 구조 〔교재 2권 100-101〕

정온식 스포트형 감지기 〔문03 보기②〕	**차**동식 스포트형 감지기
① **바**이메탈, 감열판, 접점 등으로 구성	① **감**열실, 다이어프램, 리크구멍, 접점 등으로 구성
〔공하성 기억법〕 바정(봐줘)	② 거실, 사무실 설치
② 보일러실, 주방 설치	③ 주위 온도가 **일정상승률** 이상이 되었을 때 작동
③ 주위 온도가 **일정온도** 이상이 되었을 때 작동	〔공하성 기억법〕 차감

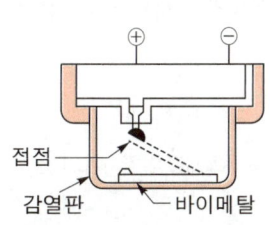

▮정온식 스포트형 감지기▮

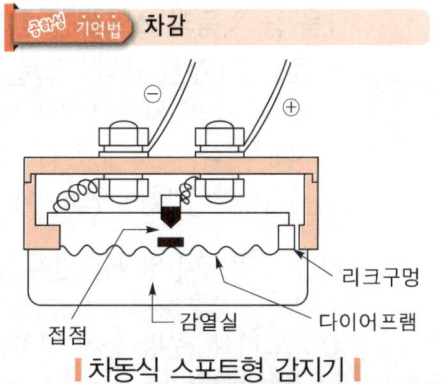

▮차동식 스포트형 감지기▮

245

제1편 소방시설의 구조·점검 및 실습

* 정온식 스포트형 감지기의 구성 교재 2권 100
① 바이메탈
② 감열판
③ 접점

공하성 기억법
바정(봐줘)

기출문제

03 다음 중 바이메탈, 감열판 및 접점 등으로 구성된 감지기는?

교재 2권 100-101

① 차동식 스포트형 ② 정온식 스포트형
③ 차동식 분포형   ④ 정온식 감지선형

해설 ② 정온식 스포트형 : 바이메탈, 감열판, 접점

정답 ②

중요 감지기 설치유효면적 교재 2권 101

(단위 : m²)

부착높이 및 소방대상물의 구분		감지기의 종류				
		차동식·보상식 스포트형		정온식 스포트형		
		1종	2종	특종	1종	2종
4m 미만	내화구조	90	70	70	60	20
	기타구조	50	40	40	30	15
4m 이상 8m 미만	내화구조	45	35	35	30	–
	기타구조	30	25	25	15	–

공하성 기억법
차 보   정
9 7   7 6 2
5 4   4 3 ①
④ ③ ③ 3 ×
3 ② ② ① ×
※ 동그라미(○) 친 부분은 뒤에 5가 붙음

* 차동식 스포트형 감지기 교재 2권 100
① 거실, 사무실에 설치
  문04 보기④
② 감열실, 다이어프램, 리크구멍, 접점
③ 주위 온도에 영향을 받음
  문04 보기③

04 다음 중 차동식 스포트형 감지기에 대한 설명으로 옳은 것은?

교재 2권 100-101

① 주요구조부를 내화구조로 한 소방대상물로서 감지기 부착높이가 4m인 곳의 차동식 스포트형 2종 감지기 1개의 설치유효면적은 35m²이다.
② 바이메탈이 있는 구조이다.
   다이어프램
③ 주위 온도에 영향을 받지 않는다. – 차동식 스포트형 감지기, 정온식 스포트형 감지기 모두 주위 온도에 영향을 받는다.
④ 보일러실, 주방 등에 설치한다.
   거실, 사무실 등

제3장 경보설비

 해설

부착높이 및 소방대상물의 구분		감지기의 종류				
		차동식·보상식 스포트형		정온식 스포트형		
		1종	2종	특종	1종	2종
4m 이상 8m 미만	내화구조	45	→35	35	30	-
	기타구조	30	25	25	15	-

정답 ①

05 다음 그림을 보고 감지기의 특징으로 옳은 것은?

교재 2권
100
-101

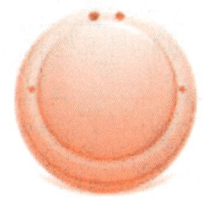

① 정온식 스포트형 감지기이다.
　　차동식
② 보일러실, 주방 등에 설치한다.
　　거실, 사무실
③ 감열실, 다이어프램 등으로 구성되어 있다.
④ 주요구조부가 내화구조이고 부착높이가 4m 미만인 2종의 감지기 설치 유효면적은 50m²이다.
　　　　　　　　　　70

정답 ③

* 차동식 스포트형 감지기의 구성
① 감열실
② 다이어프램
③ 리크구멍
④ 접점

공하성 기억법
차감

247

제1편 소방시설의 구조·점검 및 실습

Key Point

유사 기출문제

06 ★★★ 교재 2권 | 101

그림과 같은 주요구조부가 내화구조로 된 어느 건축물에 차동식 스포트형 1종 감지기를 설치하고자 한다. 감지기의 최소 설치개수는? (단, 감지기의 부착높이는 3.5m이다.)

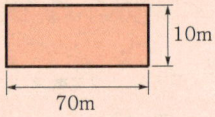

① 8개 ② 9개
③ 10개 ④ 11개

해설 감지기의 설치개수
(단위 : m²)

부착높이 및 소방대상물의 구분	감지기의 종류 차동식·보상식 스포트형	
	1종	2종
4m 미만 내화구조	90	70
기타구조	50	40

내화구조이고 부착높이가 3.5m, 차동식 스포트형 1종 감지기이므로 감지기 1개가 담당하는 바닥면적은 90m²가 된다.

차동식 스포트형 1종 감지기
$= \dfrac{70\text{m} \times 10\text{m}}{90\text{m}^2}$
$= \dfrac{700\text{m}^2}{90\text{m}^2}$
$= 7.7 ≒ 8개 (소수점 올림)$

정답 ①

07 ★★★ 교재 2권 | 101

주요구조부가 내화구조인 어느 건축물에 정온식 스포트형 감지기 특종을 설치하려고 한다. 감지기의 최소 설치 개수는? (단, 감지기 부착높이는 4m이다.)

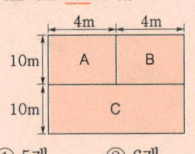

① 5개 ② 6개
③ 7개 ④ 8개

---

06 ★★★

다음은 자동화재탐지설비의 감지기 설치유효면적에 관한 표이다. ( ) 안에 알맞은 것은?

(단위 : m²)

부착높이 및 소방대상물의 구분		감지기의 종류						
		차동식 스포트형		보상식 스포트형		정온식 스포트형		
		1종	2종	1종	2종	특종	1종	2종
4m 미만	주요구조부를 내화구조로 한 소방대상물 또는 그 부분	(㉠)	70	90	(㉡)	70	60	20
	기타구조의 소방대상물 또는 그 부분	50	40	50	40	40	30	15
4m 이상 8m 미만	주요구조부를 내화구조로 한 소방대상물 또는 그 부분	45	35	(㉢)	35	35	30	—
	기타구조의 소방대상물 또는 그 부분	30	25	30	25	25	15	—

① ㉠ 45, ㉡ 70, ㉢ 90   ② ㉠ 70, ㉡ 45, ㉢ 90
③ ㉠ 90, ㉡ 45, ㉢ 70   ④ ㉠ 90, ㉡ 70, ㉢ 45

해설 ④ ㉠ 90 ㉡ 70 ㉢ 45

정답 ④

07 ★★★

다음의 그림을 보고 정온식 스포트형 감지기 1종의 최소 설치개수로 옳은 것은? (단, 주요구조부가 내화구조이며, 감지기 부착높이는 3.5m이다.)

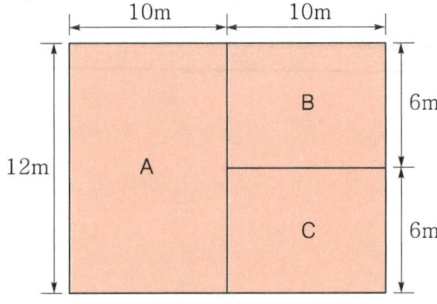

① 2개 ② 3개
③ 4개 ④ 5개

제3장 경보설비

해설 감지기 설치유효면적

부착높이 및 소방대상물의 구분		감지기의 종류				
		차동식·보상식 스포트형		정온식 스포트형		
		1종	2종	특종	1종	2종
4m 미만	내화구조	90	70	70	60	20
	기타구조	50	40	40	30	15

A : 정온식 스포트형 1종 감지기 $= \dfrac{10\text{m} \times 12\text{m}}{60\text{m}^2} = 2$ 개

B : 정온식 스포트형 1종 감지기 $= \dfrac{10\text{m} \times 6\text{m}}{60\text{m}^2} = 1$ 개

C : 정온식 스포트형 1종 감지기 $= \dfrac{10\text{m} \times 6\text{m}}{60\text{m}^2} = 1$ 개

∴ A + B + C = 2 + 1 + 1 = 4개

정답 ③

5 음향장치

(1) 음향장치의 설치기준 [교재 2권 102]

① 음향크기는 부착된 장치의 중심으로부터 **1m** 떨어진 위치에서 **90dB** 이상이 되도록 한다. [문09 보기④]

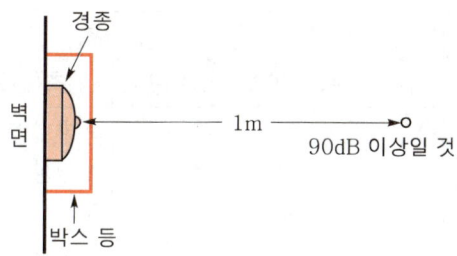

음향장치의 음량측정

② 수평거리 **25m** 이하가 되도록 설치한다.

주음향장치	지구음향장치
수신기 내부 또는 직근에 설치	층마다 설치하되, 수평거리가 25m 이하가 되도록 설치

Key Point

해설 감지기 설치유효면적 (단위 : m²)

부착높이 및 소방대상물의 구분		감지기의 종류		
		정온식 스포트형		
		특종	1종	2종
4m 이상 8m 미만	내화구조	35	30	–
	기타구조	25	15	–

A : 정온식 스포트형 특종 감지기
$= \dfrac{4\text{m} \times 10\text{m}}{35\text{m}^2}$
$= 1.1 ≒ 2$ 개
(소수점 올림)

B : 정온식 스포트형 특종 감지기
$= \dfrac{4\text{m} \times 10\text{m}}{35\text{m}^2}$
$= 1.1 ≒ 2$ 개
(소수점 올림)

C : 정온식 스포트형 특종 감지기
$= \dfrac{(4+4)\text{m} \times 10\text{m}}{35\text{m}^2}$
$= 2.2 ≒ 3$ 개
(소수점 올림)

∴ 2개 + 2개 + 3개 = 7개

정답 ③

★ 음향장치 수평거리 [교재 2권 102]
수평거리 **25m** 이하

(2) 음향장치의 경보방식 교재 2권 102

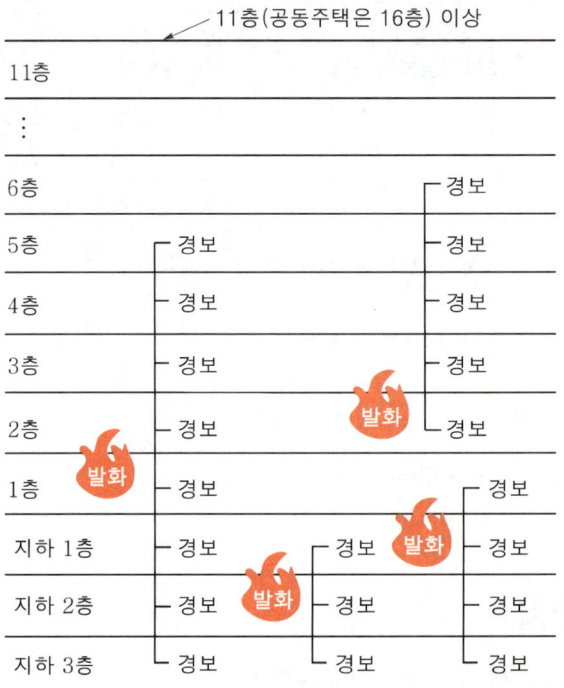

| 발화층 및 직상 4개층 경보방식 |

| 자동화재탐지설비 음향장치의 경보 | 문08 보기① | 교재 2권 102 |

발화층	경보층	
	11층(공동주택 16층) 미만	11층(공동주택 16층) 이상
2층 이상 발화	전층 일제경보	• 발화층 • 직상 4개층
1층 발화		• 발화층 • 직상 4개층 • 지하층
지하층 발화		• 발화층 • 직상층 • 기타의 지하층

* 자동화재탐지설비 발화층 및 직상 4개층 경보 적용대상물
11층(공동주택 16층) 이상의 특정소방대상물의 경보

제3장 경보설비

기출문제

08 11층 이상인 다음 건물의 경보상황을 보고 유추할 수 있는 사항은?

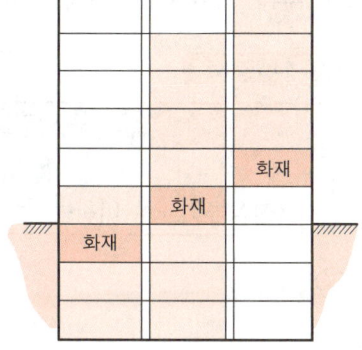

① 발화층 및 직상 4개층 경보
② 일제경보
③ 구분경보
④ 직하발화 우선경보

해설 ① 발화층 및 직상 4개층 경보방식

정답 ①

09 다음 중 자동화재탐지설비 주요구성요소에 대한 설명으로 틀린 것은?
① 감지기는 자동적으로 화재신호를 수신기에 전달하는 역할을 하지만, 발신기는 화재발견자가 수동으로 작동스위치를 눌러 수신기에 신호를 보내는 것이다.
② 발신기 작동스위치를 누르고 수신기가 동작하면 발신기의 화재표시 등이 점등된다. → 수신기
③ 수신기 조작스위치의 높이는 0.8m 이상 1.5m 이하이어야 한다.
④ 음향장치의 음량크기는 1m 떨어진 곳에서 90dB 이상이어야 한다.

정답 ②

6 청각장애인용 시각경보장치

(1) 청각장애인용 시각경보장치의 설치기준   교재 2권 102

① **복도·통로·청각장애인용 객실** 및 공용으로 사용하는 **거실**에 설치하며, 각 부분으로부터 유효하게 경보를 발할 수 있는 위치에 설치

Key Point

유사 기출문제

08 ★★   교재 2권 102
건축 연면적이 5000m²이고 지하 4층, 지상 11층인 특정소방대상물에 자동화재탐지설비를 설치하였다. 지하 1층에서 화재가 발생한 경우 우선적으로 경보를 하여야 하는 층은?
① 건물 내 모든 층에 동시 경보
② 지하 1·2·3·4층, 지상 1층
③ 지하 1층, 지상 1층
④ 지하 1·2층

해설 ② 지하 1층 발화이므로 발화층(지하 1층), 직상층(지상 1층), 기타의 지하층(지하 2·3·4층) 우선경보

정답 ②

09 ★★   교재 2권 98-99, 102
자동화재탐지설비의 설치기준에 대한 설명으로 옳지 않은 것은?
① 수위실 등 상시 사람이 근무하고 있는 장소에 설치하여야 한다.
② 음향장치의 음량 크기는 1m 떨어진 곳에서 90dB 이하이어야 한다. → 이상
③ 수신기의 조작스위치 높이는 0.8m 이상 1.5m 이하이어야 한다.
④ 발신기는 하나의 발신기까지의 수평거리가 25m 이하가 되도록 설치하여야 한다.

정답 ②

② **공연장·집회장·관람장** 또는 이와 유사한 장소에 설치하는 경우에는 시선이 집중되는 **무대부 부분** 등에 설치
③ 바닥으로부터 **2~2.5m** 이하의 장소에 설치(단, 천장높이가 **2m 이하**인 경우는 천장으로부터 **0.15m** 이내의 장소에 설치한다.)

(2) 설치높이   교재 2권 98-99, 102

기타기기	시각경보장치
0.8~1.5m 이하	2~2.5m 이하 (천장높이 2m 이하는 천장으로부터 0.15m 이내)

공하성 기억법   시25(CEO)

* 송배선식   교재 2권 102
감지기 사이의 회로배선에 사용

7 송배선식   교재 2권 102-103

도통시험(선로의 정상연결 유무 확인)을 원활히 하기 위한 배선방식

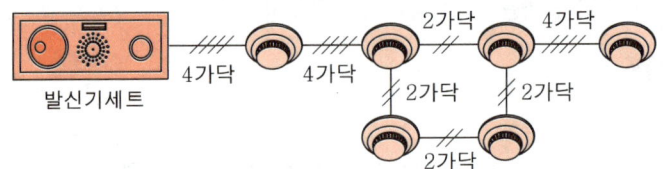

| 송배선식 |

8 감지기 작동 점검(단계별 절차)   교재 2권 107

(1) 1단계 : 감지기 작동시험 실시

→ **감지기 시험기, 연기스프레이 등 이용**

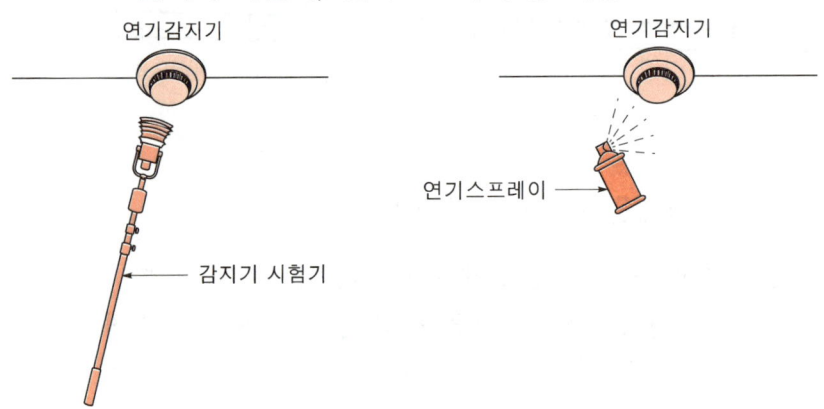

제3장 경보설비

(2) 2단계 : LED 미점등시 감지기 회로 전압 확인

① **정격전압**의 **80%** 이상이면, **감지기**가 **불량**이므로 감지기를 교체한다. 문10 보기②

② 전압이 **0V**이면 회로가 **단선**이므로 회로를 보수한다.

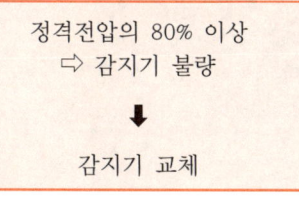

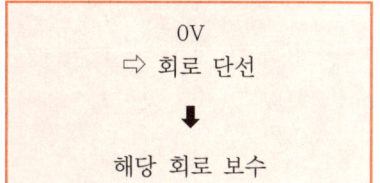

(3) 3단계 : 감지기 작동시험 재실시

기출문제

10 다음 중 감지기에 대한 설명으로 옳은 것은?
(교재 2권 99, 102, 107, 121)

① 장마철 공기 중 습도 증가에 의한 감지기 오작동은 복구스위치를 누르면 된다.
② 감지기단자를 측정한 결과 정격전압의 80% 이상이면 감지기가 정상이다. → 불량
③ 감지기 사이의 회로배선은 병렬식 배선으로 한다. → 송배전식
④ 발신기 작동스위치를 누르면 감지기도 함께 작동한다. → 하지 않는다.

정답 ①

Key Point

* 장마철 공기 중 습도 증가에 의한 감지기 오작동 (교재 2권 121)
① 복구스위치 누름 문10 보기①
② 작동된 감지기 복구

* 송배선식 문10 보기③
감지기 사이의 회로배선

* 발신기 vs 감지기 문10 보기④
발신기 작동스위치와 감지기 작동은 별개

발신기	감지기
수동으로 화재신호 알림	자동으로 화재신호 알림

11 연면적 5000m²인 11층 건물을 사무실 용도로 시공하고자 한다. 고려해야 할 사항으로 옳은 것은?
(교재 1권 55-56) (교재 2권 99)

① 건축허가 등의 동의를 받아야 한다.
② 관리의 권원이 분리된 소방안전관리자를 선임하여야 한다. → 대상이 아니다.
③ 발화층 및 직상발화 경보방식으로 음향장치를 설치하여야 한다. → 직상 4개층
④ 발신기와 전화통화가 가능한 수신기를 설치하여야 한다. → 하지 않아도 된다.

정답 ①

* 건축허가 동의대상 (교재 1권 55)
연면적 400m² 이상

253

제1편 소방시설의 구조·점검 및 실습

Key Point

* 감지기 작동시험시 수신기에 점등되어야 하는 것 문12 보기①
① 화재표시등
② 지구표시등

12 ★★★ 교재 2권 107

연기스프레이를 이용해 감지기 작동시험을 실시할 때 <u>수신기</u>에 <u>점등</u>되어야 하는 것을 모두 고른 것은?

㉠ 화재표시등　　　　　㉡ 지구표시등
㉢ 예비전원감시등　　　㉣ 스위치주의등

① ㉠, ㉡
② ㉠, ㉡, ㉢
③ ㉠, ㉡, ㉣
④ ㉠, ㉡, ㉢, ㉣

해설 감지기 작동시험(감지기 시험기, 연기스프레이 등 이용)
(1) 화재표시등 점등
(2) 지구표시등 점등

정답 ①

9 발신기 작동 점검(단계별 절차) 교재 2권 116

(1) **1단계** : 발신기 작동스위치 누름
(2) **2단계** : 수신기에서 발신기 응답표시등 및 발신기 작동표시등 점등 확인

* 발신기 작동스위치를 누를 때 상황
① 수신기의 화재표시등 점등 문13 보기①
② 수신기의 발신기 응답표시등 점등 문13 보기②
③ 수신기의 주경종 경보 문13 보기③

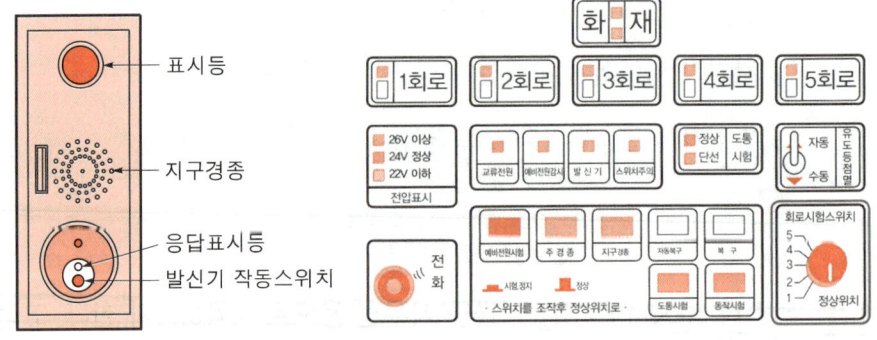

254

제3장 경보설비

기출문제

13 다음 발신기 작동스위치를 누를 때의 상황으로 틀린 것은?

교재 2권 108, 122-123

① 수신기의 화재표시등 점등
② 수신기의 발신기 응답표시등 점등
③ 수신기의 주경종 경보
④ 수신기의 스위치주의등 점등
　　　　　　　　　　　　소등

해설 발신기 작동스위치는 수신기의 조작스위치가 아니므로 눌러도 스위치주의등은 점등되지 않음

정답 ④

* 스위치주의등 점등
  교재 2권 122-123
  수신기의 각 조작스위치가 정상위치에 있지 않을 때
  문13 보기④

14 다음 그림을 보고 5회로에 연결된 감지기가 화재를 감지했을 때 수신기에서 점등되어야 할 표시등을 모두 고른 것은?

교재 2권 108, 122-123

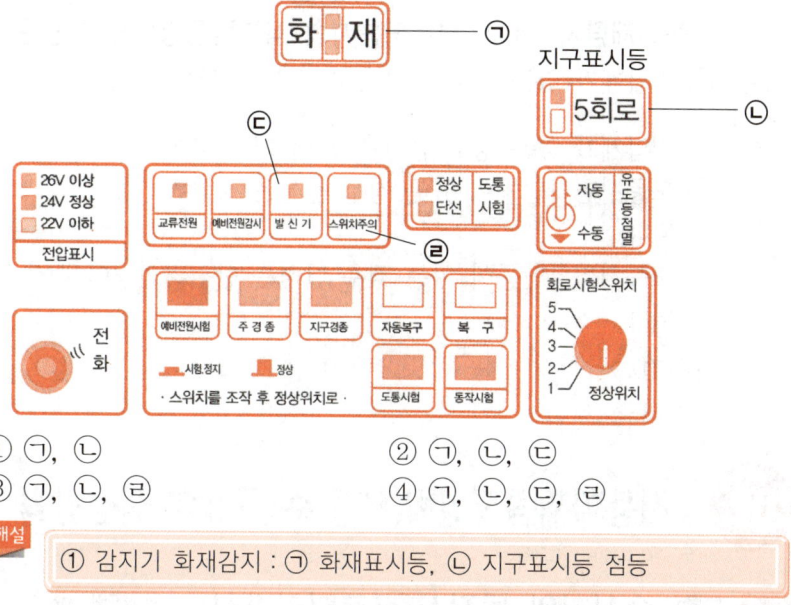

① ㉠, ㉡
② ㉠, ㉡, ㉢
③ ㉠, ㉡, ㉣
④ ㉠, ㉡, ㉢, ㉣

해설 ① 감지기 화재감지 : ㉠ 화재표시등, ㉡ 지구표시등 점등

정답 ①

10 회로도통시험　교재 2권 112-113

(1) 회로도통시험의 정의
　수신기에서 감지기 사이 회로의 단선 유무와 기기 등의 접속상황을 확인하기 위한 시험

* 동작시험 복구순서
  교재 2권 109
  ① 회로시험스위치 돌림
  ② 동작시험스위치 누름
  ③ 자동복구스위치 누름

(2) 회로도통시험 적부판정

구 분	정 상	단 선
전압계가 있는 경우	4~8V 문15 보기①	0V 문15 보기②
도통시험확인등이 있는 경우	정상확인등 점등(녹색) 문15 보기③	단선확인등 점등(적색) 문15 보기④

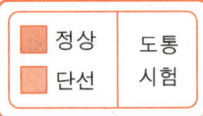

▎단선인 경우(적색등 점등)▎

기출문제

15 ★★★ 자동화재탐지설비의 회로도통시험 적부판정방법으로 틀린 것은?

교재 2권 112 -113

① 전압계가 있는 경우 정상은 <u>24V</u>를 가리킨다.
　　　　　　　　　　　　　　4~8V
② 전압계가 있는 경우 단선은 0V를 가리킨다.
③ 도통시험확인등이 있는 경우 정상은 정상확인등이 녹색으로 점등된다.
④ 도통시험확인등이 있는 경우 단선은 단선확인등이 적색으로 점등된다.

정답 ①

02 자동화재탐지설비(P형 수신기)의 점검방법

1 P형 수신기의 동작시험(로터리방식) 교재 2권 110

동작시험 순서	동작시험 복구순서
① 동작시험스위치 누름 ② 자동복구스위치 누름 ③ 회로시험스위치 돌림	① 회로시험스위치 돌림 ② 동작시험스위치 누름 ③ 자동복구스위치 누름

유사 기출문제

15-1 ★★ 교재 2권 112
자동화재탐지설비에서 P형 수신기의 회로도통시험시 회로선택스위치가 로터리방식으로 전압계가 있는 경우 정상은 몇 V를 가리키는가?
① 0V　② 4~8V
③ 20~24V　④ 40~48V

해설 회로도통시험

정 상	단 선
4~8V	0V

정답 ②

15-2 ★★★ 교재 2권 112
자동화재탐지설비에서 P형 수신기의 회로도통시험시 회로시험스위치가 로터리방식으로 전압계가 있는 경우 정상과 단선은 몇 V를 가리키는가?
① 정상 : 4~8V, 단선 : 0V
② 정상 : 20~24V, 단선 : 1V
③ 정상 : 40~48V, 단선 : 0V
④ 정상 : 48~54V, 단선 : 1V

해설 회로도통시험

정 상	단 선
4~8V	0V

정답 ①

제**3**장 경보설비

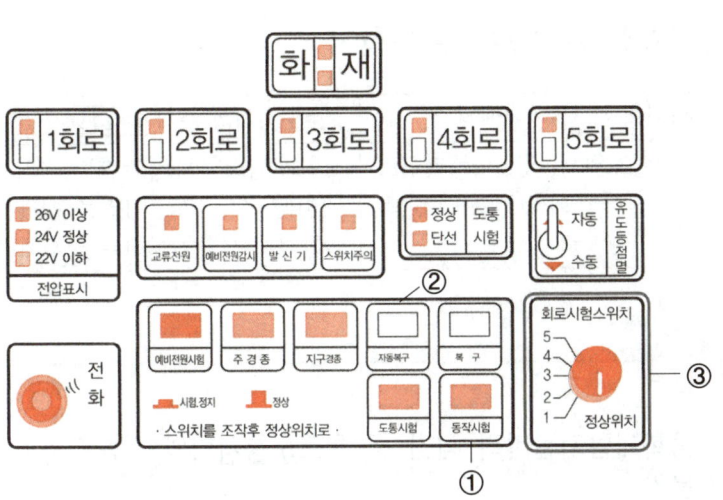

‖P형 수신기 동작시험 순서‖

기출문제

16
교재 2권
110

다음은 자동화재탐지설비 P형 수신기의 그림이다. 동작시험을 한 후 복구를 하려고 한다. 동작시험 복구순서로서 다음 중 회로시험스위치를 돌린 후 눌러야 할 버튼은?

* 동작시험 복구순서
① 회로시험스위치
② 동작시험스위치
　문16 보기④
③ 자동복구스위치

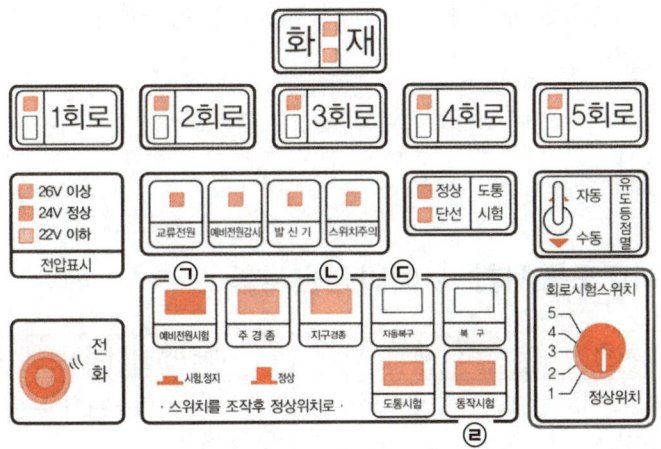

① ㉠ 예비전원시험　　② ㉡ 지구경종
③ ㉢ 자동복구　　　　④ ㉣ 동작시험

해설　④ 동작시험 복구 : 회로시험스위치 → 동작시험스위치 → 자동복구스위치

정답 ④

257

제1편 소방시설의 구조·점검 및 실습

* 회로도통시험
  교재 2권 112-113
  수신기에서 감지기 사이 회로의 단선 유무와 기기 등의 접속상황을 확인하기 위한 시험

2 동작시험 vs 회로도통시험

동작시험 순서 교재 2권 109	회로도통시험 순서 문17 보기① 교재 2권 112-113
동작(화재)시험스위치 및 자동복구스위치를 누름 → 각 회로(경계구역) 버튼 누름	도통시험스위치를 누름 → 회로시험스위치를 각 경계구역별로 차례로 회전(각 경계구역 동작버튼을 차례로 누름)

기출문제

17 자동화재탐지설비의 점검 중 <u>회로도통시험</u>의 <u>작동순서</u>로 알맞은 것은?

교재 2권
112
-113

① 도통시험스위치를 누른다. → 회로시험스위치를 각 경계구역별로 차례로 회전한다.
② 도통시험스위치를 누른다. → 자동복구스위치를 누른다. → 회로시험스위치를 각 경계구역별로 차례로 회전한다.
③ 회로시험스위치를 각 경계구역별로 차례로 회전한다. → 도통시험스위치를 누른다.
④ 회로시험스위치를 각 경계구역별로 차례로 회전한다. → 자동복구스위치를 누른다. → 도통시험스위치를 누른다.

해설
① 회로도통시험 : 도통시험스위치를 누름 → 회로시험스위치를 각 경계구역별로 차례로 회전(각 경계구역 동작버튼을 차례로 누름)

 정답 ①

3 회로도통시험 vs 예비전원시험

회로도통시험 순서 문18 보기③ 교재 2권 112-113	예비전원시험 순서 교재 2권 114
도통시험스위치 누름 → 회로시험스위치 돌림	예비전원시험스위치 누름 → 예비전원 결과 확인

제3장 경보설비

기출문제

18 그림과 같이 자동화재탐지설비 P형 수신기에 회로도통시험을 하려고 한다. 가장 처음으로 눌러야 하는 스위치는?
교재 2권 113

① ㉠ 자동복구
② ㉡ 복구
③ ㉢ 도통시험
④ ㉣ 동작시험

해설 ③ 회로도통시험 : 도통시험스위치 누름 → 회로시험스위치 돌림

정답 ③

4 평상시 점등상태를 유지하여야 하는 표시등 문19 보기① 교재 2권 113

① 교류전원

② 전압지시(정상)

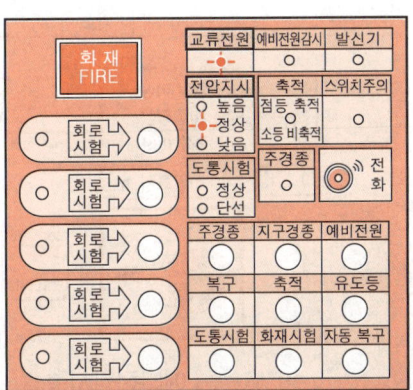

P형 수신기

Key Point

유사 기출문제

18 ★★ 교재 2권 112-113
다음 수신기 점검 중 회로도통시험에 대한 설명으로 옳은 것은?

① 수신기에 화재신호를 수동으로 입력하여 수신기가 정상적으로 동작되는지를 확인하기 위한 시험이다. -동작시험

② 축적·비축적 선택스위치를 비축적 위치에 놓고 시험하여야 한다. -동작시험

③ 전압계로 측정시 19~29V가 나오면 정상이다. 4~8V

④ 로터리방식과 버튼방식이 있다.

정답 ④

Key Point

* 평상시 점등상태 유지 표시등
  ① 교류전원
  ② 전압지시(정상)

기출문제

19 P형 수신기가 정상이라면, 평상시 점등상태를 유지하여야 하는 표시등은 몇 개소이고 어디인가?

[교재 2권 113]

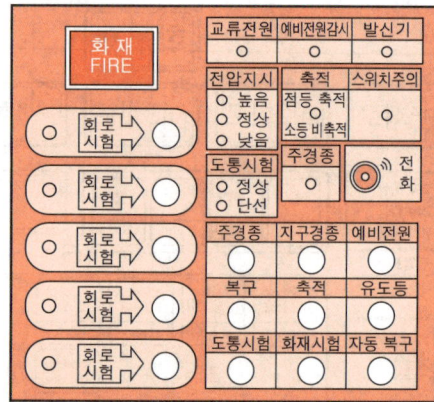

① 2개소 : 교류전원, 전압지시(정상)
② 2개소 : 교류전원, 축적
③ 3개소 : 교류전원, 전압지시(정상), 축적
④ 3개소 : 교류전원, 전압지시(정상), 스위치주의

해설 ① 평상시 점등 2개소 : 교류전원, 전압지시(정상)

정답 ①

5 예비전원시험 [교재 2권 114]

전압계인 경우 정상	램프방식인 경우 정상 문21 보기③
19~29V	녹색

적색 — 26V 이상
녹색 — 24V 정상
황색 — 22V 이하
문20 보기④ 전압표시

교류전원

전화   예비전원시험

| 예비전원시험 |

260

제3장 경보설비

기출문제

20 다음 수신기의 점검에 대한 설명으로 틀린 것은?
① 동작시험을 위해 축적·비축적 선택스위치를 비축적 위치로 놓고 시험한다.
② 동작시험의 경우 모든 회선을 동시에 작동시키면서 시험한다.
　　　　　　　　　　1회선마다 복구하면서 모든 회선을
③ 회로도통시험시 전압계 측정 결과 0V를 지시하면 단선을 의미한다.
④ 예비전원시험 결과 황색이 점등되면 전압이 22V 이하이다.

정답 ②

교재 2권 110, 112, 114

21 다음 수신기의 점검방식으로 옳은 것은?
① 동작시험을 하기 전에 축적·비축적 스위치를 비축적 위치에 놓고 시험한다.
② 회로도통시험 결과 19~29V의 값이 표시되면 정상이다.
　　　　　　　　　　　　　 4~8V
③ 예비전원시험 결과 적색이 표시되면 정상이다.
　　　　　　　　　녹색
④ 예비전원감시등이 소등된 경우는 예비전원 연결 소켓이 분리되었거나 예비전원이 원인이다.
　　　　　　　　점등

정답 ①

교재 2권 109, 112 -114

★ 수신기 동작시험기준
① 1회선마다 복구하면서 모든 회선을 시험
　문20 보기②
② 축적·비축적 선택스위치를 비축적 위치로 놓고 시험 문20 보기①

★ 예비전원감시등이 점등된 경우 문21 보기④
교재 2권 115
① 예비전원 연결 소켓이 분리
② 예비전원 원인

제1편 소방시설의 구조·점검 및 실습

6 비화재보의 원인과 대책 〔교재 2권 121-122〕

주요 원인	대 책 〔문22 보기③〕
주방에 '**비적응성 감지기**'가 설치된 경우	적응성 감지기(정온식 감지기 등)로 교체
'**천장형 온풍기**'에 밀접하게 설치된 경우	기류흐름 방향 외 이격설치
담배연기로 인한 연기감지기 작동	흡연구역에 환풍기 등 설치

* 주방
  정온식 감지기 설치

* 천장형 온풍기
  감지기 이격 설치

기출문제

22 다음은 비화재보의 주요 원인과 대책을 나타낸 표이다. 빈칸에 들어갈 말로 옳은 것은?

〔교재 2권 121-122〕

주요 원인	대 책
주방에 비적응성 감지기가 설치된 경우	적응성 감지기[(㉠)식 감지기 등]로 교체
천장형 온풍기에 밀접하게 설치된 경우	기류흐름 방향 외 (㉡) 설치
(㉢)로 인한 연기감지기 작동	흡연구역에 환풍기 등 설치

① ㉠ 차동, ㉡ 이격, ㉢ 담배연기
② ㉠ 차동, ㉡ 근접, ㉢ 습기
③ ㉠ 정온, ㉡ 이격, ㉢ 담배연기
④ ㉠ 정온, ㉡ 근접, ㉢ 습기

해설 ③ 주방 : 정온식 감지기, 천장형 온풍기 : 이격설치, 담배연기 : 환풍기 설치

정답 ③

제3장 경보설비

7 자동화재탐지설비의 비화재보시 조치방법 〔교재 2권 122-123〕

단계	대처법
1단계	수신기 확인(화재표시등, 지구표시등 확인)
2단계	실제 화재 여부 확인
3단계	음향장치 정지
4단계	비화재보 원인 제거
5단계	수신기 복구
6단계	음향장치 복구
7단계	스위치주의등 확인

기출문제

 23 다음 중 자동화재탐지설비의 비화재보시 조치방법으로 옳은 것은?

〔교재 2권 122-123〕

① 1단계 수신기 확인 - 2단계 실제 화재 여부 확인 - 3단계 음향장치 정지 - 4단계 비화재보 원인 제거
② 1단계 실제 화재 여부 확인 - 2단계 수신기 확인 - 3단계 음향장치 정지 - 4단계 비화재보 원인 제거
③ 1단계 음향장치 정지 - 2단계 실제 화재 여부 확인 - 3단계 수신기 확인 - 4단계 비화재보 원인 제거
④ 1단계 음향장치 정지 - 2단계 수신기 확인 - 3단계 실제 화재 여부 확인 - 4단계 비화재보 원인 제거

해설
① 비화재보 조치방법 : 1단계 수신기 확인 - 2단계 실제 화재 여부 확인 - 3단계 음향장치 정지 - 4단계 비화재보 원인 제거

정답 ①

8 발신기 작동시 점등되어야 하는 것 〔교재 2권 108, 122-123〕

(1) 화재표시등
(2) 지구표시등(해당 회로)
(3) 발신기 응답표시등

Key Point

유사 기출문제

 23 〔교재 2권 122-123〕
보기의 비화재보시 대처방법을 순서대로 나열한 것은?

1. 수신기에서 화재표시등, 지구표시등을 확인한다.
2. 해당 구역(지구표시등 점등구역)으로 이동하며 실제 화재 여부를 확인하고 비화재보인 경우

보기
3. 복구스위치를 눌러 수신기를 정상으로 복구
4. 음향장치 정지
5. 음향장치 복구
6. 비화재보 원인 제거
7. 스위치주의등 소등 확인

① 3 - 4 - 5 - 6
② 4 - 6 - 3 - 5
③ 3 - 6 - 4 - 5
④ 6 - 4 - 3 - 5

해설 비화재보 대처방법
(1) 수신기 확인(화재표시등, 지구표시등 확인)
(2) 실제 화재 여부 확인
(3) 음향장치 정지
(4) 비화재보 원인 제거
(5) 수신기 복구
(6) 음향장치 복구
(7) 스위치주의등 확인

정답 ②

263

제1편 소방시설의 구조·점검 및 실습

Key Point

* 발신기 작동시 점등램프
① 화재표시등
② 지구표시등
③ 발신기 응답표시등

기출문제

24 건물의 5층(5회로)에서 발신기를 작동시켰을 때 수신기에서 정상적으로 화재신호를 수신하였다면 점등되어야 하는 것을 모두 고른 것은?

교재 2권 108, 122-123

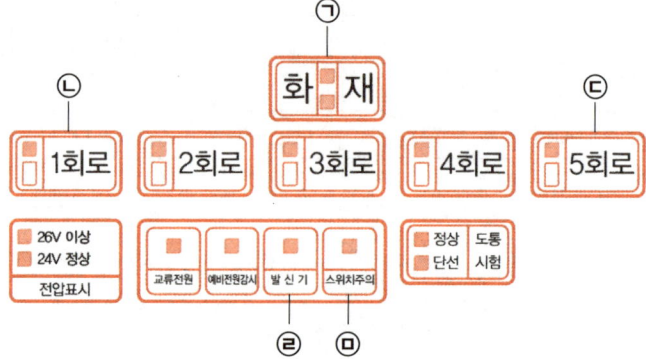

① ㉠, ㉡
② ㉠, ㉡, ㉢
③ ㉠, ㉢, ㉣
④ ㉠, ㉡, ㉢, ㉣, ㉤

해설
③ ㉠ 화재표시등
㉢ 지구표시등(5회로)
㉣ 발신기 응답표시등

정답 ③

제3장 경보설비

25 ★★★
교재 2권
123

수신기 점검시 1F 발신기를 눌렀을 때 건물 어디에서도 경종(음향장치)이 울리지 않았다. 이때 수신기의 스위치 상태로 옳은 것은?

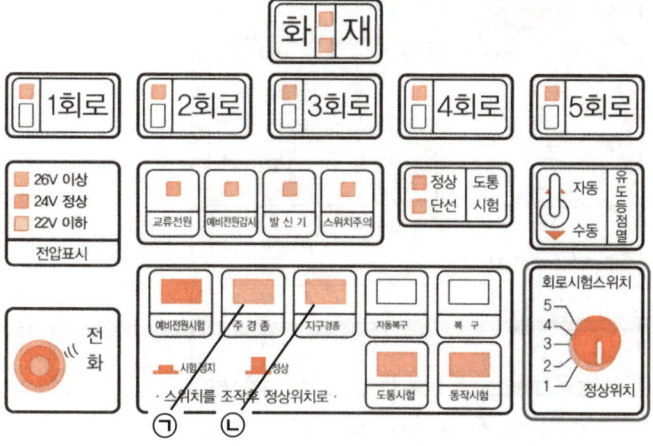

|P형 수신기|

① ㉠ 스위치가 눌러져 있다.
② ㉡ 스위치가 눌러져 있다.
③ ㉠, ㉡ 스위치가 눌러져 있다.
④ 스위치가 눌러져 있지 않다.

해설
③ ㉠ 주경종 정지스위치, ㉡ 지구경종 정지스위치를 누르면 경종(음향장치)이 울리지 않는다.

정답 ③

* 경종이 울리지 않는 경우
① 주경종 정지스위치 : ON
② 지구경종 정지스위치 : ON

제1편 소방시설의 구조·점검 및 실습

Key Point

* 비화재보
'오작동'을 의미한다.

26 ★★★

그림의 수신기가 비화재보인 경우 화재를 복구하는 순서로 옳은 것은?

교재 2권
122
-123

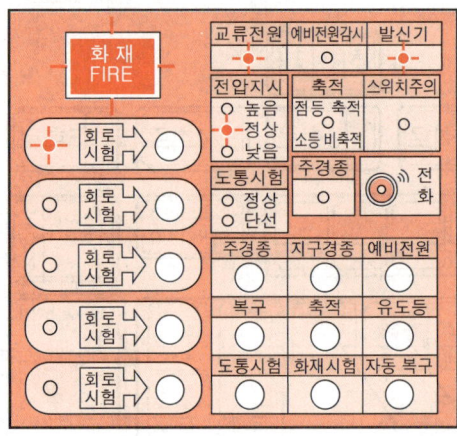

ⓐ 수신기 확인
ⓑ 수신반 복구
ⓒ 음향장치 정지
ⓓ 실제 화재 여부 확인
ⓔ 발신기 복구
ⓕ 음향장치 복구

① ⓐ-ⓓ-ⓒ-ⓔ-ⓕ-ⓑ
② ⓐ-ⓓ-ⓒ-ⓔ-ⓑ-ⓕ
③ ⓓ-ⓐ-ⓔ-ⓒ-ⓑ-ⓕ
④ ⓓ-ⓐ-ⓒ-ⓔ-ⓑ-ⓕ

해설 비화재보 복구순서
ⓐ 수신기 확인 – ⓓ 실제 화재 여부 확인 – ⓒ 음향장치 정지 – ⓔ 발신기 복구 – ⓑ 수신반 복구 – ⓕ 음향장치 복구 – 스위치주의등 확인

정답 ②

27 ★★★

그림과 같이 감지기 점검시 점등되는 표시등으로 옳은 것은?

교재 2권
107,
122

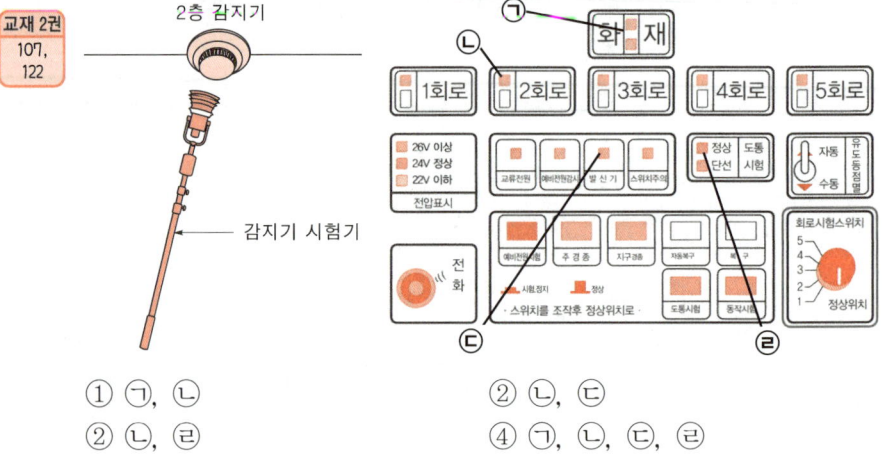

① ⓐ, ⓑ
② ⓑ, ⓓ
② ⓑ, ⓒ
④ ⓐ, ⓑ, ⓒ, ⓓ

제3장 경보설비

> **해설** 왼쪽그림은 2층 감지기 작동시험을 하는 그림임
> 2층 감지기가 작동되면 ㉠ 화재표시등, ㉡ 2층 지구표시등이 점등된다.

정답 ①

★★★
28 그림은 화재발생시 수신기 상태이다. 이에 대한 설명으로 옳지 않은 것은?

교재 2권 111

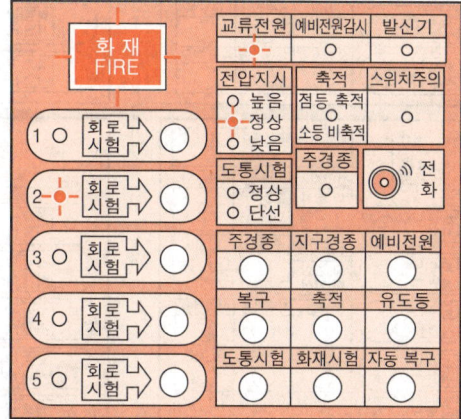

① 2층에서 화재가 발생하였다.
② 경종이 울리고 있다.
③ 화재 신호기기는 발신기이다. — 발신기 램프가 점등되어 있지 않으므로 화재신
　　　　　　　　　　　감지기　　호기는 발신기가 아니라 감지기로 추정할 수
　　　　　　　　　　　　　　　　있다.
④ 화재 신호기기는 감지기이다.

해설

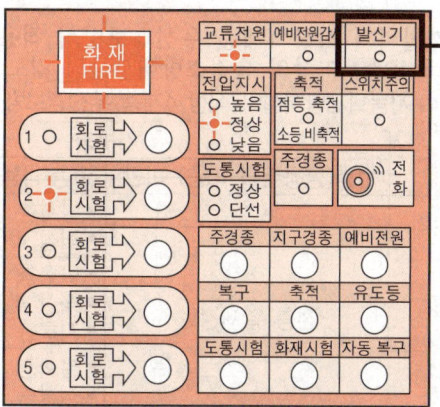 발신기 램프가 점등되어 있지 않음

정답 ③

Key Point

* 화재신호기기 : 감지기
① 화재표시등 점등
② 지구표시등 점등

* 화재신호기기 : 발신기
① 화재표시등 점등
② 지구표시등 점등
③ 발신기 응답표시등 점등

267

제1편 소방시설의 구조·점검 및 실습

29 ★★
교재 2권
111

건물 내 2F에서 발신기 오작동이 발생하였다. 수신기의 상태로 볼 수 있는 것으로 옳은 것은? (단, 건물은 직상 4개층 경보방식이다.)

* 화재신호기기 : 발신기
① 화재표시등 점등
② 지구표시등 점등
③ 발신기 응답표시등 점등

① 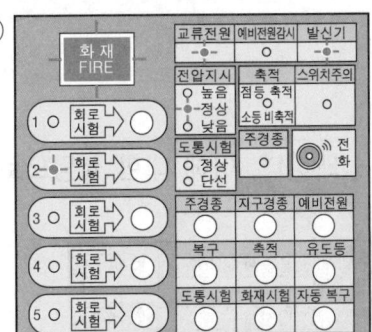 ②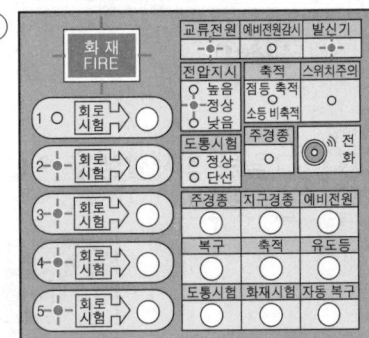

③ 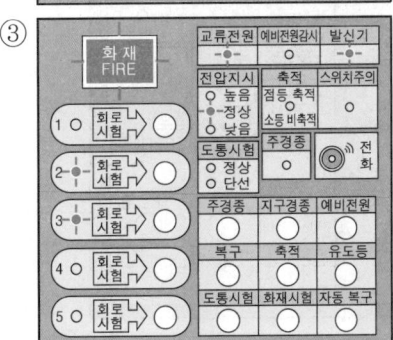 ④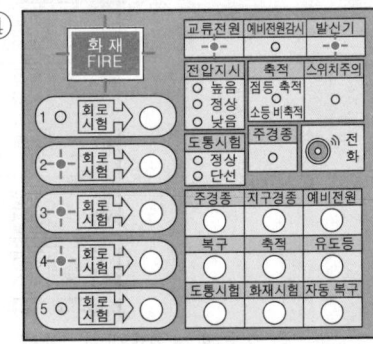

해설

2F(2층)에서 발신기 오작동이 발생하였으므로 2층이 발화층이 되어 지구표시등은 2층에만 점등된다. 경보층은 발화층(2층), 직상 4개층(3~6층)이므로 경종은 2~6층이 울린다.

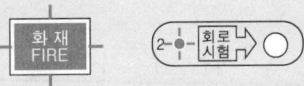

자동화재탐지설비의 직상 4개층 우선경보방식 적용대상물
11층(공동주택 **16층**) 이상의 특정소방대상물의 경보

자동화재탐지설비 직상 4개층 우선경보방식

발화층	경보층	
	11층(공동주택 16층) 미만	11층(공동주택 16층) 이상
2층 이상 발화	전층 일제경보	● 발화층 ● 직상 4개층
1층 발화		● 발화층 ● 직상 4개층 ● 지하층
지하층 발화		● 발화층 ● 직상층 ● 기타의 지하층

정답 ①

제3장 경보설비

30 ★★★
교재 2권 107

다음은 감지기 시험장비를 활용한 경보설비 점검 그림이다. 그림의 내용 중 옳지 <u>않은</u> 것은?

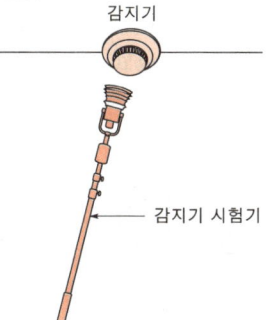

① 감지기 작동상태 확인이 가능하다.
② 감지기 작동 확인은 수신기에서 불가능하다.
　　　　　　　　　　　　　　　　가능
③ 수신기에서 해당 경계구역 확인이 가능하다.
④ 감지기 작동시 지구경종 확인이 가능하다.

해설
② 감지기 시험장비를 사용하여 감지기 작동시험을 하는 그림으로 감지기 작동 확인은 수신기에서 반드시 가능해야 한다.

정답 ②

* 연기감지기 동작시험 기기
① 감지기 시험기
② 연기스프레이

31 ★★★
교재 2권 107

(a)와 (b)에 대한 설명으로 옳지 <u>않은</u> 것은?

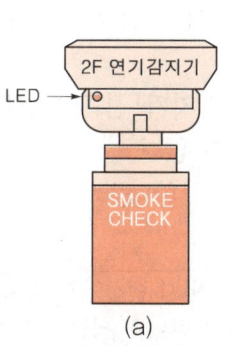 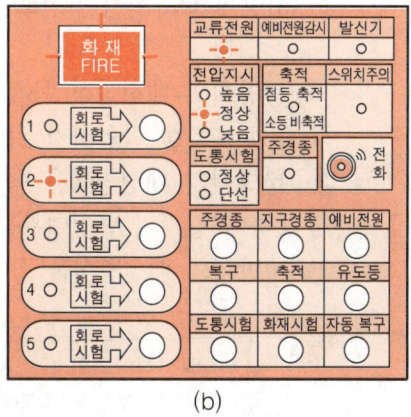
　　　(a)　　　　　　　　　　(b)

① (a)의 감지기는 할로겐열시험기로 작동시킬 수 없다.
② (a)의 감지기는 2층에 설치되어 있다.
③ 2층에 화재가 발생했기 때문에 (b)의 발신기 응답표시등에도 램프가 점등되어야 한다.
　　　　　　　　　　　되지 않아야 한다.
④ (a)의 상태에서 (b)의 상태는 정상이다.

269

제1편 소방시설의 구조·점검 및 실습

해설
③ (a)가 연기감지기 시험기이므로 감지기가 작동되기 때문에 발신기 램프는 점등되지 않아야 한다.
① 연기감지기 시험기이므로 열감지기시험기로 작동시킬 수 없다. (O)
② (a)에서 2F(2층)이라고 했으므로 옳다. (O)
④ (a)에서 2F(2층) 연기감지기 시험이므로 (b)에서 2층 램프가 점등되었으므로 정상이다. (O)

정답 ③

 32 화재감지기가 (a), (b)와 같은 방식의 배선으로 설치되어 있다. (a), (b)에 대한 설명으로 옳지 않은 것은?

교재 2권
102
-103,
112

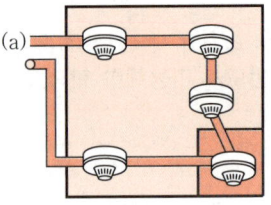 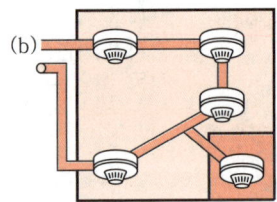

① (a)방식으로 설치된 선로를 도통시험할 경우 정상인지 단선인지 알 수 있다.
② (a)방식의 배선방식 목적은 독립된 실에 설치하는 감지기 사이의 단선 여부를 확인하기 위함이다.
③ (b)방식의 배선방식은 독립된 실내감지기 선로단선시 도통시험을 통하여 감지기 단선여부를 확인할 수 없다.
④ (b)방식의 배선방식을 송배선방식이라 한다.

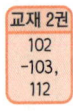
(a)
해설
① 송배선식이므로 도통시험으로 정상인지 단선인지 알 수 있다. (O)
② 송배선식이므로 감지기 사이의 단선여부를 확인할 수 있다. (O)
③ 송배선식이 아니므로 감지기 단선여부를 확인할 수 없다. (O)

정답 ④

* 도통시험
수신기에서 감지기 사이 회로의 단선 유무와 기기 등의 접속상황을 확인하기 위한 시험

제3장 경보설비

> **용어** 송배선식 《교재 2권 102》
> 도통시험(선로의 정상연결 유무확인)을 원활히 하기 위한 배선방식

Key Point

* **도통시험**
'회로도통시험'이 정식 명칭이다.

★★★ 33 다음은 수신기의 일부분이다. 그림과 관련된 설명 중 옳은 것은?

《교재 2권 114-115》

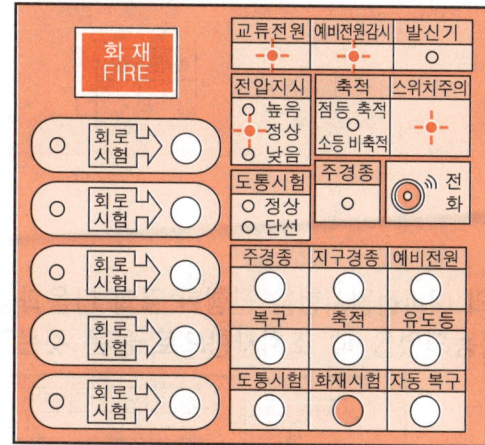

① 수신기 스위치 상태는 <u>정상</u>이다.　　비정상
② 예비전원을 확인하여 교체한다.
③ 수신기 교류전원에 문제가 발생했다.
④ 예비전원이 정상상태임을 표시한다.

해설

① 스위치주의등이 점멸하고 있으므로 수신기 스위치 상태는 비정상이다.

② 예비전원감시램프가 점등되어 있으므로 예비전원을 확인하여 교체한다.

제1편 소방시설의 구조·점검 및 실습

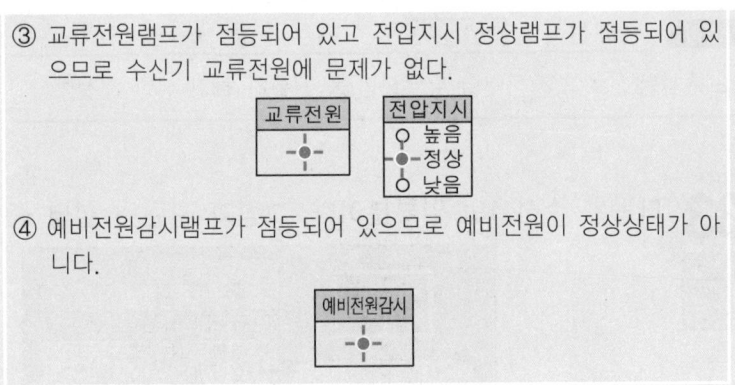

③ 교류전원램프가 점등되어 있고 전압지시 정상램프가 점등되어 있으므로 수신기 교류전원에 문제가 없다.

④ 예비전원감시램프가 점등되어 있으므로 예비전원이 정상상태가 아니니다.

정답 ②

* 예비전원감시램프 점등
예비전원 불량여부를 확인한다.

34 수신기의 예비전원시험을 진행한 결과 다음과 같이 수신기의 표시등이 점등되었을 때 조치사항으로 옳은 것은?

교재 2권 114-115

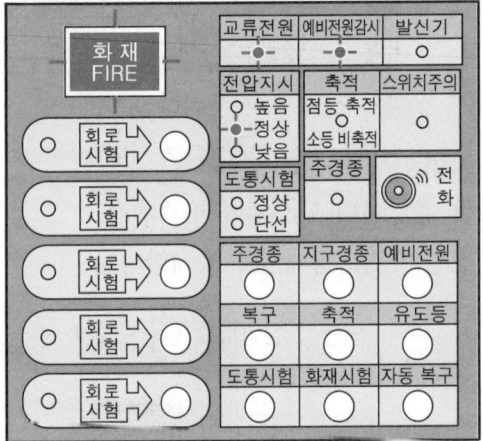

① 축적스위치를 누름
② 복구스위치를 누름
③ 예비전원 시험스위치 불량여부 확인
④ 예비전원 불량여부 확인

해설 ④ 예비전원감시램프가 점등되어 있으므로 예비전원 불량여부를 확인해야 한다.

정답 ④

제4장 피난구조설비

01 피난기구

1 피난기구의 종류 　교재 2권　127-129

구 분	설 명
피난사다리 문02 보기②	건축물화재시 안전한 장소로 피난하기 위해서 건축물의 개구부에 설치하는 기구로서 고정식 사다리, 올림식 사다리, 내림식 사다리로 분류된다. 문01 보기③  ∥피난사다리∥
완강기 문02 보기③	사용자의 몸무게에 의하여 자동적으로 내려올 수 있는 기구 중 사용자가 교대하여 **연속적**으로 **사용할 수 있는 것** ∥완강기∥

Key Point

* 피난기구의 종류
　교재 2권　127-129
① 피난사다리
② 완강기
③ 간이완강기
④ 구조대
⑤ 공기안전매트
⑥ 피난교
⑦ 미끄럼대
⑧ 다수인 피난장비
⑨ 기타 피난기구(피난용 트랩, 승강식 피난기 등)

* 완강기 구성요소
　교재 2권　128
① 속도**조**절기
② **로**프
③ **벨**트
④ **연**결금속구

조로벨연

273

제1편 소방시설의 구조·점검 및 실습

* **구조대**
포대 사용

구 분	설 명
간이완강기	사용자의 몸무게에 의하여 자동적으로 내려올 수 있는 기구 중 사용자가 **연속적**으로 **사용할 수 없는 것** 문01 보기④
구조대 문02 보기①	**포**지 등을 사용하여 자루형태로 만든 것으로서 화재시 사용자가 그 내부에 들어가서 내려옴으로써 대피할 수 있는 피난기구 공하성 기억법 **구포**(부산에 있는 **구포**) ▎구조대▎
공기안전매트	화재발생시 사람이 건축물 내에서 외부로 긴급히 뛰어내릴 때 충격을 흡수하여 안전하게 지상에 도달할 수 있도록 포지에 공기 등을 주입하는 구조로 되어 있는 것 ▎공기안전매트▎
피난교 문02 보기④	건축물의 옥상층 또는 그 이하의 층에서 화재발생시 옆 건축물로 피난하기 위해 설치하는 피난기구 ▎피난교▎

제4장 피난구조설비

구 분	설 명
미끄럼대	화재발생시 신속하게 지상 또는 피난층으로 이동할 수 있는 피난기구로서 **장애인복지시설**, **노약자수용시설** 및 **병원** 등에 적합 문01 보기② ▮미끄럼대▮
다수인 피난장비	화재시 **2인 이상**의 피난자가 동시에 해당층에서 지상 또는 피난층으로 하강하는 피난기구 ▮다수인 피난장비▮
기타 피난기구	피난용 트랩, 승강식 피난기 등 ▮승강식 피난기▮

* 다수인 피난장비
2인 이상 동시 사용 가능

제1편 소방시설의 구조·점검 및 실습

 **Key Point**

* **인명구조기구** 〔문01 보기①〕
화재시 발생하는 열과 연기로부터 인명의 안전한 피난을 위한 기구

* **미끄럼대 사용처** 〔교재 2권 129〕
① 장애인 복지시설
② 노약자 수용시설
③ 병원

유사 기출문제

02 ★ 〔교재 2권 127-129〕
다음 중 피난기구에 해당되지 <u>않는</u> 것은?
① 완강기
② 유도등 — 피난구조설비의 종류
③ 구조대
④ 피난사다리

정답 ②

기출문제

01 ★★★ 〔교재 2권 127-129〕
다음 중 <u>피난구조설비</u>에 대한 설명으로 옳은 것은?
① 화재시 발생하는 열과 연기로부터 인명의 안전한 피난을 위한 기구이다. — 인명구조기구에 대한 설명
② 미끄럼대는 장애인 복지시설, 노약자 수용시설 및 병원 등에 적합하다.
③ 다수인 피난장비는 고정식, 올림식, 내림식으로 분류된다. — 피난사다리
④ 간이완강기는 사용자가 연속적으로 사용할 수 있는 것을 말한다. — 없는 일회용의 것

정답 ②

02 ★★★ 〔교재 2권 127-129〕
피난기구의 종류 중 <u>구조대</u>에 대한 설명으로 옳은 것은?
① 비상시 건물의 창, 발코니 등에서 지상까지 포지를 사용하여 그 포지 속을 활강하는 피난기구이다.
② 건축물화재시 안전한 장소로 피난하기 위해서 <u>건축물의 개구부</u>에 설치하는 기구이다. — 피난사다리에 대한 설명
③ 사용자의 몸무게에 의하여 자동적으로 내려올 수 있는 기구 중 사용자가 교대하여 <u>연속적</u>으로 사용할 수 있는 것이다. — 완강기에 대한 설명
④ 건축물의 옥상층 또는 그 이하의 층에서 화재발생시 옆 건축물로 피난하기 위해 설치하는 피난기구이다. — 피난교에 대한 설명

정답 ①

2 완강기 구성 요소

(1) 속도**조**절기 〔문03 보기㉠〕
(2) **로**프 〔문03 보기㉡〕
(3) **벨**트 〔문03 보기㉢〕
(4) **연**결금속구 〔문03 보기㉣〕

 기억법 조로벨연

제4장 피난구조설비

기출문제

 03 다음 보기에서 완강기의 구성 요소를 모두 고른 것은?

교재 2권 128

㉠ 속도조절기 ㉡ 사다리
㉢ 로프   ㉣ 벨트
㉤ 안전모   ㉥ 연결금속구

① ㉠, ㉡, ㉣
② ㉡, ㉢, ㉤
③ ㉠, ㉢, ㉣, ㉥
④ ㉡, ㉣, ㉤

해설 ③ ㉠ 속도조절기, ㉢ 로프, ㉣ 벨트, ㉥ 연결금속구

정답 ③

피난기구의 적응성 교재 2권 132

설치장소별 구분 \ 층별	1층	2층	3층	4층 이상 10층 이하
노유자시설	• 미끄럼대 • 구조대 • 피난교 • 다수인 피난장비 • 승강식 피난기	• 미끄럼대 • 구조대 • 피난교 • 다수인 피난장비 • 승강식 피난기	• 미끄럼대 문04 보기① • 구조대 • 피난교 • 다수인 피난장비 • 승강식 피난기	• 구조대¹⁾ • 피난교 • 다수인 피난장비 • 승강식 피난기
의료시설 · 입원실이 있는 의원 · 접골원 · 조산원	—	—	• 미끄럼대 • 구조대 문04 보기④ • 피난교 문04 보기② • 피난용 트랩 • 다수인 피난장비 • 승강식 피난기	• 구조대 • 피난교 • 피난용 트랩 • 다수인 피난장비 • 승강식 피난기

Key Point

* **노유자시설** 교재 2권 132
  간이완강기는 부적합하다.

* **공동주택 피난기구** 교재 2권 133
  ① 각 세대마다 설치
  ② 의무관리대상 공동주택 공기안전매트 1개 이상 추가 설치

제1편 소방시설의 구조·점검 및 실습

* 간이완강기 vs 공기안전매트 〔교재 2권 132〕

간이완강기	공기안전매트
숙박시설의 3층 이상에 있는 객실	공동주택

유사 기출문제

04-1 ★★★ 〔교재 2권 132〕
노유자시설의 5층에 피난기구를 설치하고자 한다. 소방대상물의 설치장소별 피난기구의 적응성으로 틀린 것은?
① 피난교
② 다수인 피난장비
③ 승강식 피난기
④ 피난용 트랩
　　해당 없음
　　　　　　정답 ④

04-2 ★★★ 〔교재 2권 132〕
의료시설의 4, 5, 6층 건물에 피난기구를 설치하고자 한다. 적응성이 없는 것은?
① 피난교
② 다수인 피난장비
③ 승강식 피난기
④ 미끄럼대
　　해당 없음
　　　　　　정답 ④

04-3 ★ 〔교재 2권 132〕
소방대상물의 설치장소별 피난기구의 적응성으로 틀린 것은?
① 노유자시설 3층에 간이완강기 설치
　그 밖의 것만 해당
② 공동주택에 공기안전매트 설치
③ 다중이용업소 4층 이하인 건물의 2층에 미끄럼대 설치
④ 의료시설의 3층에 미끄럼대 설치
　　　　　　정답 ①

층별 설치 장소별 구분	1층	2층	3층	4층 이상 10층 이하
영업장의 위치가 4층 이하인 다중이용업소	–	• 미끄럼대 • 피난사다리 • 구조대 • 완강기 • 다수인 피난장비 • 승강식 피난기	• 미끄럼대 • 피난사다리 • 구조대 • 완강기 • 다수인 피난장비 • 승강식 피난기	• 미끄럼대 • 피난사다리 • 구조대 • 완강기 • 다수인 피난장비 • 승강식 피난기
그 밖의 것	–	–	• 미끄럼대 • 피난사다리 • 구조대 • 완강기 • 피난교 • 피난용 트랩 • 간이완강기[2] • 공기안전매트 • 다수인 피난장비 • 승강식 피난기	• 피난사다리 • 구조대 • 완강기 • 피난교 • 간이완강기[2] • 공기안전매트 • 다수인 피난장비 • 승강식 피난기

1) **구조대**의 적응성은 장애인관련시설로서 주된 사용자 중 스스로 피난이 불가한 자가 있는 경우 추가로 설치하는 경우에 한한다.
2) 간이완강기의 적응성은 **숙박시설**의 **3층 이상**에 있는 객실에 추가로 설치하는 경우에 한한다.

기출문제

04 ★★ 〔교재 2권 132〕
소방대상물의 설치장소별 피난기구의 적응성으로 옳지 않은 것은?
① 노유자시설 3층에 미끄럼대를 설치하였다.
② 근린생활시설 중 조산원의 3층에 피난교를 설치하였다.
③ 「다중이용업소의 안전관리에 관한 특별법 시행령」 제2조에 따른 다중이용업소로서 영업장의 위치 3층에 피난용 트랩을 설치하였다.
　　　　　　　　　　　　　　해당 없음
④ 의료시설의 3층에 구조대를 설치하였다.

해설
• 4층 이하 다중이용업소 3층 : 미끄럼대, 피난사다리, 구조대, 완강기, 다수인 피난장비, 승강식 피난기

정답 ③

제4장 피난구조설비

05 ★★ 다음 중 소방대상물의 설치장소별 피난기구의 적응성으로 옳은 것은?
교재 2권 132
① 의료시설의 3층에 간이완강기는 적응성이 있다. 없다.
② 구조대는 의료시설의 2층에 적응성이 있다. 없다.
③ 4층 이하의 다중이용업소에 피난용 트랩은 적응성이 없다.
④ 공동주택과 다중이용업소에는 공기안전매트가 적응성이 있다.
 – 다중이용업소는 공기안전매트의 적응성이 없다.

🔍 정답 ③

Key Point

유사 기출문제

05 ★★★ 교재 2권 132
다음 중 소방대상물의 설치장소별 피난기구의 적응성에 대한 설명으로 옳은 것은?
① 다중이용업소 2층에는 피난용 트랩이 적응성이 있다. 없다.
② 입원실이 있는 의원의 3층에서 피난교는 적응성이 없다. 있다.
③ 4층 이하의 다중이용업소의 3층에는 완강기가 적응성이 있다.
④ 노유자시설의 1층에는 피난사다리가 적응성이 있다. 없다.

해설
① 있다. → 없다.
② 없다. → 있다.
④ 있다. → 없다.

정답 ③

06 ★★★ 다음 중 피난구조설비 설치기준에 따라 소방대상물의 설치장소별 피난기구의 적응성에 대한 설명으로 옳은 것은?
교재 2권 132
① 공동주택에 공기안전매트는 적응성이 없다. 있다.
② 4층에 위치한 다중이용업소에는 피난교가 적응성이 있다. 없다.
③ 2층 이상 4층 이하의 다중이용업소에는 피난사다리와 다수인 피난장비가 적응성이 있다.
④ 피난용 트랩은 조산원의 3층에서 적응성이 없다. 있다.

🔍 정답 ③

＊ 공기안전매트의 적응성
문05 보기④
공동주택

02 인명구조기구 교재 2권 133-134

(1) **방열**복 문07 보기①
(2) **방화**복(안전모, 보호장갑, 안전화 포함) 문07 보기③
(3) **공**기호흡기
(4) **인**공소생기 문07 보기②

공하성 기억법 방열화공인

제1편 소방시설의 구조·점검 및 실습

07 인명구조기구로 옳지 않은 것은?
교재 2권 133-134
① 방열복
② 인공소생기
③ 방화복
④ AED(자동제세동기)
　인명구조기구 아님

정답 ④

03 비상조명등

1 비상조명등의 조도 교재 2권 140

각 부분의 바닥에서 **1 lx** 이상

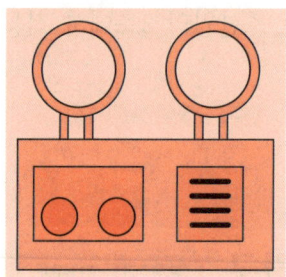

| 비상조명등 |

2 유효작동시간 교재 2권 140-141

비상조명등	휴대용 비상조명등
20분 이상	20분 이상

공하성 기억법 조2(Joy)

* 비상조명등의 유효작동 시간 교재 2권 140
  20분 이상

* 휴대용 비상조명등 교재 2권 141
  상시 충전되는 구조일 것

280

제4장 피난구조설비

04 유도등 및 유도표지

1 비상전원의 용량

구 분	용 량
유도등	20분 이상
유도등(지하상가 및 11층 이상)	60분 이상

2 특정소방대상물별 유도등의 종류

설치장소	유도등 및 유도표지의 종류
• **공**연장 · **집**회장 · **관**람장 · **운**동시설 • 유흥주점 영업시설(카바레, 나이트클럽) 기억법 공집관운객	• 대형피난구유도등 • 통로유도등 • **객**석유도등
• 위락시설 · 판매시설 · 운수시설 · 장례식장 • 관광숙박업 · 의료시설 · 방송통신시설 • 전시장 · 지하상가 · 지하철역사	• 대형피난구유도등 • 통로유도등
• 숙박시설 · 오피스텔 • 지하층 · 무창층 및 11층 이상인 특정소방대상물	• 중형피난구유도등 • 통로유도등
• 근린생활시설 · 노유자시설 · 업무시설 · 발전시설 • 종교시설 · 교육연구시설 · 공장 · 수련시설 • 교정 및 군사시설 • 자동차정비공장 · 운전학원 및 정비학원 • 다중이용업소 · 복합건축물	• 소형피난구유도등 • 통로유도등
• 그 밖의 것	• 피난구유도표지 • 통로유도표지

* 유도등의 종류

① **피**난구유도등
② **통**로유도등
③ **객**석유도등

기억법 피통객

제1편 소방시설의 구조·점검 및 실습

기출문제

08 다음 중 대형피난구유도등을 설치하지 않아도 되는 장소는?
교재 2권 142
① 공연장 ② 집회장
③ 오피스텔 ─ 중형피난유도등 설치장소 ④ 운동시설

정답 ③

09 지하층·무창층 또는 층수가 11층 이상인 특정소방대상물에 설치해야 하는 유도등 및 유도표지 종류로 옳은 것은?
교재 2권 142
① 대형피난구유도등, 통로유도등, 객석유도등
② 대형피난구유도등, 통로유도등
③ 중형피난구유도등, 통로유도등
④ 소형피난구유도등, 통로유도등

해설 ③ 지하층·무창층·11층 이상 : 중형피난구유도등, 통로유도등

정답 ③

* 지하층·무창층·11층 이상 설치대상
① 중형피난구유도등
② 통로유도등

3 객석유도등의 설치장소 교재 2권 142

(1) **공**연장 문10 보기①
(2) **집**회장(종교집회장 포함)
(3) **관**람장 문10 보기②
(4) **운**동시설 문10 보기③

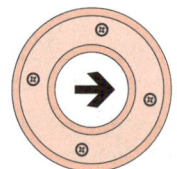
│ 객석유도등 │

공하성 기억법 공집관운객

기출문제

10 객석유도등의 설치장소로 틀린 곳은?
교재 2권 142
① 공연장 ② 관람장
③ 운동시설 ④ 위락시설 ─ 대형피난유도등, 통로유도등 설치

정답 ④

4 유도등의 설치높이

복도통로유도등, 계단통로유도등	피난구유도등, 거실통로유도등
바닥으로부터 높이 **1m** 이하 〈문11 보기②〉 공하성 기억법 1복(일복 터졌다.)	피난구의 바닥으로부터 높이 **1.5m** 이상 〈문11 보기③〉 공하성 기억법 피유15상

기출문제

11 ★★★ 다음 중 유도등에 대한 설명으로 옳은 것은?

① 오피스텔에는 중형피난구유도등, 통로유도등을 설치한다.

② 복도통로유도등은 바닥으로부터 높이 <u>1.5m</u> 이하에 설치한다.
　　　　　　　　　　　　　　　　　　　　1

③ 거실통로유도등은 거실, 주차장 등의 거실통로에 설치하며 바닥으로부터 높이 <u>1m</u> 이상의 위치에 설치한다.
　　　　　　　　1.5

④ 다중이용업소에는 대형피난구유도등을 설치한다.
　　　　　　　　소형피난구유도등, 통로유도등

정답 ①

5 객석유도등 산정식

$$객석유도등 \ 설치개수 = \frac{객석통로의 \ 직선부분의 \ 길이(m)}{4} - 1 (소수점 \ 올림)$$

공하성 기억법 객4

Key Point

* **계단통로유도등**
① 각 층의 경사로참 또는 계단참(1개층에 경사로참 또는 계단참이 2 이상 있는 경우 2개의 계단참마다) 설치할 것
② 바닥으로부터 높이 **1m** 이하의 위치에 설치할 것

* **피난구유도등의 설치장소**
① **옥내**로부터 직접 지상으로 통하는 출입구 및 그 부속실의 출입구
② **직통계단·직통계단**의 **계단실** 및 그 부속실의 출입구
③ 출입구에 이르는 **복도** 또는 **통로**로 통하는 출입구
④ **안전구획**된 **거실**로 통하는 출입구

제1편 소방시설의 구조·점검 및 실습

유사 기출문제

12 ★★★ 교재 2권 145

객석통로의 직선부분의 길이가 13m일 때, 객석유도등의 최소 설치개수는?

① 2개   ② 3개
③ 5개   ④ 6개

해설 $\frac{13}{4} - 1 = 2.25 ≒ 3개$
(소수점 올림)

정답 ②

기출문제

12 ★★★ 교재 2권 145

객석통로의 직선부분의 길이가 30m일 때, 객석유도등의 최소 설치개수는?

① 4개   ② 6개
③ 7개   ④ 10개

해설 $\frac{30}{4} - 1 = 6.5 ≒ 7개(소수점 올림)$

정답 ③

6 객석유도등의 설치장소 교재 2권 145

객석의 **통로**, **바닥**, **벽**

공하성 기억법 통바벽

* 객석유도등을 천장에 설치하지 않는 이유
교재 2권 145

연기는 공기보다 가벼워 위로 올라가는데, 천장에 연기의 농도가 짙기 때문에 객석유도등을 설치해도 보이지 않을 가능성이 높다.

기출문제

13 ★★★ 교재 2권 145

다음 중 객석유도등의 설치장소로서 옳지 않은 것은?

① 객석의 통로   ② 객석의 바닥
③ 객석의 천장   ④ 객석의 벽
   해당 없음

정답 ③

14 ★ 교재 2권 142-145

유도등에 관한 설명으로 옳은 것은?

① 운동시설에는 중형피난구유도등을 설치한다.
   대형
② 피난구유도등은 바닥으로부터 높이 1.5m 이상에 설치한다.
③ 복도통로유도등은 바닥으로부터 높이 1.5m 이하에 설치한다.
   1m
④ 계단통로유도등은 바닥으로부터 높이 1m 이상에 설치한다.
   이하

정답 ②

제4장 피난구조설비

15. 다음은 관람장의 시설 규모를 나타낸다. (㉠)에 들어갈 유도등의 종류와 객석유도등의 설치개수로 옳은 것은?

규 모	유도등 및 유도표지의 종류
• 연면적 50000m² • 객석통로의 직선길이 77m	• (㉠)피난구유도등 • 통로유도등 • 객석유도등

① ㉠ 중형, 객석유도등 설치 개수 : 18개
② ㉠ 중형, 객석유도등 설치 개수 : 19개
③ ㉠ 대형, 객석유도등 설치 개수 : 18개
④ ㉠ 대형, 객석유도등 설치 개수 : 19개

해설 ④ ㉠ 대형피난구유도등, $\frac{77}{4} - 1 = 18.2$(소수점 올림) ≒ 19개

정답 ④

※ 관람장의 유도등 종류
① 대형피난구유도등
② 통로유도등
③ 객석유도등

16. 다음 중 유도등 및 유도표지에 관한 설명으로 틀린 것은?

① 객석유도등은 주차장, 도서관 등에 설치한다. (공연장, 극장)
② 피난구유도등과 거실통로유도등의 설치높이는 동일하다.
③ 복합건축물에는 소형피난구유도등과 통로유도등을 설치한다.
④ 유흥주점 영업시설에는 객석유도등도 설치하여야 한다.

정답 ①

※ 객석유도등 설치장소
문16 보기①
① 공연장
② 극장

7 유도등의 3선식 배선시 점등되는 경우(점멸기 설치시) 교재 2권 147

(1) **자동화재탐지설비**의 감지기 또는 발신기가 작동되는 때
    자동화재속보설비 ✕
(2) **비상경보설비**의 발신기가 작동되는 때
(3) **상**용전원이 정전되거나 전원선이 단선되는 때
(4) **방**재업무를 통제하는 곳 또는 전기실의 배전반에서 **수**동적으로 점등하는 때
(5) **자동소화설비**가 작동되는 때

공하성 기억법 3탐경상 방수자

285

8 유도등 3선식 배선에 따라 상시 충전되는 구조가 가능한 경우 교재 2권 147

(1) **외부**의 빛에 의해 피난구 또는 피난방향을 쉽게 식별할 수 있는 장소 문17 보기①
(2) **공연장**, **암실** 등으로서 어두워야 할 필요가 있는 장소 문17 보기②
(3) 특정소방대상물의 **관계인** 또는 **종사원**이 주로 사용하는 장소 문17 보기③

공하성 기억법 충외공관

중요 3선식 유도등 점검 교재 2권 155-156

수신기에서 수동으로 점등스위치를 **ON**하고 건물 내의 점등이 **안 되는** 유도등을 확인한다.

수 동	자 동
유도등 절환스위치 수동전환 → 유도등 점등 확인	유도등 절환스위치 자동전환 → 감지기, 발신기 작동 → 유도등 점등 확인

유사 기출문제

17 ★★★ 교재 2권 147
다음 3선식 배선을 사용하는 유도등에 대한 설명으로 틀린 것은?
① 자동화재속보설비의 감 ~~자동화재탐지설비~~ 지기 또는 발신기가 작동되는 때 자동으로 점등된다.
② 공연장, 암실 등으로서 어두워야 할 필요가 있는 장소에 설치 가능하다.
③ 외부의 빛에 의해서 피난구 또는 피난방향을 쉽게 식별할 수 있는 장소에 설치 가능하다.
④ 비상경보설비의 발신기가 작동되는 때 자동으로 점등한다.

정답 ①

기출문제

17 ★★ 교재 2권 147
유도등은 항상 점등상태를 유지하는 2선식 배선을 하는 것이 원칙이다. 다만, 어떤 장소에는 3선식 배선으로도 가능하다. 다음 중 상시 충전되는 3선식 배선으로 가능한 장소에 해당되지 않는 것은?

① 외부의 빛에 의해 피난구 또는 피난방향을 쉽게 식별할 수 있는 장소
② 공연장, 암실 등으로서 어두워야 할 필요가 있는 장소
③ 특정소방대상물의 관계인 또는 종사원이 주로 사용하는 장소
④ 방재업무를 통제하는 곳 또는 전기실의 배전반에서 수동으로 점등하는 장소 - 유도등의 3선식 배선시 점등되는 경우

정답 ④

제4장 피난구조설비

기출문제

18 다음 중 3선식 유도등의 점검내용으로 올바른 것을 모두 고른 것은?

교재 2권 147-148

㉠ 유도등 절환스위치 수동전환 → 유도등 점등 확인
㉡ 유도등 절환스위치 자동전환 → 유도등 점등 확인
㉢ 유도등 절환스위치 수동전환 → 감지기, 발신기 작동 → 유도등 점등 확인
㉣ 유도등 절환스위치 자동전환 → 감지기, 발신기 작동 → 유도등 점등 확인

① ㉠
② ㉠, ㉡
③ ㉠, ㉣
④ ㉡, ㉢

해설 ③ ㉠ 유도등 절환스위치 수동전환 → 유도등 점등 확인
㉣ 유도등 절환스위치 자동전환 → 감지기, 발신기 작동 → 유도등 점등 확인

정답 ③

> Key Point
>
> ★ 3선식 유도등 점검내용
> 유도등 절환스위치
> → 유도등 점등 확인

9 예비전원(배터리)점검 문19 보기① 교재 2권 148-149

외부에 있는 **점검스위치**(배터리상태 점검스위치)를 **당겨보는 방법** 또는 **점검버튼**을 눌러서 점등상태 확인

|예비전원 점검스위치|

|예비전원 점검버튼|

287

제1편 소방시설의 구조·점검 및 실습

기출문제

19 다음 사진은 유도등의 점검내용 중 어떤 점검에 해당되는가?

교재 2권
148
-149

① 예비전원(배터리)점검 — 당기거나 눌러서 점검
② 3선식 유도등점검
③ 2선식 유도등점검
④ 상용전원점검

 정답 ①

* 예비전원(배터리)점검
  교재 2권 148-149
① 점검스위치를 당기는 방법
② 점검버튼을 누르는 방법

10 2선식 유도등점검 교재 2권 148

유도등이 **평상시 점등**되어 있는지 확인

▮ 평상시 점등이면 정상 ▮   ▮ 평상시 소등이면 비정상 ▮

11 유도등의 점검내용

(1) **3선식**은 유도등 절환스위치를 **수동**으로 전환하고 **유도등**의 **점등**을 확인한다. 또한 수신기에서 수동으로 점등스위치를 ON하고 건물 내의 점등이 안 되는 유도등을 확인한다. 문20 보기①
   OFF ✗
   되는 ✗

(2) **3선식**은 유도등 절환스위치를 **자동**으로 전환하고 **감지기, 발신기** 작동 후 **유도등 점등**을 확인한다. 문20 보기②

(3) **2선식**은 유도등이 **평상시 점등**되어 있는지 확인한다. 문20 보기③

(4) **예비전원**은 **상시 충전**되어 있어야 한다. 문20 보기④

제4장 피난구조설비

기출문제

20 유도등의 점검내용으로 틀린 것은?

① 3선식은 유도등 절환스위치를 수동으로 전환하고 유도등의 점등을 확인한다. 또한 수신기에서 수동으로 점등스위치를 OFF하고 건물 내의 점등이 되는 유도등을 확인한다.
　　　　　　　　　　　　　　　　　　　안 되는
② 3선식은 유도등 절환스위치를 자동으로 전환하고 감지기, 발신기 작동 후 유도등 점등을 확인한다.
③ 2선식은 유도등이 평상시 점등되어 있는지 확인한다.
④ 예비전원은 상시 충전되어 있어야 한다.

정답 ①

Key Point

* 3선식 유도등

수 동	자 동
점등스위치 ON 후 점등 안 되는 유도등 확인	감지기, 발신기 작동 후 유도등 점등 확인

중요

(1) 공동주택 유도등

① 소형 피난구유도등 설치(단, 세대 내 설치제외)
② 중형·대형 피난구유도등 설치

중형 피난구유도등	대형 피난구유도등
주차장	비상문 자동개폐장치가 설치된 옥상 출입문

(2) 창고시설 유도등

대형 유도등	피난유도선(연면적 15000m² 이상인 창고시설의 지하층·무창층)
① 피난구유도등 ② 거실통로유도등	① 광원점등방식으로 바닥으로부터 **1m 이하**의 높이에 설치 ② 각 층 직통계단 출입구로부터 건물 내부 벽면으로 **10m 이상** 설치 ③ 화재시 점등되며 비상전원 **30분** 이상 확보

제5장 소화용수설비 · 소화활동설비

01 소화용수설비의 설치기준 _{교재 2권 153-154}

(1) 소화수조의 깊이가 **4.5m** 이상인 지하에 있는 경우 가압송수장치를 설치할 것
(2) 소화수조는 소방차가 **2m** 이내의 지점까지 접근할 수 있는 위치에 설치할 것
(3) 소화전은 소방대상물의 수평투영면의 각 부분으로부터 **140m** 이하가 되도록 설치할 것

* **소화수조** _{교재 2권 153}
소방차가 2m 이내의 지점까지 접근 가능할 것

02 소화수조 · 저수조 _{교재 2권 154}

1 흡수관 투입구

한 변이 **0.6m 이상**이거나 직경이 **0.6m 이상**인 것

* **흡수관 투입구의 기준**
_{교재 2권 154}
◆ 꼭 기억하세요 ◆

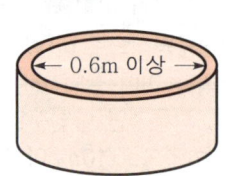
│ 흡수관 투입구 원형 │

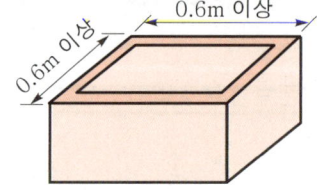
│ 흡수관 투입구 사각형 │

│ 흡수관 투입구 │

소요수량	80m³ 미만	80m³ 이상
흡수관 투입구의 수	1개 이상	2개 이상

2 채수구

소요수량	20~40m³ 미만	40~100m³ 미만	100m³ 이상
채수구의 수	1개	2개	3개

중요 소화수조 · 저수조의 저수량 교재 2권 154

$$저수량 = \frac{연면적}{기준면적}(절상) \times 20m^3$$

| 소화수조의 저수량 산출기준 |

구 분	기준면적
지상 1층 및 2층 바닥면적 합계 15000m² 이상	7500m²
기 타	12500m²

기출문제

01 소화용수설비를 설치하는 지하 2층, 지상 3층의 특정소방대상물의 연면적이 32500m²이다. 각 층의 바닥면적은 지하 2층 2500m², 지하 1층 2500m², 지상 1층 13500m², 지상 2층 13500m², 지상 3층 500m² 일 때, 저수조에 설치하여야 할 흡수관 투입구, 채수구의 최소 설치 수량은?

교재 2권 154

① 흡수관 투입구수 : 1개, 채수구수 : 2개
② 흡수관 투입구수 : 1개, 채수구수 : 3개
③ 흡수관 투입구수 : 2개, 채수구수 : 3개
④ 흡수관 투입구수 : 3개, 채수구수 : 4개

해설 소화수조 · 저수조
(1) 흡수관 투입구 : 한 변이 **0.6m 이상**이거나 직경이 **0.6m 이상**인 것

개구부	흡수관 투입구
지름 0.5m 이상	직경 0.6m 이상

Key Point

* 채수구 기준
  교재 2권 154
  ❖ 꼭 기억하세요 ❖

개구부	흡수관 투입구
지름 0.5m (50cm) 이상	지름 0.6m (60cm) 이상

* 개구부 vs 흡수관 투입구
교재 2권 154

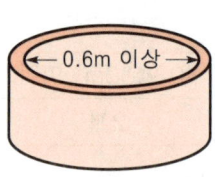

흡수관 투입구 원형

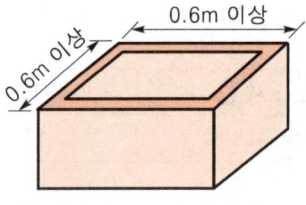

흡수관 투입구 사각형

소화수조 또는 저수조의 저수량 산출

특정소방대상물의 구분	기준면적(m^2)
지상 1층 및 2층의 바닥면적 합계 15000m^2 이상	7500
기 타	12500

지상 1·2층의 바닥면적 합계 = 13500m^2 + 13500m^2 = 27000m^2
∴ 15000m^2 이상이므로 기준면적은 7500m^2이다.
소화수조의 양(저수량, 소요수량)

$$Q = \frac{\text{연면적}}{\text{기준면적}}(\text{소수점 올림}) \times 20m^3$$

$$= \frac{32500m^2}{7500m^2}(\text{소수점 올림}) \times 20m^3 = 100m^3$$

- 지상 1·2층의 바닥면적 합계가 27000m^2로서 15000m^2 이상이므로 기준면적은 **7500m^2**이다.
- 저수량을 구할 때 $\frac{32500m^2}{7500m^2} = 4.3 ≒ 5$로 먼저 소수점을 올린 후 **20$m^3$**를 곱한다는 것을 기억하라!

흡수관 투입구

소요수량	80m^3 미만	80m^3 이상
흡수관 투입구의 수	1개 이상	2개 이상 보기 ③

(2) 채수구

소요수량	20~40m^3 미만	40~100m^3 미만	100m^3 이상
채수구의 수	1개	2개	3개 보기 ③

 ③

제5장 소화용수설비·소화활동설비

02

소화용수설비를 설치하는 지하 1층, 지상 3층의 특정소방대상물이 있다. 각 층의 바닥면적은 지하 1층 5000m², 지상 1층 10000m², 지상 2층 10000m², 지상 3층 1000m²일 때, 저수조에 설치하여야 할 흡수관 투입구, 채수구의 최소 설치수량은?

① 흡수관 투입구수 : 1개, 채수구수 : 1개
② 흡수관 투입구수 : 2개, 채수구수 : 2개
③ 흡수관 투입구수 : 3개, 채수구수 : 3개
④ 흡수관 투입구수 : 4개, 채수구수 : 4개

해설 기준면적
지상 1·2층의 바닥면적 합계 = 10000m² + 10000m² = 20000m²
∴ **15000m²** 이상이므로 기준면적은 **7500m²**이다.

┃소화수조 또는 저수조의 저수량 산출┃

특정소방대상물의 구분	기준면적(m²)
지상 1층 및 2층의 바닥면적 합계 15000m² 이상 →	7500
기 타	12500

소화수조의 양(저수량, 소요수량)

$$Q = \frac{\text{연면적}}{\text{기준면적}}(\text{소수점 올림}) \times 20\text{m}^3$$

연면적 = 지하 1층 + 지상 1층 + 지상 2층 + 지상 3층
= 5000m² + 10000m² + 10000m² + 1000m²
= 26000m²

$\frac{26000\text{m}^2}{7500\text{m}^2} = 3.4 ≒ 4$(소수점 올림)

$4 \times 20\text{m}^3 = 80\text{m}^3$

- 지상 1·2층의 바닥면적 합계가 20000m²로서 15000m² 이상이므로 기준면적은 7500m²이다.
- 저수량을 구할 때 $\frac{26000\text{m}^2}{7500\text{m}^2} = 3.4 ≒ 4$로 먼저 소수점을 올린 후 20m³를 곱한다는 것을 기억하라!

┃흡수관 투입구┃

소요수량	80m³ 미만	80m³ 이상
흡수관 투입구의 수	1개 이상	2개 이상 보기 ②

┃채수구┃

소요수량	20~40m³ 미만	40~100m³ 미만	100m³ 이상
채수구의 수	1개	2개 보기 ②	3개

정답 ②

Key Point

*** 채수구**
소방대상물의 펌프에 의하여 양수된 물을 소방차가 흡입하는 구멍

제1편 소방시설의 구조·점검 및 실습

Key Point

* **연결송수관설비**
  교재 2권 155-156
  넓은 면적의 **고층** 또는 **지하건축물**에 설치

유사 기출문제

03 ★★★ 교재 2권 155-156
그림은 연결송수관설비의 습식 시스템이다. 설치대상으로 옳은 것은?

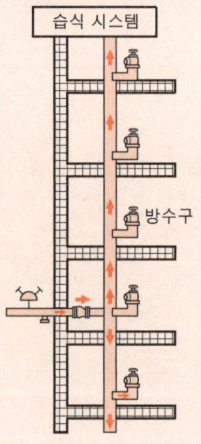

① 지면으로부터 높이가 11m 이상인 특정소방대상물 또는 지상 31층 이상인 특정소방대상물에 설치한다.
② 지면으로부터 높이가 31m 이상인 특정소방대상물 또는 지상 11층 이상인 특정소방대상물에 설치한다.
③ 지면으로부터 높이가 31m 이상인 특정소방대상물 또는 지상 30층 이상인 특정소방대상물에 설치한다.
④ 지면으로부터 높이가 31m 이상인 특정소방대상물 또는 지상 50층 이상인 특정소방대상물에 설치한다.

해설
③ 습식: 높이 31m 이상, 지상 11층 이상

정답 ②

03 연결송수관설비 및 연결살수설비

1 정 의   교재 2권 155, 157

연결송수관설비	연결살수설비
넓은 면적의 **고층** 또는 **지하건축물**에 설치하며, 화재시 **소방관**이 소화하는 데 사용하는 설비	연결살수용 송수구를 통한 소방펌프차의 송수 또는 펌프 등의 가압수를 공급받아 사용하도록 되어 있으며 소방대가 현장에 도착하여 송수구를 통하여 **물**을 **송수**하여 화재를 진압하는 소화활동설비

2 연결송수관설비를 습식 설비로 하여야 하는 경우   교재 2권 155

(1) 높이 **31m** 이상
(2) **11층** 이상

기출문제

03 ★★ 교재 2권 155

연결송수관설비의 습식 설치대상으로 옳은 것은?

① 지면으로부터 높이가 11m 이상인 특정소방대상물 또는 지상 31층 이상인 특정소방대상물에 설치한다.
② 지면으로부터 높이가 31m 이상인 특정소방대상물 또는 지상 11층 이상인 특정소방대상물에 설치한다.
③ 지면으로부터 높이가 31m 이상인 특정소방대상물 또는 지상 30층 이상인 특정소방대상물에 설치한다.
④ 지면으로부터 높이가 31m 이상인 특정소방대상물 또는 지상 50층 이상인 특정소방대상물에 설치한다.

해설 연결송수관설비(습식)

높 이	층 수
31m 이상	11층 이상

정답 ②

294

3 연결살수설비 한쪽 가지배관의 헤드개수

한쪽 가지배관에 설치되는 헤드의 개수는 **8**개 이하로 한다.

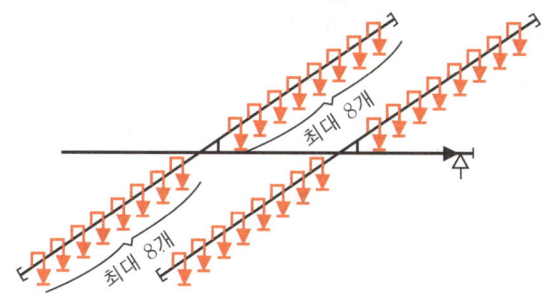

| 가지배관의 헤드개수 |

공하성 기억법 한8(한팔)

04 제연설비의 제연구역 선정과 제연설비의 차압

1 제연구역 선정

(1) **계단실** 및 **부속실**을 **동시**에 **제연**하는 것
(2) **부속실만**을 단독으로 **제연**하는 것
(3) **계단실만**을 단독으로 **제연**하는 것

2 제연설비의 차압

(1) 제연구역과 옥내와의 사이에 유지해야 하는 최소차압은 **40Pa**(옥내에 **스프링클러설비**가 설치된 경우는 **12.5Pa**) 이상
(2) 제연설비가 가동되었을 경우 출입문의 개방에 필요한 힘은 **110N 이하**
(3) 계단실 및 그 부속실을 동시에 제연하는 것 또는 계단실만 제연할 때의 방연풍속은 **0.5m/s 이상**

3 방연풍속 〔교재 2권 159〕

제연구역		방연풍속
계단실 및 그 부속실을 동시에 제연하는 것 또는 계단실만 단독으로 제연하는 것		0.5m/s 이상 문04 보기①②
부속실만 단독으로 제연하는 것	부속실이 면하는 옥내가 거실인 경우	0.7m/s 이상 문04 보기③
	부속실이 면하는 옥내가 복도로서 그 구조가 방화구조(내화시간이 **30분** 이상인 구조 포함)인 것	0.5m/s 이상 문04 보기④

기출문제

04 ★★★ 〔교재 2권 159〕

다음 중 부속실 제연설비의 방연풍속의 기준이 다른 하나는 무엇인가?

① 계단실 및 부속실을 동시에 제연하는 경우 — 0.5m/s 이상
② 계단실만 단독으로 제연하는 경우 — 0.5m/s 이상
③ 부속실이 면하는 옥내가 거실인 경우 — 0.7m/s 이상
④ 부속실이 면하는 옥내가 복도로 그 구조가 방화구조인 경우
　— 0.5m/s 이상

정답 ③

4 거실제연설비의 점검방법 〔교재 2권 162〕

(1) 감지기(또는 수동기동장치의 스위치) 작동
(2) **작동상태의 확인할 내용**
　① 화재경보가 발생하는지 확인 문05 보기①
　② 제연커튼이 설치된 장소에는 제연커튼이 작동(내려오는지)되는지 확인 문05 보기②
　③ 배기·급기댐퍼가 작동하여 **개방**되는지 확인 문05 보기③
　④ 배풍기(배기팬)·송풍기(급기팬)이 작동하여 송풍 및 배풍이 정상적으로 되는지 확인 문05 보기④

유사 기출문제

04★ 〔교재 2권 159〕
제연설비에서 방연풍속이 다른 하나는?
① 계단실 및 그 부속실을 동시 제연하는 것
　— 0.5m/s 이상
② 부속실 또는 승강장이 면하는 옥내가 거실인 경우 — 0.7m/s 이상
③ 부속실 또는 승강장이 면하는 옥내가 복도로서 그 구조가 방화구조인 것 — 0.5m/s 이상
④ 계단실만 단독으로 제연하는 것 — 0.5m/s 이상

정답 ②

제5장 소화용수설비·소화활동설비

기출문제

05 거실제연설비의 점검방법으로 틀린 것은?
① 화재경보가 발생하는지 확인한다.
② 제연커튼이 설치된 장소에는 제연커튼이 작동(내려오는지)되는지 확인한다.
③ 배기·급기댐퍼가 작동하여 폐쇄되는지 확인한다. (개방)
④ 배풍기(배기팬)·송풍기(급기팬)이 작동하여 송풍 및 배풍이 정상적으로 되는지 확인한다.

정답 ③

06 급기댐퍼 수동기동장치를 작동시켰을 경우 감시제어반에서 확인되는 결과로 옳지 않은 것만 〈보기〉에서 있는 대로 고른 것은? (단, 모든 설비는 정상 상태이다.)

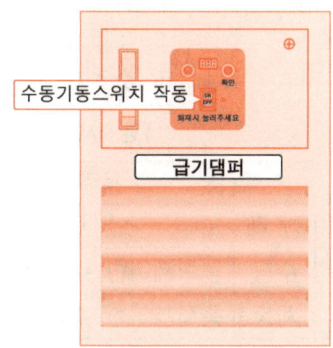

〈보기〉

구 분	감시제어반 표시등	작동상태
㉠	감지기	점등
㉡	댐퍼 확인	소등
㉢	댐퍼수동기동	점등
㉣	송풍기 확인	소등

① ㉠, ㉢ ② ㉡, ㉢
③ ㉠, ㉡, ㉣ ④ ㉢, ㉣

해설 수동기동장치 작동시

구 분	감시제어반 표시등	작동상태
㉠	감지기	소등
㉡	댐퍼 확인	점등
㉢	댐퍼수동기동	점등
㉣	송풍기 확인	점등

Key Point

유사 기출문제

05★ 교재 2권 162
거실제연설비의 점검방법으로 틀린 것은?
① 화재경보가 발생하는지 확인한다.
② 제연커튼이 설치된 장소에는 제연커튼이 작동(내려오는지)되는지 확인한다.
③ 배기·급기댐퍼가 작동하여 폐쇄되는지 확인한다. (개방)
④ 배풍기(배기팬)·송풍기(급기팬)이 작동하여 송풍 및 배풍이 정상적으로 되는지 확인한다.

정답 ③

* 감지기 작동시 점등되는 것
① 감지기램프
② 댐퍼확인램프
③ 송풍기확인램프

감지기 작동시 점등되는 것	급기댐퍼 수동기동장치 작동시 점등하는 것
① 감지기램프 ② 댐퍼확인램프 ③ 송풍기확인램프	① 댐퍼수동기동램프 ② 댐퍼확인램프 ③ 송풍기확인램프

정답 ③

07 ★★★
교재 2권 161

제연설비 점검시 감지기를 작동시켜 정상 동작을 하기 위한 각 제어반의 스위치 위치로 옳은 것은? (제시된 조건을 제외한 나머지 조건은 무시한다.)

감시제어반

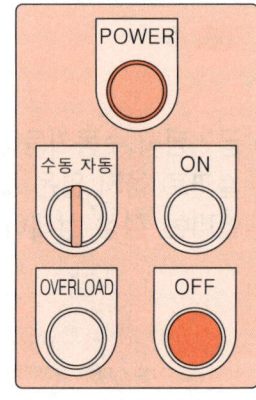

동력제어반

	감시제어반				동력제어반	
	스위치	상태	스위치	상태	스위치	상태
①	급기송풍기	수동	급기댐퍼	수동	동력제어반 수동/자동	자동
②	급기송풍기	자동	급기댐퍼	자동	동력제어반 수동/자동	자동
③	급기송풍기	자동	급기댐퍼	자동	동력제어반 수동/자동	수동
④	급기송풍기	수동	급기댐퍼	수동	동력제어반 수동/자동	수동

해설 **감지기 작동**은 **자동**으로 작동시키는 경우이므로 모든 스위치를 **자동**으로 놓으면 된다.

 수동조작시 상태

조 작	상 태
급기송풍기 : **수동**	급기송풍기 **작동**
급기댐퍼 : **수동**	급기댐퍼 **개방**

정답 ②

05 비상콘센트설비 〔교재 2권 163-164〕

(1) 비상콘센트의 규격

구 분	전 압	용 량	극 수
단상교류	220V	1.5kVA 이상	2극

(2) 설치높이
0.8~1.5m 이하

(3) 수평거리
50m 이하(지하상가 또는 지하층의 바닥면적 합계가 **3000m²** 이상은 **수평거리 25m** 이하)

* 비상콘센트설비의 공급 용량 〔교재 2권 163〕
  1.5kVA 이상

기출문제

08 비상콘센트설비의 전원회로에 대한 전압과 용량으로 옳은 것은? 〔교재 2권 163-164〕
① 전압 : 단상교류 110V, 용량 : 1.5kVA 이상
② 전압 : 단상교류 220V, 용량 : 1.5kVA 이상
③ 전압 : 단상교류 110V, 용량 : 3kVA 이상
④ 전압 : 단상교류 220V, 용량 : 3kVA 이상

해설 ② 비상콘센트설비 : 단상교류 220V, 용량 : 1.5kVA 이상

정답 ②

유사 기출문제

08★ 〔교재 2권 163-164〕
비상콘센트설비의 전원회로의 용량은 최소 몇 kVA 이상인 것으로 설치해야 하는가?
① 1.5 ② 2
③ 2.5 ④ 3

해설 비상콘센트설비의 용량 : 1.5kVA 이상

정답 ①

---

06 연소방지설비 〔교재 2권 167〕

1 구성요소

(1) 송수구
(2) 배관
(3) 방수헤드

제1편 소방시설의 구조·점검 및 실습

기출문제

09 다음 중 연소방지설비의 구성요소가 아닌 것은?
교재 2권 167
① 감지기 — 자동화재탐지설비의 구성요소
② 송수구
③ 배관
④ 방수헤드

정답 ①

* 연소방지도료의 도포
교재 2권 167

내화배선 제외

2 연소방지도료의 도포

지하구 안에 설치된 케이블·전선 등에는 연소방지용 도료를 도포하여야 한다(단, 케이블·전선 등을 규정에 의한 **내화배선**방법으로 설치한 경우와 이와 동등 이상의 **내화성능**이 있도록 한 경우는 **제외**).

제2편

소방계획 수립

성공을 위한 10가지 충고 Ⅱ
1. 도전하라. 그리고 또 도전하라.
2. 감동할 줄 알라.
3. 걱정·근심으로 자신을 억누르지 말라.
4. 신념으로 곤란을 이겨라.
5. 성공에는 방법이 있다. 그 방법을 배워라.
6. 곁눈질하지 말고 묵묵히 전진하라.
7. 의지하지 말고 스스로 일어서라.
8. 찬스를 붙잡으라.
9. 오늘 실패했으면 내일은 성공하라.
10. 게으름에 빠지지 말라.

- 김형모의 「마음의 고통을 돕기 위한 10가지 충고」 중에서 -

제2편 소방계획 수립

01 소방안전관리대상물의 소방계획의 주요 내용 교재 2권 175-176

(1) 소방안전관리대상물의 위치·구조·연면적·용도 및 수용인원 등 일반 현황
(2) 소방안전관리대상물에 설치한 소방시설·방화시설·전기시설·가스시설 및 위험물시설의 현황
(3) 화재예방을 위한 **자체점검계획** 및 **대응대책** 문01 보기①
(4) **소방시설**·피난시설 및 방화시설의 **점검·정비계획**
(5) 피난층 및 피난시설의 위치와 피난경로의 설정, 화재안전취약자의 피난계획 등을 포함한 피난계획
(6) **방화구획**, 제연구획, 건축물의 내부 마감재료 및 방염물품의 사용현황과 그 밖의 방화구조 및 설비의 유지·관리계획
(7) **소방훈련** 및 **교육**에 관한 계획 문01 보기②
(8) 소방안전관리대상물 근무자 및 거주자의 **자위소방대** 조직과 대원의 임무 (화재안전취약자의 피난보조임무를 포함)에 관한 사항
(9) **화기취급작업**에 대한 사전 안전조치 및 감독 등 공사 중 소방안전관리에 관한 사항
(10) **소화**와 **연소 방지**에 관한 사항
(11) 위험물의 저장·취급에 관한 사항 문01 보기④
(12) 소방안전관리에 대한 업무수행기록 및 유지에 관한 사항
(13) 화재발생시 화재경보, 초기소화 및 피난유도 등 초기대응에 관한 사항
(14) 그 밖에 소방안전관리를 위하여 **소방본부장** 또는 **소방서장**이 소방안전관리대상물의 위치·구조·설비 또는 관리상황 등을 고려하여 소방안전관리에 필요하여 요청하는 사항

기출문제

* 소방계획의 개념 교재 2권 175
① 화재로 인한 재난발생 사전예방·대비
② 화재시 신속하고 효율적인 대응·복구
③ 인명·재산 피해 최소화

01 소방계획의 주요 내용이 아닌 것은? 교재 2권 176
① 화재예방을 위한 자체점검계획 및 대응대책
② 소방훈련 및 교육에 관한 계획
③ 화재안전조사에 관한 사항 — 소방계획과 관계 없음
④ 위험물의 저장·취급에 관한 사항

정답 ③

02 소방계획의 주요 원리 〔교재 2권 176-177〕

(1) **종**합적 안전관리
(2) **통**합적 안전관리
(3) **지**속적 발전모델

종통지 기억법 계종 통지(개종하도록 통지)

종합적 안전관리	통합적 안전관리		지속적 발전모델 〔문02 보기④〕
	내부	외부	
• 모든 형태의 위험을 포괄 〔문02 보기②〕 • 재난의 전주기적(예방・대비 → 대응 → 복구) 단계의 위험성 평가 〔문02 보기①〕	협력 및 파트너십 구축, 전원 참여	거버넌스(정부－대상처－전문기관) 및 안전관리 네트워크 구축 〔문02 보기③〕	PDCA Cycle(계획 : Plan, 이행/운영 : Do, 모니터링 Check, 개선 : Act)

기출문제

02 다음 소방계획의 주요 원리 및 설명으로 틀린 것은?
〔교재 2권 176-177〕

① 종합적 안전관리 : 예방・대비, 대응, 복구 단계의 위험성 평가
② 포괄적 안전관리 : 모든 형태의 위험을 포괄
   종합적
③ 통합적 안전관리 : 정부와 대상처, 전문기관 및 안전관리 네트워크 구축
④ 지속적 발전모델 : 계획, 이행/운영, 모니터링, 개선 4단계의 PDCA Cycle

정답 ②

Key Point

* 소방계획의 수립절차 중 2단계(위험환경분석) 〔교재 2권 178〕

위험환경식별 → 위험환경 분석・평가 → 위험경감대책 수립

제2편 소방계획 수립

03 소방계획의 작성원칙 〔교재 2권 177〕

작성원칙	설 명
실현가능한 계획	① 소방계획의 작성에서 가장 핵심적인 측면은 위험관리 ② 소방계획은 대상물의 위험요인을 체계적으로 관리하기 위한 일련의 활동 ③ 위험요인의 관리는 반드시 **실현가능한 계획**으로 **구성**되어야 한다. 〔문03 보기①〕
관계인의 참여	소방계획의 수립 및 시행과정에 소방안전관리대상물의 관계인, 재실자 및 방문자 등 **전원**이 **참여**하도록 수립 〔문03 보기④〕
계획수립의 구조화	체계적이고 전략적인 계획의 수립을 위해 **작성-검토-승인**의 3단계의 구조화된 절차를 거쳐야 한다. 〔문03 보기③〕
실행 우선	① 소방계획의 궁극적 목적은 비상상황 발생시 신속하고 효율적인 대응 및 복구로 피해를 최소화하는 것 ② 문서로 작성된 계획만으로는 소방계획이 완료되었다고 보기 힘듦 〔문03 보기②〕 ③ **교육 훈련** 및 **평가** 등 **이행**의 과정이 있어야 함

기출문제

03 다음 중 소방계획의 작성원칙으로 옳은 것은?
〔교재 2권 177-178〕

① 위험요인의 관리는 실현가능한 계획만을 구성하면 안 된다.
　반드시 실현가능한 계획으로 구성되어야 한다.
② 문서로 작성된 계획만으로 소방계획이 완료되었다고 볼 수 있다.
　보기 어렵다.
③ 체계적이고 전략적인 계획의 수립을 위해 작성-검토-승인 3단계의 구조화된 절차를 거쳐야 한다.
④ 소방계획의 수립 및 시행과정에 소방안전관리대상물의 관계인만 참
　소방안전관리대상물의 관계인, 재실자 및 방문자 등 전원이
여하도록 수립하여야 한다.

정답 ③

유사 기출문제

03★★★ 〔교재 2권 177-178〕
다음은 소방계획의 작성원칙에 관한 사항이다. ( )에 들어갈 말로 옳은 것은?

- 실현가능한 계획이어야 한다.
- (㉠) 우선이어야 한다.
- 작성-(㉡)-승인의 3단계의 구조화된 절차를 거쳐야 한다.
- 소방계획의 수립 및 시행과정에 소방안전관리대상물의 (㉢), 재실자 및 방문자 등 전원이 참여하도록 수립하여야 한다.

① ㉠: 계획, ㉡: 회의, ㉢: 관계인
② ㉠: 계획, ㉡: 검토, ㉢: 관계인
③ ㉠: 실행, ㉡: 회의, ㉢: 관계인
④ ㉠: 실행, ㉡: 검토, ㉢: 관계인

해설 ④ ㉠ 실행 ㉡ 검토 ㉢ 관계인

정답 ④

04 소방계획의 수립절차

1 소방계획의 수립절차 및 내용

수립절차	내용
사전기획(1단계) 문04 보기①	소방계획 수립을 위한 **임시조직**을 구성하거나 위원회 등을 개최하여 법적 요구사항은 물론 **이해관계자**의 의견을 수렴하고 세부 작성계획 수립
위험환경분석(2단계) 문04 보기②	대상물 내 물리적 및 인적 위험요인 등에 대한 **위험요인**을 식별하고, 이에 대한 분석 및 평가를 정성적·정량적으로 실시한 후 이에 대한 대책 수립
설계 및 개발(3단계) 문04 보기③	대상물의 **환경** 등을 바탕으로 소방계획 수립의 목표와 전략을 수립하고 세부 실행계획 수립
시행 및 유지관리(4단계) 문04 보기④	**구체적인** 소방계획을 수립하고 **이해관계자**의 (소방서장 ×) **검토**를 거쳐 최종 승인을 받은 후 소방계획을 이행하고 지속적인 개선 실시

Key Point

* 소방계획의 수립절차 4단계(시행-유지관리)
이해관계자의 검토

2 소방계획의 수립절차 요약

1단계 (사전기획)	2단계 (위험환경분석)	3단계 (설계/개발)	4단계 (시행/유지관리)
작성준비 ↓ 요구사항 검토 ↓ 작성계획 수립	위험환경 식별 ↓ 위험환경 분석/평가 ↓ 위험경감대책 수립	목표/전략수립 ↓ 실행계획 설계 및 개발	수립/시행 ↓ 운영/유지관리

제2편 소방계획 수립

Key Point

유사 기출문제

04 ★★ 교재 2권 178

소방계획의 수립절차에 관한 사항 중 2단계 위험환경분석의 순서로 옳은 것은?

① 위험환경 식별 → 위험환경 분석·평가 → 위험경감대책 수립
② 위험환경 분석·평가 → 위험환경 식별 → 위험경감대책 수립
③ 위험환경 식별 → 위험경감대책 수립 → 위험환경 분석·평가
④ 위험경감대책 수립 → 위험환경 분석·평가 → 위험환경 식별

해설
① 2단계: 위험환경 식별 → 위험환경 분석·평가 → 위험경감대책 수립

정답 ①

※ 화재시의 골든타임
교재 2권 180

5분

기출문제

04 ★ 교재 2권 178

소방계획의 절차에 대한 설명 중 틀린 것은?

① 사전기획: 소방계획 수립을 위한 임시조직을 구성하거나 위원회 등을 개최하여 의견수렴
② 위험환경분석: 위험요인을 식별하고 이에 대한 분석 및 평가 실시 후 대책 수립
③ 설계 및 개발: 환경을 바탕으로 소방계획 수립의 목표와 전략을 수립하고 세부 실행계획 수립
④ 시행 및 유지관리: 구체적인 소방계획을 수립하고 소방서장의 최종 *이해관계자의 검토를 거쳐* 승인을 받은 후 소방계획을 이행하고 지속적인 개선 실시

정답 ④

---

05 골든타임 교재 2권 180

CPR(심폐소생술)	화재시 문05 보기③
4~6분 이내	5분

공하성 기억법 C4(가수 씨스타), 5골화(오골계만 그리는 화가)

기출문제

05 ★ 교재 2권 180

일반적으로 화재시의 골든타임은 몇 분 정도인가?

① 1분
② 3분
③ 5분
④ 10분

해설
③ 화재시 골든타임: 5분

정답 ③

제2편 소방계획 수립

06 자위소방대 교재 2권 181

구 분	설 명
편 성	소방안전관리대상물의 규모·용도 등의 특성을 고려하여 비상연락 초기소화, 피난유도 및 응급구조, 방호안전기능 편성 문06 보기①
소방교육·훈련	연 1회 이상 문06 보기②
주요 업무	화재발생시간에 따라 필요한 기능적 특성을 포괄적으로 제시 문06 보기④

기출문제

06 다음 자위소방대에 대한 설명으로 옳은 것은?

① 소방안전관리대상물의 규모·용도 등의 특성을 고려하여 비상연락, 초기소화, 피난유도 및 응급구조, 방호안전기능을 편성할 수 있다.
② 소방 교육·훈련은 최소 연 2회 이상 실시해야 한다. (1)
③ 소방교육 실시결과를 기록부에 작성하고 3년간 보관토록 해야 한다. (2)
④ 자위소방활동의 주요 업무는 화재진화시간에 따라 필요한 기능적 (발생)
특성을 포괄적으로 제시하고 있다.

정답 ①

Key Point

* 소방훈련·교육 실시횟수 교재 2권 181
연 1회 이상

* 소방교육 실시결과 기록부 교재 2권 188
2년 보관

07 자위소방대 초기대응체계의 인원편성 교재 2권 185-186

(1) 소방안전관리보조자, 경비(보안)근무자 또는 대상물관리인 등 **상시근무자를 중심**으로 구성한다. 문07 보기①

제2편 소방계획 수립

자위소방대 인력편성	
자위소방 대장	자위소방 부대장
① 소방안전관리대상물의 소유주 ② 법인의 대표 ③ 관리기관의 책임자	소방안전관리자

(2) 소방안전관리대상물의 근무자의 **근무위치**, **근무인원** 등을 고려하여 편성한다. 이 경우 소방안전관리보조자(보조자가 없는 대상처는 선임대원)를 운영책임자로 지정한다.

(3) 초기대응체계 편성시 **1명** 이상은 수신반(또는 종합방재실)에 근무해야 하며 화재상황에 대한 모니터링 또는 지휘통제가 가능해야 한다.

(4) **휴일** 및 **야간**에 **무인경비시스템**을 통해 감시하는 경우에는 무인경비회사와 비상연락체계를 구축할 수 있다.

* 자위소방대 인력편성
소방안전관리자를 부대장으로 지정

07 자위소방대의 초기대응체계의 인력편성에 관한 사항으로 틀린 것은?
교재 2권
185
-186
① 근무자 또는 대상물관리인 등 상시근무자를 중심으로 구성한다.
② 근무자의 근무위치, 근무인원 등을 고려하여 편성한다.
③ 휴일 및 야간에 무인경비시스템을 통해 감시하는 경우에는 무인경비회사와 비상연락체계를 구축할 수 있다.
④ 소방안전관리자를 중심으로 지휘체계를 명확히 한다.
   해당 없음
   정답 ④

08 훈련종류 교재 2권 187

(1) **기**본훈련
(2) **피**난훈련
(3) **종**합훈련
(4) **합**동훈련

종합성 기억법 종합훈기피(종합훈련 기피)

308

제2편 소방계획 수립

09 화재대응 및 피난 교재 2권 190-196

1 화재 대응 순서 교재 2권 190-191

(1) 화재 전파 및 접수
(2) 화재신고
(3) 비상방송
(4) 대원소집 및 임무부여
(5) 관계기관 통보연락
(6) 초기소화

2 화재시 일반적 피난행동 교재 2권 191-192

(1) 엘리베이터는 절대 이용하지 않도록 하며 계단을 이용해 옥외로 대피한다.
(2) 아래층으로 대피가 불가능한 때에는 옥상으로 대피한다.
(3) 아파트의 경우 세대 밖으로 나가기 어려울 경우 **세대 사이**에 설치된 **경량칸막이**를 통해 옆세대로 대피하거나 **세대 내 대피공간**으로 대피한다. 대피공간 ✗ 문08 보기③
(4) 유도등, 유도표지를 따라 대피한다. 문08 보기①
(5) 연기 발생시 최대한 **낮은 자세**로 이동하고, 코와 입을 **젖은 수건** 등으로 막아 연기를 마시지 않도록 한다.
(6) 출입문을 열기 전 문손잡이가 뜨거우면 문을 열지 말고 다른 길을 찾는다. 문08 보기②
(7) 옷에 불이 붙었을 때에는 눈과 입을 가리고 바닥에서 뒹군다.
(8) 탈출한 경우에는 절대로 다시 화재건물로 들어가지 않는다. 문08 보기④

＊ 경량칸막이 vs 대피공간
교재 2권 191

경량칸막이	대피공간
세대 사이에 설치	세대 내 설치

309

제2편 소방계획 수립

Key Point

유사 기출문제

08 ★ [교재 2권 191-192]
화재시 일반적 피난행동으로 틀린 것은?
① 아래층으로 대피가 불가능할 때에는 옥상으로 대피한다.
② 엘리베이터는 절대 이용하지 않도록 하며 계단을 이용해 옥외로 대피한다.
③ 연기 발생시 최대한 높은(낮은) 자세로 이동한다.
④ 옷에 불이 붙었을 때에는 눈과 입을 가리고 바닥에서 뒹군다.

정답 ③

★ 청각장애인 vs 시각장애인 문09 보기②③
[교재 2권 196]

청각장애인	시각장애인
표정이나 제스처 사용	서로 손을 잡고 질서있게 피난

★ 노약자 [교재 2권 196]
장애인에 준하여 피난보조 실시 문09 보기④

기출문제

08 [교재 2권 191-192]
화재시 일반적 피난행동으로 옳지 않은 것은?
① 유도등, 유도표지를 따라 대피한다.
② 출입문을 열기 전 손잡이가 뜨거우면 문을 열지 말고 다른 길을 찾는다.
③ 아파트의 경우 세대 밖으로 나가기 어려울 경우 세대 사이에 설치된 대피공간을 통해 옆세대로 대피한다.
   (경량 칸막이)
④ 탈출한 경우에는 절대로 다시 화재건물로 들어가지 않는다.

정답 ③

3 휠체어사용자 [교재 2권 196]

평지보다 계단에서 주의가 필요하며, 많은 사람들이 보조할수록 상대적으로 쉬운 대피가 가능하다. 문09 보기①

기출문제

09 ★★★ [교재 2권 195-196]
화재안전취약자의 장애유형별 피난보조 예시에 관한 사항으로 옳지 않은 것은?
① 휠체어 사용자는 평지보다 계단에서 주의가 필요하며, 많은 사람들이 보조하면 피난에 정체현상이 발생하므로 한 명이 보조한다.
   (많은 사람들이 보조할수록 상대적으로 쉬운 대피가 가능하다.)
② 청각장애인은 표정이나 제스처를 사용한다.
③ 시각장애인은 서로 손을 잡고 질서 있게 피난한다.
④ 노약자는 장애인에 준하여 피난보조를 실시한다.

해설

일반휠체어 사용자	전동휠체어 사용자
뒤쪽으로 기울여 손잡이를 잡고 뒷바퀴보다 한 계단 아래에서 무게 중심을 잡고 이동한다. 2인이 보조시 다른 1인은 장애인을 마주 보며 손잡이를 잡고 동일한 방법으로 이동	전동휠체어에 탑승한 상태에서 계단 이동시는 일반휠체어와 동일한 요령으로 보조할 수도 있으나 무거워 많은 인원과 공간이 필요하므로 전원을 끈 후 업거나 안아서 피난을 보조하는 것이 가장 효과적

정답 ①

310

제2편 소방계획 수립

10 다음 소방계획서의 건축물 일반현황을 참고할 때 옳은 것은?

구 분	건축물 일반현황		
명칭	ABCD 빌딩		
도로명 주소	서울시 영등포구 여의도로 17		
연락처	□ 관리주체 : ABC 관리 □ 연락처 : 2671-0001	□ 책임자 : 홍길동	
규모/구조	□ 건축면적 : 846m²	□ 연면적 : 5628m²	
	□ 층수 : 지상 6층/지하 1층	□ 높이 : 30m	
	□ 구조 : 철근콘크리트조	□ 지붕 : 슬리브	
	□ 용도 : 업무시설	□ 사용승인 : 2010/05/11	
계단	□ 구분	□ 구역	□ 비고
	피난계단　A구역	B1-5F(제연설비　□ 유 ☑ 무)	
	피난계단　B구역	B1-5F(제연설비　□ 유 ☑ 무)	
승강기	□ 승용 5대	□ 비상용 2대	
인원현황	□ 거주인원 : 9명	□ 근무인원 : 50명	
	□ 고령자 : 0명 □ 어린이 : 0명	□ 영유아 : 10명(어린이집)	
	□ 장애인(아동, 시각, 청각, 언어) : 1명(이동장애)		
	□ 임산부 : 0명		

① ABCD 빌딩은 2급 소방안전관리대상물이다.
② 초기 대응체계의 인원편성은 상시 거주자를 중심으로 구성한다. → 근무자
③ 재해약자의 피난계획을 수립하지 않아도 된다. → 장애인이 있으므로 재해약자의 피난계획을 수립하여야 한다.
④ 상시 근무하는 인원이 10명을 초과하므로 소방훈련·교육을 실시하여야 한다. → 해당 없음

정답 ①

Key Point

★ 소방훈련·교육 실시
근무인원 10명 초과시

제2편 소방계획 수립

Key Point

10 소방계획서 작성목차 〔교재 2권 206-207〕

* **소방계획서 작성목차**
  ① 소방안전관리계획
  ② 자위소방대 운영계획
  ③ 피난계획

소방안전관리계획	자위소방대 운영계획	피난계획
① 건축물 일반현황 〔문11 보기①〕	① 자위소방대 및 초기대응체계 일반현황	① 피난시설 및 기타시설 일반현황 〔문11 보기③〕
② 건축물 세부현황	② 자위소방대 및 초기대응체계 편성표	② 피난시설 및 기타시설 세부현황
③ 건축물 위치·운영현황 및 소방차 세부진입 계획	③ 자위소방대 및 초기대응체계 조직도 및 임무	③ 피난인원현황
④ 소방시설현황	④ 자위소방대 및 초기대응체계 개별임무카드	④ 피난유도절차 및 피난경로(집결지) 설정
⑤ 피난·방화시설 및 제연, 방염관련 현황 〔문11 보기④〕	⑤ 지휘통제팀	⑤ 피난약자현황 및 피난계획
⑥ 기타시설현황 〔문11 보기②〕	⑥ 비상연락팀(지휘반)	⑥ 피난약자유형별 피난방법
⑦ 소방안전관리(보조)자 등 일반현황	⑦ 외부기관 비상연락체계	⑦ 피난관련 기구 및 피난유도장비 등 세부현황
⑧ 업무대행현황	⑧ 비상상황별 연락방법 및 안내문구	⑧ 피난보조자 비상연락망
⑨ 공동소방안전관리협의회 구성현황	⑨ 초기소화팀(진압반)	
⑩ 소방안전관리자 자체점검 및 업무수행	⑩ 피난유도팀(대피유도반)	
⑪ 소방훈련 및 교육	⑪ 응급구조팀(구조구급반)	
⑫ 화기취급감독	⑫ 방호안전팀	
⑬ 소방시설공사/정비 기록	⑬ 초기대응체계	
⑭ 화재예방 및 홍보	⑭ 자위소방대 교육·훈련 실시 결과 기록부	
⑮ 피해복구		

기출문제

11 ★★ 〔교재 2권 206-207〕
소방계획서 목차 중 소방안전관리계획에 포함되지 않는 사항은?
① 건축물 일반현황
② 기타시설현황
③ 피난시설 및 기타시설 일반현황 — 피난계획
④ 피난·방화시설 및 제연, 방염관련 현황

 정답 ③

11 소방안전관리자 현황표 기입사항 〔교재 2권 223〕

(1) 소방안전관리자 현황표의 대상명 〔문12 보기①〕
(2) 소방안전관리자의 이름
(3) 소방안전관리자의 연락처
(4) 소방안전관리자의 선임일자 〔문12 보기②〕
　　　　　　　　　　수료일자 ✗
(5) 소방안전관리대상물의 등급 〔문12 보기③〕

기출문제

12 ★ 〔교재 2권 223〕
다음 중 소방안전관리자 현황표에 기입하지 않아도 되는 사항은?
① 소방안전관리자 현황표의 대상명
② 소방안전관리자의 선임일자
③ 소방안전관리대상물의 등급
④ 관계인의 인적사항
　　해당 없음

정답 ④

Key Point

유사 기출문제

12 ★ 〔교재 2권 223〕
다음 소방안전관리자 현황표에 포함해야 하는 내용으로 옳지 않은 것은?
① 소방안전관리자의 이름, 연락처
② 소방안전관리자의 수료
　　　　　　　　　　선임
　　일자, 등급
③ 소방안전관리자 현황표의 대상명
④ 소방안전관리대상물의 등급

정답 ②

제2편 소방계획 수립

12 소방안전관리자 현황표의 규격

* 소방안전관리자 현황표의 크기

A3용지(가로 420mm×세로 297mm)

구 분	설 명
크기	A3용지(가로 420mm×세로 297mm) 문13 보기③
재질	아트지(스티커) 또는 종이
글씨체	• 소방안전관리자 현황표 : 나눔고딕Extra Bold 46point(흰색) • 대상명 : 나눔고딕Extra Bold 35point(흰색) • 본문 제목 및 내용 : 나눔바른고딕 30point • 하단내용 : 나눔바른고딕 24point • 연락처 : 나눔고딕Extra Bold 30point(흰색)
바탕색	• 남색(RGB : 28,61,98) • 회색(RGB : 242,242,242)

기출문제

13 소방안전관리자 현황표의 규격으로 옳은 것은?

① B4용지(가로 257mm×세로 364mm)
② B5용지(가로 182mm×세로 257mm)
③ A3용지(가로 420mm×세로 297mm)
④ A4용지(가로 297mm×세로 210mm)

해설 ③ 소방안전관리자 현황표 규격 : A3 용지

정답 ③

13 화기작업 체크리스트 〔교재 2권 241~242〕

작업 전	작업 중
① 작업구역 설정 및 출입제한 조치 여부 [문14 보기①]	① 화기작업 허가서 발급 및 비치 여부 [문14 보기④]
② 작업에 맞는 보호구 착용 여부 [문14 보기②]	② 화재감시자 배치 여부
③ 작업구역 내 가스농도 측정 및 잔류 물질 확인 여부	③ 작업구역 설정 및 출입제한조치 여부
④ 작업구역 11m 내 **인화성** 및 **가연성** 물질 제거상태	④ 작업에 맞는 보호구 착용 여부
⑤ 인화성 물질 취급작업과 동시작업 유무	⑤ 작업구역 내 가스농도 측정 및 잔류 물질 확인 여부
⑥ 불티 비산방지조치(불티 차단막·방화포 등) 실시 여부	⑥ 작업구역 11m 내 **인화성** 및 **가연성** 물질 제거상태
⑦ 작업지점 5m 이내 **소화기** 비치 여부 [문14 보기③]	⑦ 인화성 물질 취급작업과 동시작업 유무
⑧ 교육실시 여부(소방시설사용법, 피난로 위치, 초기대응체계 등)	⑧ 불티 비산방지조치(불티 차단막·방화포 등) 실시 여부
	⑨ 작업지점 5m 이내 **소화기** 비치 여부
	⑩ 교육실시 여부(소방시설사용법, 피난로 위치, 초기대응체계 등)

Key Point

* 화기작업 전 체크리스트
① 작업지점 5m 이내 소화기 비치 여부
② 작업구역 11m 내 인화성 및 가연성 물질 제거 상태

기출문제

14 다음 중 화기작업 체크리스트 중 작업 전 체크사항이 아닌 것은? 〔교재 2권 241〕

① 작업구역 설정 및 출입제한 조치 여부
② 작업에 맞는 보호구 착용 여부
③ 작업지점 5m 이내 소화기 비치 여부
④ 화기작업 허가서 발급 및 비치 여부 — 화기작업 체크리스트 작업 중 체크사항

정답 ④

제2편 소방계획 수립

14 화기작업 종료 후 안전조치 확인사항 [교재 2권 242]

(1) **불티** 잔존 여부(작업 종료 후 **30분** 후 확인)
(2) **전원차단** 상태
(3) 인화성·가연성 물품의 보관상태

15 자위소방대 현장대응팀의 구성 [교재 2권 247]

비상연락팀	초기소화팀 문15 보기②	피난유도팀	응급구조팀 문15 보기③	방호안전팀 문15 보기④
상황접수 및 전파, **자위소방대 소집**, 화재신고(119) 및 통보연락	자체소방시설을 이용한 **초기화재 진압** 활동	거주자, 방문자 등 **피난유도** 및 피난약자에 대한 피난보조 활동	응급상황 발생시 **인명구조** 및 **응급**조치	화재확산방지 및 위험물시설에 대한 제어 등 **방호안전** 업무

* 자위소방대 현장대응팀의 구성 [교재 2권 247]
  ① 비상연락팀
  ② 초기소화팀
  ③ 피난유도팀
  ④ 응급구조팀
  ⑤ 방호안전팀

기출문제

15 [교재 2권 247] 자위소방대 운영계획상 현장대응팀의 구성으로 옳지 않은 것은?
① 지휘통제팀 해당 없음
② 초기소화팀
③ 응급구조팀
④ 방호안전팀

정답 ①

제3편

소방안전교육 및 훈련

> **기억전략법**
>
> 읽었을 때 10% 기억
>
> 들었을 때 20% 기억
>
> 보았을 때 30% 기억
>
> 보고 들었을 때 50% 기억
>
> 친구(동료)와 이야기를 통해 70% 기억
>
> **누군가를 가르쳤을 때 95% 기억**

제3편 소방안전교육 및 훈련

Key Point

* **소방교육 및 훈련의 원칙**
  교재 2권 284-285
  ① **현**실성의 원칙
  ② **학**습자 중심의 원칙
  ③ **동**기부여의 원칙
  ④ **목**적의 원칙
  ⑤ **실**습의 원칙
  ⑥ **경**험의 원칙
  ⑦ **관**련성의 원칙

  공하성 기억법
  현학동 목실경관교

* **학습자 중심의 원칙**
  교재 2권 284
  ① **한** 번에 한 가지씩 습득 가능한 분량을 교육·훈련시킬 것
  ② 쉬운 것에서 어려운 것으로 교육을 실시하되 기능적 이해에 비중을 둘 것

  공하성 기억법
  학한

소방교육 및 훈련의 원칙   교재 2권 284-285

원 칙	설 명
현실성의 원칙	• **학습자**의 **능력**을 고려하지 않은 훈련은 비현실적이고 불완전하다.
학습자 중심의 교육자 중심 ✕ 원칙	• **한 번에 한 가지씩** 습득 가능한 분량을 교육 및 훈련시킨다. 문02 보기④ • 쉬운 것에서 어려운 것으로 교육을 실시하되 기능적 이해에 비중을 둔다. • 학습자에게 감동이 있는 교육이 되어야 한다. 공하성 기억법 **학한**
동기부여의 원칙	• **교육**의 **중요성**을 전달해야 한다. 문02 보기① • 학습을 위해 적절한 **스케줄**을 적절히 배정해야 한다. • 교육은 **시기적절**하게 이루어져야 한다. • 핵심사항에 **교육**의 포커스를 맞추어야 한다. • 학습에 대한 **보상**을 제공해야 한다. • 교육에 **재미**를 부여해야 한다. 문02 보기③ • 교육에 있어 **다양성**을 활용해야 한다. • 사회적 **상호작용**을 제공해야 한다. 문02 보기② • **전문성**을 공유해야 한다. • **초기성공**에 대해 격려해야 한다.
목적의 원칙	• 어떠한 **기술**을 어느 정도까지 익혀야 하는가를 명확하게 제시한다. • 습득하여야 할 **기술**이 활동 전체에서 어느 위치에 있는가를 인식하도록 한다.
실습의 원칙	• **실습**을 통해 지식을 습득한다. • **목적**을 생각하고, 적절한 **방법**으로 정확하게 하도록 한다.
경험의 원칙	• **경험**했던 사례를 들어 현실감 있게 하도록 한다.
관련성의 원칙	• 모든 교육 및 훈련 내용은 **실무적**인 **접목**과 **현장성**이 있어야 한다.

공하성 기억법   현학동 목실경관교

318

제3편 소방안전교육 및 훈련

기출문제

01 다음 중 소방교육 및 훈련의 원칙에 해당되지 않는 것은?

교재 2권 284-285
① 목적의 원칙
② 교육자 중심의 원칙
   학습자
③ 현실성의 원칙
④ 관련성의 원칙

정답 ②

02 소방교육 및 훈련의 원칙 중 동기부여의 원칙에 해당되지 않는 것은?

교재 2권 284-285
① 교육의 중요성을 전달해야 한다.
② 사회적 상호작용을 제공해야 한다.
③ 교육에 재미를 부여해야 한다.
④ 한 번에 한 가지씩 습득 가능한 분량을 교육해야 한다.
   학습자 중심의 원칙

해설 ④ 학습자 중심의 원칙

정답 ④

Key Point

유사 기출문제

01★ 교재 2권 284-285
다음 설명 중 잘못된 것은?
① 동기부여원칙 : 교육의 중요성을 전달
② 교육자 중심의 원칙 : 쉬
   학습자
   운 것부터 어려운 것으로 교육
③ 실습의 원칙 : 실습을 통해 지식을 습득
④ 경험의 원칙 : 경험을 했던 사례를 들어 현실감 있게 하도록 함

정답 ②

제4편

작동점검표 작성 실습

인생에 있어서 가장 힘든 일은
아무것도 하지 않는 것이다.

제4편 작동점검표 작성 실습

01 작동점검 전 준비 및 현황확인 사항

점검 전 준비사항	현황확인
① 협의나 협조 받을 건물 **관계인** 등 연락처를 사전확보 ② 점검의 목적과 필요성에 대하여 건물 관계인에게 사전 안내 ③ 음향장치 및 각 실별 방문점검을 미리 공지	① **건축물대장**을 이용하여 건물개요 확인 ② 도면 등을 이용하여 설비의 개요 및 설치위치 등을 파악 ③ 점검사항을 토대로 점검순서를 계획하고 점검장비 및 공구를 준비 ④ 기존의 점검자료 및 조치결과가 있다면 점검 전 참고 ⑤ 점검과 관련된 각종 법규 및 기준을 준비하고 숙지

Key Point

* 작동점검
소방시설 등을 인위적으로 조작하여 정상적으로 작동하는지를 점검하는 것

기출문제

01 작동점검표 작성 시 점검 전 준비사항에 해당되지 <u>않는</u> 것은?

① 협의나 협조 받을 건물 관계인 등 연락처를 사전확보
② 점검의 목적과 필요성에 대하여 건물 관계인에게 사전 안내
③ 음향장치 및 각 실별 방문점검을 미리 공지
④ 도면 등을 이용하여 설비의 <u>개요</u> 및 <u>설치위치</u> 등을 파악
  – 현황확인 사항

정답 ④

제4편 작동점검표 작성 실습

Key Point

02 작동점검표 작성을 위한 준비물 [교재 2권 317-318]

(1) 소방시설 등 자체점검 실시결과보고서
(2) 소방시설 등[작동, 종합(최초점검, 그 밖의 점검)]점검표
(3) **건축물대장**
(4) 소방도면 및 소방시설 현황
(5) **소방계획서** 등

기출문제

02 다음 중 작동점검표 작성을 위한 준비물이 <u>아닌</u> 것은?
[교재 2권 317-318]
① 소방시설 등 자체점검 실시결과보고서
② 소방시설 등[작동, 종합(최초점검, 그 밖의 점검)]점검표
③ 토지대장
　건축물대장
④ 소방도면 및 소방시설 현황

🔍 정답 ③

03 소화기구 및 자동소화장치 작동점검표 점검항목 [교재 2권 326]

(1) 소화기의 변형·손상 또는 부식 등 외관의 이상 여부
(2) 지시압력계(녹색범위)의 적정여부
(3) 수동식 분말소화기 내용연수(10년) 적정 여부

✱ 지시압력계 압력범위
0.7~0.98MPa

322

제4편 작동점검표 작성 실습

기출문제

03 소화기구 및 자동소화장치의 작동점검표의 점검항목에 해당되지 않는 것은?
① 소화기의 변형·손상 또는 부식 등 외관의 이상 여부
② 소화기 설치높이(1.5m 이하) 적정여부
　　　　해당 없음
③ 지시압력계(녹색범위)의 적정여부
④ 수동식 분말소화기 내용연수(10년) 적정 여부

정답 ②

* 분말소화기 내용연수
10년

내용연수 경과 후 10년 미만	내용연수 경과 후 10년 이상
3년	1년

323

" 갈 수 있는 한 최대한 멀리 가보지 않는다면 어떻게 나의 한계를
알 수 있겠는가?
최대한 멀리 나아가보자. 나의 한계가 어디까지인지 "

- A.E. 하치너 -

기출문제가
곧 적중문제

2025~2021년
기출문제

이 기출문제는 수험생의 기억에 의한 문제를 편집하였으므로 실제 문제와 차이가 있을 수 있습니다.

우리에겐 무한한 가능성이 있습니다.

작성시 유의사항

- 시험종목, 시험일자, 성명, 수험번호를 정확하게 기재하여 주십시오.
- 문제지 유형과 수험번호를 검정색 수성사인펜, 볼펜 등으로 바르게 ● 표기하십시오.
- ※ 수험번호는 아래비어있는 6자리 작성 후 표기
- '감독확인'란은 응시자가 작성하지 않으며, 감독확인이 없는 답안지는 무효 처리합니다.
- 답안지는 구기거나 접지 마시고, 절대 낙서하지 마십시오.
- 이중 표기 등 잘못된 기재로 인한 OMR기의 인식 오류는 응시자 책임이므로 주의하시기 바랍니다.

바른 표기	잘못된 표기
●	⊘ ⊙ ⊗

- 응시자는 시험시간이 종료되면 즉시 답안작성을 멈춰야 하며, 감독위원의 답안지 제출지시에 불응할 때에는 당해 시험은 무효 처리됩니다.

작성시 유의사항

- 시험종목, 시험일자, 성명, 수험번호를 정확하게 기재하여 주십시오.
- 문제지 유형과 수험번호를 검정색 수성사인펜, 볼펜 등으로 바르게 ● 표기하십시오.
- ※ 수험번호는 아라비아숫자 6자리 작성 후 표기
- "감독확인" 란은 응시자가 작성하지 않으며, 감독확인이 없는 답안지는 무효 처리합니다.
- 답안지는 구기거나 접지 마시고, 절대 낙서하지 마십시오.
- 이중 표기 등 잘못된 기재로 인한 OMR기의 인식 오류는 응시자 책임이므로 주의하시기 바랍니다.

바른 표기	잘못된 표기
●	◐ ⊘ ⊙ ⊗

- 응시자는 시험시간이 종료되면 즉시 답안작성을 멈추어야 하며, 감독위원의 답안지 제출지시에 불응할 때에는 당해 시험은 무효 처리됩니다.

작성시 유의사항

- 시험종목, 시험일자, 성명, 수험번호를 정확하게 기재하여 주십시오.
- 문제지 유형과 수험번호를 검정색 수성사인펜, 볼펜 등으로 바르게 ● 표기하십시오.
  ※ 수험번호는 아라비아숫자 6자리 작성 후 표기
- "감독확인"란은 응시자가 작성하지 않으며, 감독위원이 없는 답안지는 무효 처리합니다.
- 답안지는 구기거나 접지 마시고, 즙대 낙서하지 마십시오.
- 이중 표기 등 잘못된 기재로 인한 OMR기의 인식 오류는 응시자 책임이므로 주의하시기 바랍니다.

바른 표기	잘못된 표기
●	◐ ⊘ ⊙ ⊗

- 응시자는 시험시간이 종료되면 즉시 답안작성을 멈춰야 하며, 감독위원이 답안지 제출지시에 불응할 때에는 당해 시험은 무효 처리됩니다.

한국소방안전원 자격시험 및 평가 답안지

작성시 유의사항

- 시험종목, 시험일자, 성명, 수험번호를 정확하게 기재하여 주십시오.
- 문제지 유형과 수험번호를 검정색 수성사인펜, 볼펜 등으로 바르게 ● 표기하십시오.

※ 수험번호는 아라비아숫자 6자리 작성 후 표기

- "감독위인"란은 응시자가 작성하지 않으며, 감독위인이 없는 답안지는 무효 처리합니다.
- 답안지는 구기거나 접지 마시고, 절대 낙서하지 마십시오.
- 이중 표기 등 잘못된 기재로 인한 OMR기의 인식 오류는 응시자 책임이므로 주의하시기 바랍니다.

바른 표기	잘못된 표기
●	⊘ ⊙ ⊗

- 응시자는 시험시간이 종료되면 즉시 답안작성을 멈춰야 하며, 감독위인이 답안지 제출지시에 불응할 때에는 당해 시험은 무효 처리됩니다.

작성시 유의사항

- 시험종목, 시험일자, 성명, 수험번호를 정독하게 기재하여 주십시오.
- 문지지 유형과 수험번호를 검정색 수성사인펜, 볼펜 등으로 바르게 ● 표기하십시오.
- ※ 수험번호는 아라비아숫자 6자리 작성 후 표기
- 감독확인란은 응시자가 작성하지 않으며, 감독확인이 없는 답안지는 무효 처리합니다.
- 답안지는 구기거나 접지 마시고, 절대 낙서하지 마십시오.
- 이중 표기 등 잘못된 기재로 인한 OMR기의 인식 오류는 응시자 책임이므로 주의하시기 바랍니다.

바른 표기	잘못된 표기
●	⊘ ⊙ ⊗

- 응시자는 시험시간이 종료되면 즉시 답안작성을 멈춰야 하며, 감독위원이 답안지 제출지시에 불응할 때에는 당해 시험은 무효 처리됩니다.

2025년 기출문제

정답 및 해설은 여기로!
정답 및 해설 p. 2-3

제 1 과목

정답 및 해설은 여기로!
정답 및 해설 p. 2-3

01 전기화재 예방요령으로 틀린 것을 모두 고른 것은?

교재 1권 204

㉠ 사용하지 않는 기구는 전원을 끄고 플러그를 꽂아둔다.
㉡ 과전류 차단장치를 설치한다.
㉢ 전선을 묶거나 꼬아둔다.
㉣ 비닐장판 밑으로 전선이 보이지 않게 정리하여 넣어둔다.

① ㉠, ㉢
② ㉠, ㉣
③ ㉡, ㉢
④ ㉠, ㉢, ㉣

02 다음 중 자기반응성 물질에 해당하는 것은 몇 류 위험물인가?

유사문제 24년 문03
교재 1권 199

① 제2류
② 제3류
③ 제4류
④ 제5류

유사문제부터 풀어보세요. 실력이 팍!팍! 올라갑니다.

03 화기취급작업의 일반적인 절차 중 안전조치 업무내용으로 옳지 않은 것은?

교재 1권 232

① 소방시설 작동 확인
② 가연물 이동 및 보호조치
③ 화재안전교육
④ 관계자 입회

04 나트륨 화재시 적절한 소화방법으로 옳은 것은?
① 주수소화
② 마른 모래(건조사)
③ 이산화탄소
④ 분말소화약제

05 햇빛이 유리나 거울에 방사되어 가연성 물질에 장시간 노출시 열이 축적되어 발화하는 현상은 무엇인가?
① 전도
② 대류
③ 복사
④ 비화

06 다음 중 건축관계법령에서 정하는 용어에 대한 설명으로 옳지 않은 것은?
① 바닥면적 : 건축물의 각 층 또는 그 일부로서 벽, 기둥, 기타 이와 유사한 구획의 중심선으로 둘러싸인 부분의 수평투영면적
② 연면적 : 하나의 건축물의 각 층의 바닥면적의 합계
③ 건폐율 : 대지면적에 대한 바닥면적의 비율
④ 용적률 : 대지면적에 대한 연면적의 비율

07 피난층에 대한 뜻이 옳은 것은?
① 곧바로 지상으로 갈 수 있는 출입구가 있는 층
② 건축물 중 지상 1층
③ 직접 지상으로 통하는 계단과 연결된 지상 2층 이상의 층
④ 옥상의 지하층으로서 옥상으로 직접 피난할 수 있는 층

08 다음 중 개구부의 요건이 아닌 것은?

유사문제 22년 문06
교재 1권 53-54

① 크기는 지름 50cm 이하의 원이 통과할 수 있을 것
② 해당층의 바닥면으로부터 개구부 밑부분까지의 높이가 1.2m 이내일 것
③ 도로 또는 차량이 진입할 수 있는 빈터를 향할 것
④ 내부 또는 외부에서 쉽게 부수거나 열 수 있는 것

09 다음 중 100만원 이하의 벌금이 아닌 것은?

유사문제 24년 문15, 22년 문10, 21년 문05
교재 1권 32

① 피난명령을 위반한 자
② 정당한 사유 없이 물의 사용이나 수도의 개폐장치의 사용 또는 조작을 하지 못하게 방해한 자
③ 정당한 사유 없이 소방대가 현장에 도착할 때까지 사람을 구출하는 조치 또는 불을 끄거나 불이 번지지 않도록 조치를 아니한 사람
④ 소방자동차 전용구역에 주차하거나 전용구역에의 진입을 가로막는 등의 방해행위를 한 자

10 300만원 이하의 벌금이 아닌 것은?

유사문제 24년 문15, 22년 문10, 22년 문14, 21년 문05
교재 1권 51

① 화재안전조사를 정당한 사유 없이 거부·방해 또는 기피한 자
② 소방안전관리자, 총괄소방안전관리자, 소방안전관리보조자를 선임하지 아니한 자
③ 특정소방대상물의 소방안전관리업무를 수행하지 아니한 관계인
④ 소방안전관리자에게 불이익한 처우를 한 관계인

11 다음 보기를 보고 소방안전관리자의 실무교육 최대 이수기한을 고르시오. (단, 강습수료일은 2022년 4월 5일이다.)

유사문제 24년 문08, 22년 문17
교재 1권 46-47

[소방안전관리자의 선임신고]
- 소방안전관리자 이름 : ○○○
- 선임일자 : 2023년 3월 15일
- 건물면적 : 4800m²
- 기타 : 아직 실무교육은 받지 않음

① 2023년 9월 4일　　② 2024년 4월 4일
③ 2025년 4월 4일　　④ 2025년 9월 4일

12 연면적 4500m² 소방안전관리대상물의 등급 및 소방안전관리보조자 선임인원으로 옳은 것은?

① 1급 소방안전관리대상물, 소방안전관리보조자 선임대상 아님
② 1급 소방안전관리대상물, 소방안전관리보조자 1명
③ 2급 소방안전관리대상물, 소방안전관리보조자 선임대상 아님
④ 2급 소방안전관리대상물, 소방안전관리보조자 1명

13 화재를 진압하고 화재, 재난·재해, 그 밖의 위급한 상황에서 구조·구급활동 등을 하기 위하여 구성된 조직체로 틀린 것은?

① 소방공무원
② 의무소방원
③ 의용소방대원
④ 소방관리직원

14 위험물안전관리자는 며칠 이내로 선임신고를 해야 하는가?

① 15일
② 30일
③ 7일
④ 14일

15 다음 중 D급 화재에 대한 설명으로 옳지 않은 것은?

① 금속화재이다.
② 이산화탄소소화약제로 소화가 가능하다.
③ 적응 물질로 나트륨이 있다.
④ 마른 모래(건조사)로 소화가 가능하다.

16 주수소화와 이산화탄소소화약제의 공통된 소화방식은 무엇인가?

① 질식소화
② 냉각소화
③ 제거소화
④ 부촉매소화

17 다음 중 전기화재의 주요 원인으로 옳지 않은 것은?

① 누전
② 과전류(과부하)
③ 과전류 차단기 설치
④ 전선단락

18 소방안전관리자를 선임하지 아니하는 특정소방대상물의 관계인의 업무에 해당하지 않는 것은?

① 화기취급의 감독
② 소방시설 그 밖의 소방관련시설의 관리
③ 자위소방대 및 초기대응체계의 구성·운영·교육
④ 피난시설, 방화구획 및 방화시설의 관리

19 다음 중 점화원에 관한 설명으로 옳지 않은 것은?

① 단열압축 : 기체를 높은 압력으로 압축하면 온도가 상승하는데, 이때 상승한 열에 의한 가연물을 착화시킨다.
② 정전기불꽃 : 물체가 접촉하거나 결합한 후 떨어질 때 양(+)전하와 음(-)전하로 전하의 분리가 일어나 발생한 과잉전하가 물체(물질)에 축적되는 현상
③ 전기불꽃 : 장시간에 집중적으로 에너지가 방사되므로 에너지밀도가 높은 점화원이다.
④ 자연발화 : 물질이 외부로부터 에너지를 공급받지 않아도 온도가 상승하여 발화하는 현상이다.

20 20000m² 특정소방대상물의 소방안전관리 선임자격이 없는 사람은? (단, 해당 소방안전관리자 자격증을 받은 경우이다.)

① 소방설비기사의 자격이 있는 사람
② 소방설비산업기사의 자격이 있는 사람
③ 소방공무원으로서 7년 이상 근무한 경력이 있는 사람
④ 2급 소방안전관리대상물의 소방안전관리자 자격이 인정되는 사람

21 공기 중에 산소(체적비)는 약 몇 %가 존재하는가?
① 15   ② 18
③ 21   ④ 23

22 다음 중 물질이 격렬한 산화반응을 함으로써 열과 빛을 발생하는 현상을 무엇이라 하는가?
① 발화   ② 인화
③ 연소   ④ 화염

23 건축물의 주요구조부에 해당되는 것은?
① 지붕틀
② 사이기둥
③ 최하층 바닥
④ 옥외계단

24 공기 중의 산소농도를 15% 이하로 억제함으로써 화재를 소화하는 방법은?
① 제거소화
② 질식소화
③ 냉각소화
④ 억제소화

25 다음 중 관련 금지행위가 다른 것은?
① 피난시설, 방화구획 및 방화시설을 폐쇄(잠금 포함)하거나 훼손하는 등의 행위
② 피난시설, 방화구획 및 방화시설의 주위에 물건을 쌓아두거나 장애물을 설치하는 행위
③ 피난시설, 방화구획 및 방화시설의 용도에 장애를 주거나 「소방기본법 시행령」에 따른 소방활동에 지장을 주는 행위
④ 그 밖에 피난시설, 방화구획 및 방화시설을 변경하는 행위

제 ② 과목

정답 및 해설은 여기로!
정답 및 해설 p. 2-9

26 다음 소방계획의 주요 원리 및 설명으로 옳지 않은 것은?
① 포괄적 안전관리 : 모든 형태의 위험을 포괄
② 지속적 발전모델 : 계획, 이행/운영, 모니터링, 개선 4단계의 PDCA Cycle
③ 종합적 안전관리 : 예방·대비, 대응, 복구단계의 위험성 평가
④ 통합적 안전관리 : 협력 및 파트너십 구축, 전원 참여

27 다음 중 심폐소생술(CPR)과 자동심장충격기(AED) 사용 순서로 옳은 것은?

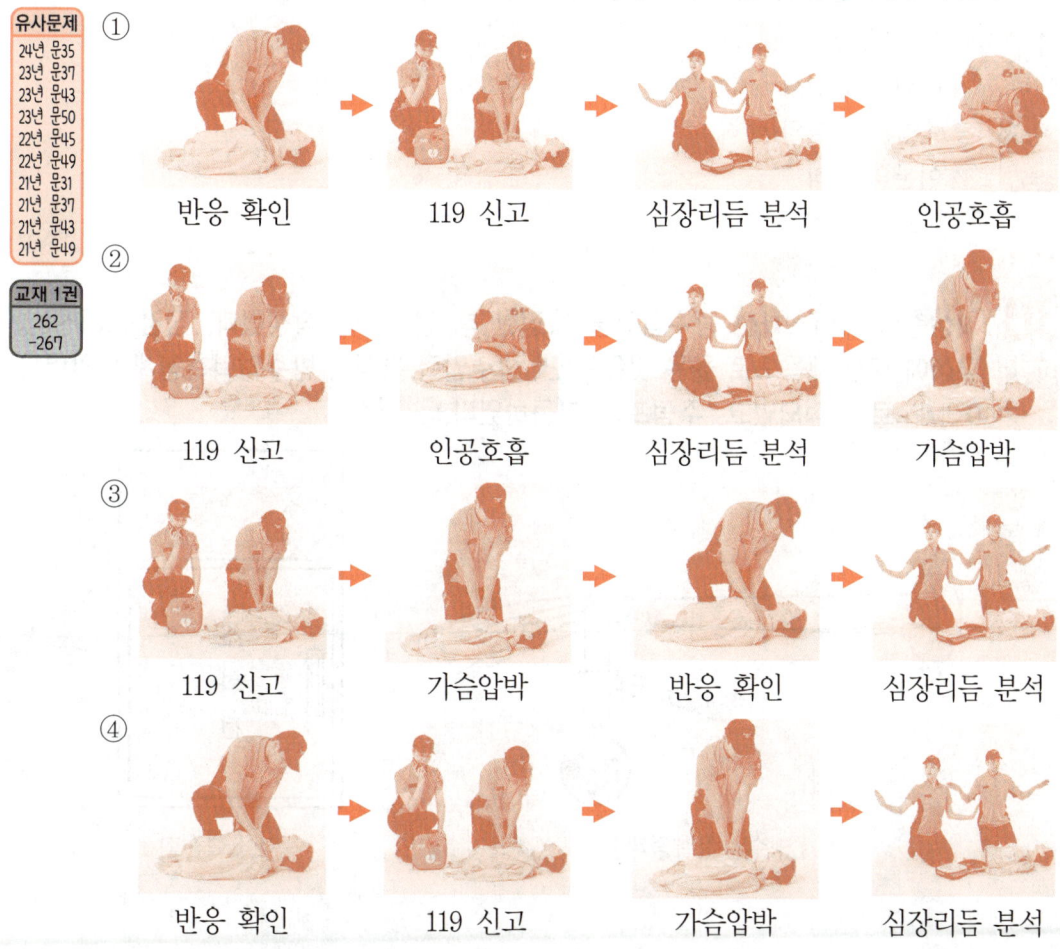

① 반응 확인 → 119 신고 → 심장리듬 분석 → 인공호흡
② 119 신고 → 인공호흡 → 심장리듬 분석 → 가슴압박
③ 119 신고 → 가슴압박 → 반응 확인 → 심장리듬 분석
④ 반응 확인 → 119 신고 → 가슴압박 → 심장리듬 분석

28. 예비전원 시험스위치 누를시 측정되는 정상 전압계의 범위로 옳은 것은?

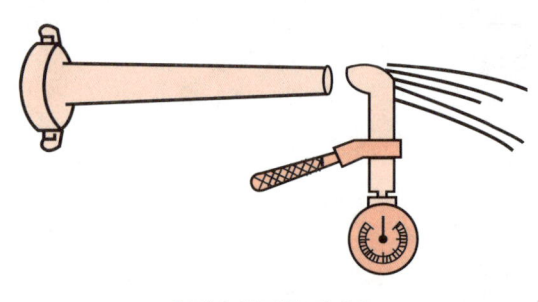

① 5~10V　　　　　　② 0~5V
③ 12~24V　　　　　　④ 19~29V

29. 다음 중 소방교육 및 훈련의 원칙에 해당되지 않는 것은?

① 목적의 원칙
② 관련성의 원칙
③ 학습자 중심의 원칙
④ 이론의 원칙

30. 최상층의 옥내소화전 방수압력을 측정한 후 점검표를 작성했다. 점검표(㉠~㉡) 작성에 대한 내용으로 옳은 것은? (단, 방수압력 측정시 방수압력측정계의 압력은 0.3MPa로 측정되었고, 주펌프가 기동하였다.)

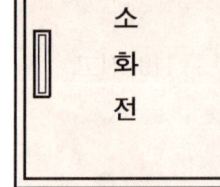

|방수압력측정계|　　　　　|옥내소화전함|

점검번호	점검항목	점검결과
2-C	펌프방식	
2-C-002	옥내소화전 방수량 및 방수압력 적정 여부	㉠
2-F	함 및 방수구 등	
2-F-002	위치 기동표시등 적정설치 및 정상점등 여부	㉡

① ㉠ : ○, ㉡ : ○
② ㉠ : ×, ㉡ : ×
③ ㉠ : ×, ㉡ : ○
④ ㉠ : ○, ㉡ : ×

31 그림의 밸브를 작동시켰을 때 확인해야 할 사항으로 옳지 않은 것은?

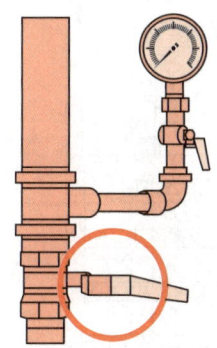

① 펌프 작동상태
② 감시제어반 밸브개방표시등
③ 음향장치 작동
④ 방출표시등 점등

32 화재안전취약자의 장애유형별 피난보조 예시에 관한 사항으로 옳지 않은 것은?

① 휠체어 사용자는 평지보다 계단에서 주의가 필요하며, 많은 사람들이 보조하면 피난에 정체현상이 발생하므로 한 명이 보조한다.
② 청각장애인은 표정이나 제스처를 사용한다.
③ 시각장애인은 서로 손을 잡고 질서있게 피난한다.
④ 노약자는 장애인에 준하여 피난보조를 실시한다.

33. 다음 중 그림 A~C에 대한 설명으로 옳지 않은 것은?

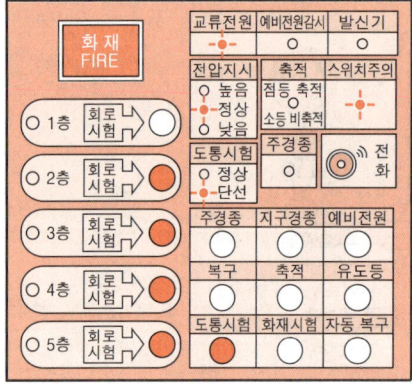
┃그림 A┃

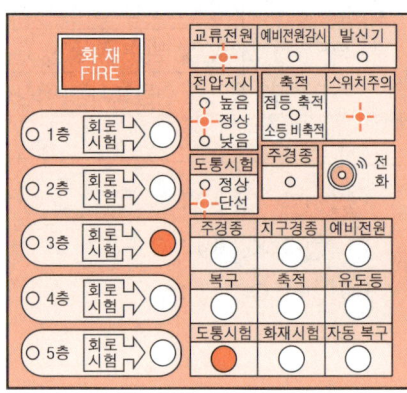
┃그림 B┃

┃그림 C┃

① 그림 A를 봤을 때 2층의 도통시험 결과가 정상임을 알 수 있다.
② 그림 A를 봤을 때 스위치 주의표시등이 점등된 것은 정상이다.
③ 그림 B를 봤을 때 3층의 도통시험 결과 단선임을 알 수 있다.
④ 그림 C를 봤을 때 모든 경계구역은 단선이다.

34. 가스계 소화설비의 점검을 위하여 솔레노이드밸브를 분리한 수동조작함을 조작하였다. 다음 결과 중 옳지 않은 것은?

① 감시제어반 연동확인
② 솔레노이드 격발
③ 방출표시등 점등
④ 음향장치 작동

35 다음 사진은 유도등의 점검내용 중 어떤 점검에 해당되는가?

① 예비전원(배터리)점검
② 3선식 유도등점검
③ 2선식 유도등점검
④ 상용전원점검

36 다음 중 이산화탄소소화설비에 대한 설명으로 틀린 것은 무엇인가?
① 소음이 작다.
② 가연물 내부에서 연소하는 심부화재에 적합하다.
③ 전기화재(C급)에 좋다.
④ 설비가 고압으로 특별한 주의와 관리가 필요하다.

37 응급처치의 중요성에 관한 설명으로 틀린 것은?
① 환자의 건강체크와 사전예방
② 긴급한 환자의 생명 유지
③ 환자의 고통 경감
④ 현장처치의 원활화로 의료비 절감

38 작동점검표 작성시 점검 전 준비사항으로 옳지 않은 것은?
① 음향장치 및 각 실별 방문점검을 미리 공지
② 점검의 목적과 필요성에 대하여 건물 관계인에게 사전안내
③ 건축물대장을 이용하여 건물개요 확인
④ 협의나 협조받을 건물 관계인 등 연락처를 사전확보

39 다음 그림은 기동용 수압개폐장치이다. ㉠, ㉡, ㉢, ㉣의 명칭으로 알맞은 것은?

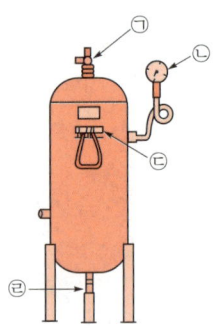

① ㉠ 안전밸브, ㉡ 압력계, ㉢ 압력스위치, ㉣ 배수밸브
② ㉠ 배수밸브, ㉡ 압력계, ㉢ 압력스위치, ㉣ 안전밸브
③ ㉠ 안전밸브, ㉡ 충압계, ㉢ 변동스위치, ㉣ 배수밸브
④ ㉠ 배수밸브, ㉡ 충압계, ㉢ 변동스위치, ㉣ 안전밸브

40 다음 두 건축물의 최소 경계구역수를 합한 값으로 옳은 것은? (단, 건축물 (a)는 내부 전체가 보이는 구조이다.)

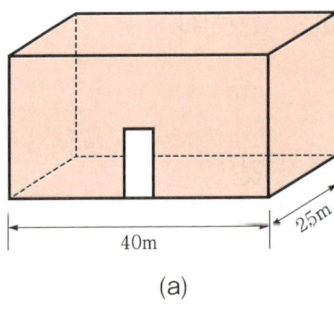

(a)   (b)

① 3개   ② 4개
③ 5개   ④ 6개

41 다음 중 바닥으로부터 1m 이하의 높이에 설치해야 하는 유도등으로 옳은 것은?
① 피난구유도등, 복도통로유도등
② 계단통로유도등, 거실통로유도등
③ 복도통로유도등, 계단통로유도등
④ 피난구유도등, 거실통로유도등

42. 종합점검 중 주펌프 성능시험을 위하여 주펌프만 수동으로 기동하려고 한다. 감시제어반의 스위치 상태로 옳은 것은?

①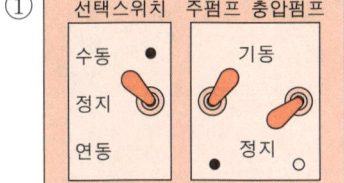

②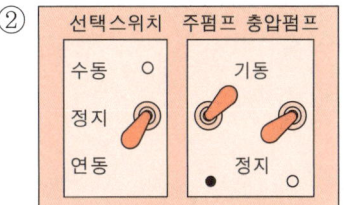

③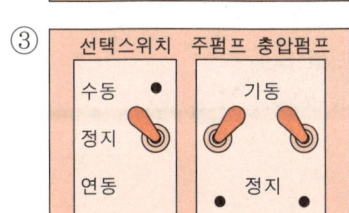

④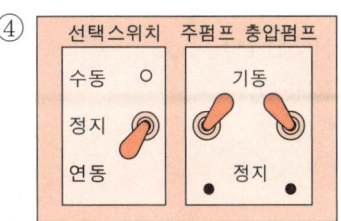

43. 다음 보기는 준비작동식 스프링클러설비의 작동순서를 나타낸다. 작동순서로 옳은 것은?

㉠ 화재발생
㉡ 감지기 A and B 감지기 작동 또는 수동기동장치(SVP) 작동
㉢ 준비작동식 유수검지장치 작동
㉣ 교차회로방식의 A or B 감지기 작동(경종 또는 사이렌 경보, 화재표시등 점등)
㉤ 배관 내 압력저하로 기동용 수압개폐장치의 압력스위치 작동 → 펌프 기동
㉥ 2차측으로 급수
㉦ 헤드 개방, 방수

① ㉠ → ㉣ → ㉡ → ㉢ → ㉥ → ㉦ → ㉤
② ㉠ → ㉣ → ㉥ → ㉤ → ㉡ → ㉢ → ㉦
③ ㉠ → ㉡ → ㉢ → ㉥ → ㉣ → ㉦ → ㉤
④ ㉠ → ㉡ → ㉢ → ㉥ → ㉣ → ㉤ → ㉦

44 다음 분말소화기의 약제의 주성분은 무엇인가?

① $NH_4H_2PO_4$
② $NaHCO_3$
③ $KHCO_3$
④ $KHCO_3+(NH_2)_2CO$

45 다음 빈칸에 들어갈 말로 옳은 것은?

- 소형소화기의 능력단위는 (㉠)단위이고 특정소방대상물의 각 부분으로부터 1개의 소화기까지의 보행거리는 (㉡) 이내이다.
- A급 대형소화기의 능력단위는 (㉢)단위 이상, B급 대형소화기의 능력단위는 (㉣)단위 이상이다.

① ㉠ : 1단위, ㉡ : 10m, ㉢ : 10단위, ㉣ : 20단위
② ㉠ : 1단위, ㉡ : 20m, ㉢ : 10단위, ㉣ : 20단위
③ ㉠ : 10단위, ㉡ : 10m, ㉢ : 20단위, ㉣ : 30단위
④ ㉠ : 10단위, ㉡ : 20m, ㉢ : 20단위, ㉣ : 30단위

46 다음 감지기회로는 어떤 방식으로 연결되었는가?

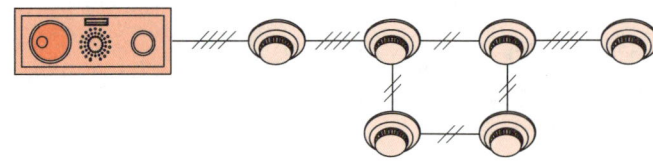

① 송배선식
② 직렬식
③ 병렬식
④ 교차회로방식

47 자위소방대의 인력편성 및 개별 임무 부여에 관한 사항으로 틀린 것은?

① 초기대응체계의 인원편성은 휴일 및 야간에 무인경비시스템을 통해 감시하는 경우에는 무인경비회사와 비상연락체계를 구축할 수 있다.
② 각 팀별로 기능에 기초하여 자위소방대원별 개별 임무를 부여한다. 이 경우 대원별 임무를 복수로 하거나 중복하여 지정할 수 없다.
③ 초기대응체계의 인원편성은 근무자의 근무위치, 근무인원 등을 고려하여 편성한다.
④ 초기대응체계의 인원편성은 근무자 또는 대상물관리인 등 상시근무자를 중심으로 구성한다.

48 다음 그림을 보고 현재 축압식 분말소화기의 지시압력계와 옥내소화전설비 동력제어반의 상태로 옳은 것은?

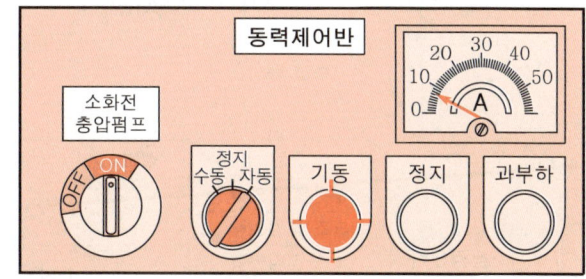

① 정상 – 불량
② 불량 – 불량
③ 불량 – 정상
④ 정상 – 정상

49 다음 중 소방시설 등이 신설된 2급 소방안전관리 대상물이다. 소방시설 점검표의 일부를 보고 다음 작동점검과 종합점검을 실시해야 하는 날짜로 옳은 것은? (단, 사용승인일은 2023년 8월 10일이다.)

[ ] 작동점검, 종합점검([✓]최초점검, [ ]그 밖의 종합점검)

소방시설등 자체점검 실시결과 보고서

※ [ ]에는 해당되는 곳에 √표를 합니다.

특정소방 대 상 물	명칭(상호)		대상물 구분(용도)	
	소재지			

| 점검기간 | 2023년 10월 4일 ~ 2023년 10월 5일 (총 점검일수 : 2일) | | | |

점검자	[ ]관계인 (성명: , 전화번호:)			
	[ ]소방안전관리자 (성명: , 전화번호:)			
	[ ]소방시설관리업자 (업체명: , 전화번호:)			
	전자우편 송달 동의	「행정절차법」 제14조에 따라 정보통신망을 이용한 문서 송달에 동의합니다. [ ] 동의함 [ ] 동의하지 않음 관계인 (서명 또는 인) 전자우편 주소 @			

점검인력	구분	성명	자격구분	자격번호	점검참여일(기간)
	주된 점검인력				
	보조 점검인력				
	보조 점검인력				
	보조 점검인력				
	보조 점검인력				
	보조 점검인력				

「소방시설 설치 및 관리에 관한 법률」 제23조 제3항 및 같은 법 시행규칙 제23조 제1항 및 제2항에 따라 위와 같이 소방시설등 자체점검 실시결과 보고서를 제출합니다.

2023년 10월 5일

소방시설관리업자·소방안전관리자·관계인: 아무개 (서명 또는 인)

① 종합점검 2024년 8월 4일, 작동점검 2025년 2월 3일
② 종합점검 2024년 10월 3일, 작동점검 2024년 4월 4일
③ 종합점검 2024년 4월 4일, 작동점검 미실시
④ 종합점검 미실시, 작동점검 2024년 4월 4일

50 옥내소화전설비의 정상 방수압력 범위로 옳은 것은?

유사문제
24년 문32
24년 문39
23년 문34
22년 문47
21년 문47

교재 2권
30

① 0.25~0.7MPa
② 0.17~0.7MPa
③ 0.17~1.2MPa
④ 0.25~1.2MPa

" 인생에서는 누구나 1등이 될 수 있다.
우리 모두 1등이 되는 삶을 향하여 한 발짝씩 전진해 봅시다.
- 김영식 '10m만 더 뛰어봐' - "

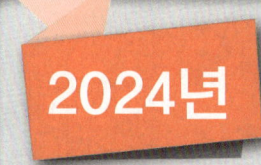

2024년 기출문제

정답 및 해설은 여기로!
정답 및 해설 p. 2-18

제 ① 과목

정답 및 해설은 여기로!
정답 및 해설 p. 2-18

01 11층의 건물에 옥내소화전 7개, 옥외소화전 3개가 설치되어 있을 때 필요한 수원의 양은?

① $19.2m^3$
② $25m^3$
③ $27m^3$
④ $39.2m^3$

02 차동식 스포트형 감지기의 설명으로 옳은 것은?

① 감열실, 다이어프램, 리크구멍, 접점 등으로 구분한다.
② 바이메탈, 감열판 및 접점 등으로 구분한다.
③ 주위 온도가 일정온도 이상이 되었을 때 작동한다.
④ 보일러실, 주방 등에 설치한다.

03 위험물류별 특성으로 틀린 것은?

① 제1류 위험물은 산화성 고체로 가열, 충격, 마찰 등에 의해 분해되고 산소를 방출한다.
② 제2류 위험물은 가연성 고체로 연소시 유독가스가 발생한다.
③ 제4류 위험물은 인화성 액체로 주수소화 불가능한 것이 대부분이다.
④ 제6류 위험물은 산화성 액체로 가열, 충격, 마찰 등에 의해 분해되고 산소를 방출한다.

04 종합방재실의 설치기준에 대한 설명으로 옳은 것은?

① 공동주택의 경우 관리사무소 내에 설치할 수 없다.
② 종합방재실은 반드시 1층에 설치해야 한다.
③ 종합방재실의 면적은 30m²로 해야 한다.
④ 재난정보 수집 및 제공, 방재활동의 거점 역할을 할 수 있는 곳이어야 한다.

05 다음 방염대상물품 중 제조 또는 가공공정에서 방염처리를 한 물품이 아닌 것은?

① 창문에 설치하는 커튼류(블라인드 포함)
② 종이류(두께 2mm 이상)
③ 암막·무대막(영화상영관에서 설치하는 스크린과 가상체험 체육시설업에 설치되는 스크린을 포함)
④ 섬유류 또는 합성수지류 등을 원료로 하여 제작된 소파·의자(단란주점, 유흥주점 및 노래연습장에 한함)

[06-08] 지상 4층, 연면적 5000m²인 공장 건물에 자동화재탐지설비 및 유도등이 설치되어 있다. 이 공장에 소방안전관리자 등을 2021년 3월 5일에 선임하였을 경우 다음 물음에 답하시오.

06 다음 특정소방대상물에 관하여 소방안전관리자, 소방안전관리보조자 선임에 관하여 옳은 것은?

① 2급 소방안전관리자 1명, 소방안전관리보조자 1명
② 3급 소방안전관리자 1명, 소방안전관리보조자 1명
③ 2급 소방안전관리자 1명, 소방안전관리보조자 2명
④ 3급 소방안전관리자 1명, 소방안전관리보조자 없음

07 다음 특정소방대상물에 소방안전관리자 선임조건으로 옳은 것은? (단, 해당 소방안전관리자 자격증을 받은 경우이다.)

① 2급 소방안전관리자 자격증을 받은 사람
② 3급 소방안전관리자 교육을 수료한 사람
③ 공공기관 소방안전관리에 관한 강습교육을 수료한 사람
④ 위험물기능사 자격이 있는 사람

08 실무교육은 언제까지 받아야 하는가?
① 2021년 9월 1일
② 2021년 10월 1일
③ 2022년 3월 4일
④ 2023년 3월 4일

09 다음 복사에 대한 설명 중 틀린 것은?
① 유체의 흐름에 의하여 열이 전달된다.
② 화재시 열의 이동에 가장 크게 작용하는 열이동방식이다.
③ 열에너지를 파장의 형태로 계속적으로 방사한다.
④ 열복사라고 하며 양지바른 곳에서 햇볕을 쬐면 따뜻한 것은 복사열을 받기 때문이다.

10 다음 중 200만원 이하의 과태료 처분에 해당되지 않는 것은?
① 소방활동구역에 출입한 사람
② 소방자동차의 출동에 지장을 준 자
③ 기간 내에 소방안전관리자 선임을 하지 아니한 자
④ 기간 내에 소방훈련 및 교육 결과를 제출하지 아니한 자

11 전기안전관리상 주요 화재원인이 아닌 것은?
① 전선의 합선(단락)에 의한 발화
② 누전에 의한 발화
③ 과전류(과부하)에 의한 발화
④ 전기절연저항에 의한 발화

12 거실제연설비의 점검방법으로 틀린 것은?

① 화재경보가 발생하는지 확인한다.
② 제연커튼이 설치된 장소에는 제연커튼이 작동(내려오는지)되는지 확인한다.
③ 배기·급기댐퍼가 작동하여 폐쇄되는지 확인한다.
④ 배풍기(배기팬)·송풍기(급기팬)이 작동하여 송풍 및 배풍이 정상적으로 되는지 확인한다.

13 장애유형별 피난보조에 대한 내용으로 틀린 것은?

① 지체장애인은 2인 이상이 1조가 되어 피난을 보조한다.
② 시각장애인은 표정이나 제스처를 사용하고 조명을 적극 활용한다.
③ 지적장애인은 공황상태에 빠질 수 있으므로 차분하고 느린 어조로 도움을 주러 왔음을 밝히고 피난을 보조한다.
④ 노인은 지병이 있는 경우가 많으므로 구조대가 알기 쉽게 지병을 표시한다.

14 연료가스의 종류와 특성에 대한 설명으로 틀린 것은?

① LPG의 비중은 1.5~2이다.
② 프로판의 폭발범위는 2.1~9.5%이다.
③ 부탄의 폭발범위는 1.8~8.4%이다.
④ LNG의 폭발범위는 6~19%이다.

15 다음 중 100만원 이하의 벌금에 해당되지 않는 것은?

① 피난명령을 위반한 자
② 정당한 사유 없이 물의 사용이나 수도의 개폐장치의 사용 또는 조작을 하지 못하게 방해한 자
③ 정당한 사유 없이 소방대가 현장에 도착할 때까지 사람을 구출하는 조치 또는 불을 끄거나 불이 번지지 않도록 조치를 아니한 소방대상물 관계인
④ 정당한 사유 없이 소방용수시설 또는 비상소화장치를 사용하거나 소방용수시설 또는 비상소화장치의 효용을 해하거나 그 정당한 사용을 방해한 사람

16. 다음 중 자동화재탐지설비에 관한 설명 중 옳은 것은?

① 도통시험순서는 도통시험스위치 누름 → 자동복구스위치 누름 → 회로시험스위치 돌림이다.
② 도통시험은 정상 19~29V, 단선 0V이다.
③ 예비전원시험시 전압계가 있는 경우 정상일 때 19~29V를 가리킨다.
④ 감지기 사이의 회로배선은 교차회로방식이다.

17. 다음 중 종합방재실의 위치에 대한 설명으로 틀린 것은?

① 1층 또는 피난층
② 초고층 건축물에 특별피난계단이 설치되어 있고, 특별피난계단 출입구로부터 5m 이내에 종합방재실을 설치하려는 경우에는 지하 1층 또는 지하 2층에 설치할 수 있다.
③ 화재 및 침수 등으로 인하여 피해를 입을 우려가 적은 곳
④ 공동주택의 경우에는 관리사무소 내에 설치할 수 있다.

18. 4층 이상 노유자시설의 피난기구 중 적응성이 있는 것은?

① 피난용 트랩   ② 피난교
③ 피난사다리   ④ 완강기

19. 다음 보기에서 설명하는 소방교육 및 훈련의 실시원칙으로 옳은 것은?

- 어떠한 기술을 어느 정도까지 익혀야 하는가를 명확하게 제시한다.
- 습득하여야 할 기술이 활동 전체에서 어느 위치에 있는가를 인식하도록 한다.

① 학습자 중심의 원칙
② 동기부여의 원칙
③ 목적의 원칙
④ 경험의 원칙

20 다음 스프링클러설비의 내용 중 옳은 것은?

① 습식 스프링클러설비는 소화가 신속하다.
② 건식 스프링클러설비는 동결 우려 장소에 사용이 불가능하다.
③ 준비작동식 스프링클러설비는 수손피해가 크다.
④ 일제살수식 스프링클러설비는 대량살수에 의한 수손피해가 없다.

21 노유자시설의 피난기구 중 적응성이 없는 것은?

① 완강기
② 다수인 피난장비
③ 미끄럼대
④ 구조대

22 경계구역 설정방법으로 틀린 것은?

① 하나의 경계구역이 2개 이상의 건축물에 미치지 아니하도록 하여야 한다.
② 500m² 이하의 범위 안에서는 2개의 층을 하나의 경계구역으로 할 수 있다.
③ 하나의 경계구역의 면적은 600m², 한 변의 길이는 50m 이하로 한다.
④ 내부 전체가 보이는 것에 있어서는 한 변의 길이가 70m의 범위 내에서 1000m² 이하로 할 수 있다.

23 다음 사진은 유도등의 점검내용 중 어떤 점검에 해당되는가?

 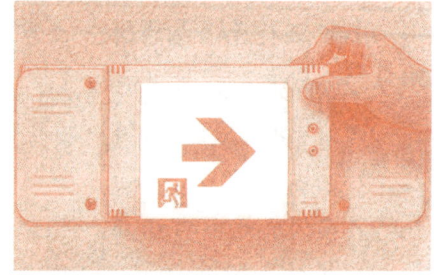

① 예비전원(배터리)점검
② 3선식 유도등점검
③ 2선식 유도등점검
④ 상용전원점검

24 다음 건축법 관련 용어 중 재축의 정의 및 재축이 갖추어야 할 요건으로 옳지 않은 것은?

① 연면적 합계는 종전 규모 이하로 할 것
② 동수, 층수 및 높이가 모두 종전 규모 이하일 것
③ 동수, 층수 또는 높이의 어느 하나가 종전 규모를 초과하는 경우에는 해당 동수, 층수 및 높이가 건축법령에 모두 적합할 것
④ 재축이란 기존 건축물의 전부 또는 일부를 해체하고 그 대지에 종전과 동일한 규모의 범위 안에서 건축물을 다시 축조하는 것을 말한다.

25 제연설비에서 방연풍속이 다른 하나는?

① 계단실 및 그 부속실을 동시 제연하는 것
② 부속실이 면하는 옥내가 거실인 경우
③ 부속실이 면하는 옥내가 복도로서 그 구조가 방화구조인 것
④ 계단실만 단독으로 제연하는 것

정답 및 해설은 여기로!
정답 및 해설 p. 2-29

26 습식 스프링클러설비 점검 그림이다. 점검시 스프링클러설비의 상태로 옳지 않은 것은? (단, 설비는 정상상태이며, 제시된 조건을 제외하고 나머지 조건은 무시한다.)

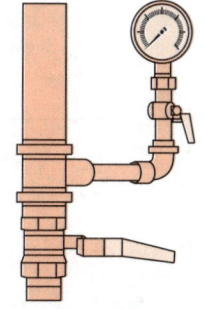

| 3층 말단시험밸브 모습 |

① 감지기 작동
② 알람밸브 작동
③ 주, 충압펌프 작동
④ 사이렌 작동

27 제연설비 점검시 감지기를 작동시켜 정상동작을 위한 각 제어반의 스위치 위치로 옳은 것은? (단, 제시된 조건을 제외하고 나머지 조건은 무시한다.)

유사문제
24년 문41
23년 문30
23년 문48
21년 문26
21년 문42

실무교재
113
-115

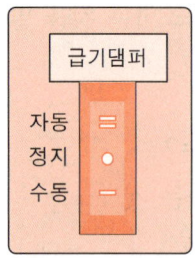
| 감시제어반 |

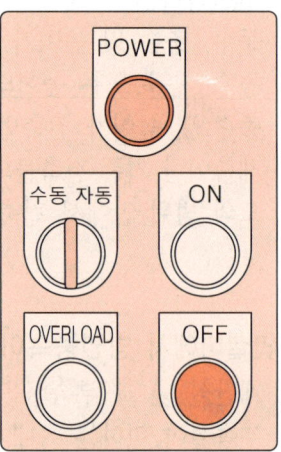
| 동력제어반 |

	감시제어반				동력제어반	
	스위치	상태	스위치	상태	스위치	상태
①	급기송풍기	수동	급기댐퍼	수동	동력제어반 수동/자동	자동
②	급기송풍기	자동	급기댐퍼	자동	동력제어반 수동/자동	자동
③	급기송풍기	자동	급기댐퍼	자동	동력제어반 수동/자동	수동
④	급기송풍기	수동	급기댐퍼	수동	동력제어반 수동/자동	수동

28. 계단감지기 점검시 수신기에 나타나는 모습으로 옳은 것은?

유사문제
23년 문38
23년 문44
22년 문28
22년 문39
21년 문45

교재 2권 111

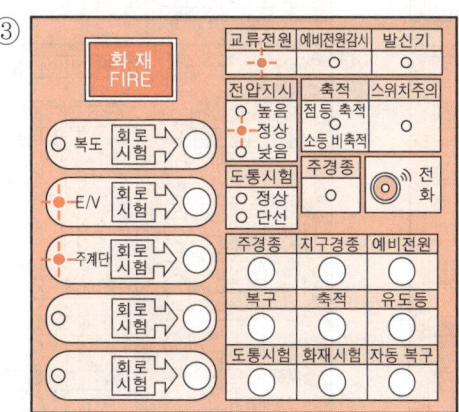
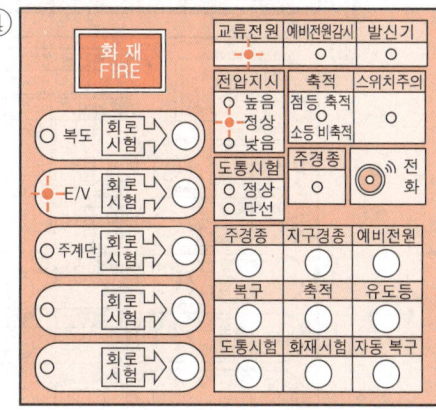

29 건물 내 2F에서 발신기 오작동이 발생하였다. 수신기의 상태로 볼 수 있는 것으로 옳은 것은? (단, 건물은 직상 4개층 경보방식이다.)

유사문제
23년 문38
22년 문46
21년 문33

교재 2권
111

①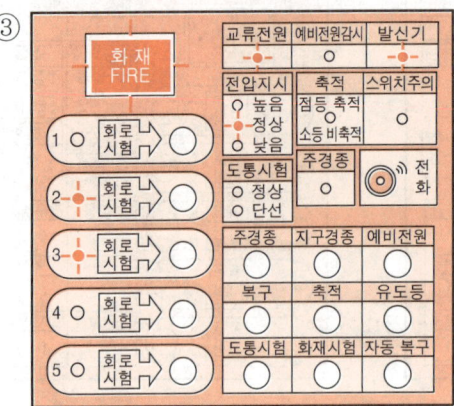

②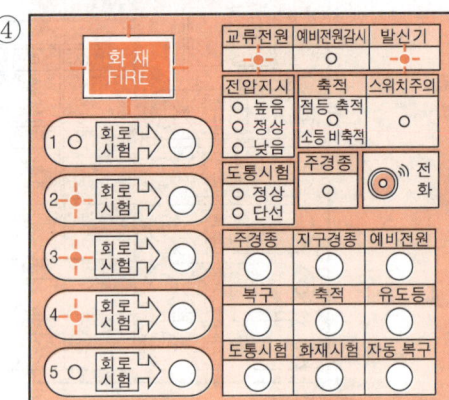

③

④

30 다음 자동화재탐지설비 점검시 5층의 선로 단선을 확인하는 순서로 옳은 것은?

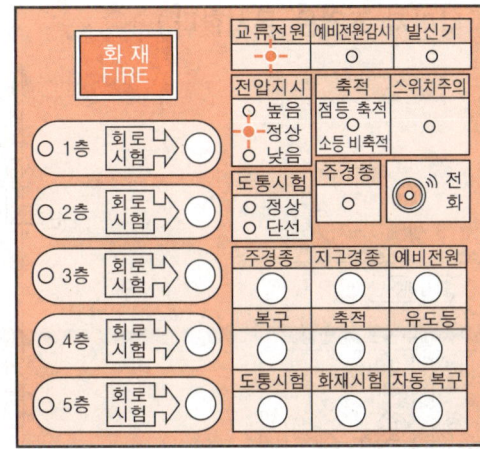

① 주경종 버튼 누름 → 5층 회로시험 누름
② 화재시험 버튼 누름 → 5층 회로시험 누름
③ 축적 버튼 누름 → 5층 회로시험 누름
④ 도통시험 버튼 누름 → 5층 회로시험 버튼 누름

31 다음 옥내소화전(감시 또는 동력)제어반에서 주펌프를 수동으로 기동시키기 위하여 보기에서 조작해야 할 스위치로 옳은 것은? (단, 설비는 정상상태이며 제시된 조건을 제외한 나머지 조건은 무시한다.)

유사문제
24년 문40
23년 문46
23년 문49
22년 문30
22년 문36
21년 문28
21년 문35
21년 문41

교재 2권
42~43

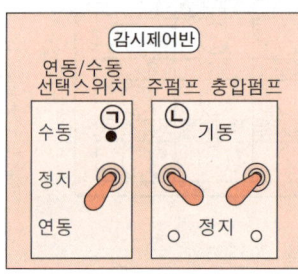
│감시제어반│

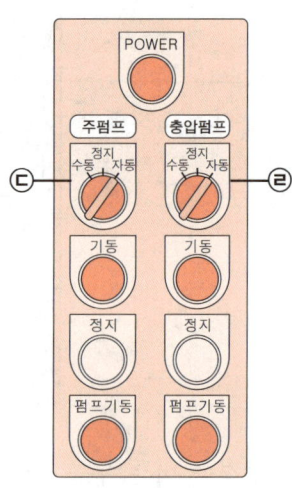
│동력제어반│

① ㉠만 수동으로 조작
② ㉠은 연동에 두고 ㉡을 기동으로 조작
③ ㉢을 수동으로 두고 기동버튼 누름
④ ㉣을 수동으로 두고 기동버튼 누름

32 다음 중 옥내소화전설비의 방수압력 측정조건 및 방법으로 옳은 것은?

유사문제
24년 문39
23년 문34
22년 문47
21년 문47

교재 2권
29, 41

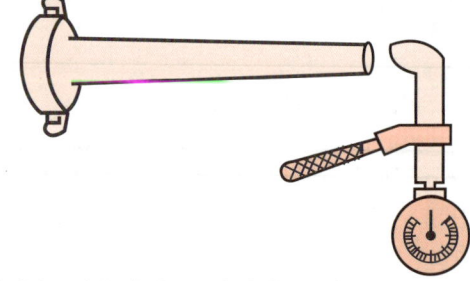

① 반드시 방사형 관창을 이용하여 측정해야 한다.
② 방수압력측정계는 노즐의 선단에서 근접$\left(노즐구경의 \dfrac{1}{2}\right)$하여 측정한다.
③ 방수압력 측정시 정상압력은 0.15MPa 이하로 측정되어야 한다.
④ 방수압력측정계로 측정할 경우 물이 나가는 방향과 방수압력측정계의 각도는 상관없다.

33 다음 그림의 밸브가 개방(작동)되는 조건으로 옳지 않은 것은?

▎프리액션밸브▕

① 방화문 감지기 작동
② SVP(수동조작함) 수동조작 버튼 기동
③ 감시제어반에서 동작시험
④ 감시제어반에서 수동조작

34 다음 옥내소화전 감시제어반 스위치 상태를 보고 옳은 것을 고르시오.

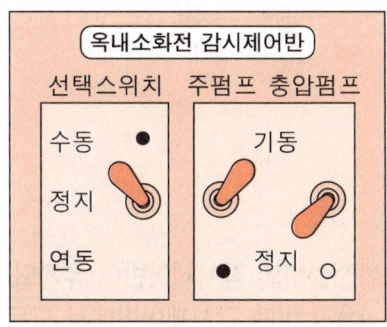

① 충압펌프를 수동으로 기동 중이다.
② 주펌프를 수동으로 기동 중이다.
③ 충압펌프를 자동으로 기동 중이다.
④ 주펌프는 자동으로 기동 중이다.

35 다음 그림 중 심폐소생술(CPR)과 자동심장충격기(AED) 사용 순서로 옳은 것은?

유사문제
23년 문37
23년 문43
23년 문50
22년 문45
22년 문49
21년 문31
21년 문37
21년 문43
21년 문49

교재 1권
262
-266

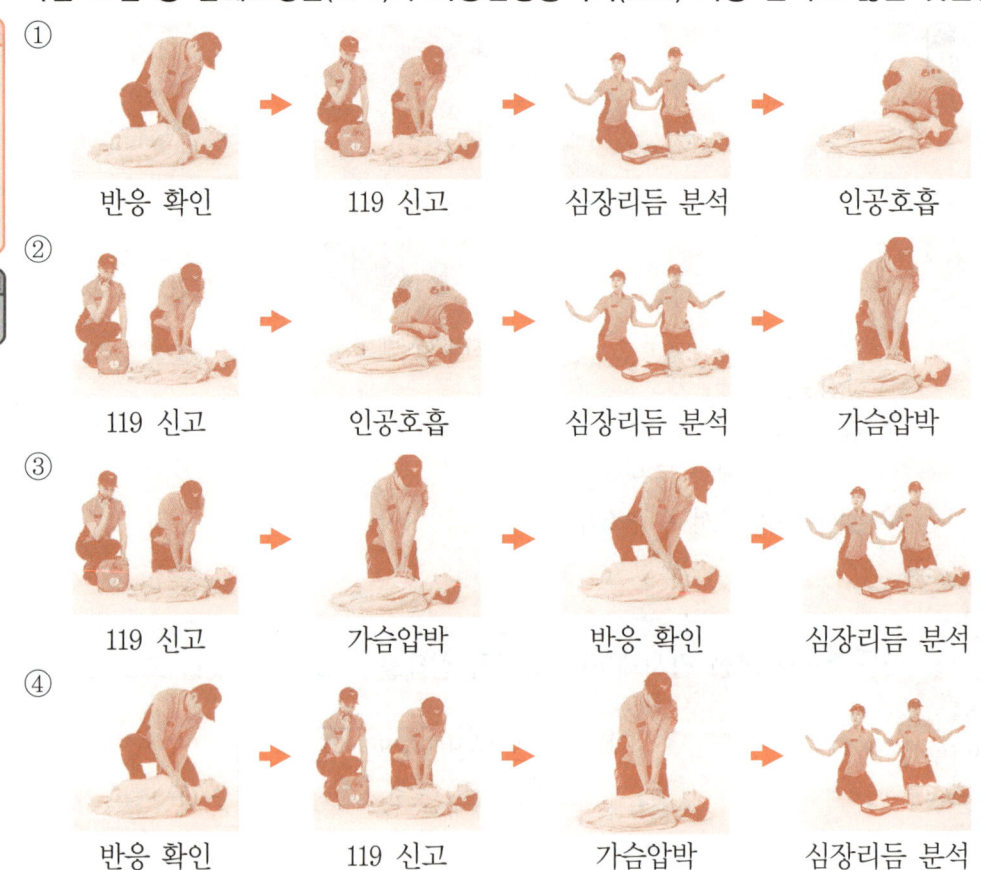

① 반응 확인 → 119 신고 → 심장리듬 분석 → 인공호흡
② 119 신고 → 인공호흡 → 심장리듬 분석 → 가슴압박
③ 119 신고 → 가슴압박 → 반응 확인 → 심장리듬 분석
④ 반응 확인 → 119 신고 → 가슴압박 → 심장리듬 분석

36 아래와 같이 옥내소화전설비의 감시제어반이 유지되고 있다. 다음 중 주펌프를 수동기동하는 방법(㉠, ㉡, ㉢)과 이때 감시제어반에서 작동되는 음향장치(㉣)를 올바르게 나열한 것은? (단, 설비는 정상상태이며 제시된 조건을 제외한 나머지 조건은 무시한다.)

유사문제
23년 문46
23년 문49
22년 문30
21년 문41

교재 2권
42-43

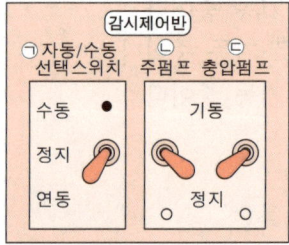

① ㉠ 연동, ㉡ 기동, ㉢ 정지, ㉣ 사이렌
② ㉠ 연동, ㉡ 정지, ㉢ 정지, ㉣ 부저
③ ㉠ 수동, ㉡ 기동, ㉢ 정지, ㉣ 부저
④ ㉠ 수동, ㉡ 기동, ㉢ 정지, ㉣ 사이렌

37 수신기의 예비전원시험을 진행한 결과 다음과 같이 수신기의 표시등이 점등되었을 때, 조치사항으로 옳은 것은?

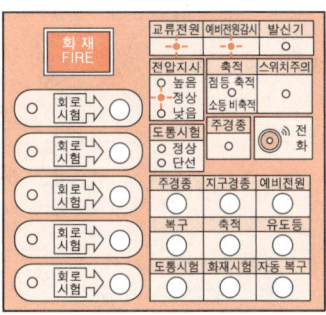

① 축적스위치를 누름
② 복구스위치를 누름
③ 예비전원 시험스위치 불량 여부 확인
④ 예비전원 불량 여부 확인

38 다음 중 그림 A~C에 대한 설명으로 옳지 않은 것은?

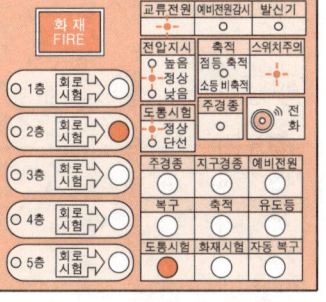
| 그림 A |

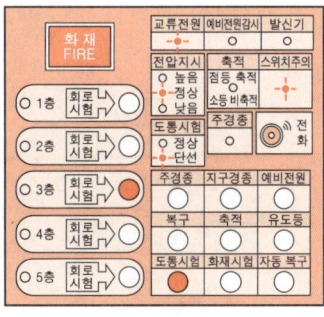
| 그림 B |

| 그림 C |

① 그림 A를 봤을 때 2층의 도통시험 결과가 정상임을 알 수 있다.
② 그림 A를 봤을 때 스위치주의표시등이 점등된 것은 정상이다.
③ 그림 B를 봤을 때 3층의 도통시험 결과 단선임을 알 수 있다.
④ 그림 C를 봤을 때 모든 경계구역은 단선이다.

39. 옥내소화전 방수압력시험에 필요한 장비로 옳은 것은?

유사문제
24년 문32
23년 문34
22년 문47
21년 문47

교재 2권
41-42

①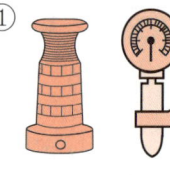

②

③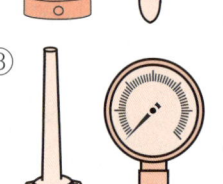

④

40. 동력제어반 상태를 확인하여 감시제어반의 예상되는 모습으로 옳은 것은? (단, 현재 감시제어반에서 펌프를 수동 조작하고 있다.)

유사문제
24년 문31
23년 문46
23년 문49
22년 문30
22년 문36
21년 문28
21년 문35
21년 문41

교재 2권
42-43

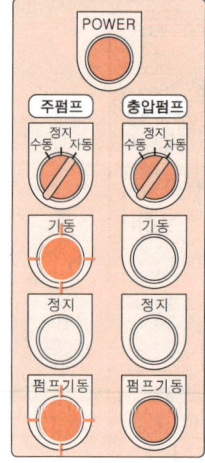

①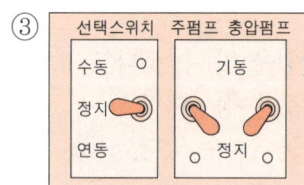

②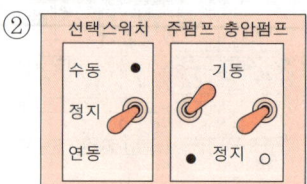

③
④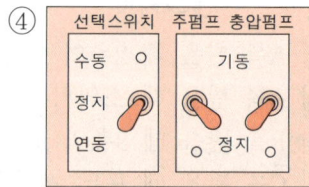

41 급기댐퍼 수동기동장치를 작동시켰을 때 감시제어반에서 확인되는 사항으로 옳지 않은 것만 〈보기〉에서 있는 대로 고른 것은? (단, 모든 설비는 정상상태이다.)

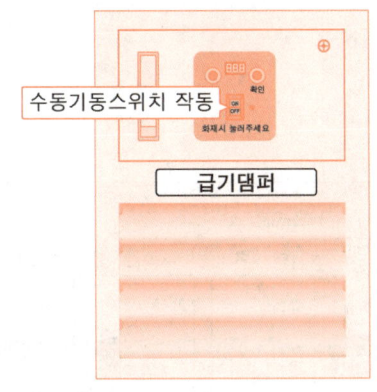

〈보기〉

구 분	감시제어반 표시등	작동상태
㉠	감지기	점등
㉡	댐퍼 확인	소등
㉢	댐퍼수동기동	점등
㉣	송풍기 확인	소등

① ㉠, ㉡　　　　　② ㉡, ㉢
③ ㉠, ㉡, ㉣　　　④ ㉢, ㉣

42 그림 A의 밸브를 화살표 방향으로 내렸을 때 그림 B와 같이 감시제어반에 표시되었다. 감시제어반 상태에 대한 설명으로 옳은 것은? (단, 설비는 정상상태이며 제시된 조건을 제외한 나머지 조건은 무시한다.)

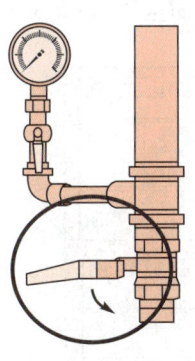

|그림 A|

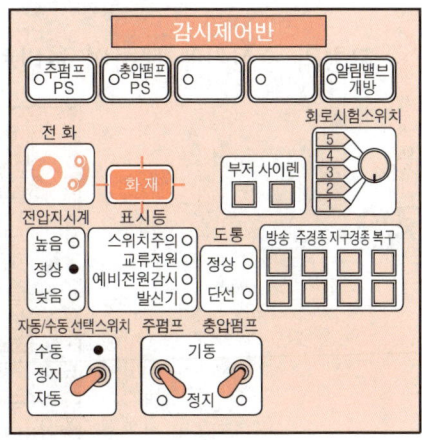

|그림 B|

① 주펌프 및 충압펌프는 정상적으로 작동하고 있다.
② 화재표시등이 꺼져있다.
③ 알람밸브는 개방되어 있지 않다.
④ 자동/수동 선택스위치는 현재 수동에 위치하고 있다.

43 펌프성능시험을 위해 그림과 같이 펌프를 작동하였다. 다음 그림에 대한 설명으로 옳지 않은 것은? (단, 설비는 정상상태이며 제시된 조건을 제외한 나머지 조건은 무시한다.)

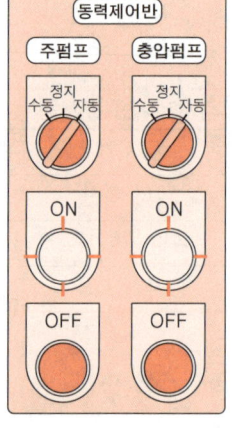
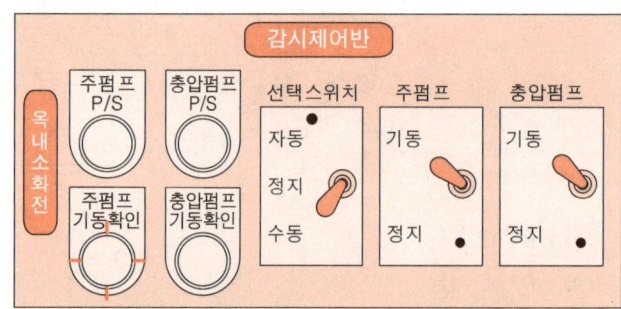

① 기동용 수압개폐장치(압력챔버) 주펌프 압력스위치는 미작동 상태이다.
② 감시제어반의 주펌프 스위치를 정지위치로 내리면 주펌프는 정지한다.
③ 현재 주펌프는 자동으로, 충압펌프는 수동으로 작동하고 있다.
④ 감시제어반 충압펌프 기동확인등이 소등되어 있으므로 불량이다.

44 그림의 수신기에 대하여 올바르게 이해하고 있는 사람은?

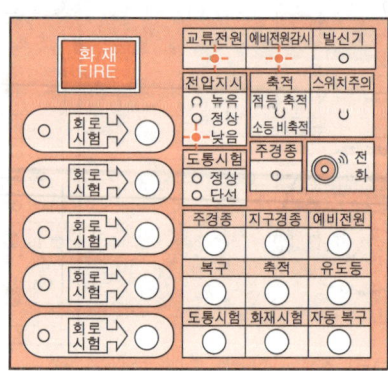

① 김씨 : 현재 전력은 안정적으로 공급되고 있네요.
② 이씨 : 전력공급이 불안정할 때는 예비전원스위치를 눌러서 전원을 공급해야 해.
③ 박씨 : 예비전원 배터리에 문제가 있을 것으로 예상되므로 예비전원을 교체해야 해.
④ 최씨 : 정전, 화재 등 비상시 소방설비가 정상적으로 작동될거야.

45 추운 곳에 설치하기 곤란한 스프링클러설비는?

① 습식
② 건식
③ 준비작동식
④ 일제살수식

46 다음 중 수신기 그림의 설명으로 옳은 것은?

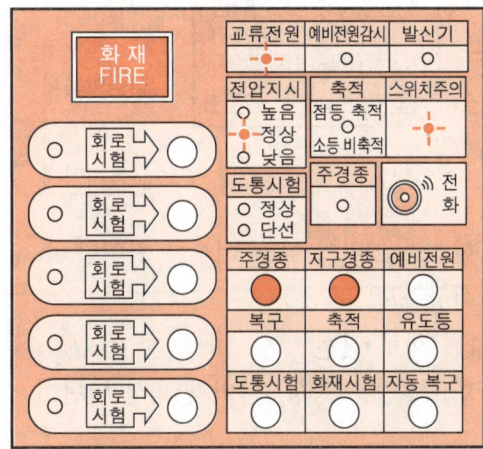

① 스위치 주의표시등이 점등되어 있으므로 119에 신속히 신고한다.
② 스위치 주의표시등이 점등되어 있으므로 화재 위치를 확인하여 조치한다.
③ 스위치 주의표시등이 점등되어 있으므로 스위치상태를 확인하여 정상위치에 놓는다.
④ 스위치 주의표시등이 점등되어 있으므로 예비전원 상태를 확인한다.

47 그림은 P형 수신기의 도통시험을 위하여 도통시험 버튼 및 회로 3번 시험버튼을 누른 모습이다. 점검표 작성 내용으로 옳은 것은? (단, 회로 1, 2, 4, 5번의 점검결과는 회로 3번 결과와 동일하다.)

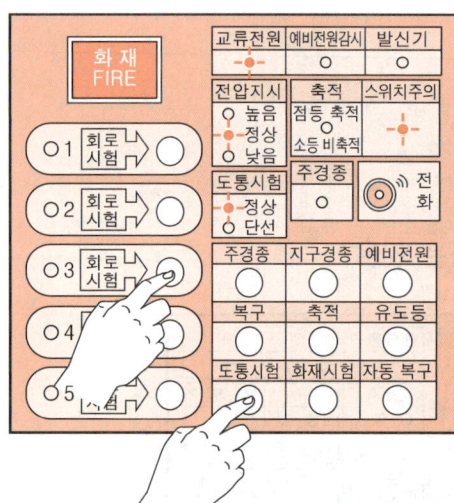

점검항목	점검내용	점검결과	
		결 과	불량내용
수신기 도통시험	회로단선 여부	㉠	㉡

① ㉠ ×, ㉡ 회로 1, 2번의 단선 여부를 확인할 수 없음
② ㉠ ○, ㉡ 이상 없음
③ ㉠ ×, ㉡ 1번 회로 단선
④ ㉠ ○, ㉡ 회로 3번은 정상, 나머지 회선은 단선

48 그림은 옥내소화전 감시제어반 중 펌프제어를 위한 스위치의 예시를 나타낸 것이다. 평상시 및 펌프점검시 스위치 위치에 대한 설명으로 옳은 것만 보기에서 있는대로 고른 것은?

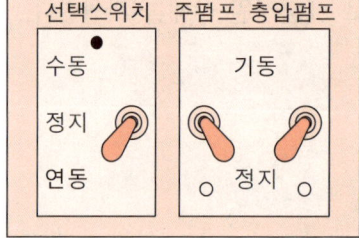

㉠ 평상시 펌프선택스위치는 '수동' 위치에 있어야 한다.
㉡ 평상시 주펌프스위치는 '기동' 위치에 있어야 한다.
㉢ 펌프 수동기동시 펌프 선택스위치는 '수동'에 있어야 한다.

① ㉠   ② ㉢
③ ㉠, ㉡ ④ ㉠, ㉡, ㉢

49 다음은 인공호흡에 관한 내용이다. 보기 중 옳은 것을 있는 대로 고른 것은?

┃인공호흡┃

㉠ 턱을 목 아래쪽으로 내려 공기가 잘 들어가도록 해준다.
㉡ 머리를 젖혔던 손의 엄지와 검지로 환자의 코를 잡아서 막고, 입을 크게 벌려 환자의 입을 완전히 막은 후 가슴이 올라올 정도로 1초에 걸쳐서 숨을 불어 넣는다.
㉢ 숨을 불어 넣을 때에는 환자의 가슴이 부풀어 오르는지 눈으로 확인하고 공기가 배출되도록 해야 한다.
㉣ 인공호흡이 꺼려지는 경우에는 가슴압박만 시행할 수 있다.

① ㉠ ② ㉡
③ ㉡, ㉣ ④ ㉠, ㉢

50 그림은 자동화재탐지설비 수신기의 작동 상태를 나타낸 것이다. 보기 중 옳은 것을 있는 대로 고른 것은?

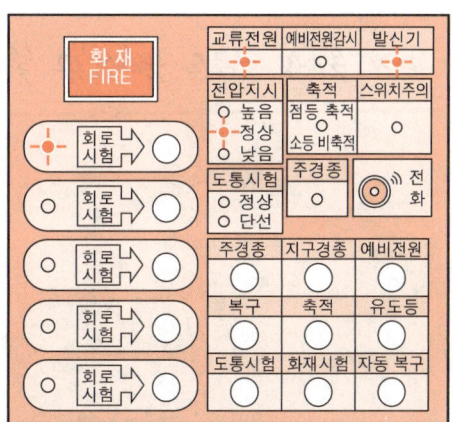

㉠ 도통시험을 실시하고 있으며 좌측 구역은 단선이다.
㉡ 화재통보기기는 발신기이다.
㉢ 스위치주의등이 점멸되지 않는 것은 조작스위치가 눌러져 작동된 상태를 나타낸다.
㉣ 수신기의 전원상태는 이상이 없다.

① ㉠, ㉡ ② ㉡, ㉢
③ ㉢, ㉣ ④ ㉡, ㉣

" 내가 못하면 아무도 못하는 그 날까지
- H.S. Kong - "

 **2023년 기출문제**

정답 및 해설은 여기로!
정답 및 해설 p. 2-35

제  과목

정답 및 해설은 여기로!
정답 및 해설 p. 2-35

01 소방대상물의 관계인이 아닌 것은?

① 감독자
② 관리자
③ 소유자
④ 점유자

02 다음 중 대수선에 해당하지 않은 것은?

① 기둥 2개를 수선 또는 변경하는 것
② 지붕틀 3개를 수선 또는 변경하는 것
③ 보 3개를 수선 또는 변경하는 것
④ 주계단, 피난계단 또는 특별피난계단을 증설 또는 해체하는 것

03 방화구획의 설치기준 중 스프링클러설비, 기타 이와 유사한 자동식 소화설비를 설치한 10층 이하의 층은 몇 m² 이내마다 구획하여야 하는가?

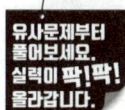

① 1000
② 1500
③ 2000
④ 3000

04. 다음은 연소의 3요소 중 가연물이 될 수 없는 조건과 물질이다. 아래의 조건과 해당되는 물질이 옳게 짝지어진 것은?

조 건	물 질
㉠ 불활성 기체 ㉡ 완전산화물 ㉢ 흡열반응물질	ⓐ 돌, 흙 ⓑ 질소 또는 질소산화물 ⓒ 물, 이산화탄소 ⓓ 헬륨, 네온, 아르곤 ⓔ 일산화탄소

① ㉠-ⓔ, ㉡-ⓓ, ㉢-ⓑ
② ㉠-ⓓ, ㉡-ⓑ, ㉢-ⓐ
③ ㉠-ⓓ, ㉡-ⓒ, ㉢-ⓑ
④ ㉠-ⓓ, ㉡-ⓑ, ㉢-ⓒ

05. 가연성 물질의 구비조건으로 옳은 것은?

① 산소와의 친화력이 작다.
② 건조도가 낮다.
③ 연소열이 작다.
④ 열전도율이 작다.

06. 다음 중 연소의 형태에 따른 물질로 짝지어진 것 중 옳지 않은 것은?

① 표면연소 : 마그네슘
② 분해연소 : 석탄
③ 승발연소 : 열가소성수지
④ 자기연소 : 황

07. 다음 중 연소 후 재를 남기지 않는 것은 무슨 화재인가?

① 일반화재
② 유류화재
③ 주방화재
④ 금속화재

08 열전달의 설명 중 화재에서 화염의 접촉 없이 연소가 확산되는 현상을 무엇이라 하는가?

① 전도 ② 대류
③ 복사 ④ 비화

09 연기의 수평방향 확산속도는?

① 0.5~1.0m/sec ② 1.0~1.2m/sec
③ 2~3m/sec ④ 3~5m/sec

10 (   ) 안에 들어갈 말로 옳은 것은?

위험물이란 (   ) 또는 (   ) 등의 성질을 가지는 것으로 대통령령이 정하는 물품이다.

① 발화성 또는 점화성
② 위험성 또는 인화성
③ 인화성 또는 발화성
④ 인화성 또는 점화성

11 액화석유가스(LPG)에 대한 설명으로 옳지 않은 것은?

① 가정용, 공업용으로 주로 사용된다.
② CH_4이 주성분이다.
③ 프로판의 폭발범위는 2.1~9.5%이다.
④ 비중이 1.5~2로 누출시 낮은 곳으로 체류한다.

12 다음 중 종합방재실의 구축효과로 옳지 않은 것은?

① 화재피해의 최소화 ② 화재시 신속한 대응
③ 시스템 안전성 향상 ④ 유지관리 비용 증가

13 다음 중 자동화재탐지설비의 소방시설 적용기준으로 틀린 것은?

① 근린생활시설(목욕장 제외)로서 연면적 600m² 이상
② 판매시설로서 연면적 1000m² 이상
③ 업무시설로서 연면적 1000m² 이상
④ 교육연구시설로서 연면적 1500m² 이상

14 소방안전관리보조자는 몇 명이 필요한가?

① 1명
② 2명
③ 3명
④ 4명

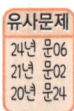

15 소화설비 중 소화기구에 대한 설명으로 옳지 않은 것은?

① 소화기는 각 층마다 설치하고 소형소화기는 특정소방대상물의 각 부분으로부터 1개 소화기까지 보행거리는 20m 이내로 한다.
② ABC급 분말소화기의 주성분은 제1인산암모늄이다.
③ 능력단위가 2단위 이상이 되도록 소화기를 설치하여야 하는 특정소방대상물 또는 그 부분에 있어서는 간이소화용구의 능력단위가 전체 능력단위를 초과하지 않도록 하여야 한다.
④ 소화기의 내용연수는 10년으로 하고 내용연수가 지난 제품은 교체 또는 성능확인을 받아야 한다.

16 건축물의 주요구조부가 내화구조이고, 벽 및 반자의 실내에 면하는 부분이 불연재료로 된 바닥면적 600m²인 의료시설에 필요한 소화기구의 능력단위는?

① 2단위
② 3단위
③ 4단위
④ 6단위

17 옥내소화전설비에 대한 설명으로 옳은 것은?

① 옥내소화전(2개 이상인 경우 2개, 고층건축물의 경우 최대 5개)을 동시에 방수할 경우 방수압은 0.17MPa 이상, 0.7MPa 이하가 되어야 한다.
② 옥내소화전(2개 이상인 경우 2개, 고층건축물의 경우 최대 5개)을 동시에 방수할 경우 방수량은 350L/min 이상이어야 한다.
③ 방수구는 바닥으로부터 0.8m~1.5m 이하의 위치에 설치한다.
④ 옥내소화전설비의 호스의 구경은 25mm 이상의 것을 사용하여야 한다.

18 30층 미만인 어느 건물에 옥내소화전이 1층에 6개, 2층에 4개, 3층에 4개가 설치된 소방대상물의 최소수원의 양은?

① $2.6m^3$
② $5.2m^3$
③ $10.8m^3$
④ $13m^3$

19 폐쇄형 스프링클러헤드는 설치장소의 평상시 최고 주위온도가 39℃ 이상 64℃ 미만인 경우 표시온도는 어떤 것을 설치하여야 하는가?

① 79℃ 미만
② 79℃ 이상 121℃ 미만
③ 79℃ 이상 121℃ 이하
④ 121℃ 이상 162℃ 미만

20 지하층을 제외한 10층 이하인 소방대상물 중 공장(특수가연물을 저장ㆍ취급하는 것)의 경우 스프링클러헤드의 기준개수는?

① 10개
② 20개
③ 30개
④ 40개

21 습식 스프링클러설비에서 알람밸브 2차측 압력이 저하되어 클래퍼가 개방(작동)되면 이후 일어나는 현상은?
① 클래퍼 개방에 따른 압력수 유입으로 압력스위치가 작동한다.
② 가속기의 작동으로 1차측 물이 2차측으로 더욱 빠르게 이동한다.
③ 주펌프와 충압펌프가 번갈아가면서 기동된다.
④ 주펌프만 기동된다.

22 준비작동식 스프링클러설비의 점검시 A감지기 또는 B감지기 하나만 작동시 확인하여야 할 사항은?
① 솔레노이드밸브 개방 여부 확인
② 경종 또는 사이렌 경보, 화재표시등 점등 여부 확인
③ 감시제어반 밸브개방 표시등 점등 여부 확인
④ 펌프의 자동기동 여부 확인

23 그림에서 펌프토출측의 개폐표시형 개폐밸브를 잠그고 성능시험배관의 유량조절밸브를 잠근상태로 펌프를 기동하여 압력을 확인하며, 정격토출압력의 140% 이하인지를 확인하는 시험을 무엇이라고 하는가?

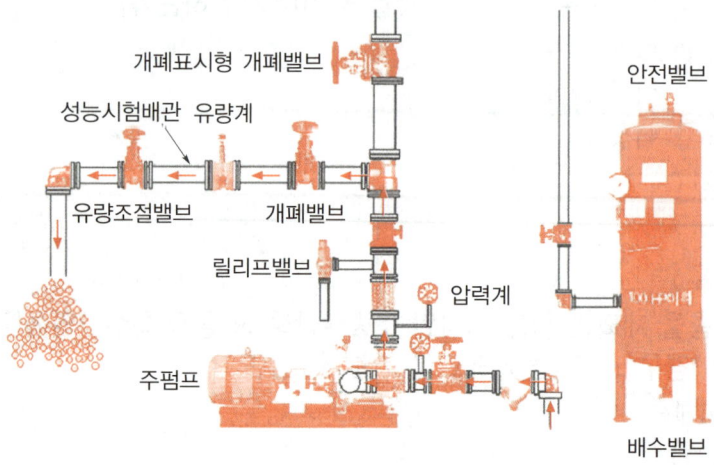

① 체절운전
② 최대운전
③ 정격부하운전
④ 피크부하운전

24 어느 건축물의 바닥면적이 각각 1층 700m², 2층 600m², 3층 300m², 4층 200m²이다. 이 건축물의 최소 경계구역수는?

① 3개
② 4개
③ 5개
④ 6개

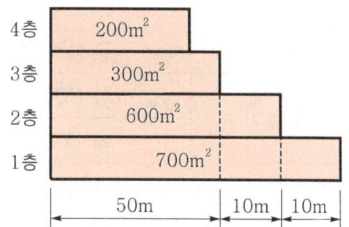

25 주방에 설치하는 감지기는?

① 차동식 스포트형 감지기
② 이온화식 스포트형 감지기
③ 정온식 스포트형 감지기
④ 광전식 스포트형 감지기

 제 2 과목

정답 및 해설은 여기로!
정답 및 해설 p. 2-42

26 다음 그림의 소화기를 점검하였다. 점검결과에 대한 내용으로 옳은 것은?

주의사항
1. 매월 1회 이상 지시압력계의 바늘이 정상위치에 있는가를 확인
2. 소화기 설치시에는 태양의 직사 고온다습의 장소를 피한다.
3. 사용시에는 바람을 등지고 방사하고 사용 후에는 내부약제를 완전 방출하여야 한다.
4. 사람을 향하여 방사하지 마십시오.
※ 소화약제 물질 안전자료 관련정보(MSDS정보)
① 위험물질 정보(0.1% 초과시 목록) : 없음
② 내용물의 5%를 초과하는 화학물질목록 : 제1인산암모늄, 석분
③ 위험한 약제에 관한 정보 : 폐자극성 분진

제조연월	2008.06

번 호	점검항목	점검결과
1-A-007	○ 지시압력계(녹색범위)의 적정 여부	㉠
1-A-008	○ 수동식 분말소화기 내용연수(10년) 적정 여부	㉡

설비명	점검항목	불량내용
소화설비	1-A-007	㉢
	1-A-008	

① ㉠ ×, ㉡ ○, ㉢ 약제량 부족
② ㉠ ○, ㉡ ○, ㉢ 없음
③ ㉠ ×, ㉡ ×, ㉢ 약제량 부족, 내용연수 초과
④ ㉠ ○, ㉡ ×, ㉢ 내용연수 초과

27 P형 수신기 예비전원시험(전압계 방식)을 하기 위해 예비전원버튼을 눌렀을 때 전압계가 다음과 같이 지시하였다. 다음 중 옳은 설명은?

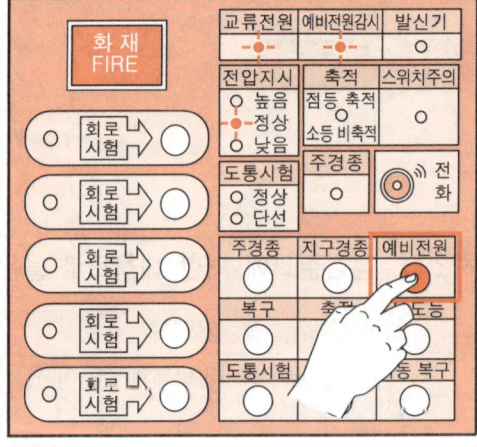
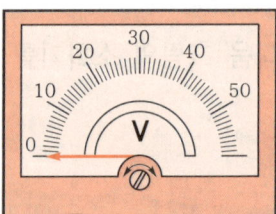

① 예비전원이 정상이다.
② 예비전원이 불량이다.
③ 교류전원을 점검하여야 한다.
④ 예비전원전압이 과도하게 높다.

28  아래의 그림은 준비작동식 스프링클러 점검시 유수검지장치를 작동시키는 방법과 감시제어반에서 확인해야 할 사항이다. 다음 중 옳은 것을 모두 고르시오.

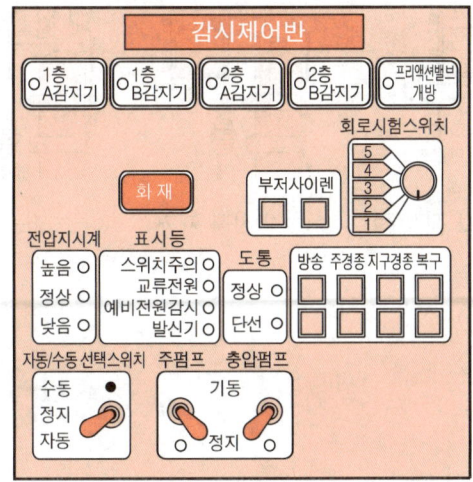

1. 프리액션밸브 유수검지장치를 작동시키는 방법
   ㉠ 화재동작시험을 통한 A, B 감지기 작동
   ㉡ 해당 구역 감지기(A, B) 2개 회로 작동
   ㉢ 말단시험밸브 개방
2. 감시제어반 확인사항
   ㉣ 해당 구역 감지기 A, B 지구표시등 점등
   ㉤ 프리액션밸브 개방표시등 점등
   ㉥ 도통시험회로 단선 여부 확인
   ㉦ 발신기 응답표시등 점등 확인

① ㉠, ㉡, ㉣, ㉥
② ㉠, ㉢, ㉣, ㉤
③ ㉠, ㉡, ㉣, ㉤
④ ㉠, ㉢, ㉥, ㉦

29. 가스계 소화설비 기동용기함의 솔레노이드밸브 점검 전 상태를 참고하여 안전조치의 순서로 옳은 것은?

유사문제
23년 문36
22년 문32
21년 문30

교재 2권 87

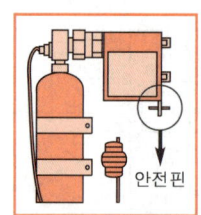
■솔레노이드밸브 점검 전

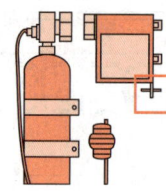
㉠ 안전핀 제거

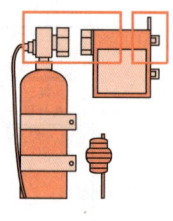
㉡ 솔레노이드 분리

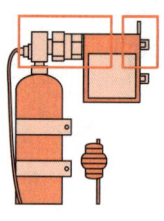
㉢ 안전핀 체결

① ㉡ - ㉢ - ㉠
② ㉢ - ㉡ - ㉠
③ ㉢ - ㉠ - ㉡
④ ㉡ - ㉠ - ㉢

30. 화재발생시 제연설비 작동순서로 옳은 것은?

유사문제
24년 문27
23년 문48
22년 문27
21년 문26
21년 문42

교재 2권 161

㉠ 화재발생
㉡ 감지기 작동, 발신기 수동기동장치 누름, 댐퍼 수동기동장치 누름
㉢ 급기송풍기 작동
㉣ 급기댐퍼 개방

① ㉠ - ㉡ - ㉣ - ㉢
② ㉢ - ㉣ - ㉠ - ㉡
③ ㉠ - ㉢ - ㉡ - ㉣
④ ㉠ - ㉡ - ㉢ - ㉣

31 김소방씨는 어느 건물에 자동화재탐지설비의 작동점검을 한 후 작동점검표에 점검결과를 다음과 같이 작성하였다. 점검항목에 '조작스위치가 정상위치에 있는지 여부'는 어떤 것을 확인하여야 알 수 있었겠는가?

자동화재탐지설비 (양호○, 불량×, 해당 없음/)

구 분	점검번호	점검항목	점검결과
수신기	15-B-002	• 조작스위치가 정상위치에 있는지 여부	○
	15-B-006	• 수신기 음향기구의 음량·음색 구별 가능 여부	○
감지기	15-D-009	• 감지기 변형·손상 확인 및 작동시험 적합 여부	○
전원	15-H-002	• 예비전원 성능 적정 및 상용전원 차단시 예비전원 자동전환 여부	×
배선	15-I-003	• 수신기 도통시험회로 정상 여부	○

① 회로단선 여부 확인
② 예비전원 및 예비전원감시등 확인
③ 교류전원감시등 확인
④ 스위치주의등 확인

32 수신기 점검시 1F 발신기를 눌렀을 때 건물 어디에서도 경종(음향장치)이 울리지 않았다. 이때 수신기의 스위치 상태로 옳은 것은?

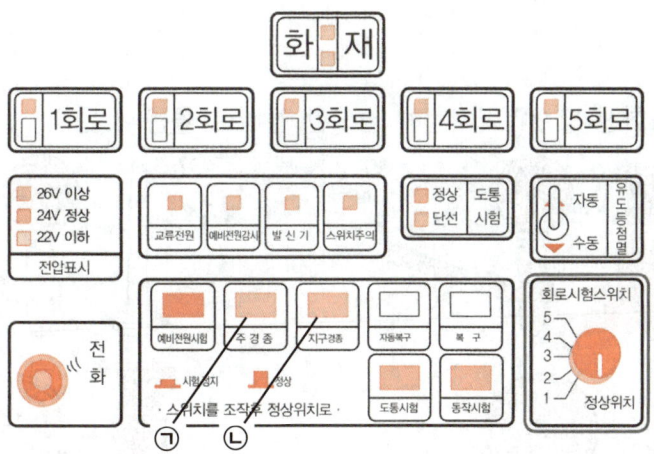

① ㉠ 스위치가 눌러져 있다.
② ㉡ 스위치가 눌러져 있다.
③ ㉠, ㉡ 스위치가 눌러져 있다.
④ 스위치가 눌러져 있지 않다.

33 다음 소화기 점검 후 아래 점검결과표의 작성(㉠~㉢순)으로 가장 적합한 것은?

번 호	점검항목	점검결과
1-A-006	○ 소화기의 변형손상 또는 부식 등 외관의 이상 여부	㉠
1-A-007	○ 지시압력계(녹색범위)의 적정 여부	㉡

설비명	점검항목	불량내용
소화설비	1-A-007	㉢
	1-A-008	

① ㉠ ○, ㉡ ×, ㉢ 약제량 부족
② ㉠ ○, ㉡ ×, ㉢ 외관부식, 호스파손
③ ㉠ ×, ㉡ ○, ㉢ 외관부식, 호스파손
④ ㉠ ×, ㉡ ○, ㉢ 약제량 부족

34 옥내소화전 방수압력시험에 필요한 장비로 옳은 것은?

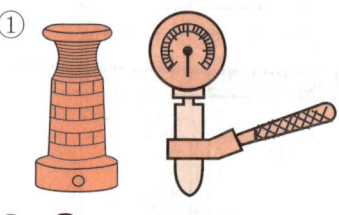

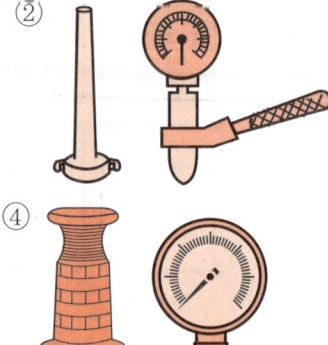

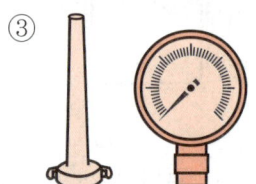

35 습식 스프링클러설비 시험밸브 개방시 감시제어반의 표시등이 점등되어야 할 것으로 올바르게 짝지어 진 것으로 옳은 것은? (단, 설비는 정상상태이며, 주어지지 않은 조건을 무시한다.)

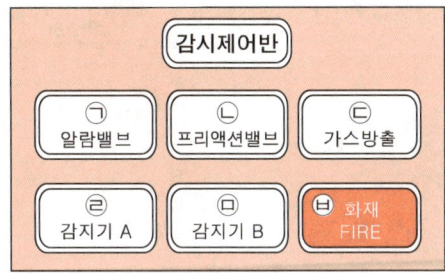

① ㉠, ㉥
② ㉡, ㉢
③ ㉢, ㉣
④ ㉣, ㉤

36 보기(㉠~㉣)를 보고 가스계 소화설비의 점검 전 안전조치를 순서대로 나열한 것으로 옳은 것은?

㉠ 솔레노이드밸브 분리
㉡ 연결된 조작동관 분리
㉢ 감시제어반 연동 정지
㉣ 솔레노이드밸브 안전핀 제거

① ㉡-㉢-㉣-㉠
② ㉡-㉢-㉠-㉣
③ ㉡-㉠-㉢-㉣
④ ㉢-㉡-㉣-㉠

37 환자를 발견 후 그림과 같이 심폐소생술을 하고 있다. 이때 올바른 속도와 가슴압박 깊이로 옳은 것은?

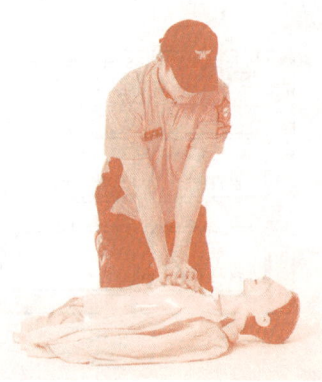

① 속도 : 40~60회/분, 압박 깊이 : 1cm
② 속도 : 40~60회/분, 압박 깊이 : 5cm
③ 속도 : 100~120회/분, 압박 깊이 : 1cm
④ 속도 : 100~120회/분, 압박 깊이 : 5cm

38 그림의 수신기가 비화재보인 경우, 화재를 복구하는 순서로 옳은 것은?

㉠ 수신기 확인
㉡ 수신반 복구
㉢ 음향장치 정지
㉣ 실제 화재 여부 확인
㉤ 발신기 복구
㉥ 음향장치 복구

① ㉠-㉣-㉢-㉤-㉥-㉡
② ㉠-㉣-㉢-㉤-㉡-㉥
③ ㉣-㉠-㉤-㉢-㉡-㉥
④ ㉣-㉠-㉢-㉤-㉡-㉥

39 다음 그림의 축압식 분말소화기 지시압력계에 대한 설명으로 옳은 것은?

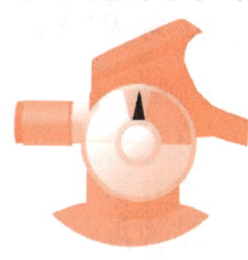

① 압력이 부족한 상태이다.
② 압력이 0.7MPa을 가리키게 되면 소화기를 교체하여야 한다.
③ 지시압력이 0.7~0.98MPa에 위치하고 있으므로 정상이다.
④ 소화약제를 정상적으로 방출하기 어려울 것으로 보인다.

40 종합점검 중 주펌프 성능시험을 위하여 주펌프만 수동으로 기동하려고 한다. 감시제어반의 스위치 상태로 옳은 것은?

①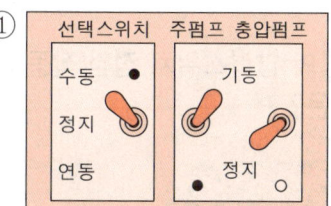
②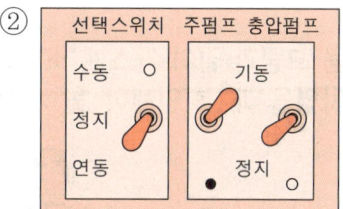
③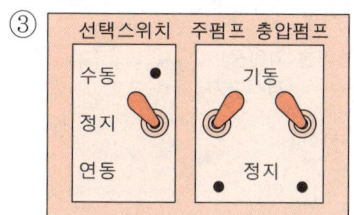
④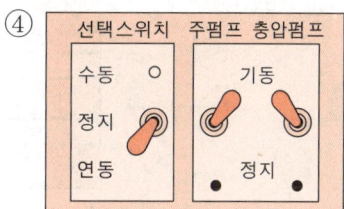

41 준비작동식 스프링클러설비 밸브개방시험 전 유수검지장치실에서 안전조치를 하려고 한다. 보기 중 안전조치 사항으로 옳은 것은?

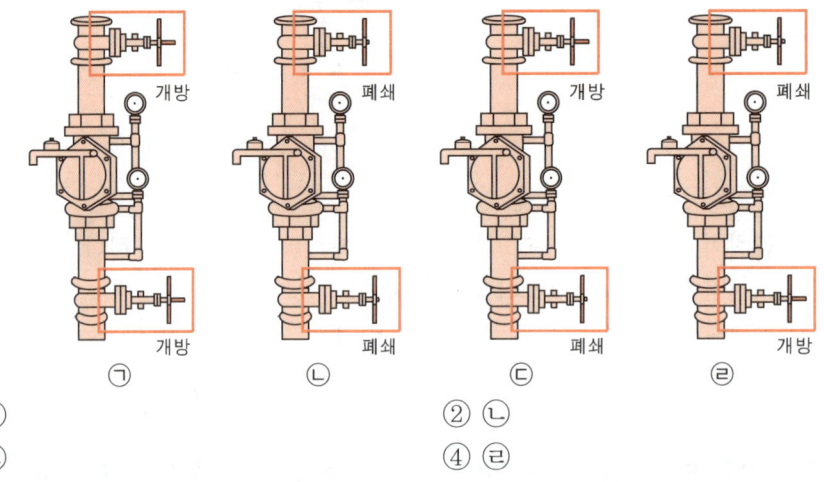

① ㄱ　　② ㄴ
③ ㄷ　　④ ㄹ

42 다음 그림과 같이 가스계 소화설비 기동용기함의 압력스위치 점검(작동)시험을 실시하였을 때, 확인해야 할 사항으로 옳은 것은?

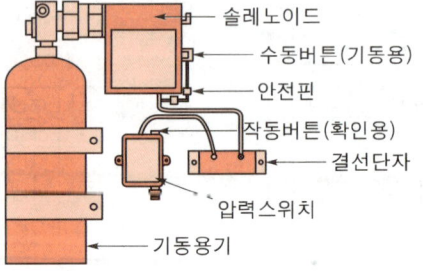

① 솔레노이드밸브의 격발을 확인한다.
② 제어반에서 화재표시등의 점등을 확인한다.
③ 수동조작함 방출등 점등을 확인한다.
④ 경보발령 여부를 확인한다.

43 성인심폐소생술의 가슴압박에 대한 설명으로 옳지 않은 것은?

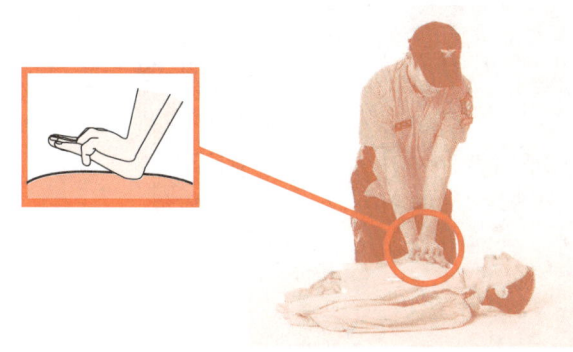

① 환자를 바닥이 단단하고 평평한 곳에 등을 대고 눕힌다.
② 가슴압박시 가슴뼈(흉골) 위쪽의 절반 부위에 깍지를 낀 두 손의 손바닥 뒤꿈치를 댄다.
③ 구조자는 양팔을 쭉 편 상태로 체중을 실어서 환자의 몸과 수직이 되도록 가슴을 압박한다.
④ 100~120회/분의 속도로 환자의 가슴이 약 5cm 깊이로 눌릴 수 있게 압박한다.

44 그림과 같이 감지기 점검시 점등되는 표시등으로 옳은 것은?

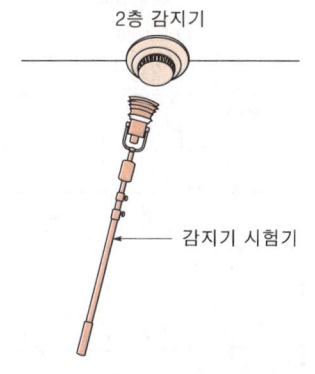

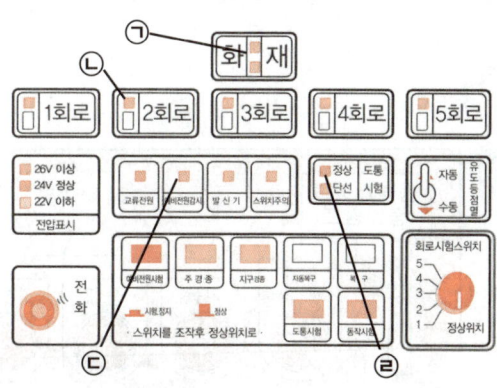

① ㉠, ㉡
② ㉡, ㉢
③ ㉡, ㉣
④ ㉠, ㉡, ㉢, ㉣

45. 다음 분말소화기의 약제의 주성분은 무엇인가?

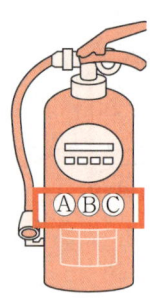

① $NH_4H_2PO_4$
② $NaHCO_3$
③ $KHCO_3$
④ $KHCO_3 + (NH_2)_2CO$

46. 화재발생시 옥내소화전을 사용하여 충압펌프가 작동하였다. 다음 그림을 보고 표시등(㉠~㉤) 중 점등되는 것을 모두 고른 것은? (단, 설비는 정상상태이며 제시된 조건을 제외하고 나머지 조건은 무시한다.)

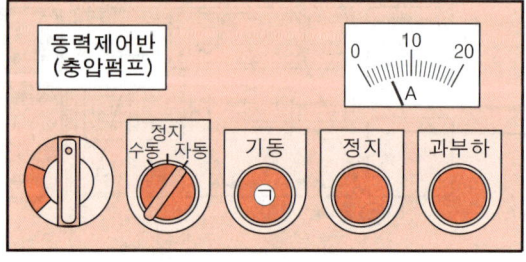
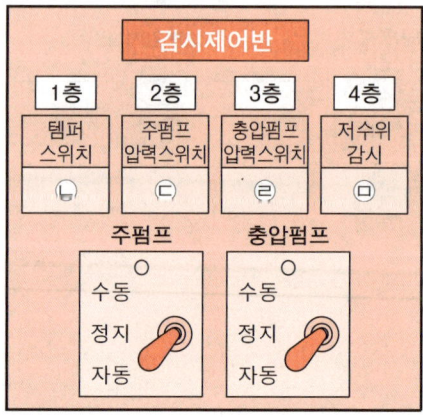

① ㉠, ㉡, ㉢
② ㉠, ㉢, ㉣
③ ㉠, ㉣
④ ㉠, ㉣, ㉤

47 다음 조건을 기준으로 스프링클러설비의 주펌프 압력스위치의 설정값으로 옳은 것은? (단, 압력스위치의 단자는 고정되어 있으며, 옥상수조는 없다.)

- 조건1 : 펌프양정 70m
- 조건2 : 가장 높이 설치된 헤드로부터 펌프 중심 점까지의 낙차를 압력으로 환산한 값 = 0.3MPa

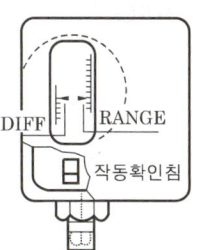

① RANGE : 0.7MPa, DIFF : 0.3MPa
② RANGE : 0.3MPa, DIFF : 0.7MPa
③ RANGE : 0.7MPa, DIFF : 0.25MPa
④ RANGE : 0.7MPa, DIFF : 0.2MPa

48 제연설비 점검시 감시제어반의 표시등 상태를 나타낸 것이다. 다음 점검표 서식에 작성한 점검결과와 불량내용으로 옳은 것은? (단, 제시된 조건을 제외한 나머지 조건은 무시한다.)

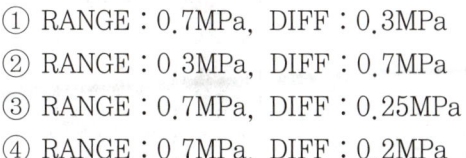
|감지기 동작시|

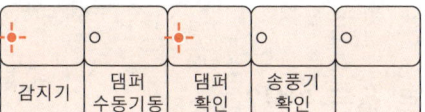
|댐퍼 수동기동스위치 기동시|

구 분	점검번호	점검항목	점검결과
급기구	25-C-001	급기댐퍼 설치상태(화재감지기 동작에 따른 개방) 적정 여부	㉠
송풍기	25-D-002	화재감지기 동작 및 수동 조작에 따라 작동하는지 여부	㉡

① ㉠ ○, ㉡ ×, 불량내용 : 송풍기 미작동
② ㉠ ○, ㉡ ○, 불량내용 : 없음
③ ㉠ ×, ㉡ ○, 불량내용 : 감지기 미작동
④ ㉠ ×, ㉡ ×, 불량내용 : 송풍기 미작동

49 다음 감시제어반 및 동력제어반의 스위치 위치를 보고 정상위치(평상시 상태)가 아닌 것을 고르시오. (단, 설비는 정상상태이며 상기 조건을 제외하고 나머지 조건은 무시한다.)

유사문제
24년 문31
24년 문40
23년 문46
22년 문30
22년 문36
21년 문28
21년 문41

교재 2권
42~43

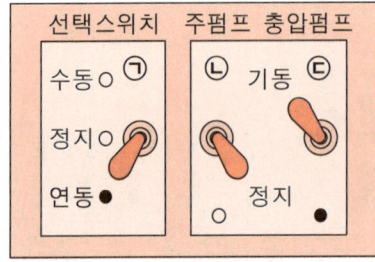
|감시제어반|

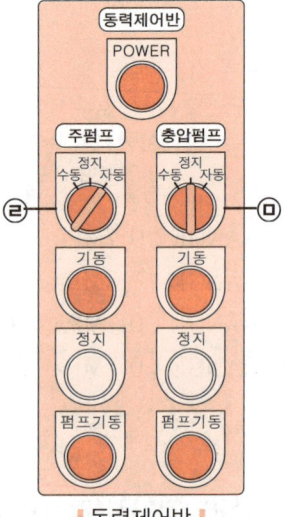
|동력제어반|

① ㉠, ㉡ ② ㉡, ㉢
③ ㉣, ㉤ ④ ㉢, ㉤

50 다음 응급처치요령 중 빈칸의 내용으로 옳은 것은?

유사문제
24년 문35
23년 문37
23년 문43
22년 문40
22년 문45
22년 문49
21년 문31
21년 문37
21년 문43
21년 문49

교재 1권
263, 265

□ 가슴압박
 - 위치 : 환자의 가슴뼈(흉골)의 아래쪽 절반부위
 - 자세 : 양팔을 쭉 편 상태로 체중을 실어서 환자의 몸과 수직이 되도록 가슴을 압박하고, 압박된 가슴은 완전히 이완되도록 한다.
 - 속도 및 깊이 : 소아를 기준으로 속도는 (㉠)회/분, 깊이는 약(㉡)cm
□ 자동심장충격기(AED) 사용
 - 자동심장충격기의 전원을 켜고 환자의 상체에 패드를 부착한다.
  ● 부착위치 : (㉢) 아래, (㉣) 젖꼭지 아래의 중간겨드랑선
 - "분석 중..."이라는 음성 지시가 나오면, 심폐소생술을 멈추고 환자에게서 손을 뗀다. (이하 생략)

① ㉠ 80~100, ㉡ 5~6, ㉢ 왼쪽 빗장뼈, ㉣ 오른쪽
② ㉠ 100~120, ㉡ 4~5, ㉢ 오른쪽 빗장뼈, ㉣ 왼쪽
③ ㉠ 90~100, ㉡ 1~2, ㉢ 오른쪽 빗장뼈, ㉣ 왼쪽
④ ㉠ 100~120, ㉡ 4~5, ㉢ 왼쪽 빗장뼈, ㉣ 오른쪽

2022년 기출문제

정답 및 해설은 여기로!
정답 및 해설 p. 2-49

제 ① 과목

정답 및 해설은 여기로!
정답 및 해설 p. 2-49

01 소방기본법 용어 정의 중 소방대상물이 아닌 것은?

① 운항 중인 선박
② 산림
③ 차량
④ 인공구조물

02 다음 중 화재가 발생할 우려가 높거나 화재가 발생하는 경우 그로 인하여 피해가 클 것으로 예상되는 지역이 아닌 것은?

① 시장지역
② 공장·창고가 밀집한 지역
③ 위험물의 저장 및 처리시설이 밀집한 지역
④ 석유화학제품을 보관하는 공장이 있는 지역

03 건축허가 등의 동의절차에 관한 사항으로 적절하지 않은 것은?

① 동의요구자는 건축허가 등의 권한이 있는 행정기관이다.
② 5일(특급대상은 10일) 이내 동의 여부 회신
③ 보완이 필요시 7일 이내 기간을 정하여 보완요구 가능
④ 허가청에서 허가 등의 취소시 7일 이내 취소통보

04 객석통로의 직선부분의 길이가 24m일 때, 객석유도등의 최소 설치개수는?

① 3개
② 4개
③ 5개
④ 6개

05 다음 위험물의 지정수량 중 잘못된 것은?

① 휘발유-200L
② 황-100kg
③ 알코올류-400L
④ 중유-1000L

06 다음 중 무창층에 대한 설명으로 옳지 않은 것은?

① 크기는 지름 50cm 이상의 원이 통과할 수 있을 것
② 해당층의 바닥면으로부터 개구부 밑부분까지의 높이가 1.0m 이내일 것
③ 도로 또는 차량이 진입할 수 있는 빈터를 향할 것
④ 내부 또는 외부에서 쉽게 부수거나 열 수 있을 것

07 소방시설 등의 점검결과를 보고하지 아니하거나 거짓으로 한 관계인의 과태료 부과기준으로 옳은 것은?

① 지연보고기간이 10일 미만인 경우 : 30만원
② 지연보고기간이 10일 이상 1개월 미만인 경우 : 50만원
③ 지연보고기간이 1개월 이상 또는 보고하지 않은 경우 : 100만원
④ 점검결과를 축소·삭제하는 등 거짓으로 보고한 경우 : 300만원

08 소방대장이 소방활동구역 출입을 제한할 수 있는 자는?

① 의사, 간호사, 구조·구급업무에 종사하는 자
② 취재인력 등 보도업무에 종사하는 자
③ 수사업무에 종사하는 자
④ 보험업무에 종사하는 자

09 다음 중 한국소방안전원에 대한 설명으로 틀린 것은?
① 소방기술과 안전관리기술의 향상 및 홍보
② 교육·훈련 등 행정기관이 위탁하는 업무의 수행
③ 소방안전관리자·소방기술자 또는 위험물안전관리자로 선임된 사람은 회원이 될 수 있다.
④ 인사권자는 행정안전부장관이다.

10 다음 중 벌금이 가장 높은 것은?
① 소방용수시설 또는 비상소화장치의 정당한 사용을 방해한 자
② 소방안전관리자에게 불이익한 처우를 한 관계인
③ 화재안전조사를 정당한 사유 없이 거부·방해 또는 기피한 자
④ 피난명령을 위반한 자

11 다음 중 벌칙이 다른 것은?
① 사람을 구출하는 일을 방해한 자
② 소방용수시설의 효용을 해치거나 방해한 자
③ 불을 끄거나 불이 번지지 아니하도록 하는 일을 방해한 자
④ 소방안전관리자에게 불이익한 처우를 한 관계인

[12-13] 다음 보기를 보고 물음에 답하시오.

- 지상 26층, 지하 3층
- 연면적 40000m²

12 어떤 소방안전관리대상물인가?
① 특급 소방안전관리대상물
② 1급 소방안전관리대상물
③ 2급 소방안전관리대상물
④ 3급 소방안전관리대상물

13. 소방안전관리보조자는 몇 명이 필요한가?

① 1명
② 2명
③ 3명
④ 4명

14. 어떤 특정소방대상물에 소방안전관리자를 선임 중 2021년 4월 15일 소방안전관리자를 해임하였다. 해임한 날부터 며칠 이내에 선임하여야 하고 소방안전관리자를 선임한 날부터 며칠 이내에 관할소방서장에게 신고하여야 하는지 옳은 것은?

① 선임일 : 2021년 4월 30일, 선임신고일 : 2021년 5월 14일
② 선임일 : 2021년 5월 10일, 선임신고일 : 2021년 5월 25일
③ 선임일 : 2021년 5월 15일, 선임신고일 : 2021년 5월 30일
④ 선임일 : 2021년 5월 20일, 선임신고일 : 2021년 5월 30일

15. 다음 중 관련 금지행위가 다른 것은?

① 피난시설, 방화구획 및 방화시설을 폐쇄(잠금 포함)하거나 훼손하는 등의 행위
② 피난시설, 방화구획 및 방화시설의 주위에 물건을 쌓아두거나 장애물을 설치하는 행위
③ 피난시설, 방화구획 및 방화시설의 용도에 장애를 주거나 「소방기본법 시행령」에 따른 소방활동에 지장을 주는 행위
④ 그 밖에 피난시설, 방화구획 및 방화시설을 변경하는 행위

16. 방염에 관한 다음 (   ) 안에 적당한 말을 고른 것은?

방염성능기준 이상의 실내장식물 등을 설치하여야 할 장소는 (㉠)이며, 방염대상물품은 (㉡)에 설치하는 스크린이다.

① ㉠ : 운동시설, ㉡ : 가상체험 체육시설업
② ㉠ : 노유자시설, ㉡ : 야구연습장
③ ㉠ : 아파트, ㉡ : 농구연습장
④ ㉠ : 방송국, ㉡ : 탁구연습장

17 어떤 특정소방대상물에 2021년 3월 15일 소방안전관리자로 선임되었다. 실무교육은 언제까지 받아야 하는가?

① 2021년 9월 15일 ② 2021년 9월 30일
③ 2021년 10월 15일 ④ 2021년 10월 30일

18 다음은 건축에 관한 용어 설명이다. (   ) 안에 알맞은 것은?

- (㉠) : 기존 건축물의 전부 또는 일부를 해체하고 그 대지에 종전과 동일한 규모의 범위 안에서 건축물을 다시 축조하는 것
- (㉡) : 건축물이 천재지변이나 그 밖의 재해로 멸실된 경우에 그 대지 안에 종전과 동일한 규모의 범위 안에서 다시 축조하는 것

① ㉠ 개축, ㉡ 재축 ② ㉠ 증축, ㉡ 개축
③ ㉠ 재축, ㉡ 증축 ④ ㉠ 이전, ㉡ 재축

19 다음 방화구획의 설치기준으로 틀린 것은?

① 10층 이하의 층은 바닥면적 $1000m^2$ 이내마다 구획
② 11층 이상의 층은 바닥면적 $300m^2$ 이내마다 구획
③ 11층 이상은 층 내 내장재가 불연재인 경우 $500m^2$ 이내마다 구획
④ 스프링클러설비가 설치된 경우 상기 면적의 3배 이내마다 구획

20 다음 방화구획의 구조가 아닌 것은?

① 60분+방화문 또는 60분 방화문은 언제나 닫힌상태를 유지하거나 화재로 인한 연기 또는 불꽃을 감지하여 자동적으로 닫히는 구조로 할 것
② 외벽과 바닥 사이에 틈이 생긴 때나 급수관·배전관 그 밖의 관이 방화구획으로 되어 있는 부분을 관통하는 경우 그로 인하여 방화구획에 틈이 생긴 때에 그 틈을 내화시간 이상 견딜 수 있는 내열채움성능이 인정된 구조로 메울 것
③ 연기 또는 불꽃을 감지하여 자동으로 닫히는 구조로 할 수 없는 경우에는 온도를 감지하여 자동적으로 닫히는 구조로 할 수 있다.
④ 환기·난방 또는 냉방시설의 풍도가 방화구획을 관통하는 경우에는 그 관통부분 또는 이에 근접한 부분에 적합한 댐퍼를 설치할 것

21 다음 중 가연성 물질의 구비조건으로 옳은 것은?

① 산소와 친화력이 작다.
② 열전도율이 작다.
③ 연소열이 작다.
④ 건조도가 낮다.

22 다음 중 가연성 증기의 연소범위로 옳은 것은?

① 수소 : 2.5~81vol%
② 메틸알코올 : 6~36vol%
③ 아세틸렌 : 4.1~75vol%
④ 아세톤 : 1.2~7.6vol%

23 다음 고체의 연소에 대한 설명으로 틀린 것은?

① 고체연소 중 분해연소는 가장 일반적인 연소형태로 목재, 종이, 석탄 등이 있다.
② 고체파라핀(양초)은 증발연소이다.
③ 숯, 코크스는 표면연소이다.
④ 황은 자기연소를 한다.

24 화재의 분류 및 종류에 대한 설명으로 틀린 것은?

① 일반화재(A급)는 석탄, 목재 등이 있다.
② 유류화재(B급)는 포로 소화한다.
③ 전기화재(C급)는 주수소화 금지이다.
④ 마그네슘은 분말보다는 괴상으로 존재할 때 가연성이 현저히 증가한다.

25. 건축물의 종류에 따른 화재양상 중 틀린 것은?

① 목조건축물화재가 내화조건축물화재보다 발연량이 많다.
② 목조건축물화재의 최성기 온도는 1100~1350℃에 달한다.
③ 내화조건축물화재가 목조건축물의 화재와 다른 점은 천장, 바닥, 벽이 내화구조로 되어 있으므로 이들의 주요 부분은 연소해서 붕괴되지 않기 때문에 공기의 유통조건이 거의 일정한 상태를 유지한다.
④ 내화조건축물화재의 최성기 최고온도는 실내의 가연물량, 창 등의 개구부 크기 및 그 열적 성질에 의해 정해진다.

제 2 과목

26. 소방계획의 절차에 대한 설명 중 틀린 것은?

① 사전기획 : 소방계획 수립을 위한 임시조직을 구성하거나 위원회 등을 개최하여 의견수렴
② 위험환경분석 : 위험요인 식별하고 이에 대한 분석 및 평가 실시 후 대책 수립
③ 설계 및 개발 : 환경을 바탕으로 소방계획 수립의 목표와 전략을 수립하고 세부 실행계획 수립
④ 시행 및 유지·관리 : 구체적인 소방계획을 수립하고 소방서장의 최종 승인을 받은 후 소방계획을 이행하고 지속적인 개선 실시

27. 〈그림 1〉은 건물 내 화재시 감지기 동작확인등이 점등된 모습을 나타낸 것이다. 〈그림 2〉의 감시제어반에서 점등되어야 할 표시등을 있는 대로 고른 것은? (단, 제시된 조건을 제외한 나머지 조건은 무시한다.)

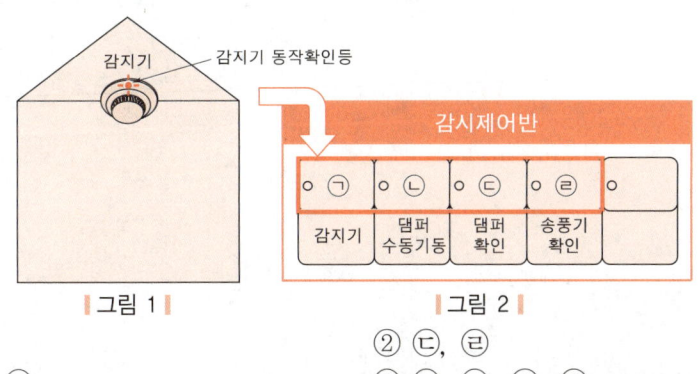

① ㉠, ㉡
② ㉢, ㉣
③ ㉠, ㉢, ㉣
④ ㉠, ㉡, ㉢, ㉣

28 다음은 감지기 시험장비를 활용한 경보설비 점검그림이다. 그림의 내용 중 옳지 않은 것은?

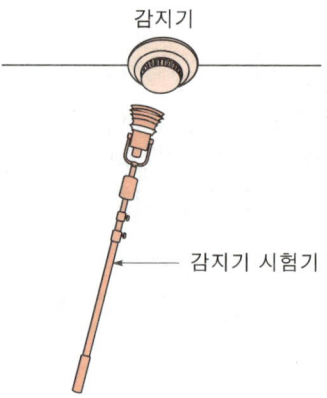

감지기

감지기 시험기

① 감지기 작동상태 확인이 가능하다.
② 감지기 작동 확인은 수신기에서 불가능하다.
③ 수신기에서 해당 경계구역 확인이 가능하다.
④ 감지기 작동시 지구경종 확인이 가능하다.

29 ABC급 대형소화기에 관한 설명 중 틀린 것은?

① 주성분은 제1인산암모늄이다.
② 능력단위가 B급 화재 30단위 이상, C급 화재는 적응성이 있는 것을 말한다.
③ 능력단위가 A급 화재 10단위 이상인 것을 말한다.
④ 소화효과는 질식, 부촉매(억제)이다.

30 옥내소화전의 동력제어반과 감시제어반을 나타낸 것이다. 다음 그림에 대한 설명으로 옳지 않은 것은? (단, 현재 동력제어반은 정지표시등만 점등상태이다.)

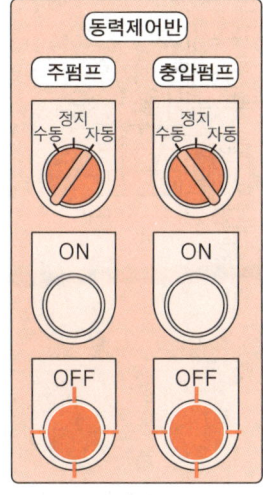
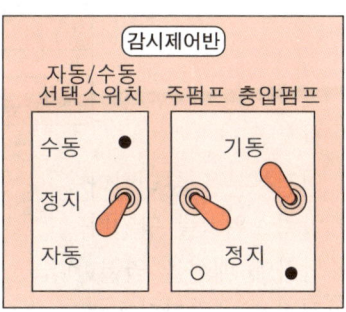

① 옥내소화전 사용시 주펌프는 기동한다.
② 옥내소화전 사용시 충압펌프는 기동하지 않는다.
③ 현재 충압펌프는 기동 중이다.
④ 현재 주펌프는 정지상태이다.

31 준비작동식 스프링클러설비 수동조작함(SVP) 스위치를 누를 경우 다음 감시제어반의 표시등이 점등되어야 할 것으로 올바르게 짝지어 진 것은? (단, 주어지지 않은 조건은 무시한다.)

① ㄹ, ㅂ   ② ㄴ, ㄷ
③ ㄴ, ㅂ   ④ ㄱ, ㅂ

32 가스계 소화설비 중 기동용기함의 각 구성요소를 나타낸 것이다. 가스계 소화설비 작동점검 전 가장 우선해야 하는 안전조치로 옳은 것은?

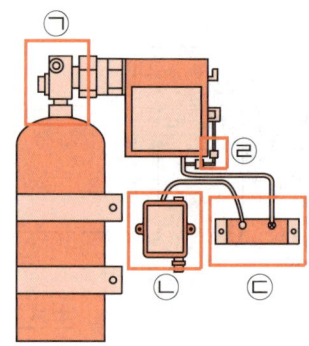

① ㉠의 연결부분을 분리한다.
② ㉡의 압력스위치를 당긴다.
③ ㉢의 단자에 배선을 연결한다.
④ ㉣ 안전핀을 체결한다.

33 자동화재탐지설비의 회로도통시험 적부판정방법으로 틀린 것은?

① 전압계가 있는 경우 정상은 24V를 가리킨다.
② 전압계가 있는 경우 단선은 0V를 가리킨다.
③ 도통시험확인등이 있는 경우 정상은 정상확인등이 녹색으로 점등된다.
④ 도통시험확인등이 있는 경우 단선은 단선확인등이 적색으로 점등된다.

34 다음 중 출혈시 증상이 아닌 것은?

① 호흡과 맥박이 느리고 약하고 불규칙하다.
② 체온이 떨어지고 호흡곤란도 나타난다.
③ 탈수현상이 나타나며 갈증이 심해진다.
④ 구토가 발생한다.

35. 다음 그림과 같이 분말소화기를 점검하였다. 점검결과로 옳은 것은?

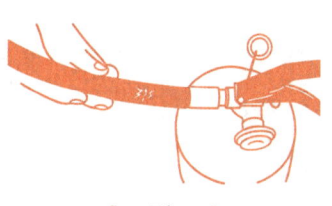
| 그림 A |

| 그림 B |

| 그림 C |

① 그림 A, B는 외관상 문제가 없다.
② 그림 A의 안전핀 체결 상태가 불량이다.
③ 그림 A는 호스가 손상되었고, 그림 B는 호스가 탈락되었다.
④ 그림 C의 지시압력계의 압력이 부족하다.

36. 옥내소화전 감시제어반의 스위치 상태가 아래와 같을 때, 보기의 동력제어반(㉠~㉣)에서 점등되는 표시등을 있는대로 고른 것은? (단, 설비는 정상상태이며 제시된 조건을 제외하고 나머지 조건은 무시한다.)

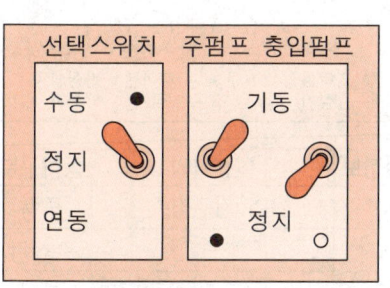
| 감시제어반 스위치 |

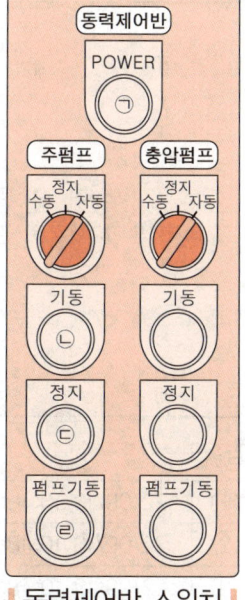
| 동력제어반 스위치 |

① ㉠, ㉡, ㉢
② ㉠, ㉡, ㉣
③ ㉠, ㉣
④ ㉡, ㉣

37 그림과 같이 준비작동식 스프링클러설비의 수동조작함을 작동시켰을 때, 확인해야 할 사항으로 옳지 않은 것은?

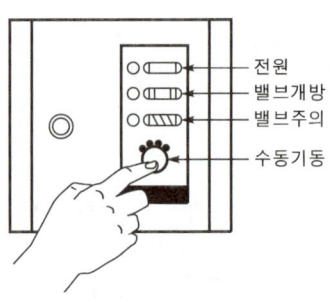

① 감지기 A 작동
② 감시제어반 밸브개방표시등 등점
③ 사이렌 또는 경종 작동
④ 펌프 작동

38 R형 수신기 화면이다. 다음 중 보기의 운영기록 내용으로 옳지 않은 것은?

보기	일시	수신기	회선정보	회선설명	동작구분	메시지
①	22/09/13 10:48:21	1	001	1층 지구경종	중력	중계기 출력
②	22/09/13 10:48:21	1	–	–	수신기	주음향 출력
③	22/09/13 10:48:21	1	001	시험기 1F 자탐 감지기	화재	화재발생
④	22/09/13 10:48:21	1	–	–	시스템 고장	예비전원 고장발생

39 가스계 소화설비의 점검을 위해 기동용기와 솔레노이드밸브를 분리하였다. 다음 그림과 같이 감지기를 작동시킨 경우 확인되는 사항으로 옳지 않은 것은? [단, 감지기(교차회로) 2개를 작동시켰다.]

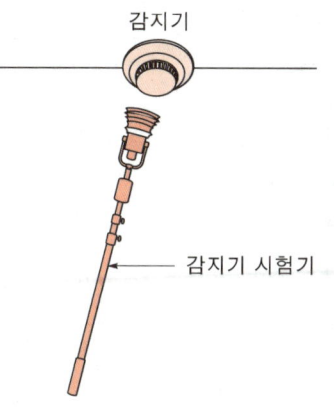

① 제어반 화재표시
② 솔레노이드밸브 파괴침 작동
③ 사이렌 또는 경종 작동
④ 방출표시등 점등

40 다음 중 자동심장충격기(AED) 사용방법으로 옳지 않은 것은?
① 자동심장충격기를 심폐소생술에 방해가 되지 않는 위치에 놓은 뒤 전원버튼을 누른다.
② 환자의 상체를 노출시킨 다음 패드 포장을 열고 2개의 패드를 환자의 가슴 피부에 붙인다.
③ 패드 1은 왼쪽 빗장뼈(쇄골) 바로 아래에, 패드 2는 오른쪽 젖꼭지 아래와 중간겨드랑선에 붙인다.
④ 심장충격이 필요한 환자인 경우에만 제세동버튼이 깜박이기 시작하며, 깜박일 때 심장충격버튼을 눌러 심장충격을 시행한다.

41 2020년 작동점검시 소화기 점검결과의 조치내용으로 옳은 것은?

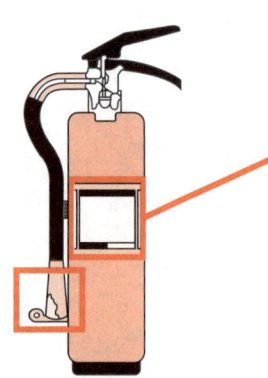

주의사항	
1. 매월 1회 이상 지시압력계의 바늘이 정상위치에 있는가를 확인	
2. 소화기 설치시에는 태양의 직사 고온다습의 장소를 피한다.	
3. 사용시에는 바람을 등지고 방사하고 사용 후에는 내부약제를 완전방출하여야 한다.	
4. 사람을 향하여 방사하지 마십시오.	
※ 소화약제 물질 안전자료 관련정보(MSDS정보) ① 위험물질 정보(0.1% 초과시 목록) : 없음 ② 내용물의 5%를 초과하는 화학물질목록 : 제1인산암모늄, 석분 ③ 위험한 약제에 관한 정보 : 폐자극성 분진	
제조연월	2017.11

① 소화기 외관점검시 불량내용에 대하여 조치를 한 경우, 점검결과에 기록하지 않는다.
② 노즐이 경미하게 파손되었지만 정상적인 소화활동을 위하여 노즐을 즉시 교체하였다.
③ 내용연수가 초과되어 소화기를 교체하였다.
④ 레버가 파손되어 소화기를 즉시 교체하였다.

42 그림은 옥내소화전 감시제어반 중 펌프제어를 위한 스위치의 예시를 나타낸 것이다. 평상시 및 펌프 점검시 스위치 위치에 대한 설명으로 옳은 것만 보기에서 있는 대로 고른 것은? (단, 설비는 정상상태이며 제시된 조건을 제외하고 나머지 조건은 무시한다.)

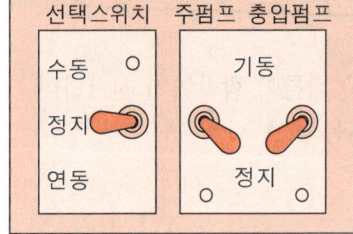

㉠ 평상시 펌프 선택스위치는 '정지' 위치에 있어야 한다.
㉡ 평상시 주펌프스위치는 '기동' 위치에 있어야 한다.
㉢ 펌프 수동기동시 펌프 선택스위치는 '수동' 위치에 있어야 한다.

① ㉠
② ㉢
③ ㉠, ㉡
④ ㉠, ㉡, ㉢

43 그림의 밸브를 작동시켰을 때 확인해야 할 사항으로 옳지 않은 것은?

유사문제
24년 문26
24년 문42
23년 문35

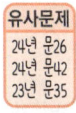
교재 2권
71~72

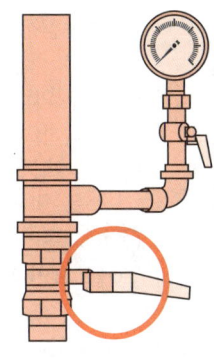

① 펌프 작동상태
② 감시제어반 밸브개방표시등
③ 음향장치 작동
④ 방출표시등 점등

44 가스계 소화설비 점검 중 감시제어반의 모습이다. 이에 대한 설명으로 옳은 것은? (단, 점검 전 약제방출방지를 위한 안전조치를 완료한 상태이다.)

교재 2권
88

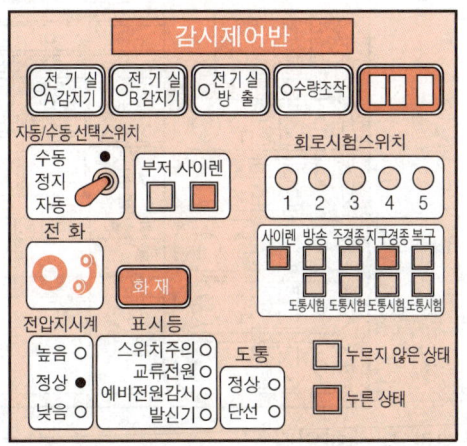

① 교차회로감지기(A, B)는 기계실에 설치되어 있다.
② 전기실에 소화약제가 방출되지 않았다.
③ 주경종, 지구경종, 사이렌, 비상방송은 정상적으로 작동되고 있다.
④ 전기실 출입문 위 약제 방출표시등은 점등되어 있을 것이다.

45 다음은 자동심장충격기 사용에 관한 내용이다. 옳은 것은?

| AED 사용 |

㉠ 자동심장충격기의 전원을 켤 때 감전의 위험이 있으므로 환자와 접촉해서는 안 된다.
㉡ 두 개의 패드 중 1개가 이물질로부터 오염시 패드 1개만 부착하여도 된다.
㉢ 심장리듬 분석시 환자에게서 즉시 떨어져 올바른 분석을 할 수 있도록 한다.
㉣ 제세동 버튼을 누를 때 환자와 접촉한 사람이 없음을 확인 후 제세동 버튼을 누른다.

① ㉠, ㉡
② ㉡, ㉢
③ ㉢, ㉣
④ ㉠, ㉣

46 그림은 화재발생시 수신기 상태이다. 이에 대한 설명으로 옳지 않은 것은?

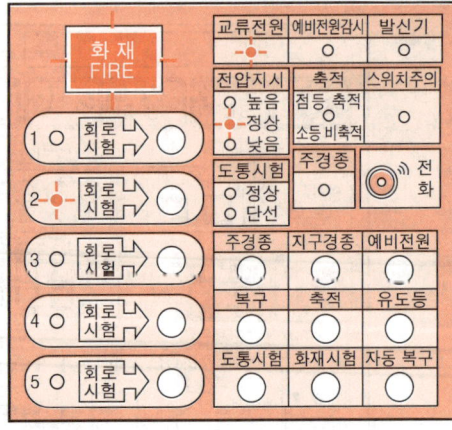

① 2층에서 화재가 발생하였다.
② 경종이 울리고 있다.
③ 화재 신호기기는 발신기이다.
④ 화재 신호기기는 감지기이다.

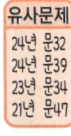 **47** 방수압력시험 장비를 사용하여 방수압력시험시 장비의 측정 모습으로 옳은 것은?

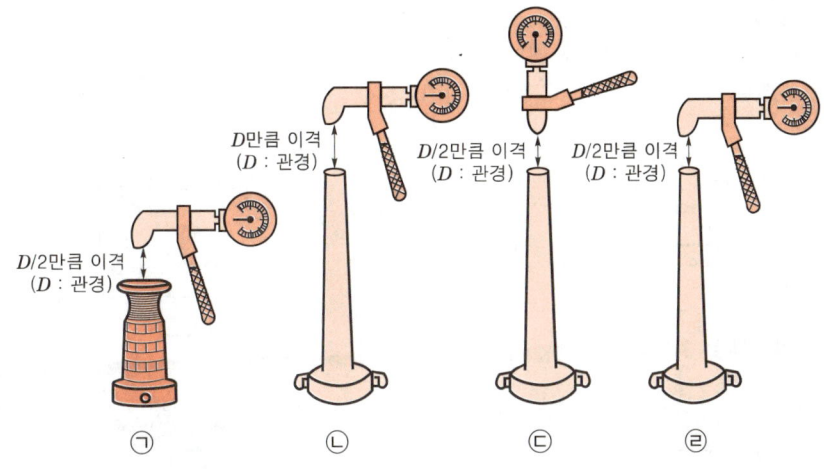

① ㉠
② ㉡
③ ㉢
④ ㉣

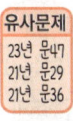 **48** 다음 그림에 대한 설명으로 옳은 것은?

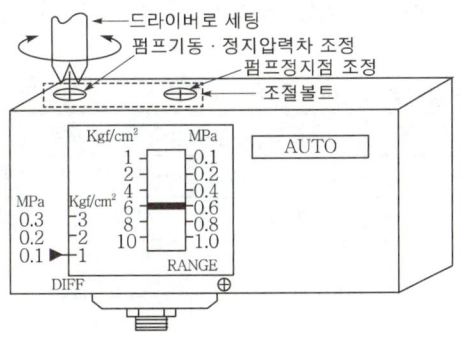

① 펌프의 정지점은 0.6MPa이다.
② 펌프의 기동점은 0.1MPa이다.
③ 펌프의 정지점은 0.1MPa이다.
④ 펌프의 기동점은 0.6MPa이다.

49. 자동심장충격기(AED) 패드 부착 위치로 옳은 것은?

〈두 개의 패드 부착 위치〉
- 패드1 : 오른쪽 빗장뼈 아래
- 패드2 : 왼쪽 젖꼭지 아래의 중간겨드랑선

①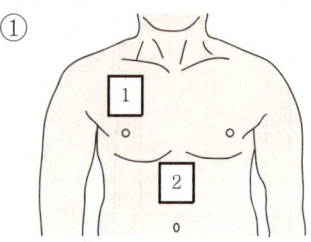
②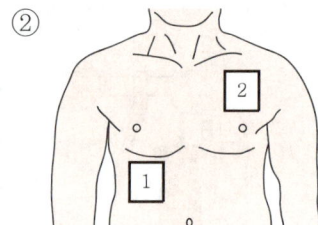
③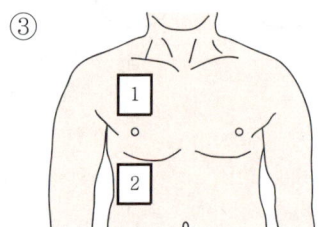
④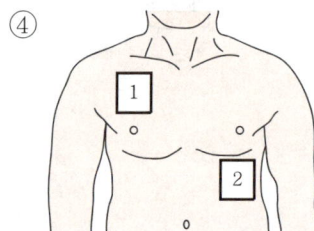

50. 박소방씨는 어느 건물에 옥내소화전설비의 펌프제어반 정상위치에 대한 작동점검을 한 후 작동점검표에 점검결과를 다음과 같이 작성하였다. 제어반에서 '음향경보장치 정상작동 여부'는 어떤 것으로 확인 가능한가?

(양호○, 불량×, 해당 없음/)

구 분	점검번호	점검항목	점검결과
가압송수장치	2-C-002	옥내소화전 방수압력 석성 여부	○
제어반	2-H-011	펌프 작동 여부 확인 표시등 및 음향경보장치 정상작동 여부	○
	2-H-012	펌프별 자동·수동 전환스위치 정상작동 여부	○

① 경종
② 사이렌
③ 부저
④ 경종 및 사이렌

2021년 기출문제

제 ① 과목

정답 및 해설은 여기로!
정답 및 해설 p. 2-65

01 다음 중 1급 소방안전관리자로 선임될 수 없는 사람은? (단, 해당 소방안전관리자 자격증을 받은 경우이다.)

① 소방시설관리사
② 위험물안전관리자로 선임된 위험물기능장
③ 소방설비산업기사
④ 소방설비기사

02 연면적이 45000m²인 어느 특정소방대상물이 있다. 소방안전관리보조자의 최소 선임기준은 몇 명인가?

① 소방안전관리보조자 : 1명
② 소방안전관리보조자 : 2명
③ 소방안전관리보조자 : 3명
④ 소방안전관리보조자 : 4명

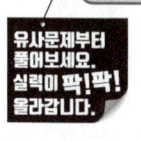

03 다음 중 건축관계법령에서 정하는 용어에 대한 설명으로 옳지 않은 것은?

① 바닥면적 : 건축물의 각 층 또는 그 일부로서 벽, 기둥, 기타 이와 유사한 구획의 중심선으로 둘러싸인 부분의 수평투영면적
② 연면적 : 하나의 건축물의 각 층의 바닥면적의 합계
③ 건폐율 : 대지면적에 대한 바닥면적의 비율
④ 용적률 : 대지면적에 대한 연면적의 비율

04 시·도지사가 지정하는 화재예방강화지구로서 옳지 않은 것은?

① 시장지역
② 공장·창고 등이 밀집한 지역
③ 콘크리트 건물이 밀집한 지역
④ 목조건물이 밀집한 지역

05 다음 중 벌금이 가장 많은 사람은?

① 갑 : 나는 정당한 사유 없이 소방용수시설을 사용하였어.
② 을 : 나는 화재시 피난명령을 위반하였어.
③ 병 : 나는 소방대상물 및 토지를 일시적으로 사용하거나 그 사용의 제한 또는 소방활동에 필요한 처분을 방해했어.
④ 정 : 나는 소방자동차의 출동에 지장을 주었어.

06 다음 중 자동화재탐지설비를 설치하지 않아도 되는 곳은?

① 노유자생활시설 전부
② 지하가 중 길이 500m의 터널
③ 연면적 600m^2의 숙박시설
④ 연면적 2000m^2의 교육연구시설

07 다음 중 비상조명등을 설치하지 않아도 되는 곳은?

① 지하층을 포함하는 층수가 5층 이상의 연면적 3000m^2 이상의 건축물
② 450m^2 이상의 지하층 또는 무창층
③ 길이 500m 이상의 터널
④ 숙박시설

08

철수씨는 본인이 근무하는 건물에 설치되어 있는 소방시설이 궁금하였다. 설치되지 않아도 되는 소방시설은 다음 중 무엇인가?

【철수씨가 근무하는 건물현황】
- 용도 : 판매시설
- 연면적 : 5000m²
- 층수 : 11층

① 자동화재탐지설비
② 옥내소화전설비
③ 옥외소화전설비
④ 스프링클러설비

09

다음 중 종합방재실의 위치에 대한 설명으로 틀린 것은?

① 1층 또는 피난층
② 초고층 건축물에 특별피난계단이 설치되어 있고, 특별피난계단 출입구로부터 5m 이내에 종합방재실을 설치하려는 경우에는 지하 1층 또는 지하 2층에 설치할 수 있다.
③ 화재 및 침수 등으로 인하여 피해를 입을 우려가 적은 곳
④ 공동주택의 경우에는 관리사무소 내에 설치할 수 있다.

10

11층 이상인 다음 건물의 경보상황을 보고 유추할 수 있는 사항은?

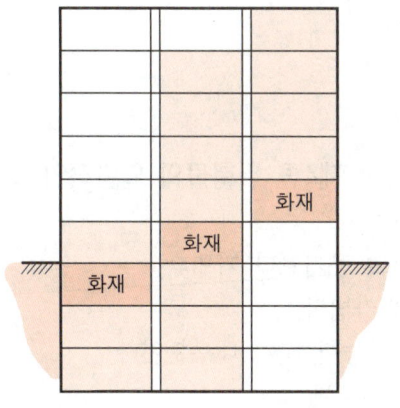

① 발화층 및 직상 4개층 경보
② 일제경보
③ 구분경보
④ 직하발화 우선경보

11 다음 중 점화에너지에 관한 설명으로 옳은 것은?

① 화염 : 최저온도가 있고 그 온도는 탄화수소 등에서는 약 1200℃ 정도이다.
② 열면 : 가연물이 고온의 기체표면에 접촉하면 조건에 따라서 발화된다.
③ 전기불꽃 : 장시간에 집중적으로 에너지를 대상물에 부여하므로 에너지 밀도가 높은 발화원이다.
④ 자연발화 : 물질이 외부로부터 에너지를 공급받는 가운데 자체적으로 온도가 상승하여 발화하는 현상이다.

12 다음 중 종합방재실의 설치기준에 관한 사항으로 옳지 않은 것은?

① 다른 부분과 방화구획으로 설치할 것
② 인력의 대기 및 휴식 등을 위해 종합방재실과 방화구획된 부속실을 설치할 것
③ 면적은 $20m^2$ 이상으로 할 것
④ 초고층 건축물 등의 관리주체의 인력을 2명 이상 상주하도록 할 것

13 전기안전관리상 주요 화재원인이 아닌 것은?

① 합선
② 누전
③ 과전류
④ 절연저항

14 위험물안전관리법상 제4류 위험물의 일반적인 특성이 아닌 것은?

① 인화가 용이하다.
② 대부분의 증기는 공기보다 가볍다.
③ 대부분 물보다 가볍다.
④ 주수소화가 불가능한 것이 대부분이다.

15 다음 조건을 참고하여 피난계단수 및 피난계단의 종류를 선정했을 때 옳은 것은?

- 건물의 서측 및 동측에 계단이 하나씩 설치되어 있다.
- 피난시 이동경로는 옥내 → 부속실 → 계단실 → 피난층이다.

① 총 계단수 : 1개, 옥내피난계단
② 총 계단수 : 2개, 옥내피난계단
③ 총 계단수 : 1개, 특별피난계단
④ 총 계단수 : 2개, 특별피난계단

16 물리적 작용에 의한 소화라고 볼 수 없는 것은?

① 연쇄반응의 중단에 의한 소화
② 연소에너지 한계에 의한 소화
③ 농도한계에 의한 소화
④ 화염의 불안정화에 의한 소화

17 다음 중 방염처리된 제품의 사용을 권장할 수 있는 경우는?

① 의료시설에 설치된 소파
② 노유자시설에 설치된 암막
③ 종합병원에 설치된 무대막
④ 종교시설에 설치된 침구류

18 자동방화셔터에 관한 다음 ( ) 안에 알맞은 말로 옳은 것은?

(1) 불꽃이나 (㉠)를 감지한 경우 일부 폐쇄되는 구조일 것
(2) (㉡)을 감지한 경우 완전 폐쇄되는 구조일 것

① ㉠ : 열, ㉡ : 연기
② ㉠ : 연기, ㉡ : 열
③ ㉠ : 열, ㉡ : 스프링클러헤드
④ ㉠ : 연기, ㉡ : 스프링클러헤드

19 가연성 증기 중 중유의 연소범위[vol%]로 옳은 것은?

① 1~5
② 1.2~7.6
③ 6~36
④ 2.5~81

20 연료가스에 대한 설명으로 옳지 않은 것은?

① LNG의 주성분은 C_4H_{10}이다.
② LPG의 비중은 1.5~2이다.
③ LPG의 가스누설경보기는 가스연소기 또는 관통부로부터 수평거리 4m 이내의 위치에 설치한다.
④ 프로판의 폭발범위는 2.1~9.5%이다.

21 다음 중 자체점검에 대한 설명으로 옳은 것은?

① 소방대상물의 규모·용도 및 설치된 소방시설의 종류에 의하여 자체점검자의 자격·절차 및 방법 등을 달리한다.
② 작동점검시 항시 소방시설관리사가 참여해야 한다.
③ 종합점검시 소방시설별 점검장비를 이용하여 점검하지 않아도 된다.
④ 종합점검시 특급, 1급은 연 1회만 실시하면 된다.

22 방염에 관한 다음 ( ) 안에 적당한 말로 옳은 것은?

방염성능기준 이상의 실내장식물 등을 설치하여야 하는 장소는 (㉠)이며, 방염대상물품은 (㉡), 노유자시설에 사용하는 침구류는 방염처리된 제품의 사용을 (㉢)할 수 있다.

① ㉠ 종교시설, ㉡ 가상체험 체육시설업에 설치하는 스크린, ㉢ 권장
② ㉠ 근린생활시설, ㉡ 영화상영관에 설치하는 스크린, ㉢ 명령
③ ㉠ 판매시설, ㉡ 가상체험 체육시설업에 설치하는 스크린, ㉢ 권장
④ ㉠ 교육연구시설, ㉡ 영화상영관에 설치하는 스크린, ㉢ 명령

23 방화구획의 설치기준 중 스프링클러설비, 기타 이와 유사한 자동식 소화설비를 설치한 10층 이하의 층은 몇 m² 이내마다 구획하여야 하는가?

① 1000　　　　　　　　② 1500
③ 2000　　　　　　　　④ 3000

24 발화점에 관한 사항으로 옳은 것은?

① 내부로부터의 직접적인 에너지 공급 없이 물질 자체의 열축적에 의하여 착화가 되는 최저온도를 말한다.
② 파라핀계 탄화수소의 분자식을 만족하는 '포화탄화수소'는 탄소수가 많아서 탄소 체인의 길이가 길수록 낮아진다.
③ 가연성 물질을 공기 중에서 가열함으로써 발화되는 최고온도이다.
④ 황린은 발화점이 100℃로서 발화점이 낮은 대표적인 물질이다.

25 펌프의 성능곡선에 관한 다음 (　) 안에 올바른 명칭은?

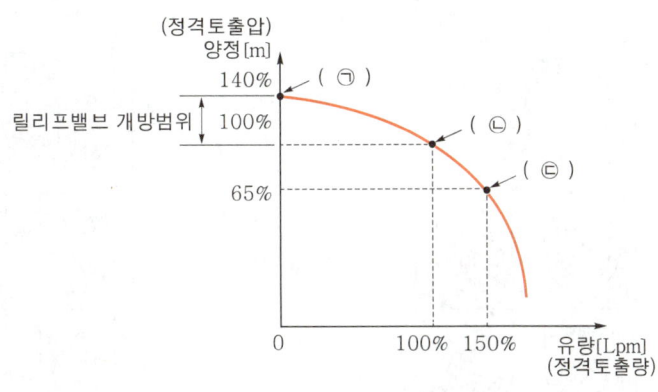

① ㉠ 정격부하운전점, ㉡ 체절운전점, ㉢ 최대운전점
② ㉠ 체절운전점, ㉡ 정격부하운전점, ㉢ 최대운전점
③ ㉠ 최대운전점, ㉡ 정격부하운전점, ㉢ 체절운전점
④ ㉠ 체절운전점, ㉡ 최대운전점, ㉢ 정격부하운전점

제 ② 과목

26 건물 내 화재발생시 재실자가 안전하게 피난을 할 수 있도록 연기를 제어해야 한다. 제연설비의 원활한 제어를 위해 평상시 동력제어반의 유지관리 모습으로 옳은 것은?

①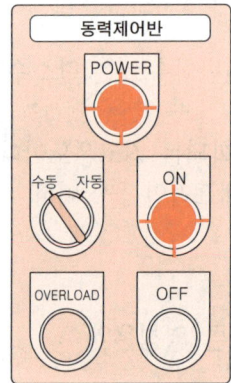

②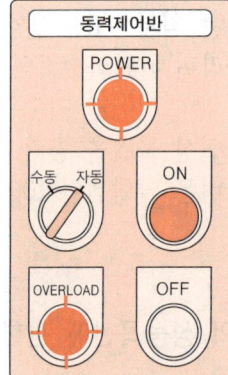

③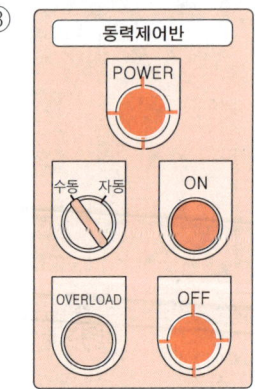

④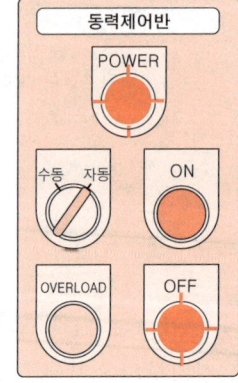

27 K급 화재의 적응물질로 맞는 것은?

① 목재
② 유류
③ 금속류
④ 동·식물성 유지

28 최상층의 옥내소화전설비 방수압력을 시험하고 있다. 그림 중 옥내소화전설비의 동력제어반 상태, 점검결과, 불량내용 순으로 옳은 것은? (단, 동력제어반 정상위치 여부만 판단한다.)

유사문제
24년 문31
24년 문40
23년 문46
23년 문49
22년 문30
22년 문36
21년 문35
21년 문41

교재 2권
42

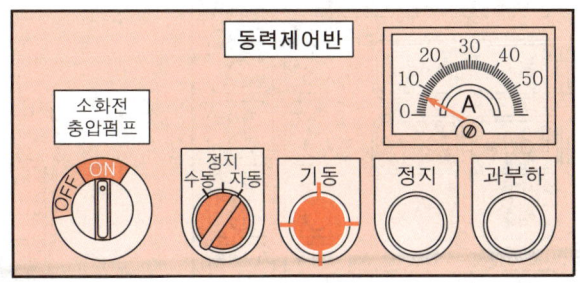

① 펌프 수동 기동, ×, 펌프 자동 기동불가
② 펌프 수동 기동, ○, 이상 없음
③ 펌프 자동 기동, ○, 이상 없음
④ 펌프 자동 기동, ×, 알 수 없음

29 다음 조건을 보고 점검결과표를 작성(㉠~㉢순)한 것으로 옳은 것은? (단, 압력스위치의 단자는 고정되어 있으며, 옥상수조는 없다.)

유사문제
23년 문47
22년 문48
21년 문36

실무교재
96

- 조건 1 : 펌프 양정 80m
- 조건 2 : 가장 높이 설치된 헤드로부터 펌프 중심점까지의 낙차를 압력으로 환산한 값 = 0.3MPa

점검 항목	점검내용	점검결과	
		결과	불량내용
기동용 수압 개폐장치	• 작동압력치의 적정 여부 • 주펌프 : 기동 (㉠) MPa 　　　　　정지 (㉡) MPa	(㉢)	(㉣)

① ㉠ 0.3, ㉡ 0.8, ㉢ ○, ㉣ 기동 압력 미달
② ㉠ 1.1, ㉡ 0.8, ㉢ ×, ㉣ 없음
③ ㉠ 0.45, ㉡ 0.8, ㉢ ○, ㉣ 없음
④ ㉠ 1.1, ㉡ 0.3, ㉢ ×, ㉣ 기동 압력 미달

30 가스계 소화설비 점검 후 각 구성요소의 상태를 나타낸 것이다. 그림의 상태를 정상복구하는 방법으로 옳은 것은?

유사문제
23년 문29
23년 문36
22년 문32

교재 2권
90

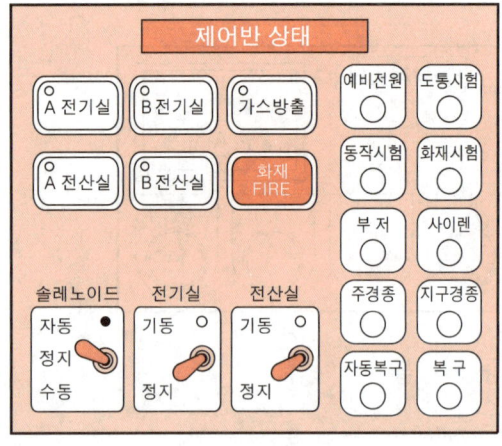

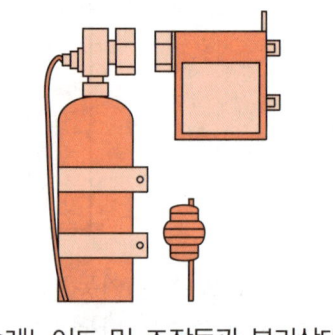

| 솔레노이드 및 조작동관 분리상태 |

- ㉠ 제어반 복구 → 제어반의 솔레노이드밸브 연동 정지
- ㉡ 솔레노이드밸브 복구
- ㉢ 솔레노이드밸브에 안전핀을 체결한 후 기동용기에 결합
- ㉣ 제어반 스위치의 연동상태 확인 후 솔레노이드밸브에서 안전핀 분리
- ㉤ 점검 전 분리했던 조작동관을 결합

① ㉠-㉣-㉢-㉡-㉤
② ㉠-㉢-㉡-㉤-㉣
③ ㉣-㉡-㉢-㉠-㉤
④ ㉠-㉡-㉢-㉣-㉤

31 그림은 일반인 구조자의 기본소생술 흐름도이다. 빈칸 ㉠의 절차에 대한 내용으로 옳지 않은 것은?

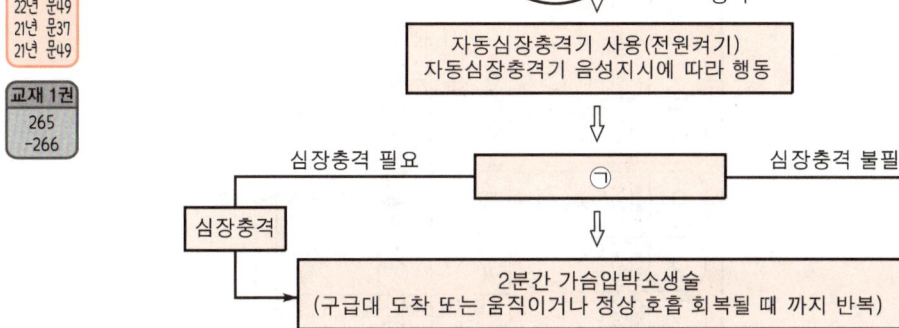

① ㉠에 필요한 장비는 자동심장충격기이다.
② ㉠의 장비는 2분마다 환자의 심전도를 자동으로 분석한다.
③ ㉠의 장비는 심장리듬 분석 후 심장충격이 필요한 경우에만 심장충격 버튼이 깜박인다.
④ ㉠은 반드시 여러 사람이 함께 사용하여야 한다.

32 다음 중 소방안전관리자 현황표에 기입하지 않아도 되는 사항은?
① 소방안전관리자 현황표의 대상명
② 소방안전관리자의 선임일자
③ 소방안전관리대상물의 등급
④ 관계인의 인적사항

33 다음은 수신기의 일부분이다. 그림과 관련된 설명 중 옳은 것은?

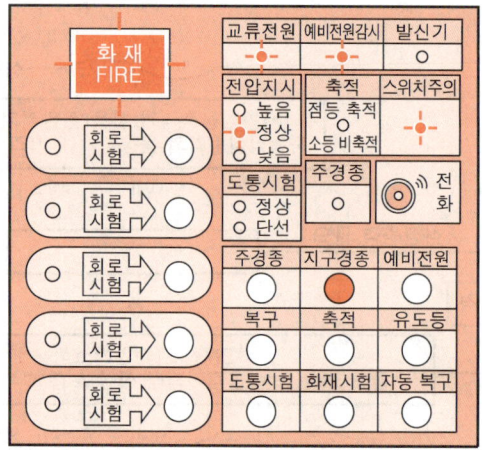

① 수신기 스위치 상태는 정상이다.
② 예비전원을 확인하여 교체한다.
③ 수신기 교류전원에 문제가 발생했다.
④ 예비전원이 정상상태임을 표시한다.

34 바닥면적이 2000m²인 근린생활시설에 3단위 분말소화기를 비치하고자 한다. 소화기의 개수는 최소 몇 개가 필요한가? (단, 이 건물은 내화구조로서 벽 및 반자의 실내에 면하는 부분이 불연재료이다.)

① 3개
② 4개
③ 5개
④ 6개

35 아래의 옥내소화전함을 보고 동력제어반의 모습으로 옳은 것을 보기(㉠~㉧)에서 있는대로 고른 것은? (단, 주펌프는 기동상태, 충압펌프는 정지상태이다.)

동력제어반	주펌프		
	기동표시등	정지표시등	펌프기동표시등
㉠	점등	소등	점등
㉡	소등	소등	점등
㉢	점등	점등	점등
㉣	점등	소등	소등

동력제어반	충압펌프		
	기동표시등	정지표시등	펌프기동표시등
㉤	소등	점등	점등
㉥	소등	소등	소등
㉦	점등	소등	점등
㉧	소등	점등	소등

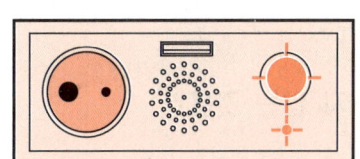

| 옥내소화전함 |

① ㉠, ㉧
② ㉢, ㉥
③ ㉢, ㉦
④ ㉠, ㉥

36 스프링클러설비의 압력챔버에서 주펌프 압력스위치를 나타낸 것이다. 그림에 대한 설명으로 옳지 않은 것은? (단, 옥상수조는 설치되어 있지 않다.)

PUMP			
구경	50mm	소요동력	5.5kW
토출량	0.2L/min	전양정	50m
베어링 앞	6306	극수	4극
베어링 뒤	6305	제조번호	1401226

| 스프링클러 주펌프 명판 |

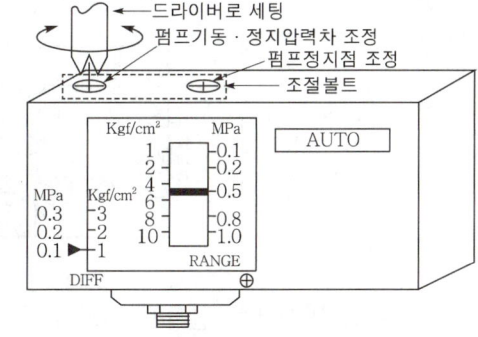

| 주펌프 압력스위치 |

① 주펌프의 정지점은 0.5MPa이다.
② 가장 높이 설치된 헤드로부터 펌프 중심점까지의 낙차는 35m이다.
③ 주펌프의 기동점은 0.4MPa이다.
④ 주펌프의 기동점은 충압펌프의 기동점보다 0.05MPa 낮게 설정해야 한다.

37 자동심장충격기(AED) 패드 부착 위치로 옳은 것은?

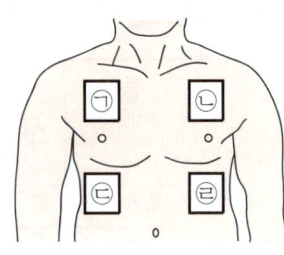

① ㉠, ㉢
② ㉠, ㉣
③ ㉡, ㉢
④ ㉡, ㉣

38 다음 중 소방교육 및 훈련의 원칙에 해당되지 않는 것은?
① 목적의 원칙
② 교육자 중심의 원칙
③ 현실의 원칙
④ 관련성의 원칙

39 화재감지기가 (a), (b)와 같은 방식의 배선으로 설치되어 있다. (a), (b)에 대한 설명으로 옳지 않은 것은?

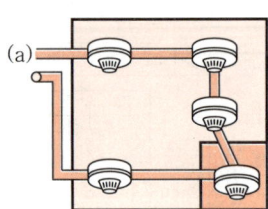 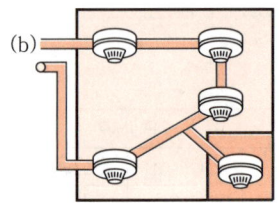

① (a)방식으로 설치된 선로를 도통시험할 경우 정상인지 단선인지 알 수 있다.
② (a)방식의 배선방식 목적은 독립된 실에 설치하는 감지기 사이의 단선 여부를 확인하기 위함이다.
③ (b)방식의 배선방식은 독립된 실내 감지기 선로단선시 도통시험을 통하여 감지기 단선 여부를 확인할 수 없다.
④ (b)방식의 배선방식을 송배선방식이라 한다.

40 다음 중 소화기를 점검하고 있다. 옳지 않은 것은?

유사문제
23년 문15
23년 문26
23년 문33
23년 문39
23년 문45
22년 문29
22년 문35
22년 문41
21년 문46

교재 2권
14-16,
21

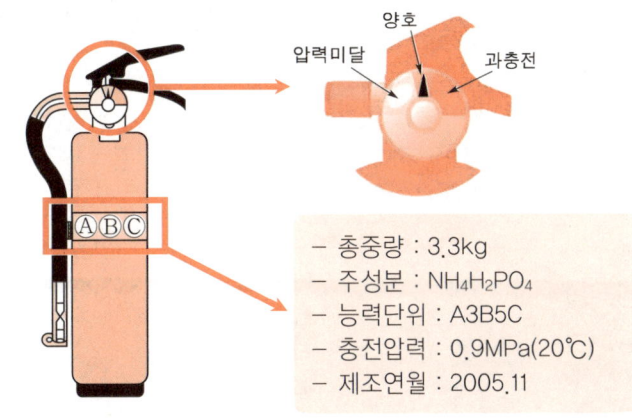

- 총중량 : 3.3kg
- 주성분 : $NH_4H_2PO_4$
- 능력단위 : A3B5C
- 충전압력 : 0.9MPa(20℃)
- 제조연월 : 2005.11

① 축압식 분말소화기를 점검하고 있다.
② 금속화재에 적응성이 있다.
③ 0.7~0.98MPa 압력을 유지하고 있다.
④ 내용연수 초과로 소화기를 교체해야 한다.

41 옥내소화전설비의 동력제어반과 감시제어반을 나타낸 것이다. 옳지 않은 것은?

유사문제
24년 문31
24년 문40
23년 문46
23년 문49
22년 문30
22년 문36
21년 문28
21년 문35

교재 2권
42-43

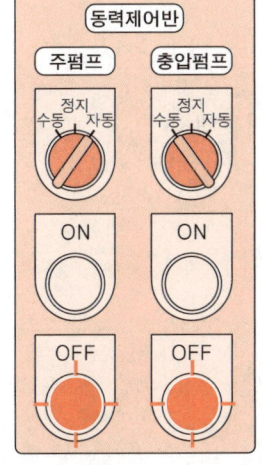
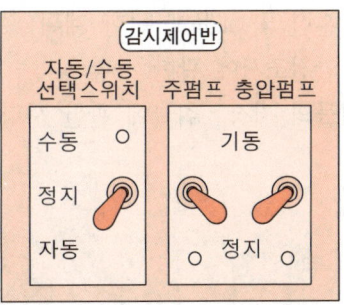

① 감시제어반은 정상상태로 유지·관리되고 있다.
② 동력제어반에서 주펌프 ON버튼을 누르면 주펌프는 기동하지 않는다.
③ 감시제어반에서 주펌프 스위치를 기동위치로 올리면 주펌프는 기동한다.
④ 동력제어반에서 충압펌프를 자동위치로 돌리면 모든 제어반은 정상상태가 된다.

42. 부속실 제연설비 중 급기댐퍼가 개방되는 경우로 옳은 것만 모두 고른 것은?

㉠ 감지기 동작확인등 점등
㉡ 발신기 작동스위치 누름
㉢ 감시제어반 급기댐퍼 수동기동
㉣ 댐퍼 수동기동장치 누름

① ㉠, ㉢
② ㉡, ㉣
③ ㉠, ㉡, ㉣
④ ㉠, ㉡, ㉢, ㉣

43. 성인심폐소생술 중 가슴압박 시행에 해당하는 내용으로 옳은 것은?

① 구조자는 깍지를 낀 두 손의 손바닥 앞꿈치를 가슴뼈(흉골)의 아래쪽 절반 부위에 댄다.
② 양팔을 쭉 편 상태로 체중을 실어서 환자의 몸과 수평이 되도록 가슴을 압박한다.
③ 가슴압박은 분당 100~120회의 속도와 5cm 깊이로 강하고 빠르게 시행한다.
④ 가슴압박시 갈비뼈가 압박되어 부러질 정도로 강하게 실시한다.

44. 소방계획의 주요 내용이 아닌 것은?

① 화재예방을 위한 자체점검계획 및 대응대책
② 소방훈련 및 교육에 관한 계획
③ 화재안전조사에 관한 사항
④ 위험물의 저장·취급에 관한 사항

45 (a)와 (b)에 대한 설명으로 옳지 않은 것은?

유사문제
24년 문28
23년 문44
22년 문28
22년 문39

교재 2권
107

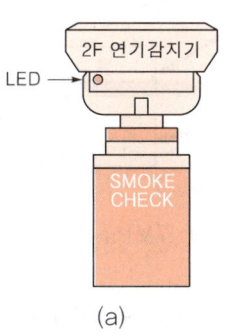
(a)

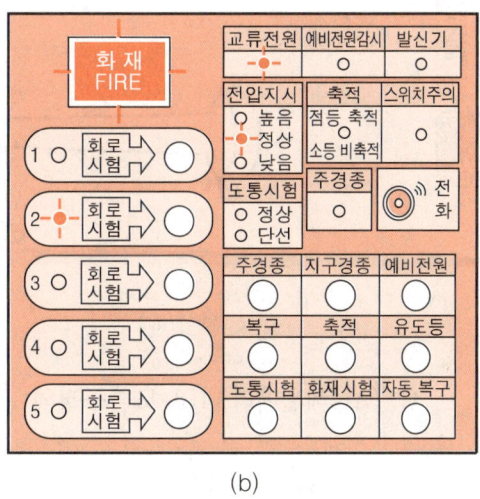
(b)

① (a)의 감지기는 할로겐 열시험기로 작동시킬 수 없다.
② (a)의 감지기는 2층에 설치되어 있다.
③ 2층에 화재가 발생했기 때문에 (b)의 발신기 응답표시등에도 램프가 점등되어야 한다.
④ (a)의 상태에서 (b)의 상태는 정상이다.

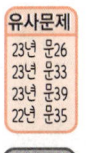
46 축압식 분말소화기의 점검결과 중 불량내용과 관련이 없는 것은?

유사문제
23년 문26
23년 문33
23년 문39
22년 문35

교재 2권
22

①

②

③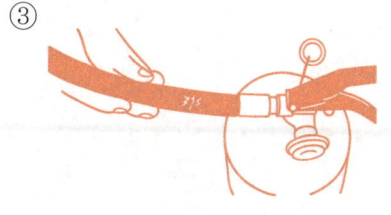

④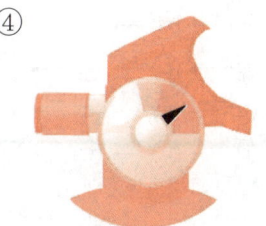

47 그림은 옥내소화전설비의 방수압력 측정방법이다. ( ) 안에 들어갈 내용으로 옳은 것은?

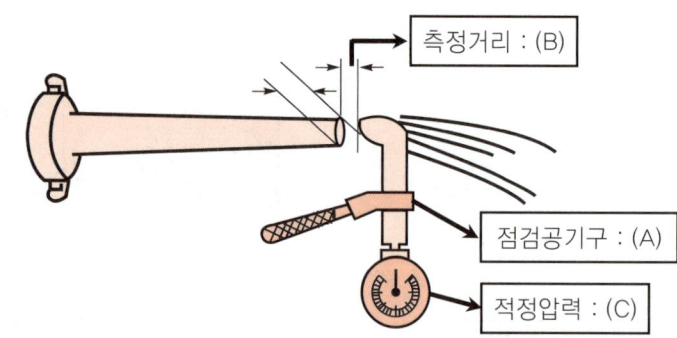

① (A) 레벨메타, (B) 노즐구경의 $\frac{1}{3}$, (C) 0.25~0.7MPa

② (A) 방수압력측정계, (B) 노즐구경의 $\frac{1}{2}$, (C) 0.17~0.7MPa

③ (A) 레벨메타, (B) 노즐구경의 $\frac{1}{2}$, (C) 0.17~0.7MPa

④ (A) 방수압력측정계, (B) 노즐구경의 $\frac{1}{3}$, (C) 0.1~1.2MPa

48 다음 보기를 참고하여 습식 스프링클러설비의 작동순서를 올바르게 나열한 것은 어느 것인가?

㉠ 화재발생
㉡ 2차측 배관압력 저하
㉢ 헤드 개방 및 방수
㉣ 1차측 압력에 의해 습식 유수검지장치의 클래퍼 개방
㉤ 습식 유수검지장치의 압력스위치 작동 → 사이렌 경보, 감시제어반의 화재표시등, 밸브 개방표시등 점등
㉥ 배관 내 압력저하로 기동용 수압개폐장치의 압력스위치 작동 → 펌프기동

① ㉠ → ㉡ → ㉢ → ㉣ → ㉤ → ㉥
② ㉠ → ㉢ → ㉡ → ㉣ → ㉤ → ㉥
③ ㉠ → ㉣ → ㉤ → ㉢ → ㉡ → ㉥
④ ㉠ → ㉤ → ㉡ → ㉢ → ㉣ → ㉥

49 다음 중 자동심장충격기(AED)의 사용방법(순서로) 옳은 것은?

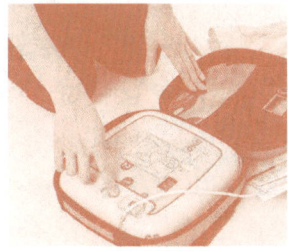
㉠ 전원켜기

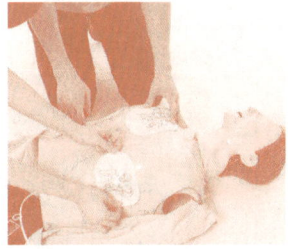
㉡ 2개의 패드 부착

㉢ 심장리듬 분석 및 심장충격 실시

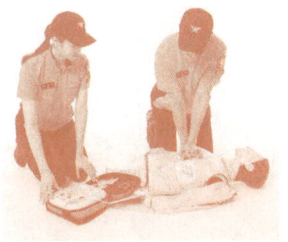
㉣ 심폐소생술 시행

① ㉠-㉡-㉢-㉣
② ㉠-㉡-㉣-㉢
③ ㉡-㉠-㉣-㉢
④ ㉡-㉠-㉢-㉣

50 그림의 시험밸브함을 열어 밸브 개방시 측정되어야 할 정상압력(MPa) 범위로 옳은 것은?

① 0.1MPa 이상 1.2MPa 이하
② 0.17MPa 이상 0.7MPa 이하
③ 0.25MPa 이상 0.7MPa 이하
④ 0.7MPa 이상 0.98MPa 이하

" 성공한 사람이 아니라 가치있는 사람이 되려고 힘써라.
- 아인슈타인 - "

Memo

MEMO

MEMO

MEMO

소방안전관리자 1급
기출문제 총집합+5개년 기출문제 무료강의

```
2019.  1. 25.  초 판 1쇄 발행
2019.  5.  1.  1차 개정증보 1판 1쇄 발행
2019. 10.  2.  2차 개정증보 2판 1쇄 발행
2020.  1.  5.  2차 개정증보 2판 2쇄 발행
2020.  1. 30.  2차 개정증보 2판 3쇄 발행
2020.  6.  3.  3차 개정증보 3판 1쇄 발행
2021.  1.  5.  3차 개정증보 3판 2쇄 발행
2021.  2. 15.  3차 개정증보 3판 3쇄 발행
2021.  7. 15.  4차 개정증보 4판 1쇄 발행
2021.  8. 20.  4차 개정증보 4판 2쇄 발행
2022.  6. 15.  5차 개정증보 5판 1쇄 발행
2022. 10. 20.  5차 개정증보 5판 2쇄 발행
2023.  2. 22.  6차 개정증보 6판 1쇄 발행
2023.  5.  3.  6차 개정증보 6판 2쇄 발행
2023.  7. 19.  6차 개정증보 6판 3쇄 발행
2024.  1.  3.  7차 개정증보 7판 1쇄 발행
2024.  1. 31.  7차 개정증보 7판 2쇄 발행
2024.  7. 10.  8차 개정증보 8판 1쇄 발행
2025.  1.  8.  8차 개정증보 8판 2쇄 발행
2025.  2. 19.  8차 개정증보 8판 3쇄 발행
2026.  1.  7.  9차 개정증보 9판 1쇄 발행
```

지은이 | 공하성
펴낸이 | 이종춘
펴낸곳 | BM (주)도서출판 성안당

주소 | 04032 서울시 마포구 양화로 127 첨단빌딩 3층(출판기획 R&D 센터)
       10881 경기도 파주시 문발로 112 파주 출판 문화도시(제작 및 물류)
전화 | 02) 3142-0036
       031) 950-6300
팩스 | 031) 955-0510
등록 | 1973. 2. 1. 제406-2005-000046호
출판사 홈페이지 | www.cyber.co.kr
ISBN | 978-89-315-1385-1 (13530)
정가 | 35,800원

이 책을 만든 사람들
기획 | 최옥현
진행 | 박경희
교정·교열 | 최주연
전산편집 | 이지연
표지 디자인 | 박현정
홍보 | 김계향, 임진성, 김주승, 최정민, 이해솜
국제부 | 이선민, 조혜란
마케팅 | 구본철, 차정욱, 오영일, 나진호, 강호묵
마케팅 지원 | 장상범
제작 | 김유석

이 책의 어느 부분도 저작권자나 BM (주)도서출판 성안당 발행인의 승인 문서 없이 일부 또는 전부를 사진 복사나 디스크 복사 및 기타 정보 재생 시스템을 비롯하여 현재 알려지거나 향후 발명될 어떤 전기적, 기계적 또는 다른 수단을 통해 복사하거나 재생하거나 이용할 수 없음.

※ 잘못된 책은 바꾸어 드립니다.

소방안전관리자 1급
기출문제 총집합 + 5개년 기출문제

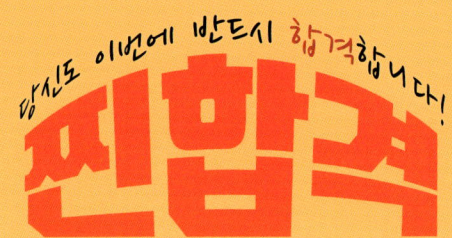

찐합격 무료강의

당신도 이번에 반드시 합격합니다!

최단시간에 합격할 수 있는 책 1위!

소름 돋는 중요도 표시 및 용어설명!

영혼을 갈아 넣은 100% 상세한 해설!

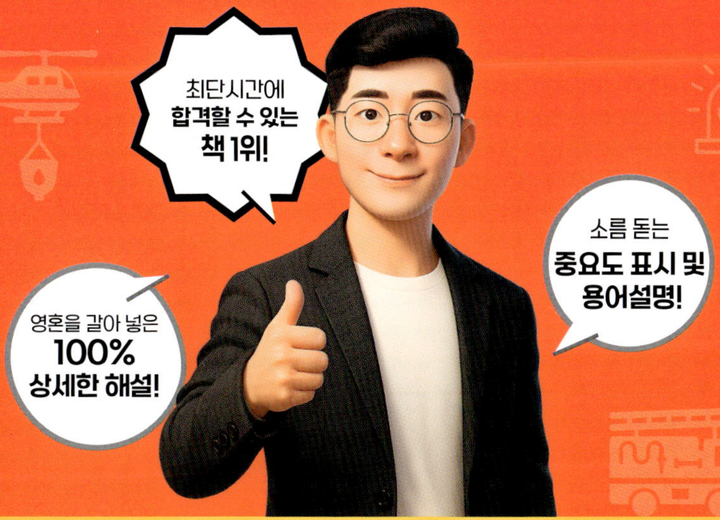

소방안전관리자 1급

2025~2021년 기출문제 정답 및 해설

한번에! 빠르게! 합격을 위한 최적 구성!

본문 및 단원별 기출문제

Key Point

03 연소생성물

| 연기의 이동속도 | 교재 1권 189 |

구 분	이동속도
수평방향	0.5~1.0m/sec 문08 보기①
계단실 등 수직방향	① 화재초기 : 2~3m/sec 문08 보기② ② 농연 : 3~5m/sec 문08 보기③

* 농연
'짙은 연기'를 말한다.

공하성 기억법 계35

기출문제

08 다음 중 화재발생시 연기에 대한 설명으로 틀린 것은? 교재 1권 189
① 수평방향으로 0.5~1m/sec의 속도로 이동한다.
② 수직방향으로는 화재초기 2~3m/sec의 속도로 이동한다.
③ 농연일 때 계단실 내의 수평이동속도는 3~5m/sec이다. (수직)
④ 패닉현상에 빠지게 되는 2차적 재해의 우려가 있다.

정답 ③

유사 기출문제

08★★★ 교재 1권 189
다음 중 연기의 유동 및 확산속도에 대한 것으로 옳은 것은?
① 수평방향으로 0.5~1m/min의 속도로 이동한다.
② 수직방향으로는 화재초기 2~3m/sec의 속도로 이동한다.
③ 농연일 때 계단실 내의 수직이동속도는 3~5m/min

- 중요한 이론을 Key Point에 한 번 더 정리!
- 한국소방안전원 교재 페이지를 넣어 교재와 함께 공부하기 쉽도록 구성!
- 한 번에 빠르게 암기되는 공하성 기억법 구성!
- 단원별로 관련 기출문제를 삽입하여 완벽하게 이론을 이해!
- 단원 기출문제 관련 유사 기출문제를 구성하여 실전 시험에 완벽하게 대비!

기출문제

2025년 기출문제
정답 및 해설은 여기로!
정답 및 해설 p. 2~3

제①과목

01 다음 중 자기반응성 물질에 해당하는 것은 몇 류 위험물인가?
① 제2류
② 제3류
③ 제4류
④ 제5류

출제연도 문제 2023년 교재 1권 199

유사문제부터 풀어보세요. 실력이 짝! 올라갑니다.

- 문제의 중요도를 별표(★)로 표시하여 중요한 문제를 한눈에 볼 수 있도록 구성!
- 기출문제의 응용력을 기르기 위해 기출문제 관련 유사문제 표시!

 성안당 쇼핑몰 QR코드 ▶ 다양한 전문서적을 빠르고 신속하게 만나실 수 있습니다.
경기도 파주시 문발로 112 파주 출판 문화도시 TEL. 031-950-6300 FAX. 031-955-0510

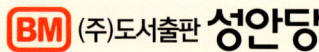

소방안전관리자 1급

2025~2021년 기출문제 정답 및 해설

BM (주)도서출판 성안당

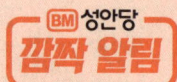

BM 성안당 깜짝 알림

원퀵으로 기출문제를 보내고 원퀵으로 소방책을 받자!!

소방안전관리자 시험을 보신 후 기출문제를 재구성하여 성안당 출판사에 15문제 이상 보내주신 분에게 공하성 교수님의 소방시리즈 책 중 한 권을 무료로 보내드립니다.

독자 여러분들이 보내주신 재구성한 기출문제는 보다 더 나은 책을 만드는 데 큰 도움이 됩니다.

📧 이메일 coh@cyber.co.kr(최옥현) | ※ 메일을 보내실 때 성함, 연락처, 주소를 꼭 기재해 주시기 바랍니다.

- 독자분께서 보내주신 기출문제를 공하성 교수님이 검토 후 선별하여 무료로 책을 보내드립니다.
- 무료 증정 이벤트는 조기에 마감될 수 있습니다.

■ **도서 A/S 안내**

성안당에서 발행하는 모든 도서는 저자와 출판사, 그리고 독자가 함께 만들어 나갑니다.

좋은 책을 펴내기 위해 많은 노력을 기울이고 있습니다. 혹시라도 내용상의 오류나 오탈자 등이 발견되면 "좋은 책은 나라의 보배"로서 우리 모두가 함께 만들어 간다는 마음으로 연락주시기 바랍니다. 수정 보완하여 더 나은 책이 되도록 최선을 다하겠습니다.

성안당은 늘 독자 여러분들의 소중한 의견을 기다리고 있습니다. 좋은 의견을 보내주시는 분께는 성안당 쇼핑몰의 포인트(3,000포인트)를 적립해 드립니다.

잘못 만들어진 책이나 부록 등이 파손된 경우에는 교환해 드립니다.

저자 문의 : pf.kakao.com/_Cuxjxkb/chat (공하성)
cafe.naver.com/119manager

본서 기획자 e-mail : coh@cyber.co.kr(최옥현)

홈페이지 : http://www.cyber.co.kr 전화 : 031) 950-6300

정답 및 해설

2025년 기출문제

문제는 여기로! → 문제 p.1-1

01	02	03	04	05	06	07	08	09	10
④	④	④	②	③	③	①	①	④	③
11	12	13	14	15	16	17	18	19	20
②	②	②	④	②	②	②	③	③	④
21	22	23	24	25	26	27	28	29	30
③	③	①	②	③	①	④	④	④	④
31	32	33	34	35	36	37	38	39	40
④	①	④	③	①	②	①	⑤	④	③
41	42	43	44	45	46	47	48	49	50
③	①	①	①	①	②	③	②	①	②

제1과목

문제는 여기로! → 문제 p.1-1

01 ④

해설
- ㉠ 꽂아둔다. → 뽑아둔다.
- ㉢ 묶거나 꼬아둔다. → 묶거나 꼬이지 않도록 한다.
- ㉣ 비닐장판 밑으로 전선이 보이지 않게 정리하여 넣어둔다. → 비닐장판이나 양탄자 밑으로는 전선이 지나지 않도록 한다.

전기화재 예방요령
(1) 사용하지 않는 기구는 전원을 끄고 플러그를 뽑아둔다. 보기 ㉠
(2) **과전류 차단장치**를 설치한다. 보기 ㉡
(3) 퓨즈를 사용하고 끊어질 경우 그 원인을 조치한다.
(4) 비닐장판이나 양탄자 밑으로는 전선이 지나지 않도록 한다. 보기 ㉣
(5) 누전차단기를 설치하고 **월 1~2회** 동작 여부를 확인한다.
(6) 전선이 쇠붙이나 움직이는 물체와 접촉되지 않도록 한다.
(7) 전선은 묶거나 꼬이지 않도록 한다. 보기 ㉢

02 ④

해설 **위험물류별 특성**

유별	성질	설명
제1류	산화성 고체 기억법 **1산고**(일산고)	① 강산화제로서 다량의 산소 함유 ② 가열, 충격, 마찰 등에 의해 분해, 산소 방출
제2류	가연성 고체 기억법 **2가고**(이가 고장)	① 저온착화하기 쉬운 가연성 물질 ② 연소시 유독가스 발생
제3류	자연발화성 물질 및 금수성 물질 기억법 **3발**(세발낙지)	① 물과 반응하거나 자연발화에 의해 발열 또는 가연성 가스 발생 ② 용기 파손 또는 누출에 주의
제4류	인화성 액체	① **인화**가 용이 ② 대부분 **물보다 가볍**고, 증기는 **공기보다 무거움** ③ **주수소화**가 불가능한 것이 대부분임 ④ 대부분 물에 녹지 않음 ⑤ 증기는 공기와 혼합되어 연소·폭발
제5류	자기반응성 물질 보기 ④	① 가연성으로 **산소**를 **함유**하여 **자기연소** ② **가열, 충격, 마찰** 등에 의해 착화, 폭발 ③ **연소속도**가 매우 빨라서 소화 곤란

제5류		④ 자기반응성 물질 ⑤ 나이트로글리세린 (NG), 셀룰로이드, 트리나이트로톨루엔 (TNT) 기억법 5산(오산지역)
제6류	산화성 액체 기억법 산액	① 조연성 액체 ② 산화제

03 ④

④ 해당 없음

화기취급작업의 일반적인 절차

화재예방을 위하여 화기취급작업을 사전에 허가하고 관련 법령에 근거하여 화재감시자가 입회하여 감독하는 등 안전관리 업무를 수행하여야 하며, 사전허가, 안전조치 및 화기취급 작업 감독의 처리절차와 화기취급작업 신청서 작성, 화기취급작업 허가서 교부 및 안전수칙 등의 사전허가 절차 등을 준수하여야 한다.

처리절차		업무내용
사전 허가	① 작업허가	• 작업요청 • 승인 검토 및 허가서 발급
안전 조치	① 화재예방 조치 ② 안전교육	• 가연물 이동 및 보호 조치 보기 ② • 소방시설 작동 확인 보기 ① • 용접·용단 장비·보호구 점검 • 화재안전교육 보기 ③
작업· 감독	① 화재감시자 입회 및 감독 ② 최종 작업 확인	• 화재감시자 입회 • 화기취급감독 • 현장 상주 및 화재감시 • 작업 종료 확인

04 ②

화재의 종류

종류	적응물질	소화약제
일반 화재 (A급)	• 보통가연물(폴리에틸렌 등) • 종이 • 목재, 면화류, 석탄 • 재를 남김	① 물 ② 수용액
유류 화재 (B급)	• 유류 • 알코올 • 재를 남기지 않음	① 포(폼)
전기 화재 (C급)	• 변압기 • 배전반	① 이산화탄소 ② 분말소화약제 ③ 주수소화 금지
금속 화재 (D급)	• 가연성 금속류(나트륨 등)	① 금속화재용 분말소화약제 ② 마른 모래(건조사) 보기 ②
주방 화재 (K급)	• 식용유 • 동·식물성 유지	① 강화액

05 ③

열전달

종류	설 명
전도 (conduction)	• 하나의 물체가 다른 물체와 직접 접촉하여 전달되는 것
대류 (convection)	• 유체의 흐름에 의하여 열이 전달되는 것
복사 (radiation)	• 화재시 열의 이동에 가장 크게 작용하는 열이동방식 • 화염의 접촉 없이 연소가 확산되는 현상 • 화재현장에서 인접건물을 연소시키는 주된 원인
복사열	• 물질에 따라서 비교적 약한 복사열도 장시간 방사로 발화될 수 있다. 예를 들어 햇빛이 유리나 거울에 반사되어 가연성 물질에 장시간 노출시 열이 축적되어 발화될 수 있다. 보기 ③

06 ③

해설

③ 바닥면적 → 건축면적

면적의 산정

용 어	설 명
건축면적	건축물의 **외벽**의 중심선으로 둘러싸인 부분의 수평투영면적
바닥면적	건축물의 **각 층** 또는 그 일부로서 벽, 기둥, 기타 이와 유사한 구획의 중심선으로 둘러싸인 부분의 수평투영면적
연면적	하나의 건축물의 각 층의 **바닥면적**의 합계
건폐율	대지면적에 대한 **건축면적**의 비율
용적률	대지면적에 대한 **연면적**의 비율

07 ①

해설

피난층
곧바로 지상으로 갈 수 있는 출입구가 있는 층 보기 ①

기억법 피곧(피곤)

08 ①

해설

① 50cm 이하 → 50cm 이상

(1) **무창층**
지상층 중 개구부면적의 합계가 그 층의 바닥면적의 $\frac{1}{30}$ 이하가 되는 층

(2) **개구부 요건**
① 크기는 지름 **50cm 이상**의 원이 통과할 수 있을 것 보기 ①
② 해당층의 바닥면으로부터 개구부 밑부분까지의 높이가 **1.2m** 이내일 것 보기 ②
③ **도로** 또는 **차량**이 진입할 수 있는 **빈터**를 향할 것 보기 ③
④ 화재시 건축물로부터 쉽게 **피난**할 수 있도록 개구부에 **창살**이나 그 밖의 장애물이 설치되지 않을 것
⑤ 내부 또는 외부에서 **쉽게 부수거나 열 수 있을 것** 보기 ④

09 ④

해설

④ 100만원 이하의 과태료

100만원 이하의 벌금   교재 1권 32

(1) 정당한 사유 없이 소방대가 현장에 도착할 때까지 사람을 **구**출하는 조치 또는 불을 끄거나 불이 번지지 않도록 하는 조치를 하지 아니한 사람 보기 ③
(2) **피**난명령을 위반한 사람 보기 ①
(3) 정당한 사유 없이 **물**의 사용이나 **수도**의 **개폐장치**의 사용 또는 **조**작을 하지 못하게 하거나 방해한 자 보기 ②
(4) 정당한 사유 없이 **소방대**의 **생활안전활동**을 방해한 자
(5) 긴급조치를 정당한 사유 없이 방해한 자

기억법 구피조1

비교 **100만원 이하의 과태료**
(1) **소방자동차 전용구역**에 주차하거나 전용구역에의 진입을 가로막는 등의 방해행위를 한 자 보기 ④
(2) **실무교육**을 받지 아니한 **소방안전관리자** 및 **소방안전관리보조자**

10 ③

해설

③ 300만원 이하의 과태료

300만원 이하의 벌금
(1) **화재안전조사**를 정당한 사유 없이 **거부·방해·기피**한 자 보기 ①
(2) 화재예방조치 조치명령을 정당한 사유 없이 따르지 아니하거나 방해한 자
(3) **소방안전관리자, 총괄소방안전관리자, 소방안전관리보조자**를 **선임**하지 아니한 자 보기 ②
(4) **소방시설·피난시설·방화시설** 및 **방화구획** 등이 법령에 위반된 것을 발견하였음에도 필요한 조치를 할 것을 요구하지 아니한 소방안전관리자

(5) **소방안전관리자**에게 **불이익**한 처우를 한 관계인 보기 ④
(6) 자체점검 결과 **소화펌프 고장** 등 중대위반사항이 발견된 경우 필요한 조치를 하지 않은 관계인 또는 관계인에게 중대위반사항을 알리지 아니한 관리업자 등

11 ②

선임일자가 2023년 3월 15일이고 강습수료일로부터 1년 이내에 취업한 경우에 해당되어 강습수료일(2022년 4월 5일)부터 2년마다 실무교육을 받아야 하므로 ②가 정답이다. ①번도 답이 될 수 있지만 문제에서 최대이수기한이라고 했으므로 ②번 정답

소방안전관리자의 실무교육

실시기관	실무교육주기
한국소방안전원	선임된 날부터 **6개월 이내**, 그 이후 2년마다 1회

선임된 날부터 6개월 이내, 그 이후 2년마다(최초 실무교육을 받은 날을 기준일로 하여 매 2년이 되는 해의 기준일과 같은 날 전까지) 1회 실무교육을 받아야 한다.

(1) 소방안전관리 강습 또는 실무교육을 받은 후 1년 이내에 소방안전관리자로 선임된 경우 해당 강습교육을 수료하거나 실무교육을 이수한 날에 당해 실무교육을 이수한 것으로 본다.

실무교육주기

강습수료일로부터 1년 이내 취업한 경우	강습수료일로부터 1년 넘어서 취업한 경우
강습수료일로부터 2년마다 1회 보기 ②	선임된 날부터 6개월 이내, 그 이후 2년마다 1회

(2) 소방안전관리보조자의 경우, 소방안전관리자 강습교육 또는 실무교육이나 소방안전관리보조자 실무교육을 받은 후 1년 이내에 선임된 경우 해당 강습교육을 수료하거나 실무교육을 이수한 날에 실무교육을 이수한 것으로 본다.

비교 실무교육

소방안전 관련업무 경력보조자	소방안전관리자 및 소방안전관리보조자
선임된 날로부터 **3개월** 이내, 그 이후 2년마다 1회 실무교육을 받아야 한다.	선임된 날로부터 **6개월** 이내, 그 이후 2년마다 1회 실무교육을 받아야 한다.

12 ③

연면적 4500m² 로서 15000m² 이상이 안 되므로 2급 소방안전관리대상물에 해당하며, 소방안전관리보조자 선임대상 아님

(1) **2급 소방안전관리대상물**
① 지하구
② 가스제조설비를 갖추고 도시가스사업 허가를 받아야 하는 시설 또는 가연성가스를 **100톤 이상 1000톤** 미만 저장·취급하는 시설
③ **스프링클러설비** 또는 **물분무등소화설비**(호스릴방식 제외) 설치대상물
④ **옥내소화전설비** 설치대상물
⑤ 공동주택(옥내소화전설비 또는 스프링클러설비가 설치된 공동주택에 한함)
⑥ 목조건축물(국보·보물)

(2) **최소 선임기준**

소방안전관리자	소방안전관리보조자
• 특정소방대상물마다 1명	• 300세대 이상 아파트 : 1명 (단, 300세대 초과마다 1명 이상 추가) • 연면적 15000m² 이상 : 1명 (단, 15000m² 초과마다 1명 이상 추가) 보기 ③ • 공동주택(기숙사), 의료시설, 노유자시설, 수련시설 및 숙박시설(바닥면적 합계 1500m² 미만이고, 관계인이 24시간 상시 근무하고 있는 숙박시설 제외) : 1명

13 ④

해설

소방대
화재를 **진압**하고 화재, 재난·재해, 그 밖의 위급한 상황에서의 **구조·구급활동** 등을 하기 위하여 구성된 조직체
(1) **소**방공무원 　보기 ①
(2) **의**무소방원 　보기 ②
(3) **의**용소방대원 　보기 ③

기억법 소의(**소의** 가죽)

14 ④

해설 **선임신고**
14일 이내에 **소방본부장·소방서장**에게 신고
(1) 소방안전관리자
(2) 위험물안전관리자

비교 30일 이내
(1) 소방안전관리자의 **재선임**(다시 선임)
(2) 위험물안전관리자의 **재선임**(다시 선임)

15 ②

해설

② 가능 → 불가능

화재의 종류

종류	적응물질	소화약제
일반화재 (A급)	• 보통가연물(폴리에틸렌 등) • 종이 • 목재, 면화류, 석탄 • **재를 남김**	① 물 ② 수용액
유류화재 (B급)	• 유류 • 알코올 • **재를 남기지 않음**	① 포(폼)
전기화재 (C급)	• 변압기 • 배전반	① 이산화탄소 ② 분말소화약제 ③ 주수소화 금지
금속화재 (D급) 보기 ①	• 가연성 금속류 (나트륨 등) 보기 ③	① 금속화재용 분말소화약제 ② 마른 모래(건조사) 보기 ④
주방화재 (K급)	• 식용유 • 동·식물성 유지	① 강화액

16 ②

해설

② 주수소화와 이산화탄소소화약제는 냉각에 의한 소화작용을 한다.

중요 ▶ **소화방법의 예**

제거소화 보기 ③	• 가스밸브의 **폐쇄**(차단) • 가연물 직접 **제거** 및 **파괴** • **촛불**을 입으로 불어 가연성 증기를 순간적으로 날려 보내는 방법 • 산불화재시 진행방향의 나무 **제거**	연소의 3요소를 이용한 소화방법
질식소화 보기 ①	• 불연성 기체로 연소물을 덮는 방법 • 불연성 포로 연소물을 덮는 방법 • 불연성 고체로 연소물을 덮는 방법	
냉각소화 보기 ②	• 주수에 의한 냉각작용 • 이산화탄소소화약제에 의한 냉각작용	
억제소화 (부촉매소화) 보기 ④	• 화학적 작용에 의한 소화방법 • 할론, 할로겐화합물 소화약제에 의한 억제(부촉매)작용 • 분말소화약제에 의한 억제(부촉매)작용	연소의 4요소를 이용한 소화방법

17 ③

해설

③ 주요 화재원인이 아님

전기화재의 주요 화재원인
(1) 전선의 **합선**(단락)에 의한 발화 　보기 ④
　　　　　단선 ×
(2) **누전**에 의한 발화 　보기 ①
(3) **과전류**(과부하)에 의한 발화 　보기 ②
(4) 기타 **규격 미달**의 전선 또는 전기기계기구 등의 과열, 배선 및 전기기계기구 등의 절연불량 또는 정전기로부터의 불꽃

18 ③

해설 ③ 소방안전관리자의 업무

관계인 및 소방안전관리자의 업무

특정소방대상물 (관계인)	소방안전관리대상물 (소방안전관리자)
① 피난시설·방화구획 및 방화시설의 관리 보기 ④	① 피난시설·방화구획 및 방화시설의 관리
② 소방시설, 그 밖의 소방관련시설의 관리 보기 ②	② 소방시설, 그 밖의 소방관련시설의 관리
③ **화기취급**의 감독 보기 ①	③ **화기취급**의 감독
④ 소방안전관리에 필요한 업무	④ 소방안전관리에 필요한 업무
⑤ 화재발생시 **초기대응**	⑤ **소방계획서**의 작성 및 시행(대통령령으로 정하는 사항 포함)
	⑥ **자위소방대** 및 **초기대응체계**의 구성·운영·교육 보기 ③
	⑦ 소방훈련 및 교육
	⑧ 소방안전관리에 관한 업무수행에 관한 기록·유지
	⑨ 화재발생시 **초기대응**

19 ③

해설 ③ 장시간 → 단시간

점화원

종류	설 명
전기불꽃 보기 ③	**단시간**에 집중적으로 에너지가 방사되므로 에너지밀도가 높은 점화원이다.
충격 및 마찰	두 개 이상의 물체가 서로 **충격·마찰**을 일으키면서 작은 불꽃을 일으키는데, 이러한 마찰불꽃에 의하여 가연성 가스에 착화가 일어날 수 있다.
단열압축 보기 ①	기체를 높은 압력으로 **압축**하면 온도가 상승하는데, 이때 상승한 열에 의한 가연물을 착화시킨다.
불 꽃	항상 화염을 가지고 있는 열 또는 화기로서 위험한 화학물질 및 가연물이 존재하고 있는 장소에서 **불꽃**의 사용은 대단히 위험하다.
고온표면	작업장의 화기, 가열로, 건조장치, 굴뚝, 전기·기계 설비 등으로서 항상 화재의 위험성이 내재되어 있다.
정전기 불꽃 보기 ②	물체가 접촉하거나 결합한 후 떨어질 때 양(+)전하와 음(-)전하로 **전하의 분리**가 일어나 발생한 **과잉전하**가 물체(물질)에 **축적**되는 현상이다.
자연발화 보기 ④	물질이 **외부**로부터 에너지를 **공급받지 않아도** 자체적으로 온도가 상승하여 발화하는 현상이다.
복사열	물질에 따라서 비교적 약한 복사열도 장시간 방사로 발화될 수 있다.

20 ④

해설 ④ 2급 → 1급

1급 소방안전관리대상물

(1) 소방안전관리자 및 소방안전관리보조자를 선임하는 특정소방대상물

소방안전관리대상물	특정소방대상물
1급 소방안전관리대상물 (동식물원, 철강 등 불연성 물품 저장·취급창고, 지하구, 위험물제조소 등 제외)	• **30층** 이상(지하층 제외) 또는 지상 **120m** 이상 **아파트** • 연면적 **15000m²** 이상인 것(아파트 및 연립주택 제외) • **11층** 이상(아파트 제외) • 가연성 가스를 **1000톤** 이상 저장·취급하는 시설

(2) 1급 소방안전관리대상물의 소방안전관리자 선임조건

자 격	경 력	비 고
• 소방설비기사·소방설비산업기사	경력 필요 없음	1급 소방안전관리자 자격증을 받은 사람
• 소방공무원	7년	
• 소방청장이 실시하는 1급 소방안전관리대상물의 소방안전관리에 관한 시험에 합격한 사람	경력 필요 없음	
• 특급 소방안전관리대상물의 소방안전관리자 자격이 인정되는 사람		

21 ③

공기 중 산소

체적비	중량비
21%	23%

22 ③

연소 : 열+빛=산화
가연물이 공기 중에 있는 산소 또는 산화제와 반응하여 **열과 빛**을 발생하면서 **산화**하는 현상

23 ①

②·③·④ 제외

주요구조부
(1) 내력**벽**(그 밖에 이와 유사한 부분 제외)
(2) **보**(작은 보 제외)
(3) **지**붕틀(차양 제외)
(4) **바**닥(최하층 바닥 제외)
(5) **주**계단(옥외계단 제외)
(6) **기**둥(사이기둥 제외)

기억법 벽보지 바주기

24 ②

소화방법

제거소화	질식소화	냉각소화	억제소화
가연물 제거	산소공급원 차단 (산소농도 **15%** 이하)	**열**을 뺏음 (**착화온도** 낮춤)	연쇄반응 약화

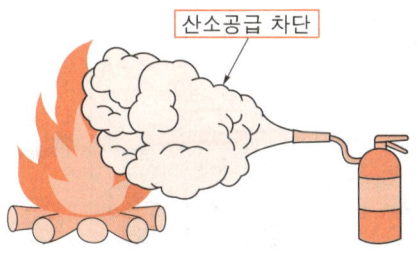

| 질식소화 |

25 ③

③ 소방기본법 시행령 → 소방기본법

피난시설, 방화구획 및 방화시설에 대한 금지 행위
(1) 피난시설, 방화구획 및 방화시설을 **폐쇄**(잠금 포함)하거나 **훼손**하는 등의 행위
(2) 피난시설, 방화구획 및 방화시설의 주위에 **물건**을 **쌓아두거나 장애물**을 설치하는 행위
(3) 피난시설, 방화구획 및 방화시설의 용도에 장애를 주거나 「소방기본법」에 따른 **소방활동**에 지장을 주는 행위
(4) 그 밖에 피난시설, 방화구획 및 방화시설을 변경하는 행위

26 ①

① 포괄적 → 종합적

소방계획의 주요 원리
(1) **종**합적 안전관리
(2) **통**합적 안전관리
(3) **지**속적 발전모델

기억법 계종 통지(개종하도록 통지)

종합적 안전관리	통합적 안전관리		지속적 발전모델
• 모든 형태의 위험을 포괄 보기 ① • 재난의 전주기적(예방·대비 → 대응 → 복구) 단계의 위험성 평가 보기 ③	내부	협력 및 파트너십 구축, 전원 참여 보기 ④	• PDCA Cycle (계획 : Plan, 이행/운영 : Do, 모니터링 Check, 개선 : Act) 보기 ②
	외부	거버넌스(정부-대상처-전문기관 및 안전관리 네트워크 구축	

27 ④

해설
④ 보기를 볼 때 심폐소생술(CPR) 실시 후 자동심장충격기(AED)를 사용하는 경우이므로 보기 ④ 정답

심폐소생술(CPR) 순서	자동심장충격기(AED) 사용 순서
① 반응 확인 순서 ① ② 119 신고 순서 ② ③ 호흡 확인 ④ 가슴압박 30회 시행 순서 ③ ⑤ 인공호흡 2회 시행 ⑥ 가슴압박과 인공호흡의 반복 ⑦ 회복 자세	① 전원 켜기 ② 두 개의 패드 부착 ③ 심장리듬 분석 순서 ④ ④ 심장충격 실시 ⑤ 심폐소생술 실시

28 ④

해설

예비전원시험 적부 판정	
전압계인 경우 정상	램프방식인 경우 정상
19~29V 보기 ④	녹색

비교 회로도통시험 적부 판정		
구 분	전압계가 있는 경우	도통시험확인등이 있는 경우
정상	4~8V	정상확인등 점등(녹색)
단선	0V	단선확인등 점등(적색)

29 ④

해설
④ 이론의 원칙 → 실습의 원칙

소방**교**육 및 훈련의 원칙

원 칙	설 명
현실의 원칙	• 학습자의 능력을 고려하지 않은 훈련은 비현실적이고 불완전하다.
학습자 중심의 원칙 보기 ③	• **한 번에 한 가지씩** 습득 가능한 분량을 교육 및 훈련시킨다. • **쉬운 것**에서 **어려운 것**으로 교육을 실시하되 기능적 이해에 비중을 둔다. • 학습자에게 감동이 있는 교육이 되어야 한다.

기억법 학한

동기부여의 원칙	• **교**육의 **중**요성을 **전**달해야 한다. • 학습을 위해 적절한 스케줄을 적절히 배정해야 한다. • 교육은 시기적절하게 이루어져야 한다. • 핵심사항에 교육의 포커스를 맞추어야 한다. • 학습에 대한 보상을 제공해야 한다. • 교육에 재미를 부여해야 한다. • 교육에 있어 다양성을 활용해야 한다. • 사회적 상호작용을 제공해야 한다. • 전문성을 공유해야 한다. • 초기성공에 대해 격려해야 한다.

목적의 원칙 보기 ①	• 어떠한 기술을 어느 정도까지 익혀 야 하는가를 명확하게 제시한다. • 습득하여야 할 기술이 활동 전체에서 어느 위치에 있는가를 인식하도록 한다.
실습의 원칙 보기 ④	• **실습**을 통해 지식을 습득한다. • 목적을 생각하고, 적절한 방법으로 정확하게 하도록 한다.
경험의 원칙	• 경험했던 사례를 들어 현실감 있게 하도록 한다.
관련성의 원칙 보기 ②	• 모든 교육 및 훈련 내용은 **실무적인 접목**과 **현장성**이 있어야 한다.

기억법 현학동 목실경관교

30 ④

해설

ㄱ 단서에 따라 방수압력측정계 압력이 0.3MPa이므로 0.17~0.7MPa 이하이기 때문에 ○
ㄴ 단서에 따라 주펌프가 기동하였지만 기동표시등이 점등되지 않았으므로 ×

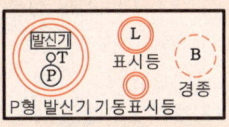

옥내소화전 방수압력 측정
(1) 측정장치 : 방수압력측정계(피토게이지)
(2)

방수량	방수압력
130L/min	0.17~0.7MPa 이하 보기 ⑦

(3) 방수압력 측정방법 : 방수구에 호스를 결속한 상태로 노즐의 선단에 방수압력측정계(피토게이지)를 근접$\left(\dfrac{D}{2}\right)$시켜서 측정하고 방수압력측정계의 압력계상의 눈금을 확인한다.

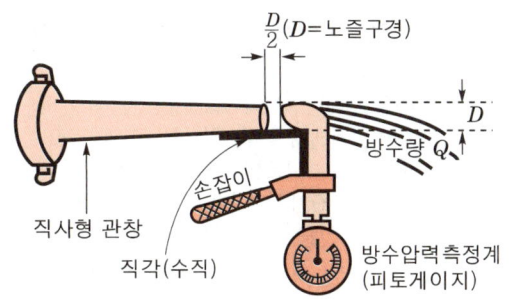

▮ 방수압력 측정 ▮

31 ④

해설

④ 방출표시등은 이산화탄소소화설비, 할론소화설비에 해당하는 것으로서 스프링클러설비와는 관련 없음

시험밸브 개방시 작동 또는 점등되어야 할 것
(1) 펌프 작동
(2) 감시제어반 밸브개방표시등(습식 : 알람밸브표시등) 점등
(3) 음향장치(사이렌) 작동
(4) 화재표시등 점등

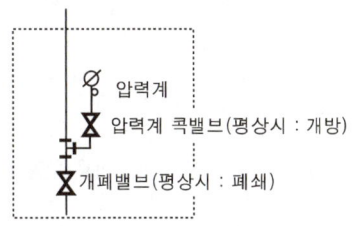

▮ 시험밸브함 ▮

32 ①

해설

① 많은 사람들이 보조하면 피난에 정체현상이 발생하므로 한 명이 보조한다.
→ 많은 사람들이 보조할수록 상대적으로 쉬운 대피가 가능하다.

일반휠체어 사용자	전동휠체어 사용자
뒤쪽으로 기울여 손잡이를 잡고 뒷바퀴보다 한 계단 아래에서 무게중심을 잡고 이동한다. 2인이 보조시 다른 1인은 장애인을 마주보며 손잡이를 잡고 동일한 방법으로 이동	전동휠체어에 탑승한 상태에서 계단 이동시는 일반휠체어와 동일한 요령으로 보조할 수도 있으나 무거워 많은 인원과 공간이 필요하므로 전원을 끈 업거나 안아서 피난을 보조하는 것이 가장 효과적

33 ④

해설

① 그림 A : 2층 지구표시등이 점등되어 있고, 도통시험 정상램프가 점등되어 있으므로 옳다. (O)

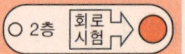

② 그림 A : 도통시험스위치가 눌러져 있으므로 스위치주의표시등이 점등되는 것은 정상이므로 옳다. (O)

③ 그림 B : 3층 **회로시험**버튼이 눌려 있고, 도통시험 단선램프가 점등되어 있으므로 옳다. (O)

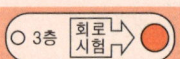

④ 그림 C : 2~5층 **회로시험**버튼이 눌려 있고, 도통시험 단선램프가 점등되어 있으므로 1층은 단서유무를 알 수 없고, 2~5층은 도통시험결과 단선이다. 그러므로 틀린 답 (×)

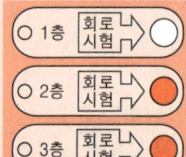

34 ③

해설

③ 솔레노이드밸브를 분리하면 수동조작함을 조작하여도 약제가 방출되지 않으므로 방출표시등은 점등되지 않는다.

35 ①

해설

① 예비전원(배터리)점검 : 외부에 있는 점검스위치(배터리상태 점검스위치)를 당겨보는 방법 또는 점검버튼을 눌러서 점등상태 확인

④ 상용전원점검 : 교류전원(전원등)램프의 점등 여부로 확인

(1) **예비전원**(배터리)**점검** : 외부에 있는 **점검스위치**(배터리상태 점검스위치)를 **당겨보는 방법** 또는 **점검버튼**을 눌러서 점등상태 확인 보기 ①

┃예비전원 점검스위치┃

┃예비전원 점검버튼┃

(2) **2선식** 유도등점검 : 유도등이 **평상시 점등**되어 있는지 확인

┃평상시 점등이면 정상┃

┃평상시 소등이면 비정상┃

(3) **3선식** 유도등점검
① 수동전환 : 수신기에서 수동으로 점등스위치를 ON하고 건물 내의 점등이 안 되는 유도등을 확인

| 유도등 절환스위치 수동전환 | 유도등 점등 확인 |

② 연동(자동)전환 : 감지기·발신기·중계기·스프링클러설비 등을 현장에서 작동(동작)과 동시에 유도등이 점등되는지를 확인

| 유도등 절환스위치 연동(자동)전환 |

| 감지기, 발신기 동작 | 유도등 점등 확인 |

36 ①

① 작다. → 크다.

이산화탄소소화설비의 장단점 [교재 2권 81]

장 점	단 점
• **심부화재**에 적합하다. 보기 ②	• 사람에게 질식의 우려가 있다.
• 화재진화 후 깨끗하다.	• 방사시 동상의 우려와 **소음**이 **크다**. 보기 ①
• 피연소물에 피해가 적다.	
• 비전도성이므로 **전기화재**에 좋다. 보기 ③	• 설비가 고압으로 특별한 주의와 관리가 필요하다. 보기 ④

37 ①

① 응급처치는 사전예방 불가능

응급처치의 중요성
(1) 긴급한 환자의 생명 유지 보기 ②
(2) 환자의 고통 경감 보기 ③
(3) 위급한 부상부위의 응급처치로 치료기간 단축
(4) 현장처치의 원활화로 의료비 절감 보기 ④

38 ③

③ 현황 확인

작동점검 전 준비 및 현황확인 사항

점검 전 준비사항	현황확인
① 협의나 협조 받을 건물 **관계인** 등 연락처를 사전확보 보기 ④	① **건축물대장**을 이용하여 건물개요 확인 보기 ③
② 점검의 목적과 필요성에 대하여 건물 관계인에게 사전 안내 보기 ②	② 도면 등을 이용하여 설비의 개요 및 설치위치 등을 파악
③ 음향장치 및 각 실별 방문점검을 미리 공지 보기 ①	③ 점검사항을 토대로 점검순서를 계획하고 점검장비 및 공구를 준비
	④ 기존의 점검자료 및 조치결과가 있다면 점검 전 참고
	⑤ 점검과 관련된 각종 법규 및 기준을 준비하고 숙지

39 ①

① ㉠ 안전밸브 ㉡ 압력계 ㉢ 압력스위치 ㉣ 배수밸브

펌프성능시험

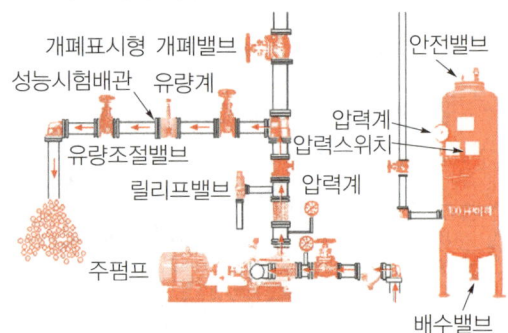

▮ 기동용 수압개폐장치(압력챔버) ▮

(1) 제어반에서 주·충압펌프 정지

감시제어반	동력제어반
선택스위치 **정지**위치	선택스위치 **수동**위치

(2) 펌프토출측 밸브(개폐표시형 개폐밸브) 폐쇄
(3) 설치된 펌프의 현황을 파악하여 펌프성능시험을 위한 표 작성
(4) 유량계에 **100%**, **150%** 유량 표시

40 ③

(1) **경계구역의 설정 기준**
① 1경계구역이 2개 이상의 **건축물**에 미치지 않을 것

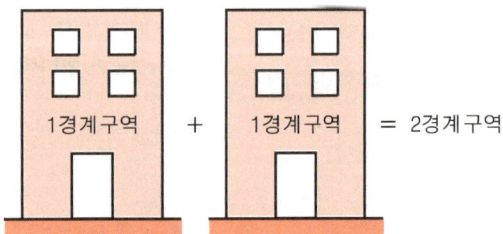

▮ 하나의 경계구역으로 설정불가 ▮

② 1경계구역이 2개 이상의 **층**에 미치지 않을 것(단, **500m²** 이하는 2개층을 1경계구역으로 할 수 있다.)
③ 1경계구역의 면적은 **600m²** 이하로 하고, 1변의 길이는 **50m** 이하로 할 것(단, 내부 전체가 보이면 한변의 길이가 50m의 범위 내에서 **1000m²** 이하로 할 수 있다.) 그림 (a)

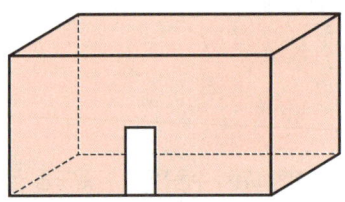

▮ 내부 전체가 보이면 1경계구역 면적 1000m² 이하, 1변의 길이 50m 이하 ▮

(2) **건축물 (a)의 경계구역수**
  건축물 (a)는 내부 전체가 보이는 구조로 한 변의 길이가 50m의 범위 내에서 $1000m^2$ 이하이므로 1경계구역
  $40m \times 25m = 1000m^2$

(3) **건축물 (b)의 경계구역수**

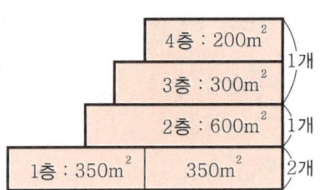

① 1경계구역의 면적은 **600m²** 이하로 하여야 하므로 바닥면적을 **600m²**로 나누어주면 된다.

㉠ 1층 : $\dfrac{700m^2}{600m^2} = 1.1 ≒ 2개$(소수점 올림)

㉡ 2층 : $\dfrac{600m^2}{600m^2} = 1개$

② 500m² 이하는 2개층을 1경계구역으로 할 수 있으므로 2개층의 합이 500m² 이하일 때는 500m²로 나누어 주면 된다.

3~4층 : $\dfrac{(300+200)m^2}{500m^2} = 1개$

∴ 2개+1개+1개=4개
∴ (a)+(b)=1개+4개=5개

41 ③

유도등의 설치높이

복도통로유도등, 계단통로유도등 보기 ③	피난구유도등, 거실통로유도등
바닥으로부터 높이 **1m** 이하	피난구의 바닥으로부터 높이 **1.5m** 이상
기억법 **1복**(일복 터졌다.)	기억법 **피유15상**

42 ①

점등램프

주펌프만 수동으로 기동 보기 ①	충압펌프만 수동으로 기동	주펌프·충압펌프 수동으로 기동
① 선택스위치 : 수동	① 선택스위치 : 수동	① 선택스위치 : 수동
② 주펌프 : 기동	② 주펌프 : 정지	② 주펌프 : 기동
③ 충압펌프 : 정지	③ 충압펌프 : 기동	③ 충압펌프 : 기동

43 ①

준비작동식 스프링클러설비의 작동순서

(1) ㉠ **화**재발생
(2) ㉣ **교**차회로방식의 A or B 감지기 작동(경종 또는 사이렌 경보, 화재표시등 점등)
(3) ㉡ **감**지기 A and B 감지기 작동 또는 수동기동장치(SVP) 작동
(4) ㉢ **준**비작동식 유수검지장치 작동
(5) ㉥ **2**차측으로 급수
(6) ㉤ **헤**드 개방, 방수
(7) ㉦ **배**관 내 압력저하로 기동용 수압개폐장치의 압력스위치 작동 → 펌프 기동

기억법 **화교감 준2헤배**

비교 습식 스프링클러설비의 작동순서
교재2권 61

1. **화**재발생
2. **헤**드 개방 및 방수
3. **2**차측 배관 압력저하
4. **1**차측 압력에 의해 습식 유수검지장치의 클래퍼 개방
5. **습**식 유수검지장치의 압력스위치 작동 → 사이렌 경보, 감시제어반의 화재표시등 점등 및 밸브개방표시등 점등
6. **배**관 내 압력저하로 기동용 수압개폐장치의 압력스위치 작동 → 펌프 기동

기억법 **화헤 21습배**

44 ①

① 적응화재가 ABC급이므로 제1인산암모늄($NH_4H_2PO_4$) 정답

분말소화기

적응화재	소화약제의 주성분	소화효과
BC급	탄산수소나트륨 ($NaHCO_3$)	• 질식효과 • 부촉매(억제)효과
BC급	탄산수소칼륨 ($KHCO_3$)	
ABC급	제1인산암모늄 ($NH_4H_2PO_4$)	
BC급	탄산수소칼륨($KHCO_3$) + 요소(($NH_2)_2CO$)	

45 ②

소화기구

소화능력 단위기준 및 보행거리

소화기 분류	능력단위	보행거리
소형소화기	1단위 이상 보기 ㉠	20m 이내 보기 ㉡

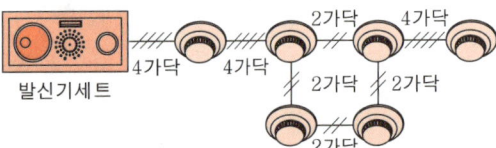

대형소화기	A급	10단위 이상 보기 ⓒ	30m 이내
	B급	20단위 이상 보기 ㉣	

기억법 보3대, 대2B(데이빗!)

46 ①

해설 송배선식
도통시험(선로의 정상연결 유무 확인)을 원활히 하기 위한 배선방식

∥송배선식∥

47 ②

해설 ② 없다. → 있다.

자위소방대 초기대응체계의 인원편성
(1) 소방안전관리보조자, 경비(보안)근무자 또는 대상물관리인 등 **상시근무자**를 **중심**으로 구성한다. 보기 ④

∥자위소방대 인력편성∥

자위소방 대장	자위소방 부대장
① 소방안전관리대상물의 소유주 ② 법인의 대표 ③ 관리기관의 책임자	소방안전관리자

(2) 소방안전관리대상물의 근무자의 **근무위치**, **근무인원** 등을 고려하여 편성한다. 이 경우 소방안전관리보조자(보조자가 없는 대상처는 선임대원)를 운영책임자로 지정한다. 보기 ③

(3) 초기대응체계 편성시 **1명** 이상은 수신반(또는 종합방재실)에 근무해야 하며 화재상황에 대한 모니터링 또는 지휘통제가 가능해야 한다.

(4) **휴일** 및 **야간**에 **무인경비시스템**을 통해 감시하는 경우에는 무인경비회사와 비상연락체계를 구축할 수 있다. 보기 ①

중요 — **자위소방대 개별 임무 부여**

각 팀별로 기능에 기초하여 자위소방대원별 개별 임무를 부여한다. 이 경우 대원별 임무를 복수로 하거나 중복하여 지정할 수 있다. 보기 ②

48 ③

해설 압력이 부족한 상태이므로 불량이다.

지시압력계
(1) 노란색(황색) : 압력부족
(2) 녹색 : 정상압력
(3) 적색 : 정상압력 초과

∥소화기 지시압력계∥

- 동력제어반 선택스위치가 자동이고, 기동램프가 점등되어 있으므로 동력제어반 상태는 자동기동, 점검결과 불량내용이 이상 없으므로 정상이다.

49

[해설]

종합점검(최초점검 제외)
(1) 건축물을 사용승인 후 그 다음 해부터 실시
(2) 연 1회 이상 실시

- 사용승인 후 그 다음 해부터 실시하므로 2024년도에 실시하고 연 1회 이상 실시해야 하므로 2024년 8월 9일 이내에 실시해야 한다. 그러므로 종합점검은 2024년 8월 4일이 정답
- 최초점검일은 신경쓸 필요 없다.

작동점검

종합점검(최초점검 제외)을 받은 달부터 6개월이 되는 달에 실시

- 종합점검일이 2024년 8월 4일이므로 작동점검은 6개월이 되는 달인 2025년 2월이다. 그러므로 작동점검은 2025년 2월 3일 정답.

50

[해설] (1) 옥내소화전설비 vs 옥외소화전설비

구 분	옥내소화전설비	옥외소화전설비
방수량	130L/min 이상	350L/min 이상
방수압	0.17~0.7MPa 이하 보기 ②	0.25~0.7MPa 이하
최소 방출 시간	• 20분 : 29층 이하 • 40분 : 30~49층 이하 • 60분 : 50층 이상	• 20분
소화전 최대 개수	• 저층건축물 : 최대 2개 • 고층건축물 : 최대 5개	

(2) 옥내소화전설비 호스구경

구 분	호 스
호스릴	25mm 이상
일 반	40mm 이상

[기억법] 내호25, 내4(내사 종결)

2024년 기출문제

01	02	03	04	05	06	07	08	09	10
①	①	④	④	②	④	①	①	①	③
11	12	13	14	15	16	17	18	19	20
④	②	②	④	④	②	④	②	③	①
21	22	23	24	25	26	27	28	29	30
①	④	①	④	③	④	②	②	①	④
31	32	33	34	35	36	37	38	39	40
③	②	①	②	③	③	④	④	②	①
41	42	43	44	45	46	47	48	49	50
③	③	③	①	③	②	②	③	②	④

제1과목

01 ①

해설

(1) 옥내소화전설비 수원의 저수량

$Q = 2.6N$ (30층 미만, N : 최대 2개) 보기 ①
$Q = 5.2N$ (30~49층 이하, N : 최대 5개)
$Q = 7.8N$ (50층 이상, N : 최대 5개)

여기서, Q : 수원의 저수량(m³)
N : 가장 많은 층의 소화전개수

수원의 저수량 Q는
$Q = 2.6N = 2.6 \times 2 = 5.2m^3$

(2) 옥외소화전설비 수원의 저수량

$Q = 7N$ 보기 ①

여기서, Q : 수원의 저수량(m³)
N : 옥외소화전 설치개수(**최대 2개**)

수원의 저수량 Q는
$Q = 7N = 7 \times 2 = 14m^3$

∴ $5.2m^3 + 14m^3 = 19.2m^3$

02 ①

해설

②・③・④ 정온식 스포트형 감지기에 대한 설명

감지기의 구조

정온식 스포트형 감지기	차동식 스포트형 감지기
① **바이메탈, 감열판, 접점** 등으로 구성 보기 ② 기억법 바정(봐줘) ② 보일러실, 주방 설치 보기 ④ ③ 주위온도가 **일정온도** 이상이 되었을 때 작동 보기 ③	① **감열실, 다이어프램, 리크구멍, 접점** 등으로 구성 보기 ① ② **거실, 사무실** 설치 ③ 주위온도가 **일정상승률** 이상이 되는 경우에 작동 기억법 차감

정온식 스포트형 감지기 / 차동식 스포트형 감지기

03 ④

해설

④ 가열, 충격, 마찰 등에 의해 분해되고 산소를 방출한다. → 강산으로 산소를 발생하는 조연성 액체로 일부는 물과 접촉하면 발열된다.

위험물

유별	성질	설명
제1류	**산**화성 **고**체 보기 ① 기억법 1산고(일산고)	• 강산화제 • 가열, 충격, 마찰 등에 의해 분해되고 산소 방출
제2류	**가**연성 **고**체 보기 ② 기억법 2가고(이가 고장)	• 저온착화 • 연소시 유독가스 발생

제3류	자연**발**화성 물질 및 금수성 물질 기억법 3발(세발낙지)	물과 반응
제4류	인화성 액체 보기 ③	• 물보다 가볍고 증기는 공기보다 무거움 • **주수소화 불가능**
제5류	자기반응성 물질	**산**소 함유 기억법 5산(오산지역)
제6류	**산**화성 **액**체 보기 ④ 기억법 산액	• 조연성 액체 • **강산**으로 **산소** 발생

16.3mm 이상의 접합유리 또는 두께 28mm 이상의 복층유리 포함)로 된 **4m² 미만**의 붙박이창 설치 가능)
② 인력의 대기 및 휴식 등을 위하여 종합방재실과 방화구획된 부속실을 설치할 것
③ 면적은 **20m² 이상**으로 할 것 보기 ③
④ 재난 및 안전관리, 방범 및 보안, 테러 예방을 위하여 필요한 시설·장비의 설치와 근무인력의 재난 및 안전관리 활동, 재난 발생시 소방대원의 지휘활동에 지장이 없도록 설치할 것
⑤ 출입문에는 출입 제한 및 통제장치를 갖출 것

04 ④

① 없다. → 있다.
② 반드시 1층 → 1층 또는 피난층
③ 30m² → 20m²

(1) 종합방재실의 위치
① **1층** 또는 **피난층** 보기 ②
② 초고층 건축물 등에 특별피난계단이 설치되어 있고, 특별피난계단 출입구로부터 **5m** 이내에 종합방재실을 설치하려는 경우에는 **2층** 또는 **지하 1층**에 설치할 수 있다.
③ 공동주택의 경우에는 **관리사무소 내**에 설치할 수 있다. 보기 ①
④ **비상용 승강장, 피난 전용 승강장** 및 **특별피난계단**으로 이동하기 쉬운 곳
⑤ 재난정보 수집 및 제공, 방재활동의 거점 역할을 할 수 있는 곳 보기 ④
⑥ **소방대**가 쉽게 도달할 수 있는 곳
⑦ **화재** 및 **침수** 등으로 인하여 피해를 입을 우려가 적은 곳

(2) 종합방재실의 구조 및 면적
① 다른 부분과 방화구획으로 설치할 것 (단, 다른 제어실 등의 감시를 위하여 두께 **7mm** 이상의 망입유리(두께

05 ②

② 제조 또는 가공공정에서 방염처리를 한 물품이 아니고 건축물 내부의 천장이나 벽에 설치하는 물품이다.

방염대상물품
(1) **제조** 또는 **가공공정**에서 방염처리를 한 물품
① 창문에 설치하는 **커튼류**(블라인드 포함) 보기 ①
② 카펫
③ **벽지류**(두께 **2mm 미만**인 **종이벽지** 제외)
④ **전시용 합판·목재·섬유판**
⑤ **무대용 합판·목재·섬유판**
⑥ **암막·무대막**(영화상영관·가상체험 체육시설업의 **스크린** 포함) 보기 ③
⑦ 섬유류 또는 합성수지류 등을 원료로 하여 제작된 **소파·의자**(단란주점·유흥주점·노래연습장에 한함) 보기 ④

(2) 건축물 내부의 **천장·벽**에 **부착·설치**하는 것
① 종이류(두께 **2mm 이상**), **합성수지류** 또는 **섬유류**를 주원료로 한 물품 보기 ②

② **합판**이나 **목재**
③ 공간을 구획하기 위하여 설치하는 **간이칸막이**
④ 흡음·방음을 위하여 설치하는 **흡음재**(흡음용 커튼 포함) 또는 **방음재**(방음용 커튼 포함)

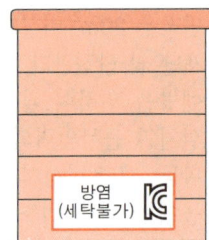

┃방염커튼┃

06 ④

(1) **자동화재탐지설비**가 설치되어 있으므로 **3급 소방안전관리대상물**에 해당되므로 **3급 소방안전관리자 1명**이 필요하다.
(2) 연면적이 $5000m^2$로 $15000m^2$를 초과하지 않으므로 소방안전관리보조자는 선임할 필요가 없다.

┃소방안전관리자 및 소방안전관리보조자를 선임하는 특정소방대상물┃

소방안전관리 대상물	특정 소방대상물
특급 소방안전관리 대상물 (동식물원, 철강 등 불연성 물품 저장·취급창고, 지하구, 위험물 제조소 등 제외)	• 50층 이상(지하층 제외) 또는 지상 200m 이상 아파트 • 30층 이상(지하층 포함) 또는 지상 120m 이상(아파트 제외) • 연면적 100000m² 이상 (아파트 제외)
1급 소방안전관리 대상물 (동식물원, 철강 등 불연성 물품 저장·취급창고, 지하구, 위험물 제조소 등 제외)	• 30층 이상(지하층 제외) 또는 지상 120m 이상 아파트 • 연면적 15000m² 이상인 것(아파트 및 연립주택 제외) • 11층 이상(아파트 제외) • 가연성 가스를 1000톤 이상 저장·취급하는 시설
2급 소방안전관리 대상물	• 지하구 • 가스제조설비를 갖추고 도시가스사업 허가를 받아야 하는 시설 또는 가연성 가스를 100톤 이상 1000톤 미만 저장·취급하는 시설 • 옥내소화전설비, 스프링클러설비 설치대상물 • 물분무등소화설비(호스릴방식 제외) 설치대상물 • 공동주택 • 목조건축물(국보·보물)
3급 소방안전관리 대상물	• 자동화재탐지설비 설치대상물 보기 ④ • 간이스프링클러설비(주택전용 제외) 설치대상물

┃최소 선임기준┃

소방안전관리자	소방안전관리보조자
• 특정소방대상물마다 1명	• 300세대 이상 아파트 : 1명(단, 300세대 초과마다 1명 이상 **추가**) • 연면적 15000m² 이상 : 1명(단, 15000m² 초과마다 **1명** 이상 **추가**) 보기 ④ • 공동주택(기숙사), 의료시설, 노유자시설, 수련시설 및 숙박시설(바닥면적 합계 1500m² 미만이고, 관계인이 24시간 상시 근무하고 있는 숙박시설 제외) : 1명

07 ①

① 2급 소방안전관리자 자격증을 받은 사람은 3급 소방안전관리대상물에 선임 가능하므로 정답
② 교육을 수료한 사람 → 자격증을 받은 사람
③ 소방안전관리보조자 선임자격
④ 위험물기능사 자격이 있고 2급 소방안전관리자 자격증을 받은 사람

(1) **특급 소방안전관리대상물의 소방안전관리자 선임조건** 〔교재1권 11〕

자 격	경 력	비 고
• 소방기술사 • 소방시설관리사	경력 필요 없음	특급 소방안전 관리자 자격증을 받은 사람
• 1급 소방안전관리자(소방설비기사)	5년	
• 1급 소방안전관리자(소방설비산업기사)	7년	
• 소방공무원	20년	
• 소방청장이 실시하는 특급 소방안전관리대상물의 소방안전관리에 관한 시험에 합격한 사람	경력 필요 없음	

(2) **1급 소방안전관리대상물의 소방안전관리자 선임조건** 〔교재1권 12〕

자 격	경 력	비 고
• 소방설비기사 • 소방설비산업기사	경력 필요 없음	1급 소방안전 관리자 자격증을 받은 사람
• 소방공무원	7년	
• 소방청장이 실시하는 1급 소방안전관리대상물의 소방안전관리에 관한 시험에 합격한 사람	경력 필요 없음	
• 특급 소방안전관리대상물의 소방안전관리자 자격이 인정되는 사람		

(3) **2급 소방안전관리대상물의 소방안전관리자 선임조건** 〔교재1권 12-13〕

자 격	경 력	비 고
• 위험물기능장 · 위험물산업기사 · 위험물기능사	경력 필요 없음	2급 소방안전 관리자 자격증을 받은 사람
• 소방공무원	3년	
• 소방청장이 실시하는 2급 소방안전관리대상물의 소방안전관리에 관한 시험에 합격한 사람	경력 필요 없음	
• 「기업활동 규제완화에 관한 특별조치법」에 따라 소방안전관리자로 선임된 사람(소방안전관리자로 선임된 기간으로 한정)	경력 필요 없음	
• 특급 또는 1급 소방안전관리대상물의 소방안전관리자 자격이 인정되는 사람		

(4) **3급 소방안전관리대상물의 소방안전관리자 선임조건** 〔교재1권 13〕

자 격	경 력	비 고
• 소방공무원	1년	3급 소방안전 관리자 자격증을 받은 사람
• 소방청장이 실시하는 3급 소방안전관리대상물의 소방안전관리에 관한 시험에 합격한 사람	경력 필요 없음	

- 「기업활동 규제 완화에 관한 특별조치법」에 따라 소방안전관리자로 선임된 사람(소방안전관리자로 선임된 기간으로 한정)
- 특급 소방안전관리대상물, 1급 소방안전관리대상물 또는 2급 소방안전관리대상물의 소방안전관리자 자격이 인정되는 사람

	경력 필요 없음	3급 소방안전관리자 자격증을 받은 사람

(5) 소방안전관리보조자 선임자격
`교재1권 14`

① 특급·1급·2급 또는 3급 소방안전관리대상물의 소방안전관리자 자격이 있는 사람
② 건축, 기계제작, 기계장비설비 설치, 화공, 위험물, 전기, 전자 및 안전관리에 해당하는 국가기술자격이 있는 사람
③ **공공기관**·특급·1급·2급·3급 소방안전관리에 관한 **강습교육**을 수료한 사람 보기 ③
④ 소방안전관리대상물에서 소방안전관련업무에 **2년** 이상 근무한 경력이 있는 사람

08 ①
소방안전관리자의 실무교육

실시기관	실무교육주기
한국소방안전원	선임된 날부터 6개월 이내, 그 이후 2년마다 1회

2021년 3월 5일에 선임되었으므로, 선임한 날(다음 날)로부터 6개월 이내인 2021년 9월 1일이 된다.

- '선임한 날부터'라는 말은 '선임한 날 다음 날'부터 세는 것을 의미한다.

비교 실무교육	
소방안전 관련업무 경력보조자	소방안전관리자 및 소방안전관리보조자
선임된 날로부터 3개월 이내, 그 이후 2년마다 1회 실무교육을 받아야 한다.	선임된 날로부터 6개월 이내, 그 이후 2년마다 1회 실무교육을 받아야 한다.

09 ①
① 대류에 대한 설명

열전달

종류	설명
전도 (conduction)	• 하나의 물체가 다른 물체와 **직접 접촉**하여 전달되는 것
대류 (convection)	• **유체**의 흐름에 의하여 열이 전달되는 것 보기 ①
복사 (radiation)	• 화재시 열의 이동에 **가장 크게 작용**하는 열이동방식 보기 ② • **화염**의 **접촉 없이** 연소가 확산되는 현상 • 화재현장에서 **인접건물**을 **연소**시키는 주된 원인 • **열에너지**를 파장의 형태로 계속 **방사** 보기 ③ • **열복사**라고 하며 양지바른 곳에서 **햇볕**을 쬐면 따뜻함 보기 ④

10 ③

200만원 이하의 과태료
(1) **소방활동구역**을 출입한 사람 보기 ①
(2) 소방자동차의 출동에 **지장**을 준 자 보기 ②
(3) 기간 내에 **소방안전관리자 선임신고**를 하지 아니한 자 또는 소방안전관리자의 성명 등을 게시하지 아니한 자
(4) 기간 내에 **건설현장 소방안전관리자 선임신고**를 하지 아니한 자
(5) 기간 내에 소방훈련 및 교육 결과를 제출하지 아니한 자 보기 ④

11 ④

④ 해당 없음

전기화재의 주요 화재원인
(1) 전선의 <u>합선(단락)</u>에 의한 발화 보기 ①
   단선 ✗
(2) 누전에 의한 발화 보기 ②
(3) 과전류(과부하)에 의한 발화 보기 ③
(4) 정전기불꽃

12 ③

③ 폐쇄 → 개방

거실제연설비의 점검방법
(1) 감지기(또는 수동기동장치의 스위치) 작동
(2) 작동상태의 확인할 내용
  ① 화재경보가 발생하는지 확인 보기 ①
  ② 제연커튼이 설치된 장소에는 제연커튼이 작동(내려오는지)되는지 확인 보기 ②
  ③ 배기·급기댐퍼가 작동하여 **개방**되는지 확인 보기 ③
  ④ 배풍기(배기팬)·송풍기(급기팬)이 작동하여 송풍 및 배풍이 정상적으로 되는지 확인 보기 ④

13 ②

② 청각장애인에 대한 설명

장애유형별 피난보조 예시

장애유형	피난보조 예시
지체장애인	불가피한 경우를 제외하고는 **2인** 이상 **1조**가 되어 피난을 보조하고 장애정도에 따라 보조기구를 적극 활용하며 계단 및 경사로에서의 균형에 주의를 요한다. 보기 ①
청각장애인	시각적인 전달을 위해 **표정**이나 **제스처**를 사용하고 **조명**(손전등 및 전등)을 적극 활용하며 메모를 이용한 대화도 효과적이다.
시각장애인	평상시와 같이 **지팡이**를 이용하여 피난하도록 한다. 보기 ②
지적장애인	공황상태에 빠질 수 있으므로 **차분**하고 **느린 어조**로 도움을 주러 왔음을 밝히고 피난을 보조한다. 보기 ③
노약자	① **장애인**에 준하여 피난보조를 실시한다. ② 노인은 지병이 있는 경우가 많으므로 구조대가 알기 쉽게 지병을 표시한다. 보기 ④

14 ④

④ 6~19% → 5~15%

LPG vs LNG

종류 구분	액화석유가스 (LPG)	액화천연가스 (LNG)
주성분	• 프로판(C_3H_8) • 부탄(C_4H_{10}) 기억법 P프부	• 메탄(CH_4) 기억법 N메
비중	• 1.5~2 (누출시 낮은 곳 체류) 보기 ①	• 0.6 (누출시 천장쪽 체류)
폭발 범위 (연소 범위)	• 프로판 : 2.1~9.5% 보기 ② • 부탄 : 1.8~8.4% 보기 ③	• 5~15% 보기 ④
용도	• 가정용 • 공업용 • 자동차연료용	• 도시가스
증기 비중	• 1보다 큰 가스	• 1보다 작은 가스
탐지기의 위치	• 탐지기의 **상단**은 **바닥**면의 **상방** 30cm 이내에 설치 LPG 탐지기 위치 • 가스연소기 또는 관통부로부터 수평거리 **4m** 이내에 설치	• 탐지기의 **하단**은 **천장**면의 **하방** 30cm 이내에 설치 LNG 탐지기 위치 • 가스연소기로부터 수평거리 **8m** 이내에 설치
공기와 무게 비교	• 공기보다 무겁다.	• 공기보다 가볍다.

15 ④

④ 5년 이하의 징역 또는 5000만원 이하의 벌금

100만원 이하의 벌금
(1) 정당한 사유 없이 소방대가 현장에 도착할 때까지 사람을 **구**출하는 조치 또는 불을 끄거나 불이 번지지 않도록 하는 조치를 하지 아니한 소방대상물 관계인 보기 ③
(2) **피**난명령을 위반한 사람 보기 ①
(3) 정당한 사유 없이 물의 사용이나 **수도**의 **개폐장치**의 사용 또는 **조**작을 하지 못하게 하거나 방해한 자 보기 ②
(4) 정당한 사유 없이 소방대의 **생활안전활동**을 방해한 자
(5) 긴급조치를 정당한 사유 없이 방해한 자

기억법 구피조1

16 ③

① 도통시험순서 → 동작시험순서, 도통시험스위치 → 동작시험스위치
② 19~29V → 4~8V
④ 교차회로방식 → 송배선식

보기 ① **P형 수신기의 동작시험** 교재 2권 110

구 분	순 서
동작시험 순서	① 동작시험스위치 누름 ② 자동복구스위치 누름 ③ 회로시험스위치 돌림
동작시험복구 순서	① 회로시험스위치 돌림 ② 동작시험스위치 누름 ③ 자동복구스위치 누름
회로도통시험 순서	① 도통시험스위치 누름 ② 각 경계구역 동작버튼을 차례로 누름(회로시험스위치를 각 경계구역별로 차례로 회전)
예비전원시험 순서	① 예비전원시험스위치 누름 ② 예비전원 결과 확인

보기 ② 회로도통시험 적부 판정   교재 2권 112

구 분	전압계가 있는 경우	도통시험확인등이 있는 경우
정 상	4~8V	정상확인등 점등(녹색)
단 선	0V	단선확인등 점등(적색)

보기 ③ 예비전원시험 적부 판정   교재 2권 114

전압계인 경우 정상	램프방식인 경우 정상
19~29V	녹색

보기 ④ 자동화재탐지설비   교재 2권 102-103

감지기 사이의 회로배선 : **송배선식**

용어 **송배선식**

도통시험(선로의 정상연결 여부 확인)을 원활히 하기 위한 배선방식

17 ②

해설

② 지하 1층 또는 지하 2층 → 2층 또는 지하 1층

종합방재실의 위치
(1) **1층** 또는 **피난층** 보기 ①
(2) 초고층 건축물 등에 특별피난계단이 설치되어 있고, 특별피난계단 출입구로부터 **5m** 이내에 종합방재실을 설치하려는 경우에는 **2층** 또는 **지하 1층**에 설치할 수 있다. 보기 ②
(3) 공동주택의 경우에는 **관리사무소 내**에 설치할 수 있다. 보기 ④
(4) **비상용 승강장, 피난 전용 승강장** 및 **특별피난계단**으로 이동하기 쉬운 곳
(5) 재난정보 수집 및 제공, 방재활동의 거점 역할을 할 수 있는 곳
(6) **소방대**가 쉽게 도달할 수 있는 곳
(7) **화재** 및 **침수** 등으로 인하여 피해를 입을 우려가 적은 곳 보기 ③

18 ②

해설 피난기구의 적응성

층별 설치 장소별 구분	1층	2층
노유자 시설	• 미끄럼대 문제 21 • 구조대 문제 21 • 피난교 • 다수인 피난장비 문제 21 • 승강식 피난기	• 미끄럼대 • 구조대 • 피난교 • 다수인 피난장비 • 승강식 피난기
의료시설 • 입원실이 있는 의원 • 접골원 • 조산원	–	–
영업장의 위치가 4층 이하인 다중이용업소	–	• 미끄럼대 • 피난사다리 • 구조대 • 완강기 • 다수인 피난장비 • 승강식 피난기
그 밖의 것	–	–

층별 설치 장소별 구분	3층	4층 이상 10층 이하
노유자 시설	• 미끄럼대 • 구조대 • 피난교 • 다수인 피난장비 • 승강식 피난기	• 구조대[1] • 피난교 보기 ② • 다수인 피난장비 • 승강식 피난기
의료시설 • 입원실이 있는 의원 • 접골원 • 조산원	• 미끄럼대 • 구조대 • 피난교 • 피난용 트랩 • 다수인 피난장비 • 승강식 피난기	• 구조대 • 피난교 • 피난용 트랩 • 다수인 피난장비 • 승강식 피난기

영업장의 위치가 4층 이하인 다중이용업소	• 미끄럼대 • 피난사다리 • 구조대 • 완강기 • 다수인 피난장비 • 승강식 피난기	• 미끄럼대 • 피난사다리 • 구조대 • 완강기 • 다수인 피난장비 • 승강식 피난기
그 밖의 것	• 미끄럼대 • 피난사다리 • 구조대 • 완강기 • 피난교 • 피난용 트랩 • 간이완강기[2] • 공기안전매트 • 다수인 피난장비 • 승강식 피난기	• 피난사다리 • 구조대 • 완강기 • 피난교 • 간이완강기[2] • 공기안전매트 • 다수인 피난장비 • 승강식 피난기

1) **구조대**의 적응성은 장애인관련시설로서 주된 사용자 중 스스로 피난이 불가한 자가 있는 경우 추가로 설치하는 경우에 한한다.
2) 간이완강기의 적응성은 **숙박시설**의 **3층 이상**에 있는 객실에 설치하는 경우에 한한다.

19 ③

[해설] 소방교육 및 훈련의 원칙

원칙	설명
현실의 원칙	• 학습자의 능력을 고려하지 않은 훈련은 비현실적이고 불완전하다.
학습자 중심의 원칙	• **한** 번에 한 가지씩 습득 가능한 분량을 교육 및 훈련시킨다. • **쉬운 것**에서 **어려운 것**으로 교육을 실시하되 기능적 이해에 비중을 둔다. • 학습자에게 감동이 있는 교육이 되어야 한다.

[기억법] 학한

동기부여의 원칙	• **교육**의 **중요성**을 **전달**해야 한다. • 학습을 위해 적절한 스케줄을 적절히 배정해야 한다. • 교육은 시기적절하게 이루어져야 한다. • 핵심사항에 교육의 포커스를 맞추어야 한다. • 학습에 대한 보상을 제공해야 한다. • 교육에 재미를 부여해야 한다. • 교육에 있어 다양성을 활용해야 한다. • 사회적 상호작용을 제공해야 한다. • 전문성을 공유해야 한다. • 초기성공에 대해 격려해야 한다.
목적의 원칙 보기 ③	• 어떠한 기술을 어느 정도까지 익혀야 하는가를 명확하게 제시한다. • 습득하여야 할 기술이 활동 전체에서 어느 위치에 있는가를 인식하도록 한다.
실습의 원칙	• **실습**을 통해 지식을 습득한다. • 목적을 생각하고, 적절한 방법으로 정확하게 하도록 한다.
경험의 원칙	• 경험했던 사례를 들어 현실감 있게 하도록 한다.
관련성의 원칙	• 모든 교육 및 훈련 내용은 **실무적**인 **접목**과 **현장성**이 있어야 한다.

[기억법] 현학동 목실경관교

20 ①

[해설] 스프링클러설비의 종류

구분	장점	단점
폐쇄형 헤드 사용 습식	• **구조**가 **간단**하고 **공사비 저렴** • 소화가 신속하다. 보기 ① • 타방식에 비해 유지·관리 용이	• **동결** 우려 장소 사용**제한** • 헤드 오작동시 수손피해 및 배관 부식 촉진

폐쇄형 헤드 사용	건식	• 동결 우려 장소 및 옥외 사용 가능 보기 ②	• 살수개시시간 지연 및 복잡한 구조 • 화재 초기 **압축공기**에 의한 화재 촉진 우려 • 일반헤드인 경우 **상향형**으로 시공하여야 함
	준비작동식	• 동결 우려 장소 사용 가능 • 헤드 오작동(개방)시 수손피해 우려 없다. 보기 ③ • 헤드개방 전 경보로 조기 대처 용이	• 감지장치로 감지기별도 시공 필요 • 구조 복잡, 시공비 고가 • 2차측 배관 부실 시공 우려
개방형 헤드 사용	일제살수식	• **초기화재**에 신속 대처 용이 • 층고가 높은 장소에서도 소화 가능 보기 ④	• 대량살수로 수손피해 우려 • 화재감지장치 별도 필요

21 ①

해설 문제 18번 참조

22 ④

해설

④ 70m → 50m

경계구역의 설정기준
(1) 1경계구역이 2개 이상의 **건축물**에 미치지 않을 것 보기 ①

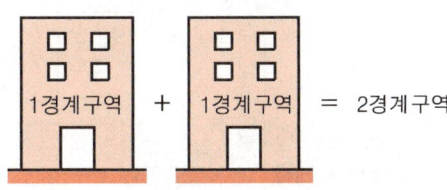

| 하나의 경계구역으로 설정불가 |

(2) 1경계구역이 2개 이상의 **층**에 미치지 않을 것(단, 500m² 이하는 2개층을 1경계구역으로 할 것) 보기 ②
(3) 1경계구역의 면적은 600m² 이하로 하고, 1변의 길이는 50m 이하로 할 것(단, 내부 전체가 보이면 1000m² 이하로 할 것) 보기 ③④

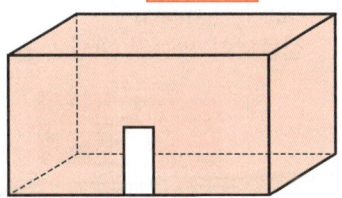

| 내부 전체가 보이면 1경계구역 면적 1000m² 이하, 1변의 길이 50m 이하 |

용어 **경계구역**

자동화재탐지설비의 1회선(회로)이 화재의 발생을 유효하고 효율적으로 감지할 수 있도록 적당한 범위를 정한 구역

23 ①

해설

① 예비전원(배터리)점검 : 점검스위치 또는 점검버튼을 눌러서 점등상태 확인
④ 상용전원점검 : 교류전원(전원등)램프의 점등 여부로 확인

(1) **예비전원**(배터리)**점검** : 외부에 있는 **점검스위치**(배터리상태 점검스위치)를 **당겨보는 방법** 또는 **점검버튼**을 눌러서 점등상태 확인 보기 ① 교재 2권 149

| 예비전원 점검스위치 |

| 예비전원 점검버튼 |

(2) **2선식** 유도등점검 : 유도등이 **평상시 점등**되어 있는지 확인 [교재 2권 148]

| 평상시 점등이면 정상 |

| 평상시 소등이면 비정상 |

(3) **3선식** 유도등점검 [교재 2권 147]
　① 수동전환 : 수신기에서 수동으로 점등 스위치를 ON하고 건물 내의 점등이 안 되는 유도등을 확인

| 유도등 절환스위치 수동전환 |　| 유도등 점등 확인 |

　① 연동(자동)전환 : 감지기·발신기·중계기·스프링클러설비 등을 현장에서 작동(동작)과 동시에 유도등이 점등되는지를 확인

| 유도등 절환스위치 연동(자동)전환 |

| 감지기, 발신기 동작 |　| 유도등 점등 확인 |

24 ④

해설

> ④ 개축의 정의

재축
건축물이 **천재지변**이나 그 밖의 재해로 멸실된 경우에 그 대지 안에 다음의 요건을 갖추어 **다시 축조**하는 것
(1) **연면적** 합계는 종전 **규모 이하**로 할 것 보기 ①
(2) 동수, 층수 및 높이는 다음 어느 하나에 해당할 것
　① 동수, 층수 및 높이가 모두 종전 **규모 이하**일 것 보기 ②
　② 동수, 층수 또는 높이의 어느 하나가 종전 규모를 초과하는 경우에는 해당 동수, 층수 및 높이가 **건축법령**에 모두 적합할 것 보기 ③

> 비교　**개축** 보기 ④
> 기존 건축물의 **전부** 또는 **일부**(내력벽·기둥·보·지붕틀 중 3개 이상이 포함되는 경우)를 해체하고 그 대지에 종전과 동일한 규모의 범위 안에서 건축물을 **다시 축조**하는 것

25 ②

해설

> ①·③·④ 0.5m/s 이상
> ② 0.7m/s 이상

방연풍속

제연구역		방연풍속
계단실 및 그 부속실을 동시에 제연하는 것 또는 계단실만 단독으로 제연하는 것 보기 ①④		0.5m/s 이상
부속실만 단독으로 제연하는 것	부속실이 면하는 옥내가 거실인 경우 보기 ②	0.7m/s 이상
	부속실이 면하는 옥내가 복도로서 그 구조가 방화구조(내화시간이 30분 이상인 구조 포함)인 것 보기 ③	0.5m/s 이상

제 **②** 과목

문제는 여기로! → 문제 p. 1-25

26

[해설]

① 습식 스프링클러설비는 **감지기를 사용**하지 **않음**으로 감지기 동작과는 무관

감지기 사용유무

습식 · 건식 스프링클러설비	준비작동식 · 일제살수식 스프링클러설비
감지기 ×	감지기 ○

시험밸브 개방시 작동 또는 점등되어야 할 것
(1) 펌프 작동
(2) 감시제어반 밸브개방표시등(습식 : 알람밸브표시등) 점등
(3) 음향장치(사이렌) 작동
(4) 화재표시등 점등

27 ②

[해설]

② 감지기 작동은 자동으로 작동시키는 경우이므로 모든 스위치를 **자동**으로 놓으면 된다.

│수동조작시 상태│

조작	상태
급기송풍기 : **수동** ➡	급기송풍기 **작동**
급기댐퍼 : **수동** ➡	급기댐퍼 **개방**

28 ②

[해설]

② **계단감지기** 점검시에는 **계단램프**가 점등되어야 하므로 ②번 정답

① 아무것도 점등되지 않음
② 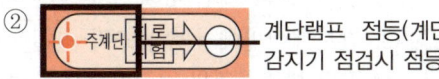 계단램프 점등(계단감지기 점검시 점등)

③ 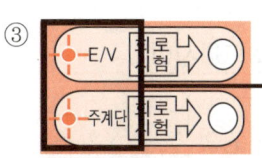 E/V(엘리베이터) 램프, 계단램프 2개 점등(E/V 및 계단감지기 점검시 점등)

④ 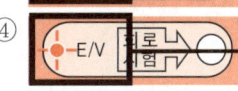 E/V(엘리베이터) 램프 점등(E/V 점검시 점등)

29 ①

[해설]

2F(2층)에서 발신기 오작동이 발생하였으므로 2층이 발화층이 되어 **지구표시등**은 **2층**에만 점등된다. 경보층은 발화층 (2층), 직상 4개층(3~6층)이므로 경종은 2~6층이 울린다.

자동화재탐지설비의 직상 4개층 우선경보방식 적용대상물
11층(공동주택 16층) 이상의 특정소방대상물의 경보

│자동화재탐지설비 직상 4개층 우선경보방식│

발화층	경보층	
	11층(공동주택 16층) 미만	11층(공동주택 16층) 이상
2층 이상 발화	전층 일제경보	• 발화층 • 직상 4개층
1층 발화		• 발화층 • 직상 4개층 • 지하층
지하층 발화		• 발화층 • 직상층 • 기타의 지하층

30 ④

[해설]

5층 선로 단선 확인순서
(1) 도통시험스위치 버튼 누름

(2) 5층 회로시험 버튼 누름

> [용어] **회로도통시험**
> 수신기에서 감지기 사이 회로의 단선 유무와 기기 등의 접속 상황을 확인하기 위한 시험

> [중요] **P형 수신기의 동작시험**

구 분	순 서
동작시험순서	① 동작시험스위치 누름 ② 자동복구스위치 누름 ③ 회로시험스위치 돌림
동작시험복구 순서	① 회로시험스위치 돌림 ② 동작시험스위치 누름 ③ 자동복구스위치 누름
회로도통시험 순서	① 도통시험스위치를 누름 ② 각 경계구역 동작버튼을 차례로 누름(회로시험스위치를 각 경계구역별로 차례로 회전)
예비전원시험 순서	① 예비전원시험스위치 누름 ② 예비전원 결과 확인

31 ③

[해설]

주펌프 수동기동방법

감시제어반	동력제어반
① 선택스위치 : **수동** 보기 ㉠ ② 주펌프 : **기동** 보기 ㉡	① 주펌프 선택스위치 : **수동** 보기 ㉢ ② 주펌프기동버튼(기동스위치) : **누름** 보기 ㉢

충압펌프 수동기동방법

감시제어반	동력제어반
① 선택스위치 : **수동** ② 충압펌프 : **기동**	① 충압펌프 선택스위치 : **수동** 보기 ㉣ ② 충압펌프기동버튼(기동스위치) : **누름** 보기 ㉣

32 ②

[해설]
① 방사형 → 직사형
③ 0.15MPa 이하 → 0.17~0.7MPa 이하
④ 상관없다. → 수직방향으로 해야 한다.

옥내소화전 방수압력 측정
(1) 측정장치 : 방수압력측정계(피토게이지)
(2)

방수량	방수압력
130L/min	0.17~0.7MPa 이하 보기 ③

(3) 방수압력 측정방법 : 방수구에 호스를 결속한 상태로 노즐의 선단에 방수압력측정계(피토게이지)를 근접$\left(\dfrac{D}{2}\right)$시켜서 측정하고 방수압력측정계의 압력계상의 눈금을 확인한다. 보기 ②

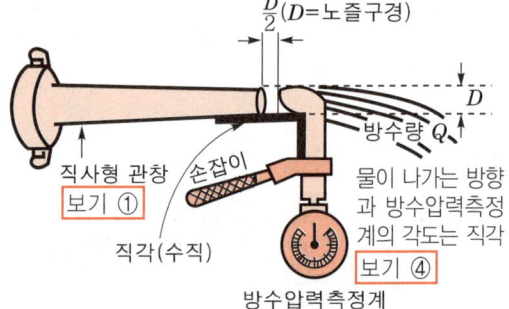

∥방수압력 측정∥

33 ①

[해설]
① 프리액션밸브는 방화문 감지기와는 무관함

프리액션밸브 개방조건
(1) SVP(수동조작함) 수동조작 버튼 기동 보기 ②
(2) 감시제어반에서 동작시험 보기 ③
(3) 감시제어반에서 수동조작 보기 ④
(4) 해당 방호구역의 감지기 **2개 회로** 작동
(5) 밸브자체에 부착된 **수동기동밸브** 개방

34

해설

② 선택스위치 : **수동**, 주펌프 : **기동**이므로 주펌프를 **수동**으로 기동 중임

감시제어반

평상시 상태	수동기동 상태	점검시 상태
① 선택스위치 : **연동**	① 선택스위치 : **수동**	① 선택스위치 : **정지**
② 주펌프 : **정지**	② 주펌프 : **기동**	② 주펌프 : **정지**
③ 충압펌프 : **정지**	③ 충압펌프 : **기동**	③ 충압펌프 : **정지**

35

해설

④ 보기를 볼 때 심폐소생술(CPR) 실시 후 자동심장충격기(AED)를 사용하는 경우이므로 보기 ④ 정답

심폐소생술(CPR) 순서	자동심장충격기(AED) 사용 순서
① 반응 확인 순서 ①	① 전원 켜기
② 119 신고 순서 ②	② 두 개의 패드 부착
③ 호흡 확인	③ 심장리듬 분석 순서 ④
④ 가슴압박 30회 시행 순서 ③	④ 심장충격 실시
⑤ 인공호흡 2회 시행	⑤ 심폐소생술 실시
⑥ 가슴압박과 인공호흡의 반복	
⑦ 회복 자세	

36 ③

해설

주펌프 수동기동방법 보기 ③	충압펌프 수동기동방법
① 선택스위치 : **수동**	① 선택스위치 : **수동**
② 주펌프 : **기동**	② 주펌프 : **정지**
③ 충압펌프 : **정지**	③ 충압펌프 : **기동**
④ 음향장치 : **부저**	④ 음향장치 : **부저**

37

해설

④ 예비전원감시램프가 점등되어 있으므로 예비전원 불량여부를 확인해야 한다.

38

해설

① 그림 A : 2층 지구표시등이 점등되어 있고, 도통시험 정상램프가 점등되어 있으므로 옳다. (O)

② 그림 A : 도통시험스위치가 눌러져 있으므로 스위치주의표시등이 점등되는 것은 정상이므로 옳다. (O)

③ 그림 B : 3층 **회로시험**버튼이 눌려 있고, 도통시험 단선램프가 점등되어 있으므로 옳다. (O)

④ 그림 C : 2~5층 **회로시험**버튼이 눌려 있고, 도통시험 단선램프가 점등되어 있으므로 1층은 단서유무를 알 수 없고, 2~5층은 도통시험결과 단선이다. 그러므로 틀린 답 (X)

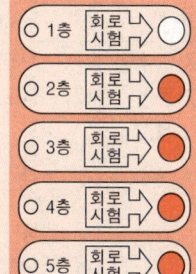

39 ②

해설 옥내소화전 방수압력 측정

(1) 측정장치 : 방수압력측정계(피토게이지)

(2)

방수량	방수압력
130L/min	0.17~0.7MPa 이하

(3) 방수압력 측정방법 : 방수구에 호스를 결속한 상태로 노즐의 선단에 방수압력측정계(피토게이지)를 근접$\left(\dfrac{D}{2}\right)$시켜서 측정하고 방수압력측정계의 압력계상의 눈금을 확인한다.

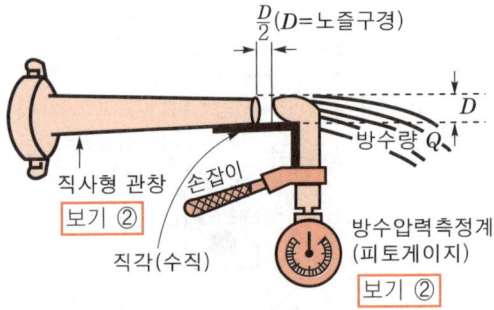

▎방수압력 측정▎

40 ①

해설 동력제어반에 주펌프의 **기동표시등**과 **펌프기동표시등**이 **점등**되어 있으므로 **감시제어반**에서 펌프를 **수동**조작하고 있는 것으로 판단된다. 그러므로 **선택스위치 : 수동, 주펌프 : 기동, 충압펌프 : 정지**

감시제어반	동력제어반
① 선택스위치 : **수동** ② 주펌프 : **기동** ③ 충압펌프 : **정지**	① POWER 램프 : **점등** ② 주펌프 선택스위치 : 어느 위치든 관계 없음 ③ 주펌프 기동램프 : **점등** ④ 주펌프 정지램프 : **소등** ⑤ 주펌프 펌프기동램프 : **점등**

41 ③

해설 수동기동장치 작동시

구 분	감시제어반 표시등	작동상태
㉠	감지기	소등
㉡	댐퍼 확인	점등
㉢	댐퍼수동기동	점등
㉣	송풍기 확인	점등

감지기 작동시 점등되는 것	급기댐퍼 수동기동장치 작동시 점등하는 것
① 감지기램프 ② 댐퍼확인램프 ③ 송풍기확인램프	① 댐퍼수동기동램프 ② 댐퍼확인램프 ③ 송풍기확인램프

42 ③

해설

① 동작하고 있다. → 동작하고 있지 않다. 주펌프, 충압펌프 램프가 소등되어 있으므로 주펌프 및 충압펌프는 동작하고 있지 않다.

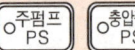

② 꺼져있다. → 켜져있다.

③ 알람밸브 개방램프가 소등되어 있으므로 알람밸브는 개방되어 있지 않다. 그러므로 옳다

④ 수동 → 자동

이것은 표시등으로 선택스위치가 정지위치에 있으면 꺼지고, 자동이나 수동위치에 있으면 켜진다. 수동위치에만 있을 때 켜지는 것이 아니다.

시험밸브 개방시 작동 또는 점등되어야 할 것

(1) 펌프 작동
(2) 감시제어반 밸브개방표시등(습식 : 알람밸브 표시등)
(3) 음향장치(사이렌) 작동
(4) 화재표시등 점등

43 ③

① **주펌프 기동확인램프**가 **점등**되어 있지만, **주펌프 P/S**(압력스위치)는 **소등**되어 있으므로 주펌프 압력스위치는 미작동 상태이다. 그러므로 옳다.

② 감시제어반 선택스위치 : **수동**, 주펌프 : **기동**으로 되어있으므로 주펌프는 기동하고 있다. 이 상태에서 주펌프 : **정지**로 내리면 주펌프는 정지하므로 옳다.

③ 자동으로 → 수동으로
감시제어반 선택스위치 : **수동**, 주펌프 : **기동**, 충압펌프 : **기동**으로 되어 있으므로 현재 주펌프, 충압펌프 모두 **수동**으로 작동하고 있다.

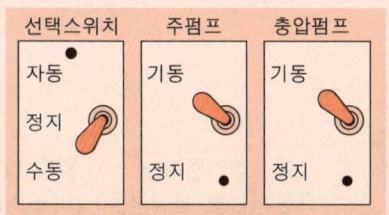

④ 기동확인등은 펌프가 기동될 때 점등되므로 감시제어반 선택스위치 : **수동**, 충압펌프 : **기동**으로 되어있으므로 충압펌프 기동확인램프가 점등되어야 한다. 소등되어있다면 불량이 맞다.

44 ③

① 안정 → 불안정
전압지시가 **낮음**으로 표시되어 있으므로 전력이 **불안정**

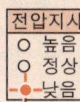

② 예비전원스위치는 예비전원 이상 유무를 확인하는 버튼으로 전원을 공급하지는 않는다.

③ 예비전원감시램프가 점등되어 있으므로 예비전원배터리가 문제있다는 뜻임

④ 예비전원감시 : **점등**되어 있으므로 예비전원이 불량이자 소방설비가 작동되지 않을 가능성이 높다.

45 ①

① 습식 스프링클러설비 : 동결 우려 장소(추운 곳) 사용제한

스프링클러설비의 종류

구 분		장 점	단 점
습식		• **구조**가 **간단**하고 **공사비 저렴** • 소화가 신속 • 타방식에 비해 유지·관리 용이	• **동결** 우려 장소 **사용제한** 보기 ① • 헤드 오작동시 수손피해 및 배관 부식 촉진
폐쇄형 헤드 사용	건식	• 동결 우려 장소 및 옥외 사용 가능	• 살수개시시간 지연 및 복잡한 구조 • 화재 초기 **압축공기**에 의한 화재 촉진 우려 • 일반헤드인 경우 **상향형**으로 시공하여야 함
	준비 작동식	• 동결 우려 장소 사용 가능 • 헤드 오작동(개방)시 수손피해 우려 없음 • 헤드개방 전 경보로 조기 대처 용이	• 감지장치로 감지기 별도 시공 필요 • 구조 복잡, 시공비 고가 • 2차측 배관 부실 시공 우려

개방형 헤드 사용	일제살수식	• **초기화재**에 신속 대처 용이 • 층고가 높은 장소에서도 소화 가능	• 대량살수로 수손피해 우려 • 화재감지장치 별도 필요

46 ③

해설

① 스위치 주의표시등이 점등되어 있으므로 눌러져 있는 주경종, 지구경종 정지스위치 등을 **정상위치**로 **복구**시켜야 한다. 119에 신고할 필요는 없으므로 틀린 답 (×)
② 스위치 주의표시등이 점등되어 있으므로 눌러져 있는 주경종, 지구경종 정지스위치등을 정상위치로 복구시켜야 한다. 화재가 발생한 경우는 아니므로 화재위치를 확인할 필요는 없다. 그러므로 틀린 답 (×)
④ 스위치 주의표시등은 주경종, 지구경종 정지스위치 등이 눌러져 있을 때 점등되는 것으로 예비전원 상태와는 무관하다. 그러므로 틀린 답 (×)

47 ②

해설

도통시험 정상램프가 점등되어 있으므로 회로단선 여부는 ○이고, 불량내용은 이상없음

48 ②

해설

㉠ 수동 → 연동
㉡ 기동 → 정지

평상시 상태	수동기동 상태	점검시 상태
① 선택스위치 : 연동	① 선택스위치 : 수동	① 선택스위치 : 정지
② 주펌프 : 정지	② 주펌프 : 기동	② 주펌프 : 정지
③ 충압펌프 : 정지	③ 충압펌프 : 기동	③ 충압펌프 : 정지

49 ③

해설

㉠ 턱을 목 아래쪽으로 → 턱을 들어올려
㉢ 공기가 배출되도록 해야 한다. → 숨을 불어넣은 후에는 입을 떼고 코도 놓아 주어서 공기가 배출되도록 한다.

50 ④

해설

㉠ 도통시험버튼이 눌러져 있지 않으므로 도통시험을 실시하는 것이 아님

㉡ 발신기램프가 점등되어 있으므로 화재통보기기는 발신기이다.

㉢ 점멸되지 않는 것은 → 점멸되는 것은

㉣ 전압지시 정상램프가 점등되어 있으므로 수신기의 전원상태는 이상이 없다.

2023년 기출문제

문제는 여기로! → 문제 p. 1-41

01	02	03	04	05	06	07	08	09	10
①	①	④	③	④	④	②	③	①	③
11	12	13	14	15	16	17	18	19	20
②	④	④	②	③	④	①	②	②	③
21	22	23	24	25	26	27	28	29	30
①	②	②	④	②	③	③	②	②	①
31	32	33	34	35	36	37	38	39	40
④	④	③	②	①	①	④	②	③	①
41	42	43	44	45	46	47	48	49	50
④	②	②	①	①	②	④	①	④	②

제 ① 과목

문제는 여기로! → 문제 p. 1-41

01 ①

 관계인
(1) **소**유자 보기 ③
(2) **관**리자 보기 ②
(3) **점**유자 보기 ④

 소관점

02 ①

① 2개 → 3개 이상

대수선의 범위
(1) **내력벽**을 증설 또는 해체하거나 그 벽면적을 30m² 이상 수선 또는 변경하는 것
(2) **기둥**을 증설 또는 해체하거나 **3개** 이상 수선 또는 변경하는 것 보기 ①
(3) **보**를 증설 또는 해체하거나 **3개** 이상 수선 또는 변경하는 것 보기 ③
(4) **지붕틀**(한옥의 경우에는 지붕틀의 범위에서 서까래 제외)을 증설 또는 해체하거나 **3개** 이상 수선 또는 변경하는 것 보기 ②
(5) 방화벽 또는 방화구획을 위한 바닥 또는 벽을 증설 또는 해체하거나 수선 또는 변경하는 것
(6) 주계단·피난계단 또는 특별피난계단을 증설 또는 해체하거나 수선 또는 변경하는 것 보기 ④
(7) 다가구주택의 가구 간 경계벽 또는 다세대주택의 세대 간 경계벽을 증설 또는 해체하거나 수선 또는 변경하는 것
(8) 건축물의 외벽에 사용하는 **마감재료**를 증설 또는 해체하거나 벽면적 **30m²** 이상 수선 또는 변경하는 것

03 ④

 방화구획의 기준

대상 건축물	대상 규모	층 및 구획방법	구획부분의 구조
주요 구조부가 내화구조 또는 불연재료로 된 건축물	연면적 1000m² 넘는 것	10층 이하: 바닥면적 1000m² 이내마다(스프링클러 ×3 배 = 3000m²)	• 내화구조로 된 바닥·벽 • 방화문 • 자동방화셔터
		매 층마다: • 지하 1층에서 지상으로 직접 연결하는 경사로 부위는 제외	
		11층 이상: • 바닥면적 200m²(스프링클러 ×3 배 = 600m²) 이내마다(내장재가 불연재인 경우 500m² 이내마다)(스프링클러 ×3 배 = 1500m²)	

• **스프링클러설비**, 기타 이와 유사한 **자동식 소화설비**를 설치한 경우 바닥면적은 **위의 면적의 3배**로 산정
• 아파트로서 **4층** 이상에 **대피공간** 설치시 다른 부분과 방화구획

04 ③

 해설

특 징	불연성 물질
불활성기체	• 헬륨(He) • 네온(Ne) • 아르곤(Ar) • 크립톤(Kr) • 크세논(Xe) • 라돈(Rn) [기억법] 헬네아크라
완전산화물	• 물(H_2O) • 이산화탄소(CO_2) • 산화알루미늄(Al_2O_3) • 삼산화황(SO_3)
흡열반응물질	• 질소(N_2) • 질소산화물(NO_x) [기억법] 질흡(진흙)

05 ④

해설

① 작다 → 크다
② 낮다 → 높다
③ 작다 → 크다

가연성 물질의 구비조건
(1) 산소와의 친화력이 크다. 보기 ①
(2) **활성화에너지가 작다.**

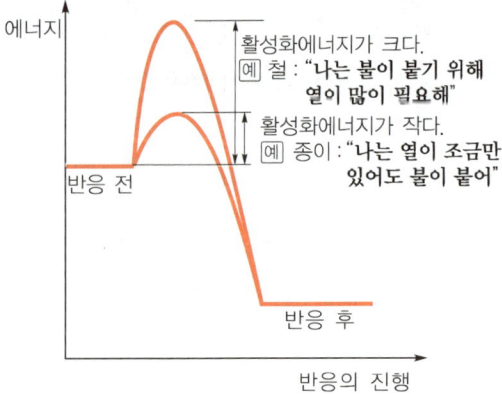

▮활성화에너지▮

(3) **열전도율**이 **작다.** 보기 ④

〈가연물질별 열전도〉
• **철** : 열전도도 빠르다(크다).
  → 불에 잘 타지 않는다.
• **종이** : 열전도 느리다(작다).
  → 불에 잘 탄다.

▮열전도▮

(4) 연소열이 크다. 보기 ③
(5) 비표면적이 크다.
(6) 건조도가 높다. 보기 ②

06 ④

해설 **연소형태의 종류**

구 분	종 류
표면연소	• 숯 • 코크스 • 목재의 말기연소 • 금속(마그네슘 등) 보기 ① [기억법] 표숯코목금마
분해연소	• 석탄 보기 ② • 종이 • 목재 [기억법] 분종목재
증발연소	• 황 보기 ④ • 고체파라핀(양초) • 열가소성 수지(열에 의해 녹는 플라스틱) 보기 ③
자기연소	• 자기반응성 물질(제5류 위험물) • 폭발성 물질

07 ②

해설 **화재의 종류**

종 류	적응물질	소화약제
일반 화재 (A급)	• 보통가연물(폴리에틸렌 등) • 종이 • 목재, 면화류, 석탄 • **재를 남김**	① 물 ② 수용액

유류화재 (B급)	• 유류 • 알코올 • 재를 남기지 않음 보기 ②	① 포(폼)
전기화재 (C급)	• 변압기 • 배전반	① 이산화탄소 ② 분말소화약제 ③ 주수소화 금지
금속화재 (D급)	• 가연성 금속류 (나트륨 등)	① 금속화재용 분말소화약제 ② 마른 모래(건조사)

08 ③

해설 열전달

종류	설 명
전도 (conduction)	• 하나의 물체가 다른 물체와 **직접 접촉**하여 전달되는 것
대류 (convection)	• 유체의 흐름에 의하여 열이 전달되는 것
복사 (radiation)	• 화재시 열의 이동에 **가장 크게 작용**하는 열이동방식 • **화염**의 **접촉 없이** 연소가 확산되는 현상 보기 ③ • 화재현장에서 **인접건물**을 **연소**시키는 주된 원인

용어 비화

불씨가 날아가서 다른 곳에 또 화재를 일으키는 것

09 ①

해설 연기의 확산속도

구 분	확산속도
수평방향	0.5~1.0m/sec 보기 ①
계단실 등 수직방향	① 화재초기 : 2~3m/sec ② 농연 : 3~5m/sec

 계35

10 ③

해설 위험물

인화성 또는 **발화성** 등의 성질을 가지는 것으로서 **대통령령**이 정하는 물품

11 ②

해설

 $CH_4 \rightarrow C_3H_8$ 또는 C_4H_{10}

LPG vs LNG

종류 구분	액화석유가스 (LPG)	액화천연가스 (LNG)
주성분	• 프로판(C_3H_8) • 부탄(C_4H_{10}) 보기 ② **기억법** P프부	• 메탄(CH_4) **기억법** N메
비중	• 1.5~2(누출시 낮은 곳 체류) 보기 ④	• 0.6(누출시 천장쪽 체류)
폭발범위 (연소범위)	• 프로판 : 2.1~9.5% 보기 ③ • 부탄 : 1.8~8.4%	• 5~15%
용도	• 가정용 • 공업용 보기 ① • 자동차연료용	• 도시가스
증기비중	• 1보다 큰 가스	• 1보다 작은 가스
탐지기의 위치	• 탐지기의 **상단**은 **바닥면**의 **상방** 30cm 이내에 설치	• 탐지기의 **하단**은 **천장면**의 **하방** 30cm 이내에 설치

LPG 탐지기 위치 | LNG 탐지기 위치

	• 가스연소기 또는 관통부로부터 수평거리 **4m** 이내에 설치	• 가스연소기로부터 수평거리 **8m** 이내에 설치
공기와 무게 비교	• 공기보다 무겁다.	• 공기보다 가볍다.

12 ④

④ 증가 → 절감

종합방재실의 구축효과
(1) 화재피해 최소화 보기 ①
(2) 화재시 신속한 대응 보기 ②
(3) 시스템 안전성 향상 보기 ③
(4) 유지관리 비용 절감 보기 ④

13 ④

④ 연면적 1500m² → 연면적 2000m²

자동화재탐지설비의 설치대상

설치대상	조 건
① 정신의료기관・의료재활시설	• 창살설치 : 바닥면적 **300m²** 미만 • 기타 : 바닥면적 **300m²** 이상
② 노유자시설	• 연면적 **400m²** 이상
③ **근**린생활시설 보기 ① ・**위**락시설	• 연면적 **600m²** 이상
④ **의**료시설(정신의료기관 또는 요양병원 제외) ⑤ **복**합건축물・장례시설	
⑥ 목욕장・문화 및 집회시설, 운동시설 ⑦ 종교시설 ⑧ 방송통신시설・관광휴게시설 ⑨ 업무시설 보기 ③・판매시설 보기 ② ⑩ 항공기 및 자동차 관련시설・공장・창고시설 ⑪ 지하가(터널 제외)・운수시설・발전시설・위험물 저장 및 처리시설 ⑫ 교정 및 군사시설 중 국방・군사시설	• 연면적 **1000m²** 이상
⑬ **교**육연구시설 보기 ④・**동**식물관련시설 ⑭ **자**원순환관련시설・**교**정 및 군사시설(국방・군사시설 제외) ⑮ **수**련시설(숙박시설이 있는 것 제외) ⑯ 묘지관련시설	• 연면적 **2000m²** 이상
⑰ 지하가 중 터널	• 길이 **1000m** 이상
⑱ 지하구 ⑲ 노유자생활시설 ⑳ 공동주택 ㉑ 숙박시설 ㉒ 6층 이상인 건축물 ㉓ 조산원 및 산후조리원 ㉔ 전통시장 ㉕ 요양병원(정신병원과 의료재활시설 제외)	• 전부
㉖ 특수가연물 저장・취급	• 지정수량 **500배** 이상
㉗ 수련시설(숙박시설이 있는 것)	• 수용인원 **100명** 이상
㉘ 발전시설	• 전기저장시설

기억법 근위의복 6, 교동자교수 2

14 ②

해설 최소 선임기준

소방안전관리자	소방안전관리보조자
• 특정소방대상물마다 1명	• **300세대** 이상 아파트 : **1명**(단, **300세대 초과**마다 **1명** 이상 추가) • 연면적 **15000㎡** 이상 : **1명**(단, **15000㎡ 초과**마다 **1명** 이상 추가) • **공동주택**(기숙사), **의료시설, 노유자시설, 수련시설 및 숙박시설**(바닥면적 합계 **1500㎡** 미만이고, 관계인이 24시간 상시 근무하고 있는 숙박시설 제외) : **1명**

소방안전관리보조자 = $\dfrac{40000㎡}{15000㎡}$ = 2.67

(소수점 버림) ≒ 2명

15 ③

해설

③ 전체 능력단위를 → 전체 능력단위의 $\dfrac{1}{2}$ 을

소화기구 〔교재 2권 11, 19〕

(1) 소화능력 단위기준 및 보행거리 보기 ①

소화기 분류		능력단위	보행거리
소형소화기		**1단위** 이상	20m 이내
대형소화기	A급	**10단위** 이상	30m 이내
	B급	**20단위** 이상	

기억법 보3대, 대2B(데이빗!)

(2) 분말소화기 〔교재 2권 14〕

┃소화약제 및 적응화재┃

적응화재	소화약제의 주성분	소화효과
BC급	탄산수소나트륨 (NaHCO₃)	• 질식효과 • 부촉매(억제)효과
	탄산수소칼륨 (KHCO₃)	
ABC급 보기 ②	제1인산암모늄 (NH₄H₂PO₄)	
BC급	탄산수소칼륨(KHCO₃) + 요소(NH₂)₂CO	

(3) 내용연수 보기 ④ 〔교재 2권 15〕

소화기의 내용연수를 **10년**으로 하고 내용연수가 지난 제품은 교체 또는 성능확인을 받을 것

내용연수 경과 후 10년 미만	내용연수 경과 후 10년 이상
3년	1년

능력단위가 **2단위** 이상이 되도록 소화기를 설치하여야 할 특정소방대상물 또는 그 부분에 있어서는 **간이소화용구**의 능력단위가 전체능력단위의 $\dfrac{1}{2}$ 초과금지 (노유자시설 제외) 보기 ③

16 ④

해설 특정소방대상물별 소화기구의 능력단위기준

특정소방대상물	소화기구의 능력단위	건축물의 주요 구조부가 **내화구조**이고, 벽 및 반자의 실내에 면하는 부분이 **불연재료·준불연재료** 또는 **난연재료**로 된 특정소방대상물의 능력단위
• **위**락시설 **기억법** 위3(위상)	바닥면적 **30㎡**마다 1단위 이상	바닥면적 **60㎡**마다 1단위 이상

		바닥면적	바닥면적
• 공연장 • 집회장 • 관람장 및 문화재 • 의료시설 및 장례식장		50m²마다 1단위 이상	100m²마다 1단위 이상

> **기억법**
> 5공연장 문의
> 집관람(손오공
> 연장 문의 집관람)

		바닥면적	바닥면적
• 근린생활시설 • 판매시설 • 운수시설 • 숙박시설 • 노유자시설 • 전시장 • 공동주택(아파트 등) • 업무시설(사무실 등) • 방송통신시설 • 공장·창고시설 • 항공기 및 자동차관련시설 및 • 관광휴게시설		100m²마다 1단위 이상	200m²마다 1단위 이상

> **기억법**
> 근판숙노전 주업
> 방차창 1항 관광
> (근판숙노전 주업
> 방차창 일보항 관광)

		바닥면적	바닥면적
• 그 밖의 것		200m²마다 1단위 이상	400m²마다 1단위 이상

의료시설로서 **내화구조**이고 **불연재료**이므로 바닥면적 **100m²**마다 1단위 이상이므로 $\frac{600\text{m}^2}{100\text{m}^2} = 6$단위

17 ①

> ② 350L/min → 130L/min
> ③ 0.8m~1.5m → 1.5m
> ④ 25mm → 40mm

(1) 옥내소화전설비 vs 옥외소화전설비 [교재 2권 30, 51]

구 분	방수량	방수압	최소방출 시간	소화전 최대개수
옥내 소화전 설비	• 130L/min 이상 보기 ②	• 0.17~ 0.7MPa 이하 보기 ①	• 20분 : 29층 이하 • 40분 : 30~49 층 이하 • 60분 : 50층 이상	• 저층건축 물 : 최대 **2개** • 고층건축 물 : 최대 **5개** 보기 ①
옥외 소화전 설비	• 350L/min 이상	• 0.25~ 0.7MPa 이하	• 20분	

(2) 옥내소화전설비 호스구경 [교재 2권 37]

구 분	호 스
호스릴	25mm 이상
일 반	40mm 이상 보기 ④

> **기억법** 내호25, 내4(내사 종결)

> **비교** 설치높이 1.5m 이하 [교재 2권 20, 37]
> (1) 소화기
> (2) 옥내소화전 방수구 보기 ③

18 ②

 옥내소화전설비 수원의 저수량

$Q = 2.6N$ (30층 미만, N : 최대 2개)
$Q = 5.2N$ (30~49층 이하, N : 최대 5개)
$Q = 7.8N$ (50층 이상, N : 최대 5개)

여기서, Q : 수원의 저수량(㎥)
　　　　N : 가장 많은 층의 소화전개수

수원의 저수량 Q는
$Q = 2.6N = 2.6 \times 2 = 5.2\text{m}^3$

19 ②

폐쇄형 스프링클러헤드

설치장소의 최고주위온도	표시온도
39℃ 미만	79℃ 미만
39~64℃ 미만	79~121℃ 미만 보기 ②
64~106℃ 미만	121~162℃ 미만
106℃ 이상	162℃ 이상

※ 비고 : 높이 4m 이상인 공장은 표시온도 121℃ 이상으로 할 것

기억법
39　79
64　121
106　162

20 ③

폐쇄형 헤드의 기준개수

특정소방대상물		폐쇄형 헤드의 기준개수
지하가・지하역사		30 보기 ③
11층 이상		
10층 이하	공장(**특수가연물**), 창고시설	
	판매시설(슈퍼마켓, 백화점 등), 복합건축물(판매시설이 설치된 것)	
	근린생활시설・운수시설	20
	8m 이상	
	8m 미만	10

| 공동주택(아파트 등) | 10(각 동이 주차장으로 연결된 주차장 30) |

21 ①

 알람밸브 2차측 압력이 저하되어 **클래퍼**가 **개방**되면 클래퍼 개방에 따른 **압력수 유입**으로 **압력스위치**가 **작동**된다. 보기 ①

22 ②

준비작동식 스프링클러설비 작동

A or B 감지기 작동	A and B 감지기 작동
① **경종** 또는 **사이렌** 경보 보기 ②	① **경종** 또는 **사이렌** 경보
② 화재표시등 점등 보기 ②	② **화재표시등** 점등
	③ 준비작동식 유수검지장치 작동
	④ 2차측으로 급수
	⑤ **헤드 개방**, 방수
	⑥ 배관 내 압력저하로 기동용 수압개폐장치의 **압력스위치** 작동
	⑦ 펌프 기동

23 ①

펌프성능시험

구 분	운전방법	확인사항
체절운전 (무부하시험, No Flow Condition)	① 펌프토출측 개폐밸브 폐쇄 ② **성능시험배관** 개폐밸브 유량조절밸브 폐쇄 ③ 펌프 **기동**	① 체절압력이 **정격토출압력의 140% 이하**인지 확인 보기 ① ② 체절운전시 체절압력 미만에서 릴리프밸브가 작동하는지 확인

정격부하운전 (정격부하시험, Rated Load, 100% 유량운전)	① 펌프 기동 ② 유량조절밸브를 개방	유량계의 유량이 **정격유량**상태(100%)일 때 **정격토출압 이상**이 되는지 확인
최대운전 (피크부하시험, Peak Load, 150% 유량운전)	유량조절밸브를 더욱 개방	유량계의 유량이 **정격토출량의 150%**가 되었을 때 **정격토출압의 65% 이상**이 되는지 확인

중요 **펌프성능시험**

(1) 정격토출량 = 토출량〔L/min〕×1.0 (100%)
(2) 체절운전 = 토출압력(양정)×1.4 (140%)
(3) 150% 유량운전 토출량 = 토출량〔L/min〕×1.5(150%)
(4) 150% 유량운전 토출압 = 정격양정〔m〕×0.65(65%)

24 ③

해설 (1) 1층 : 1경계구역의 면적은 **600m²** 이하로 하여야 하므로 바닥면적을 **600m²**로 나누어주면 된다.

1층 : $\dfrac{700\text{m}^2}{600\text{m}^2} = 1.1 ≒ 2$개(소수점 올림)

(2) 2층 : 2층 바닥면적이 600m² 이하이지만 한 변의 길이가 **50m를 초과**하므로 **2개**로 나뉜다.
면적길이가 모두 주어진 경우 면적, 길이 2가지를 모두 고려해서 **큰 값**을 적용한다.

2층 : $\dfrac{50\text{m} + 10\text{m} + 10\text{m}}{50\text{m}} = 1.4 ≒ 2$개(소수점 올림)

(3) 3~4층 : 500m² 이하는 2개층을 1경계구역으로 할 수 있으므로 2개층의 합이 500m² 이하일 때는 **500m²**로 나누어주면 된다.

3~4층 : $\dfrac{(300 + 200)\text{m}^2}{500\text{m}^2} = 1$개

∴ 2개 + 2개 + 1개 = 5개

25 ③

해설 **감지기의 구조**

정온식 스포트형 감지기	차동식 스포트형 감지기
① **바이메탈**, 감열판, 접점 등으로 구분 **기억법** 바정(봐줘) ② **보일러실, 주방** 설치 보기 ③ ③ 주위 온도가 일정 온도 이상이 되었을 때 작동	① **감열실, 다이어프램, 리크구멍, 접점** 등으로 구성 ② **거실, 사무실** 설치 ③ 주위 온도가 일정 상승률 이상이 되는 경우에 작동

제 ② 과목

문제는 여기로! → 문제 p.1-47

26 ④

해설
㉠ 지시압력계가 녹색범위를 가리키고 있으므로 적정여부는 (○)이다.

지시압력계의 색표시에 따른 상태

노란색(황색)	녹 색	적 색
압력이 부족한 상태	정상압력 상태	정상압력보다 높은 상태

• 용기 내 압력을 확인할 수 있도록 지시압력계가 부착되어 사용가능한 범위가 **녹색**(0.7~0.98MPa)으로 되어있음

㉡ 제조연월 : 2008.6이고 내용연수가 10년이므로 유효기간은 2018.6까지이다. 내용연수가 초과되었으므로 (×)이다.

ⓒ 불량내용은 내용연수 초과이다.
- 소화기의 내용연수를 10년으로 하고 내용연수가 지난 제품은 교체 또는 성능확인을 받을 것

내용연수	
내용연수 경과 후 10년 미만	내용연수 경과 후 10년 이상
3년	1년

27 ②

① 정상 → 불량
③ 교류전원 → 예비전원
   예비전원이 0V를 가리키고 있으므로 예비전원을 점검하여야 한다.
④ 높다 → 낮다

∥0V를 가리킴∥

∥예비전원시험∥ 교재 2권 114

전압계인 경우 정상	램프방식인 경우 정상
19~29V	녹색

∥예비전원시험∥

∥24V를 가리킴∥

28 ③

ⓒ 말단시험밸브는 습식·건식 스프링클러설비에만 있으므로 프리액션밸브(준비작동식)은 해당 없음
ⓗ 도통시험회로 단선 여부는 유수검지장치 작동과 무관함
ⓐ 발신기 응답표시등은 자동화재탐지설비에 적용되므로 준비작동식에는 관계없음

말단시험밸브 여부

습식·건식 스프링클러설비	준비작동식·일제살수식 스프링클러설비
말단시험밸브 ○	말단시험밸브 ×

29 ②

기동용기함의 솔레노이드밸브의 점검 전 안전조치 순서
ⓒ 안전핀 체결 → ⓑ 솔레노이드 분리 → ⓐ 안전핀 제거

30 ①

제연설비 작동순서

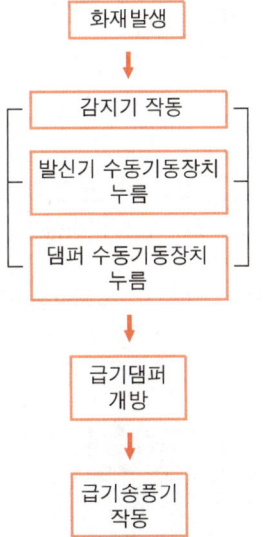

31 ④

해설 작동점검표

자동화재탐지설비 (양호○, 불량×, 해당 없음/)

구 분	점검 번호	점검항목	점검 결과
수신기	15-B -002	• 조작스위치가 정상위치에 <u>스위치주의등 확인</u> 있는지 여부	○
수신기	15-B -006	• 수신기 음향기구의 음량·음색 구별 가능 여부	○
감지기	15-D -009	• 감지기 변형·손상 확인 및 작동시험 적합 여부	○
전원	15-H -002	• 예비전원 성능 적정 및 <u>예비전원 및 예비전원감시등 확인</u> 상용전원 차단시 예비전원 자동전환 여부	×
배선	15-I -003	• 수신기 도통시험회로 정상 <u>회로단선 여부</u> 여부	○

32 ③

해설
③ ㉠ 주경종 정지스위치, ㉡ 지구경종 정지스위치를 누르면 경종(음향장치)이 울리지 않는다.

33 ③

해설
㉠ 호스가 파손되었고 소화기가 부식되었으므로 외관의 이상이 있기 때문에 ×
㉡ 지시압력계가 녹색범위를 가리키고 있으므로 적정 여부는 ○
㉢ 불량내용은 외관부식과 호스파손이다.
※ 양호 ○, 불량 ×로 표시하면 됨

34 ②

해설 옥내소화전 방수압력 측정

(1) 측정장치 : 방수압력측정계(피토게이지)
(2)

방수량	방수압력
130L/min	0.17~0.7MPa 이하

(3) 방수압력 측정방법 : 방수구에 호스를 결속한 상태로 노즐의 선단에 방수압력측정계(피토게이지)를 근접$\left(\dfrac{D}{2}\right)$시켜서 측정하고 방수압력측정계의 압력계상의 눈금을 확인한다.

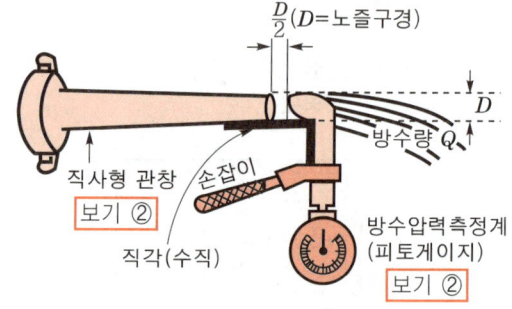

┃방수압력 측정┃

35 ①

해설 시험밸브 개방시 작동 또는 점등되어야 할 것
(1) 펌프 작동
(2) 감시제어반 밸브개방표시등(습식 : 알람밸브표시등) 점등
(3) 음향장치(사이렌) 작동
(4) 화재표시등 점등

36 ②

해설 가스계 소화설비의 점검 전 안전조치
㉡ 연결된 조작동관 분리 → ㉢ 감시제어반 연동 정지 → ㉠ 솔레노이드밸브 분리 → ㉣ 솔레노이드 밸브 안전핀 제거

37 ④

해설 성인의 가슴압박
(1) 환자의 **어깨**를 두드린다.
(2) 쓰러진 환자의 얼굴과 가슴을 10초 이내 (10초 이상 ✗) 로 관찰하여 호흡이 있는지를 확인한다.
(3) 구조자의 체중을 이용하여 압박
(4) 인공호흡에 자신이 없으면 가슴압박만 시행

구 분	설 명 [보기 ④]
속 도	분당 100~120회
깊 이	약 5cm(소아 4~5cm)

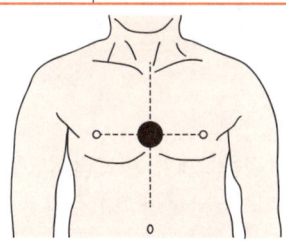

|가슴압박 위치|

38 ②

해설 비화재보 복구순서
㉠ 수신기 확인 – ㉣ 실제 화재 여부 확인 – ㉢ 음향장치 정지 – ㉤ 발신기 복구 – ㉡ 수신반 복구 – ㉥ 음향장치 복구 – 스위치주의등 확인

39 ③

해설
① 부족한 상태 → 정상상태
② 0.7MPa → 0.7~0.98MPa, 교체하여야 한다. → 교체하지 않아도 된다.
③ 용기 내 압력을 확인할 수 있도록 지시압력계가 부착되어 사용 가능한 범위가 녹색(0.7~0.98MPa)으로 되어 있음
④ 어려울 것으로 보인다. → 용이한 상태이다.

지시압력계
(1) 노란색(황색) : 압력부족
(2) 녹색 : 정상압력
(3) 적색 : 정상압력 초과

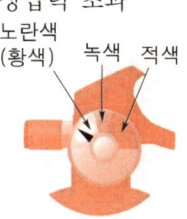

|소화기 지시압력계|

|지시압력계의 색표시에 따른 상태|

노란색(황색)	녹색	적색
압력이 부족한 상태	정상압력 상태	정상압력보다 높은 상태

40 ①

해설 점등램프

주펌프만 수동으로 기동 [보기 ①]	충압펌프만 수동으로 기동	주펌프·충압펌프 수동으로 기동
① 선택스위치 : 수동 ② 주펌프 : 기동 ③ 충압펌프 : 정지	① 선택스위치 : 수동 ② 주펌프 : 정지 ③ 충압펌프 : 기동	① 선택스위치 : 수동 ② 주펌프 : 기동 ③ 충압펌프 : 기동

41 ④

해설 준비작동식 스프링클러설비 밸브개방시험 전에는 1차측은 개방, 2차측은 폐쇄되어 있어야 스프링클러헤드를 통해 물이 방사되지 않아서 안전하다.

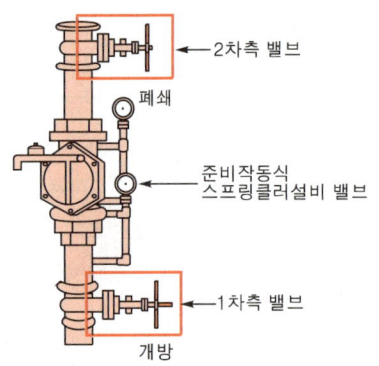

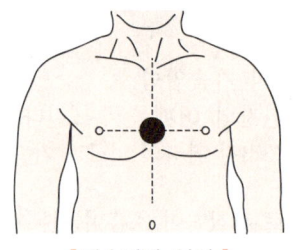

▶ 가슴압박 위치 ◀

44 ①

해설
왼쪽그림은 2층 감지기 작동시험을 하는 그림이다.
2층 감지기가 작동되면 ㉠ 화재표시등, ㉡ 2층 지구표시등이 점등된다.

42 ③

해설
③ 압력스위치를 작동시키면 방출등(방출표시등)이 점등되므로 방출등 점등을 확인하는 것이 맞음

45 ①

해설
① 적응화재가 ABC급이므로 제1인산암모늄($NH_4H_2PO_4$) 정답

분말소화기

▶ 소화약제 및 적응화재 ◀

적응화재	소화약제의 주성분	소화효과
BC급	탄산수소나트륨 ($NaHCO_3$)	• 질식효과 • 부촉매(억제)효과
BC급	탄산수소칼륨 ($KHCO_3$)	
ABC급	제1인산암모늄 ($NH_4H_2PO_4$)	
BC급	탄산수소칼륨($KHCO_3$)+요소(($NH_2)_2CO$)	

43 ②

해설
② 위쪽 → 아래쪽

일반인 심폐소생술 시행방법
(1) 환자의 **어깨**를 두드린다.
(2) 쓰러진 환자의 얼굴과 가슴을 <u>10초 이내</u> [10초 이상 ✗]
로 관찰하여 호흡이 있는지를 확인한다.
(3) 환자를 바닥이 단단하고 **평평한 곳**에 등을 대고 눕힌다. 보기 ①
(4) 가슴압박시 가슴뼈(흉골) **아래쪽**의 절반 부위에 깍지를 낀 두 손의 손바닥 뒤꿈치를 댄다. 보기 ②
(5) 구조자는 양팔을 쭉 편 상태로 체중을 실어서 환자의 몸과 **수직**이 되도록 가슴을 압박한다. 보기 ③
(6) 구조자의 체중을 이용하여 압박한다.
(7) 인공호흡에 자신이 없으면 가슴압박만 시행한다.

구 분	설 명 보기 ④
속 도	분당 100~120회
깊 이	약 5cm(소아 4~5cm)

46 ③

해설
③ 충압펌프가 작동되었으므로 동력제어반 기동램프 점등 보기 ㉠, 감시제어반에서 충압펌프 압력스위치 램프 점등 보기 ㉢

충압펌프 작동	주펌프 작동
① 동력제어반 기동램프 : 점등 ② 감시제어반 충압펌프 압력스위치 램프 : 점등	① 동력제어반 기동램프 : 점등 ② 감시제어반 주펌프 압력스위치램프 : 점등

47 ③

 스프링클러설비의 기동점, 정지점

기동점 (기동압력)	정지점 (양정, 정지압력)
기동점 =RANGE−DIFF =자연낙차압+0.15MPa	정지점=RANGE

정지점(양정) = RANGE = 70m = 0.7MPa
기동점 = 자연낙차압 + 0.15MPa
　　　 = 0.3MPa + 0.15MPa = 0.45MPa
　　　 = RANGE − DIFF
DIFF = RANGE − 기동점
　　 = 0.7MPa − 0.45MPa
　　 = 0.25MPa

중요

(1) 압력스위치

DIFF(Difference)	RANGE
펌프의 작동정지점에서 기동점과의 **압력차이**	펌프의 **작동정지점**

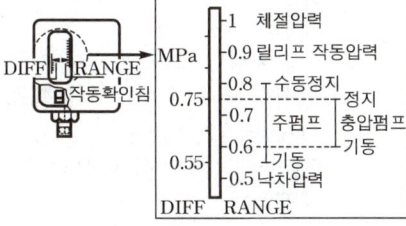

(a) 압력스위치　(b) DIFF, RANGE의 설정 예

(2) **충압펌프 기동점**
　　충압펌프 기동점 = 주펌프 기동점 + 0.05MPa

48 ①

㉠ 감지기 동작시 댐퍼확인램프 : **점등**되므로 급기댐퍼 설치상태(화재감지기 동작에 따른 개방) 적정 여부(○)

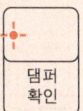

| 감지기 동작시 |

㉡ 화재감지기 동작 및 수동 조작에 따라 송풍기 확인램프 : **소등**되므로 화재감지기 동작 및 수동조작에 따라 작동하는지 여부(✕)

 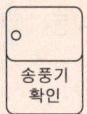

| 감지기 동작시 | 댐퍼 수동기동스위치 기동시 |

• 불량내용 : **송풍기 미작동**(송풍기 확인램프가 **소등**되어 있음)

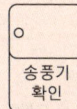

감지기 작동시 점등되는 것	급기댐퍼 수동기동장치 작동시 점등되는 것
① 감지기램프 ② 댐퍼확인램프 ③ 송풍기확인램프	① 댐퍼수동기동램프 ② 댐퍼확인램프 ③ 송풍기확인램프

49 ④

㉢ 기동 위치에 있으므로 잘못, **정지** 위치에 있어야 함
㉤ 정지 위치에 있으므로 잘못, **자동** 위치에 있어야 함

감시제어반		
평상시 상태	수동기동 상태	점검시 상태
① 선택스위치 : **연동**	① 선택스위치 : **수동**	① 선택스위치 : **정지**
② 주펌프 : **정지**	② 주펌프 : **기동**	② 주펌프 : **정지**
③ 충압펌프 : **정지**	③ 충압펌프 : **기동**	③ 충압펌프 : **정지**

동력제어반		
평상시 상태	수동기동시 상태	점검시 상태
① POWER : **점등**	① POWER : **점등**	① POWER : **점등**
② 선택스위치 : **자동**	② 선택스위치 : **수동**	② 선택스위치 : **정지**
③ 기동램프 : **소등**	③ 기동램프 : **점등**	③ 기동램프 : **소등**
④ 정지램프 : **점등**	④ 정지램프 : **소등**	④ 정지램프 : **점등**
⑤ 펌프기동램프 : **소등**	⑤ 펌프기동램프 : **점등**	⑤ 펌프기동램프 : **소등**

50 ②

해설 (1) **성인의 가슴압박**
① 환자의 **어깨**를 두드린다.
② 쓰러진 환자의 얼굴과 가슴을 10초 이내 ~~10초 이상~~ ✕ 로 관찰하여 호흡이 있는지를 확인한다.
③ 구조자의 체중을 이용하여 압박
④ 인공호흡에 자신이 없으면 가슴압박만 시행

구 분	설 명
속 도	분당 100~120회 보기 ㉠
깊 이	약 5cm(소아 4~5cm) 보기 ㉡

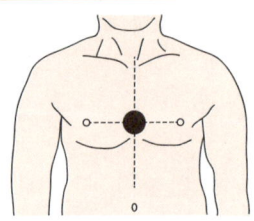

▮가슴압박 위치▮

(2) **자동심장충격기(AED) 사용방법**
① 자동심장충격기를 심폐소생술에 방해가 되지 않는 위치에 놓은 뒤 전원버튼을 누른다.
② 환자의 상체를 노출시킨 다음 패드 포장을 열고 2개의 패드를 환자의 가슴에 붙인다.
③ 패드는 **왼쪽 젖꼭지 아래의 중간겨드랑선**에 설치하고 **오른쪽 빗장뼈**(쇄골) 바로 **아래**에 붙인다. 보기 ㉢, ㉣

패드의 부착위치	
패드 1	패드 2
오른쪽 빗장뼈(쇄골) 바로 아래	왼쪽 젖꼭지 아래의 중간겨드랑선

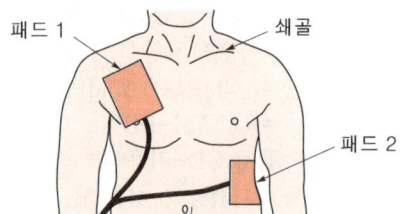

▮패드 위치▮

④ 심장충격이 필요한 환자인 경우에만 제세동버튼이 깜박이기 시작하며, 깜박일 때 심장충격버튼을 눌러 심장충격을 시행한다.
⑤ 심장충격버튼을 **누르기 전**에는 반드 ~~누른 후에는~~ ✕ 시 주변사람 및 구조자가 환자에게서 떨어져 있는지 다시 한 번 확인한 후에 실시하도록 한다.
⑥ 심장충격이 필요 없거나 심장충격을 실시한 이후에는 즉시 **심폐소생술**을 다시 시작한다.
⑦ **2분**마다 심장리듬을 분석한 후 반복 시행한다.

2022년 기출문제

문제는 여기로! → 문제 p.1-61

01	02	03	04	05	06	07	08	09	10
①	④	③	③	④	②	④	④	④	①
11	12	13	14	15	16	17	18	19	20
④	④	②	②	③	①	①	①	②	②
21	22	23	24	25	26	27	28	29	30
②	②	②	④	①	④	②	②	②	③
31	32	33	34	35	36	37	38	39	40
③	④	①	①	③	②	①	④	④	③
41	42	43	44	45	46	47	48	49	50
②	②	④	②	④	③	④	①	④	③

제 과목

문제는 여기로! → 문제 p.1-61

01 ①

해설

① 운항 중인 → 항구에 매어둔

소방대상물
(1) **건**축물
(2) **차**량 보기 ③
(3) **선**박(항구에 **매어둔 선박**) 보기 ①

소방대상물 X

▮운항 중인 선박▮

(4) 선박건조구조물
(5) **산**림 보기 ②
(6) **인**공구조물 보기 ④
(7) **물**건

기억법 건차선 산인물

02 ④

해설

④ 보관하는 → 생산하는

화재예방강화지구의 지정지역
(1) **시장**지역 보기 ①
(2) **공장·창고** 등이 밀집한 지역 보기 ②
(3) **목조건물**이 밀집한 지역
(4) **노후·불량건축물**이 밀집한 지역
(5) **위험물**의 **저장** 및 **처리시설**이 **밀집**한 지역 보기 ③
(6) **석유화학제품**을 **생산**하는 공장이 있는 지역 보기 ④
(7) **소방시설·소방용수시설** 또는 **소방출동로**가 **없는** 지역
(8) 산업입지 및 개발에 관한 법률에 따른 **산업단지**
(9) 물류시설의 개발 및 운영에 대한 법률에 따른 물류단지
(10) **소방청장, 소방본부장** 또는 **소방서장**이 화재예방강화지구로 지정할 필요가 있다고 인정하는 지역

> **비교** 화재로 오인할 만한 불을 피우거나 연막소독시 신고지역 교재1권 25
> 1. **시장**지역
> 2. **공장·창고**가 밀집한 지역
> 3. **목조건물**이 밀집한 지역
> 4. **위험물**의 **저장** 및 **처리시설**이 **밀집**한 지역
> 5. **석유화학제품**을 생산하는 공장이 있는 지역
> 6. 그 밖에 **시·도**의 **조례**로 정하는 지역 또는 장소

03 ③

해설

③ 7일 → 4일

건축허가 등의 동의기간 등

구 분	내 용
동의요구 서류보완	**4일** 이내 보기 ③
건축허가 등의 취소통보	**7일** 이내 보기 ④
건축허가 및 사용승인 동의회신 통보	**5일**(특급 소방안전관리대상물은 **10일**) 이내 보기 ②
동의시기	건축허가 등을 **하기 전**
동의요구자	건축허가 등의 권한이 있는 행정기관 보기 ①

04 ③

객석유도등 산정식

객석유도등 설치개수
$$= \frac{\text{객석통로의 직선부분의 길이(m)}}{4} - 1 \text{(소수점 올림)}$$

$$\therefore \frac{24}{4} - 1 = 5\text{개}$$

기억법 객4

05 ④

④ 1000L → 2000L

위험물의 지정수량

위험물	지정수량
황	100kg 보기 ②
휘발유	200L 보기 ① 기억법 휘2
질산	300kg
알코올류	400L 보기 ③
등유·경유	1000L
중유	2000L 보기 ④ 기억법 중2(간부 중위)

06 ②

② 1.0m → 1.2m

무창층

지상층 중 다음에 해당하는 개구부면적의 합계가 그 층의 바닥면적의 $\frac{1}{30}$ 이하가 되는 층

(1) 크기는 지름 **50cm** 이상의 원이 통과할 수 있을 것 보기 ①
(2) 해당층의 바닥면으로부터 개구부 밑부분까지의 높이가 **1.2m** 이내일 것 보기 ②
(3) **도로** 또는 **차량**이 진입할 수 있는 **빈터**를 향할 것 보기 ③
(4) 화재시 건축물로부터 쉽게 **피난**할 수 있도록 개구부에 **창살**이나 그 밖의 장애물이 설치되지 않을 것
(5) 내부 또는 외부에서 **쉽게 부수거나 열** 수 있을 것 보기 ④

07 ④

① 30만원 → 50만원
② 50만원 → 100만원
③ 100만원 → 200만원

소방시설 등의 점검결과를 보고하지 아니하거나 거짓으로 한 관계인의 과태료 부과기준

지연보고기간			
10일 미만	10일~1개월 미만	1개월 이상, 미보고	점검결과 축소·삭제 등 거짓신고
50만원 과태료 보기 ①	100만원 과태료 보기 ②	200만원 과태료 보기 ③	300만원 과태료 보기 ④

08 ④

해설
> ④ 해당 없음

소방활동구역 출입자
(1) 소방활동구역 **안**에 있는 소방대상물의 **소유자·관리자** 또는 **점유자**
(2) **전기·가스·수도·통신·교통**의 업무에 종사하는 자로서 원활한 **소방활동**을 위하여 필요한 자
(3) **의사·간호사**, 그 밖의 구조·구급업무에 종사하는 자
(4) **취재인력** 등 보도업무에 종사하는 자 보기②
(5) **수사업무**에 종사하는 자 보기③
(6) **소방대장**이 소방활동을 위하여 **출입**을 **허가**한 자

09 ④

해설
> ④ 행정안전부장관 → 소방청장

(1) **한국소방안전원의 설립목적**
  ① 소방기술과 안전관리기술의 향상 및 홍보 보기①
  ② 교육·훈련 등 행정기관이 위탁하는 업무의 수행 보기②
  ③ 소방 관계종사자의 기술 향상
(2) **한국소방안전원의 업무**
  ① 소방기술과 안전관리에 관한 **교육** 및 **조사·연구**
  ② 소방기술과 안전관리에 관한 각종 **간행물 발간**
  ③ 화재예방과 안전관리 의식 고취를 위한 **대국민 홍보**
  ④ 소방업무에 관하여 **행정기관**이 **위탁**하는 업무
  ⑤ 소방안전에 관한 국제협력
  ⑥ **회원**에 대한 **기술지원** 등 정관으로 정하는 사항
(3) **한국소방안전원의 회원자격** 보기③
  ① 소방안전관리자

② **소**방기술자
③ **위**험물안전관리자

기억법 소위(소위 계급)

10 ①

해설
> ① 5년 이하의 징역 또는 5000만원 이하의 벌금 [교재1권 32]
> ② 300만원 이하의 벌금 [교재1권 51]
> ③ 300만원 이하의 벌금 [교재1권 51]
> ④ 100만원 이하의 벌금 [교재1권 32]

(1) **5년** 이하의 징역 또는 **5000만원** 이하의 벌금
  ① 위력을 사용하여 출동한 소방대의 화재진압·인명구조 또는 구급활동을 **방해**하는 행위
  ② 소방대가 화재진압·인명구조 또는 구급활동을 위하여 현장에 출동하거나 현장에 출입하는 것을 고의로 **방해**하는 행위
  ③ 출동한 <u>소방대원</u>에게 폭행 또는 협박을 행사하여 화재진압·인명구조 또는 구급활동을 **방해**하는 행위
  ④ 출동한 <u>소방대</u>의 소방장비를 파손하거나 그 효용을 해하여 화재진압·인명구조 또는 구급활동을 **방해**하는 행위
  ⑤ 소방자동차의 **출동**을 **방해**한 사람
  ⑥ 사람을 **구출**하는 일 또는 불을 끄거나 불이 번지지 아니하도록 하는 일을 **방해**한 사람 문제11
  ⑦ 정당한 사유 없이 소방용수시설 또는 비상소화장치를 사용하거나 소방용수시설 또는 비상소화장치의 효용을 해하거나 그 정당한 사용을 **방해**한 사람 보기① 문제11
  ⑧ 소방시설의 폐쇄·**차**단

기억법 5방5000, 5차(오차범위)

(2) 3년 이하의 징역 또는 3000만원 이하의 벌금
① 소방대상물 및 **토지**를 일시적으로 사용하거나 그 사용의 제한 또는 소방활동에 필요한 처분 방해
② 정당한 사유 없이 **화재안전조사** 결과에 따른 **조치명령**을 위반한 자
③ **화재예방안전진단** 결과에 따른 보수·보강 등의 조치명령을 정당한 사유 없이 위반한 자
④ 소방시설이 **화재안전기준**에 따라 설치·관리되고 있지 아니할 때 관계인에게 필요한 조치명령을 정당한 사유 없이 위반한 자
⑤ **피난시설, 방화구획** 및 **방화시설**의 관리를 위하여 필요한 조치명령을 정당한 사유 없이 위반한 자
⑥ 소방시설 **자체점검** 결과에 따른 **이행계획**을 완료하지 않아 필요한 조치의 이행명령을 하였으나 명령을 정당한 사유 없이 위반한 자

(3) 1년 이하의 징역 또는 1000만원 이하의 벌금
① 소방시설의 **자체점검** 미실시자
② 소방안전관리자 자격증 대여
③ **화재예방안전진단**을 받지 아니한 자

(4) 300만원 이하의 벌금
① **화재안전조사**를 정당한 사유 없이 **거부·방해·기피**한 자 보기 ③
② 화재예방조치 조치명령을 정당한 사유 없이 따르지 아니하거나 방해한 자
③ **소방안전관리자, 총괄소방안전관리자, 소방안전관리보조자**를 **선임**하지 아니한 자
④ **소방시설·피난시설·방화시설** 및 **방화구획** 등이 법령에 위반된 것을 발견하였음에도 필요한 조치를 할 것을 요구하지 아니한 소방안전관리자
⑤ 소방안전관리자에게 **불이익**한 처우를 한 관계인 보기 ② 문제 11
⑥ 자체점검결과 소화펌프 고장 등 중대위반사항이 발견된 경우 필요한 조치를 하지 않은 관계인 또는 관계인에게 중대위반사항을 알리지 아니한 관리업자 등

(5) 100만원 이하의 벌금
① 정당한 사유 없이 소방대가 현장에 도착할 때까지 사람을 **구**출하는 조치 또는 불을 끄거나 불이 번지지 않도록 하는 조치를 하지 아니한 소방대상물 관계인
② **피**난명령을 위반한 사람 보기 ④
③ 정당한 사유 없이 **물**의 사용이나 **수도**의 **개폐장치**의 사용 또는 **조**작을 하지 못하게 하거나 방해한 자
④ 정당한 사유 없이 **소방대**의 **생활안전활동**을 방해한 자
⑤ 긴급조치를 정당한 사유 없이 방해한 자

> 기억법 구피조1

11 ④

해설
①·②·③ 5년 이하의 징역 또는 5천만원 이하의 벌금
④ 300만원 이하의 벌금

문제 10 참조

12 ②

해설
② 연면적 40000m²로서 연면적 15000m² 이상이므로 1급 소방안전관리대상물

소방안전관리자를 선임하는 특정소방대상물

소방안전관리 대상물	특정소방대상물
특급 소방안전 관리대상물 (동식물원, 철강 등 불연성 물품 저장·취급창고, 지하구, 위험물 제조소 등 제외)	• 50층 이상(지하층 제외) 또는 지상 200m 이상 아파트 • 30층 이상(지하층 포함) 또는 지상 120m 이상(아파트 제외) • 연면적 10만m² 이상(아파트 제외)

1급 소방안전관리 대상물 (동식물원, 철강 등 불연성 물품 저장·취급창고, 지하구, 위험물 제조소 등 제외)	• **30층** 이상(지하층 제외) 또는 지상 **120m** 이상 **아파트** • **연면적 15000㎡** 이상인 것(아파트 및 연립주택 제외) 보기 ② • **11층** 이상(아파트 제외) • 가연성 가스를 **1000톤** 이상 저장·취급하는 시설
2급 소방안전관리 대상물	• 지하구 • 가스제조설비를 갖추고 도시가스사업 허가를 받아야 하는 시설 또는 가연성 가스를 **100톤** 이상 **1000톤** 미만 저장·취급하는 시설 • 옥내소화전설비·**스프링클러설비** 설치대상물 • **물분무등소화설비**(호스릴 방식만을 설치한 경우 제외) 설치대상물 • 공동주택 • 목조건축물(국보·보물)
3급 소방안전관리 대상물	• **자동화재탐지설비** 설치대상물 • **간이스프링클러설비** 설치대상물

13 ②

 최소 선임기준

소방안전관리자	소방안전관리보조자
• 특정소방대상물마다 1명	• **300세대** 이상 아파트 : 1명 (단, 300세대 초과마다 1명 이상 **추가**) • 연면적 **15000㎡** 이상 : 1명 (단, 15000㎡ 초과마다 1명 이상 **추가**) • **공동주택**(기숙사), **의료시설, 노유자시설, 수련시설 및 숙박시설**(바닥면적 합계 **1500㎡** 미만이고, 관계인이 24시간 상시 근무하고 있는 숙박시설 제외) : **1명**

소방안전관리보조자 $= \dfrac{40000\text{m}^2}{15000\text{m}^2} = 2.67$

(소수점 버림) ≒ 2명

14 ①

① 선임일은 5월 15일 이내이면 되므로 4월 30일은 가능하고, 선임신고일은 5월 14일 이내이면 되므로 5월 14일은 가능하여 정답
② 선임일은 5월 15일 이내이면 되므로 5월 10일은 가능하고, 선임신고일은 5월 24일 이내이어야 하므로 5월 25일은 불가능이라서 정답 아님
③ 선임일은 5월 15일 이내이면 되므로 5월 15일은 가능하고, 선임신고일은 2021년 5월 29일 이내이어야 하므로 5월 30일은 불가능이라서 정답 아님
④ 선임일은 5월 15일 이내이어야 하므로 5월 20일은 불가능이라서 정답 아님

(1) 해임한 날이 2021년 4월 15일이고 해임한 날(다음 날)부터 30일 이내에 소방안전관리자를 선임하여야 한다. 선임신고일은 선임한 날(다음 날)부터 14일 이내에 해야 한다.

• '해임한 날부터', '선임한 날부터'라는 말은 '해임한 날 다음 날부터', '선임한 날 다음 날부터' 세는 것을 의미한다.

(2) **소방안전관리자의 선임신고**

선 임	선임신고	신고대상
30일 이내	14일 이내	관할소방서장

15 ③

③ 소방기본법 시행령 → 소방기본법

피난시설, 방화구획 및 방화시설에 대한 금지 행위
(1) 피난시설, 방화구획 및 방화시설을 **폐쇄**(잠금 포함)하거나 **훼손**하는 등의 행위

(2) 피난시설, 방화구획 및 방화시설의 주위에 **물건**을 **쌓아두거나 장애물**을 설치하는 행위
(3) 피난시설, 방화구획 및 방화시설의 용도에 장애를 주거나「소방기본법」에 따른 **소방활동**에 지장을 주는 행위
(4) 그 밖에 피난시설, 방화구획 및 방화시설을 변경하는 행위

16 ①

해설 방염기준

(1) 방염성능기준 이상의 실내장식물 등을 설치하여야 할 장소
　① 조산원, 산후조리원, 공연장, 종교집회장
　② **11층** 이상의 층(**아파트** 제외)
　③ **체**력단련장
　④ 문화 및 집회시설(옥내에 있는 시설)
　⑤ 운동시설(**수영장** 제외) 보기 ①
　⑥ **숙**박시설·**노**유자시설
　⑦ 의료시설(요양병원 등), 의원, 치과의원, 한의원
　⑧ 수련시설(**숙**박시설이 있는 것)
　⑨ **방**송국·촬영소
　⑩ 종교시설
　⑪ 합숙소
　⑫ 다중이용업소(단란주점영업, 유흥주점영업, 노래연습장의 영업장 등)

기억법 방숙체노

(2) 방염대상물품 : **제조** 또는 **가공공정**에서 방염처리를 한 물품
　① 창문에 설치하는 **커튼류**(블라인드 포함)
　② 카펫
　③ 두께 **2mm** 미만인 **벽지류**(종이벽지 제외)
　④ **전시용 합판·섬유판**
　⑤ **무대용 합판·섬유판**
　⑥ **암막·무대막**(영화상영관·**가상체험 체육시설업의 스크린** 포함) 보기 ①

⑦ 섬유류 또는 합성수지류 등을 원료로 하여 제작된 **소파·의자**(단란주점·유흥주점·노래연습장에 한함)

17 ①

해설 소방안전관리자의 실무교육

실시기관	실무교육주기
한국소방안전원	선임한 날부터 **6개월** 이내, 그 이후 **2년**마다 **1회**

2021년 3월 15일 선임되었으므로, 선임한 날(다음 날)부터 6개월 이내인 <u>2021년 9월 15일</u>이 된다.

● '**선임한 날부터**'라는 말은 '**선임한 날 다음 날**'부터 세는 것을 의미한다.

비교 실무교육

소방안전 관련업무 종사경력보조자	소방안전관리자 및 소방안전관리보조자
선임된 날로부터 **3개월** 이내, 그 이후 **2년**마다 **1회** 실무교육을 받아야 한다.	선임된 날로부터 **6개월** 이내, 그 이후 **2년**마다 **1회** 실무교육을 받아야 한다.

18 ①

해설 건축 용어

용어	설명
신축	건축물이 없는 대지(기존 건축물이 철거 또는 멸실된 대지를 포함)에 **새로이** 건축물을 축조하는 것(부속 건축물만 있는 대지에 새로이 주된 건축물을 축조하는 것을 포함하되, 개축 또는 재축에 해당하는 경우를 제외).
증축	① 기존 건축물이 있는 대지 안에서 건축물의 건축면적·연면적·층수 또는 높이를 증가시키는 것 ② 기존 건축물이 있는 대지에 건축하는 것은 기존 건축물에 붙여서 건축하거나 별동으로 건축하거나 관계없이 증축에 해당

개축 보기 ㉠	기존 건축물의 **전부** 또는 **일부**(내력벽·기둥·보·지붕틀 중 3개 이상이 포함되는 경우를 말함)를 **해체**하고 그 대지에 종전과 동일한 규모의 범위 안에서 건축물을 **다시 축조**하는 것
재축 보기 ㉡	건축물이 **천재지변**, 그 밖의 재해로 멸실된 경우에 그 대지 안에 종전과 동일한 규모의 범위 안에서 **다시 축조**하는 것
이전	건축물의 주요구조부를 해체하지 않고 동일한 대지 안의 다른 위치로 **옮기는 것**을 말한다.

19 ②

② 300m² → 200m²

방화구획의 기준

대상 건축물	대상 규모	층 및 구획방법	구획부분의 구조
주요 구조부가 내화구조 또는 불연재료로 된 건축물	연면적 1000m² 넘는 것	10층 이하	• 바닥면적 **1000m²** 이내마다(스프링클러×3배 = 3000m²) 보기 ①	• 내화구조로 된 바닥·벽 • 방화문 • 자동방화셔터
		매 층 마다	• 지하 1층에서 지상으로 직접 연결하는 경사로 부위는 제외	
		11층 이상	• 바닥면적 **200m²** 이내마다 (스프링클러×3배= 600m²) 이내마다(내장재가 불연재인 경우 **500m²** 이내마다(스프링클러×3배 = 1500m²) 보기 ①	

• **스프링클러설비**, 기타 이와 유사한 **자동식 소화설비**를 설치한 경우 바닥면적은 위의 면적의 3배로 산정 보기 ④
• **아파트**로서 **4층** 이상에 **대피공간** 설치시 다른 부분과 **방화구획**

20 ②

② 내열채움성능 → 내화채움성능

방화구획의 구조

(1) **60분+방화문** 또는 **60분 방화문**은 언제나 **닫힌상태**를 **유지**하거나 화재로 인한 연기 또는 불꽃을 감지하여 자동적으로 닫히는 구조로 할 것 보기 ①

(2) 외벽과 바닥 사이에 틈이 생긴 때나 **급수관·배전관** 그 밖의 관이 방화구획으로 되어 있는 부분을 관통하는 경우 그로 인하여 방화구획에 틈이 생긴 때에 그 틈을 내화시간 이상 견딜 수 있는 **내화채움성능**이 인정된 구조로 메울 것 보기 ②

(3) **연기** 또는 **불꽃**을 감지하여 자동으로 닫히는 구조로 할 수 없는 경우에는 온도를 감지하여 자동적으로 닫히는 구조로 할 수 있다. 보기 ③

(4) 환기·난방 또는 냉방시설의 풍도가 방화구획을 관통하는 경우에는 그 관통부분 또는 이에 근접한 부분에 적합한 **댐퍼**를 설치할 것 보기 ④

21 ②

가연성 물질의 구비조건

(1) 산소와의 친화력이 크다. 보기 ①
(2) 활성화에너지가 작다.
(3) 열전도율이 작다. 보기 ②
(4) 연소열이 크다. 보기 ③
(5) 비표면적이 크다.
(6) 건조도가 높다. 보기 ④

22 ②

 가연성 증기의 연소범위

가 스	하한계 (vol%)	상한계 (vol%)
아세틸렌 보기 ③	2.5	81
수 소 보기 ①	4.1	75
메틸알코올 보기 ② →	6	36
아세톤 보기 ④	2.5	12.8
암모니아	15	28
휘발유	1.2	7.6
등 유	0.7	5
중 유	1	5

> **기억법**
> 아 2581
> 수 475
> 메 636
> 아 25128
> 암 1528
> 휘 1276
> 등 075
> 중 15

23 ④

 ④ 자기연소 → 증발연소

연소형태의 종류

구 분	종 류
표면연소 보기 ③	• **숯** • **코**크스 • **목**재의 말기연소 • **금**속(**마**그네슘 등)
	기억법 표숯코목금마
분해연소 보기 ①	• 석탄 • 종이 • 목재
	기억법 분종목재
증발연소	• 황 보기 ④ • 고체파라핀(양초) 보기 ② • 열가소성 수지(열에 의해 녹는 플라스틱)

자기연소	• 자기반응성 물질(제5류 위험물) • 폭발성 물질

> **중요** 연소형태의 정의

구 분	설 명
표면연소	화염 없이 연소하는 형태
분해연소	가연성 고체가 열분해하면서 가연성 증기가 발생하여 연소하는 현상
증발연소	고체가 열에 의해 융해되면서 액체가 되고 이 액체의 증발에 의해 가연성 증기가 발생하는 경우의 연소
자기연소	분자 내에 산소를 함유하고 있어서 열분해에 의해 가연성 증기와 산소를 동시에 발생시키는 물질의 연소

24 ④

 ④ 분말보다는 괴상으로 → 괴상보다는 분말상으로

화재의 종류

종 류	적응물질	소화약제
일반화재 (A급)	• 보통가연물(폴리에틸렌 등) • 종이 • 목재, 면화류, 석탄 보기 ① • 재를 남김	① 물 ② 수용액
유류화재 (B급)	• 유류 • 알코올 • 재를 남기지 않음	① 포(폼) 보기 ②
전기화재 (C급)	• 변압기 • 배전반	① 이산화탄소 ② 분말소화약제 ③ 주수소화 금지 보기 ③

금속화재 (D급)	• 가연성 금속류(나트륨 등) • **마그네슘**(분말상 존재시 가연성 증가) 보기 ④	① 금속화재용 분말소화약제 ② 마른 모래(건조사)
주방화재 (K급)	• 식용유 • 동·식물성 유지	① 강화액

제 ② 과목

문제는 여기로! → 문제 p.1-67

26 ④

④ 소방서장의 → 이해관계자의 검토를 거쳐

소방계획의 수립절차

수립절차	내 용
사전기획 보기 ①	소방계획 수립을 위한 **임시조직**을 구성하거나 위원회 등을 개최하여 법적 요구사항은 물론 **이해관계자**의 의견을 수렴하고 세부 작성계획 수립
위험환경분석 보기 ②	대상물 내 물리적 및 인적 위험요인 등에 대한 **위험요인**을 식별하고, 이에 대한 분석 및 평가를 정성적·정량적으로 실시한 후 이에 대한 대책 수립
설계 및 개발 보기 ③	대상물의 **환경** 등을 바탕으로 소방계획 수립의 목표와 전략을 수립하고 세부 실행계획 수립
시행 및 유지·관리 보기 ④	**구체적인** 소방계획을 수립하고 **이해관계자**의 **검토**를 거쳐 최종 승인을 받은 후 소방계획을 이행하고 지속적인 개선 실시

25 ①

① 많다. → 적다.

목조건축물화재 vs 내화조건축물화재

구 분	목조건축물 화재	내화조건축물 화재
화재 지속 시간	30분	2~3시간
온 도	1100~ 1350℃ 보기 ②	800~1050℃
발연량	적다.	많다. 보기 ①
특징	—	• 연소해서 붕괴되지 않기 때문에 **공기**의 **유통**조건이 거의 **일정**한 상태 유지 보기 ③ • 실내의 **가연물량**, 창 등의 **개구부 크기** 및 열적 성질에 의해 최성기 최고온도가 정해짐 보기 ④

27 ③

ⓒ 댐퍼수동 확인램프 : 수동조작함에서 기동스위치를 눌렀을 때 점등

〈그림 1〉은 감지기가 작동되어 동작확인등이 점등된 것으로 감지기가 작동되면 감시제어반에는 ㉠ 감지기램프, ㉢ 댐퍼확인램프, ㉣ 송풍기확인램프가 점등된다.

감지기 작동시 점등되는 것	급기댐퍼 수동기동장치 작동시 점등되는 것
① 감지기램프 ② 댐퍼확인램프 ③ 송풍기확인램프	① 댐퍼수동기동램프 ② 댐퍼확인램프 ③ 송풍기확인램프

28 ②

② 불가능하다. → 가능하다.
감지기 시험장비를 사용하여 **감지기 작동시험**을 하는 사진으로 **감지기 작동확인**은 **수신기**에서 반드시 **가능**해야 한다.

29 ②

② 30단위 → 20단위

소화기
(1) 소화능력 단위기준 및 보행거리

소화기 분류		능력단위	보행거리
소형소화기		**1단위** 이상	20m 이내
대형소화기 보기 ②③	A급	**10단위** 이상	30m 이내
	B급	**20단위** 이상	
	C급	적응성이 있는 것	—

기억법 보3대, 대2B(데이빗!)

(2) 분말소화기

주성분	적응화재	소화효과 보기 ④
탄산수소나트륨 ($NaHCO_3$)	BC급	• 질식효과 • 부촉매(억제)효과
탄산수소칼륨 ($KHCO_3$)	BC급	
제1인산암모늄 ($NH_4H_2PO_4$) 보기 ①	ABC급	
탄산수소칼륨($KHCO_3$) +요소(($NH_2)_2CO$)	BC급	

(3) 이산화탄소소화기

주성분	적응화재
이산화탄소 (순도 99.5% 이상)	BC급

30 ③

① 감시제어반 선택스위치가 **자동**에 있으므로 옥내소화전 사용시(옥내소화전 앵글밸브를 열면) **주펌프**는 당연히 **기동**한다.

② 동력제어반 **충압펌프 선택스위치**가 **수동**으로 되어 있으므로 옥내소화전 사용시(옥내소화전 앵글밸브를 열면) **기동**하지 **않는다**. 옥내소화전 사용시 동력제어반 충압펌프 선택스위치가 자동으로 되어 있을 때만 옥내소화전 사용시 충압펌프가 기동한다.

|동력제어반 · 충압펌프 선택스위치|

수 동	자 동
옥내소화전 사용시 충압펌프 미기동	옥내소화전 사용시 충압펌프 기동

③ 기동 중 → 정지상태
단서에 따라 동력제어반 주펌프·충압펌프 정지표시등만 점등되어 있으므로 현재 **충압펌프**는 **정지**상태이다.

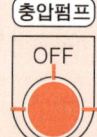

④ 단서에 따라 동력제어반 주펌프·충압펌프 정지표시등만 점등되어 있으므로 현재 **주펌프**는 **정지**상태이다.

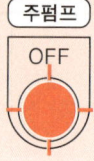

31 ③

㉠ 알람밸브는 습식에 사용되므로 해당없음

ⓒ 가스방출스위치는 이산화탄소소화설비, 할론소화설비에 작용되므로 해당 없음

ⓔ, ⓜ 감지기 A, B에 의해 **자동**으로 준비작동식을 작동시키는 것이므로 수동조작함을 누르는 **수동**작동방식과는 **무관**함

준비작동식 수동조작함 스위치를 누른 경우
(1) 펌프 작동
(2) 감시제어반 밸브개방표시등 점등
(3) 음향장치(사이렌) 작동
(4) 화재표시등 점등

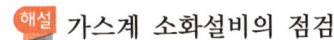

32 ④

해설 **가스계 소화설비의 점검 전 안전조치**
(1) 안전핀 체결
(2) 솔레노이드 분리
(3) 안전핀 제거

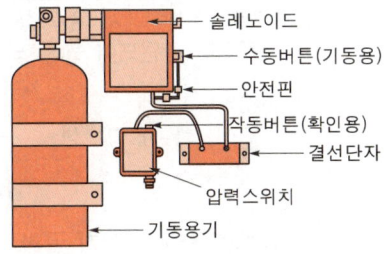

33 ①

해설 ① 24V → 4~8V

회로도통시험 적부판정

구 분	전압계가 있는 경우	도통시험확인등이 있는 경우
정 상	4~8V 보기 ①	정상확인등 점등(녹색) 보기 ③
단 선	0V 보기 ②	단선확인등 점등(적색) 보기 ④

용어 **경계구역**
수신기에서 감지기 사이 회로의 **단선 유무**와 기기 등의 접속상황을 확인하기 위한 시험

34 ①

해설 ① 느리고 → 빠르고

출혈의 증상
(1) 호흡과 맥박이 **빠르고 약하고 불규칙**하다. 보기 ①
(2) 반사작용이 둔해진다.
(3) 체온이 떨어지고 **호흡곤란**도 나타난다. 보기 ②
(4) 혈압이 점차 저하되며, 피부가 **창백**해진다.
(5) **구토**가 발생한다. 보기 ④
(6) **탈수현상**이 나타나며 갈증을 호소한다. 보기 ③

35 ③

해설
① 없다. → 있다.
　그림 A는 호스파손, 그림 B는 호스탈락이므로 외관상 문제가 있다.
② 불량이다. → 양호하다.
　안전핀은 손잡이에 잘 끼워져 있는 것으로 보이므로 안전핀 체결상태는 양호하다.
④ 부족하다. → 높다.

(1) 소화기 호스·혼·노즐

|호스 파손|

|호스 탈락|

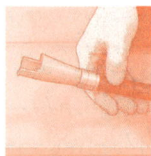
|노즐 파손|

|혼 파손|

(2) 지시압력계
① 노란색(황색) : 압력부족
② 녹색 : 정상압력
③ 적색 : 정상압력 초과

|소화기 지시압력계|

|지시압력계의 색표시에 따른 상태|

노란색(황색)	녹 색	적 색
압력이 부족한 상태	정상압력 상태	정상압력보다 높은 상태

- 용기 내 압력을 확인할 수 있도록 지시압력계가 부착되어 사용 가능한 범위가 녹색(0.7~0.98MPa)로 으로 되어 있음

36 ②

 점등램프

선택스위치 : 수동, 주펌프 : 기동	선택스위치 : 수동, 충압펌프 : 기동
① POWER램프 ② 주펌프기동램프 ③ 주펌프 펌프기동램프	① POWER램프 ② 충압펌프기동램프 ③ 충압펌프 펌프기동램프

37 ①

① 감지기는 자동으로 화재를 감지하는 기기이므로 수동으로 수동조작함을 작동시키는 방식과는 무관함

준비작동식 스프링클러설비

수동기동	자동기동
수동조작함 조작	감지기 A, B 작동

수동조작함 작동시 확인해야 할 사항
(1) 펌프 작동 보기 ④
(2) 감시제어반 밸브개방표시등 점등 보기 ②
(3) 음향장치(사이렌) 작동 보기 ③
(4) 화재표시등 점등

38 ④

④ 예비전원 시험버튼은 있지만 **예비전원 고장**이란 글씨는 없으므로 틀린 답

○
예비전원
시험

① **1층 지구경종** 작동표시가 있고 **중계기** 글씨가 있으므로 옳은 답

| 중계기 : 001 | 1층 지구경종 |

② **수신기** 글씨가 있고 **화재발생** 글씨노 있으므로 수신기에서 **주음향 출력**이 되는 것으로 판단되어 옳은 답

수신기 : 1
화 재 발 생

③ **시험기 1F 자탐 감지기** 글씨가 있고, **화재발생** 글씨도 있으므로 옳은 답

화 재 발 생
시험기 1F 자탐 감지기

39 ④

> ④ 기동용기와 솔레노이드밸브를 분리 했으므로 방출표시등은 점등되지 않 는다.

감지기를 작동시킨 경우 확인사항
(1) 제어반 화재표시
(2) 솔레노이드밸브 파괴침 작동
(3) 사이렌 또는 경종 작동

40 ③

> ③ 왼쪽 → 오른쪽, 오른쪽 → 왼쪽

자동심장충격기(AED) 사용방법
(1) 자동심장충격기를 심폐소생술에 방해 가 되지 않는 위치에 놓은 뒤 **전원버튼** 을 누른다. 보기 ①
(2) 패드는 **왼쪽 젖꼭지 아래의 중간겨드 랑선**에 설치하고 **오른쪽 빗장뼈**(쇄골) 바로 **아래**에 붙인다. 보기 ③

패드의 부착위치	
패드 1	패드 2
오른쪽 빗장뼈(쇄골) 바로 아래	왼쪽 젖꼭지 아래의 중간겨드랑선

(3) 심장충격이 필요한 환자인 경우에만 **제세동버튼**이 **깜박**이기 시작하며, 깜 박일 때 심장충격버튼을 눌러 심장충 격을 시행한다. 보기 ④
(4) 심장충격이 필요 없거나 심장충격을 실시한 이후에는 즉시 **심폐소생술**을 다시 시작한다.
(5) **2분**마다 심장리듬을 분석한 후 반복 시행한다.
(6) 환자의 상체를 노출시킨 다음 패드 포 장을 열고 **2개**의 **패드**를 환자의 가슴 피부에 붙인다. 보기 ②

41 ②

> ① 기록하지 않는다. → 기록해야 한다.
> ② 노즐이 파손되었으므로 즉시 교체한 것은 옳다.

| 노즐 파손 |

> ③ 초과되어 → 초과되지 않아서, 교체 하였다. → 교체하지 않아도 된다. 제조연월이 2017.11이고 내용연수는 10년이므로 2027.11까지가 유효기간 으로 내용연수가 초과되지 않았다.

제조연월	2017.11

> ④ 파손되어 소화기를 즉시 교체하였다. → 파손되지 않았다.

레버(손잡이)

중요 내용연수 　교재 2권　15

소화기의 내용연수를 **10년**으로 하고 내 용연수가 지난 제품은 교체 또는 성능 확인을 받을 것

내용연수 경과 후 10년 미만	내용연수 경과 후 10년 이상
3년	1년

42 ②

> ㉠ '정지' 위치 → '연동' 위치
> ㉡ '기동' 위치 → '정지' 위치

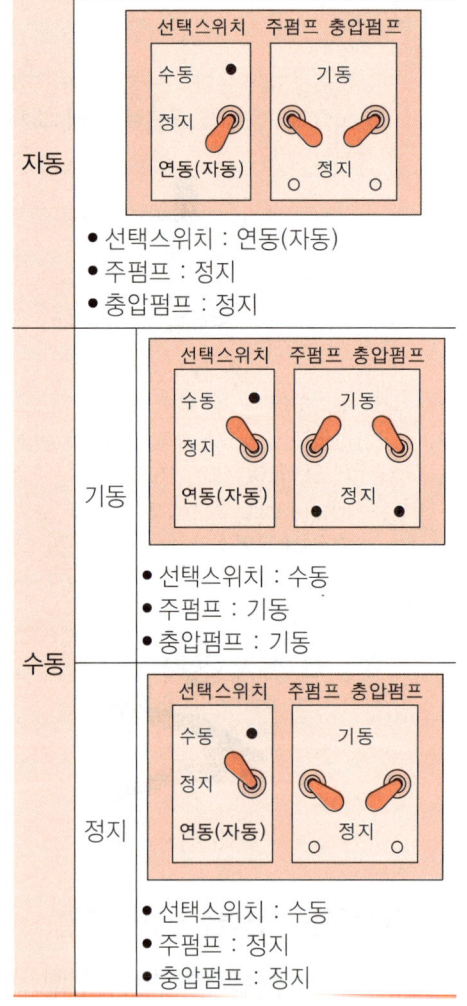

- 선택스위치 : 연동(자동)
- 주펌프 : 정지
- 충압펌프 : 정지

- 선택스위치 : 수동
- 주펌프 : 기동
- 충압펌프 : 기동

- 선택스위치 : 수동
- 주펌프 : 정지
- 충압펌프 : 정지

43 ④

④ 방출표시등은 이산화탄소소화설비, 할론소화설비에 해당하는 것으로서 스프링클러설비와는 관련 없음

시험밸브 개방시 작동 또는 점등되어야 할 것
(1) 펌프 작동
(2) 감시제어반 밸브개방표시등(습식 : 알람밸브표시등) 점등
(3) 음향장치(사이렌) 작동
(4) 화재표시등 점등

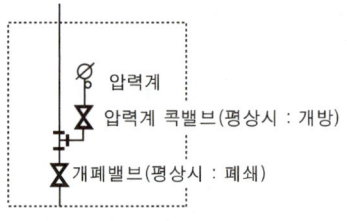
┃시험밸브함┃

44 ②

① 기계실 → 전기실

② · ④ 전기실방출램프가 소등되어 있으므로 전기실에 소화약제가 방출되지 않았다. 그러므로 출입문의 약제방출표시등도 점등되지 않는다.

③ 사이렌과 지구경종의 정지스위치가 눌려 있으므로 주경종과 비상방송은 정상작동 되지만 사이렌과 지구경종은 정상작동하지 않는다.

45 ③

㉠ 전원을 켤 때 → 심장충격 시행시
㉡ 패드 1개만 부착하여도 된다. → 이물질로 오염시 제거하여 패드 2개를 반드시 부착하여야 한다.

46 ③

① 2층 지구표시등이 점등되었으므로 2층에서 화재가 발생한 것이 맞음

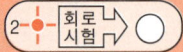

② **화재표시등**이 점등되었고 주경종·지구경종이 눌러져 있지 않으므로 경종이 울리는 것이 맞음

③·④ 발신기램프가 점등되어 있지 않으므로 화재신호기기는 발신기가 아니다. 그러므로 화재신호기기는 감지기로 추정할 수 있다.

47 ④

해설 옥내소화전 방수압력측정

(1) 측정장치 : 방수압력측정계(피토게이지)
(2)

방수량	방수압력
130L/min	0.17~0.7MPa 이하

(3) 방수압력 측정방법 : 방수구에 호스를 결속한 상태로 노즐의 선단에 방수압력측정계(피토게이지)를 근접 $\left(\dfrac{D}{2}\right)$ 시켜서 측정하고 방수압력측정계의 압력계상의 눈금을 확인한다. 보기 ㉣

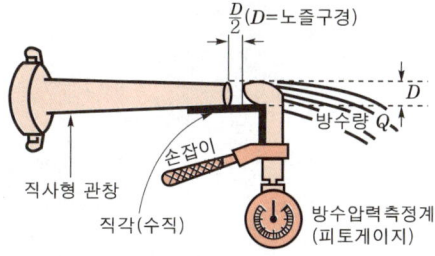

∥방수압력 측정∥

48 ①

해설

①·③ 정지점=RANGE=0.6MPa
②·④ 기동점=RANGE−DIFF
    =0.6MPa−0.1MPa
    =0.5MPa

스프링클러설비의 기동점, 정지점

기동점 (기동압력)	정지점 (양정, 정지압력)
기동점 =RANGE−DIFF =자연낙차압+0.15MPa	정지점=RANGE

정지점(양정)=RANGE=70m=0.7MPa
기동점=자연낙차압+0.15MPa
    =0.3MPa+0.15MPa=0.45MPa
    =RANGE−DIFF
DIFF=RANGE−기동점
    =0.7MPa−0.45MPa
    =0.25MPa

> **중요**
>
> (1) 압력스위치
>
> | DIFF(Difference) | RANGE |
> |---|---|
> | 펌프의 작동정지점에서 기동점과의 **압력차이** | 펌프의 **작동정지점** |
>
> (2) 충압펌프 기동점
>   충압펌프 기동점=주펌프 기동점
>   +0.05MPa

49 ④

해설 자동심장충격기(AED) 사용방법

(1) 자동심장충격기를 심폐소생술에 방해가 되지 않는 위치에 놓은 뒤 전원버튼을 누른다.
(2) 환자의 상체를 노출시킨 다음 패드 포장을 열고 2개의 패드를 환자의 가슴에 붙인다.
(3) 패드는 **왼쪽 젖꼭지 아래의 중간겨드랑선**에 설치하고 **오른쪽 빗장뼈(쇄골) 바로 아래**에 붙인다.

∥패드의 부착위치∥

패드 1	패드 2
오른쪽 빗장뼈(쇄골) 바로 아래	왼쪽 젖꼭지 아래의 중간겨드랑선

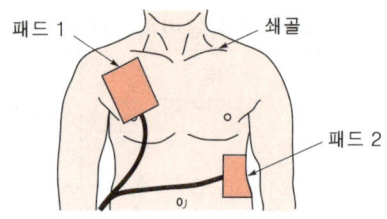

┃패드 위치┃

(4) 심장충격이 필요한 환자인 경우에만 제세동버튼이 깜박이기 시작하며, 깜박일 때 심장충격버튼을 눌러 심장충격을 시행한다.
(5) 심장충격버튼을 <u>누르기 전</u>에는 반드시
누른 후에는 ×
주변사람 및 구조자가 환자에게서 떨어져 있는지 다시 한 번 확인한 후에 실시하도록 한다.
(6) 심장충격이 필요 없거나 심장충격을 실시한 이후에는 즉시 **심폐소생술**을 다시 시작한다.
(7) **2분**마다 심장리듬을 분석한 후 반복 시행한다.

50 ③

 옥내소화전설비

(양호○, 불량×, 해당 없음/)

구 분	점검 번호	점검항목	점검 결과
가압 송수 장치	2-C -002	옥내소화전 방수압력 적정여부	○
제어반	2-H -011	펌프 작동 여부 확인 표시등 및 음향경보장치 정 부저 상작동 여부	○
	2-H -012	펌프 별 자동·수동 전환 스위치 정상작동 여부 평상시 전환스위치 상태확인	○

▶ 중요

부 저	경 종	사이렌
제어반	자동화재 탐지설비	이산화탄소 소화설비

2021년 기출문제

문제는 여기로! → 문제 p.1-79

01	02	03	04	05	06	07	08	09	10
②	③	③	③	①	②	④	③	②	①
11	12	13	14	15	16	17	18	19	20
①	④	④	②	②	①	①	②	①	①
21	22	23	24	25	26	27	28	29	30
①	①	②	②	④	②	④	③	③	④
31	32	33	34	35	36	37	38	39	40
④	④	②	②	①	②	①	②	④	②
41	42	43	44	45	46	47	48	49	50
③	④	③	③	④	③	②	②	①	①

제1과목

문제는 여기로! → 문제 p.1-79

01 ②

해설
① 특급 소방안전관리자에 해당하므로 1급 소방안전관리자에도 선임될 수 있음
② 2급 소방안전관리자 선임대상

(1) **특급 소방안전관리대상물의 소방안전관리자 선임조건** [교재1권 11]

자격	경력	비고
• 소방기술사 • 소방시설관리사	경력 필요 없음	특급 소방안전 관리자 자격증을 받은 사람
• 1급 소방안전관리자(소방설비기사)	5년	
• 1급 소방안전관리자(소방설비산업기사)	7년	
• 소방공무원	20년	
• 소방청장이 실시하는 특급 소방안전관리대상물의 소방안전관리에 관한 시험에 합격한 사람	경력 필요 없음	

(2) **1급 소방안전관리대상물의 소방안전관리자 선임조건** [교재1권 12]

자격	경력	비고
• 소방설비기사·소방설비산업기사	경력 필요 없음	1급 소방안전 관리자 자격증을 받은 사람
• 소방공무원	7년	
• 소방청장이 실시하는 1급 소방안전관리대상물의 소방안전관리에 관한 시험에 합격한 사람	경력 필요 없음	
• 특급 소방안전관리대상물의 소방안전관리자 자격이 인정되는 사람		

중요 1급 소방안전관리대상물의 특정소방대상물

소방안전관리대상물	특정소방대상물
1급 소방안전관리대상물 (동식물원, 철강 등 불연성 물품 저장·취급창고, 지하구, 위험물제조소 등 제외)	• 30층 이상(지하층 제외) 또는 지상 120m 이상 아파트 • 연면적 15000m² 이상인 것(아파트 및 연립주택 제외) • 11층 이상(아파트 제외) • 가연성 가스를 1000톤 이상 저장·취급하는 시설

02 ③

해설 최소 선임기준

소방안전관리자	소방안전관리보조자
• 특정소방대상물마다 1명	• 300세대 이상 아파트 : 1명(단, 300세대 초과마다 1명 이상 추가) • 연면적 15000m² 이상 : 1명(단, 15000m² 초과마다 1명 이상 추가) 보기 ③

• 특정소방대상물마다 1명	• **공동주택**(기숙사), **의료시설, 노유자시설, 수련시설 및 숙박시설**(바닥면적 합계 **1500m²** 미만이고, 관계인이 24시간 상시 근무하고 있는 숙박시설 제외) : **1명**

소방안전관리보조자 : $\dfrac{45000\text{m}^2}{15000\text{m}^2} = 3$명

03 ③

③ 바닥면적 → 건축면적

건축관계법령의 용어

용 어	설 명
건축면적	건축물의 **외벽**의 중심선으로 둘러싸인 부분의 수평투영면적
바닥면적	건축물의 **각 층** 또는 그 일부로서 벽, 기둥, 기타 이와 유사한 구획의 중심선으로 둘러싸인 부분의 수평투영면적 보기 ①
연면적	하나의 건축물의 각 층의 **바닥면적**의 합계 보기 ②
건폐율	대지면적에 대한 **건축면적**의 비율 보기 ③
용적률	대지면적에 대한 **연면적**의 비율 보기 ④

04 ③

③ 해당 없음

화재예방강화지구의 지정
지정권자 : 시·도지사

화재예방강화지구 지정지역	화재로 오인할 만한 불을 피우거나 연막소독시 신고지역 교재1권 25
• **시장**지역 보기 ① • **공장·창고** 등이 밀집한 지역 보기 ② • **목조건물**이 밀집한 지역 보기 ④ • **노후·불량건축물**이 **밀집**한 지역 • **위험물**의 **저장 및 처리시설**이 **밀집**한 지역 • **석유화학제품**을 생산하는 공장이 있는 지역 • **소방시설·소방용수시설** 또는 **소방출동로**가 **없는** 지역 • 물류시설의 개발 및 운영에 관한 법률에 따른 물류단지 • 산업입지 및 개발에 관한 법률에 따른 **산업단지** • **소방청장, 소방본부장** 또는 **소방서장**이 화재예방강화지구로 지정할 필요가 있다고 인정하는 지역	• **시장**지역 • **공장·창고** 밀집한 지역 • **목조건물**이 밀집한 지역 • **위험물**의 **저장 및 처리시설**이 **밀집**한 지역 • **석유화학제품**을 생산하는 공장이 있는 지역 • 그 밖에 **시·도**의 **조례**로 정하는 지역 또는 장소

05 ①

① 5년 이하의 징역 또는 5000만원 이하의 벌금 교재1권 32
② 100만원 이하의 벌금 교재1권 32
③ 3년 이하의 징역 또는 3000만원 이하의 벌금 교재1권 32
④ 200만원 이하의 과태료

(1) **5년 이하의 징역** 또는 **5000만원 이하의 벌금**
   ① 위력을 사용하여 출동한 소방대의 화재진압·인명구조 또는 구급활동을 **방해**하는 행위
   ② 소방대가 화재진압·인명구조 또는 구급활동을 위하여 현장에 출동하거나 현장에 출입하는 것을 고의로 **방해**하는 행위
   ③ 출동한 **소방대원**에게 폭행 또는 협박을 행사하여 화재진압·인명구조 또는 구급활동을 **방해**하는 행위
   ④ 출동한 **소방대**의 소방장비를 파손하거나 그 효용을 해하여 화재진압·인명구조 또는 구급활동을 **방해**하는 행위
   ⑤ 소방자동차의 **출동**을 **방해**한 사람
   ⑥ 사람을 **구출**하는 일 또는 불을 끄거나 불이 번지지 아니하도록 하는 일을 **방해**한 사람
   ⑦ 정당한 사유 없이 소방용수시설 또는 비상소화장치를 사용하거나 소방용수시설 또는 비상소화장치의 효용을 해하거나 그 정당한 사용을 **방해**한 사람 보기 ①
   ⑧ 소방시설의 폐쇄·**차**단

   기억법 5방5000, 5차(오차범위)

(2) **3년 이하의 징역** 또는 **3000만원 이하의 벌금**
   ① 소방대상물 및 **토지**를 일시적으로 사용하거나 그 사용의 제한 또는 소방활동에 필요한 처분 방해 보기 ③
   ② 정당한 사유 없이 **화재안전조사** 결과에 따른 **조치명령**을 위반한 자
   ③ 화재예방안전진단 결과에 따른 보수·보강 등의 조치명령을 정당한 사유 없이 위반한 자
   ④ 소방시설이 **화재안전기준**에 따라 설치·관리되고 있지 아니할 때 관계인에게 필요한 조치명령을 정당한 사유 없이 위반한 자
   ⑤ **피난시설, 방화구획** 및 **방화시설**의 관리를 위하여 필요한 조치명령을 정당한 사유 없이 위반한 자
   ⑥ 소방시설자체점검 결과에 따른 이행계획을 완료하지 않아 필요한 조치의 이행명령을 하였으나 명령을 정당한 사유 없이 위반한 자

(3) **1년 이하의 징역** 또는 **1000만원 이하의 벌금**
   ① 소방시설의 **자체점검** 미실시자
   ② 소방안전관리자 **자격증 대여**
   ③ 화재예방안전진단을 받지 아니한 자

(4) **300만원 이하의 벌금**
   ① **화재안전조사**를 정당한 사유 없이 **거부·방해·기피**한 자
   ② 화재예방조치 조치명령을 정당한 사유 없이 따르지 아니하거나 방해한 자
   ③ **소방안전관리자, 총괄소방안전관리자, 소방안전관리보조자**를 **선임**하지 아니한 자
   ④ **소방시설·피난시설·방화시설** 및 **방화구획** 등이 법령에 위반된 것을 발견하였음에도 필요한 조치를 할 것을 요구하지 아니한 소방안전관리자
   ⑤ **소방안전관리자**에게 **불이익**한 처우를 한 관계인
   ⑥ 자체점검결과 소화펌프 고장 등 중대위반사항이 발견된 경우 필요한 조치를 하지 않은 관계인 또는 관계인에게 중대위반사항을 알리지 아니한 관리업자 등

(5) **100만원 이하의 벌금**
   ① 정당한 사유 없이 소방대가 현장에 도착할 때까지 사람을 **구출**하는 조치 또는 불을 끄거나 불이 번지지 않도록 하는 조치를 하지 아니한 소방대상물 관계인
   ② 피난명령을 위반한 사람 보기 ②
   ③ 정당한 사유 없이 **물**의 사용이나 **수도**의 **개폐장치**의 사용 또는 **조**작을 하지 못하게 하거나 방해한 자

④ 정당한 사유 없이 **소방대**의 **생활안전 활동**을 방해한 자
⑤ 긴급조치를 정당한 사유 없이 방해한 자

(6) **200만원 이하의 과태료**
   소방자동차의 출동에 지장을 준 자 보기 ④

 구피조1

06 ②

해설

② 500m → 1000m 이상

자동화재탐지설비의 설치대상

설치대상	조 건
① 정신의료기관·의료재활시설	• 창살설치 : 바닥면적 300m² 미만 • 기 타 : 바닥면적 300m² 이상
② 노유자시설	• 연면적 400m² 이상
③ **근**린생활시설·**위**락시설	• 연면적 600m² 이상
④ **의**료시설(정신의료기관 또는 요양병원 제외) ⑤ **복**합건축물·장례시설	
⑥ **목**욕장·문화 및 집회시설, 운동시설 ⑦ 종교시설 ⑧ 방송통신시설·관광휴게시설 ⑨ 업무시설·판매시설 ⑩ 항공기 및 자동차 관련시설·공장·창고시설 ⑪ 지하가(터널 제외)·운수시설·발전시설·위험물 저장 및 처리시설 ⑫ 교정 및 군사시설 중 국방·군사시설	• 연면적 1000m² 이상
⑬ **교**육연구시설·**동**식물관련시설 보기 ④ ⑭ **자**원순환관련시설·**교**정 및 군사시설(국방·군사시설 제외) ⑮ **수**련시설(숙박시설이 있는 것 제외) ⑯ 묘지관련시설	• 연면적 2000m² 이상
⑰ 지하가 중 터널 보기 ②	• 길이 1000m 이상
⑱ 지하구 ⑲ 노유자생활시설 보기 ① ⑳ 공동주택 ㉑ 숙박시설 보기 ③ ㉒ 6층 이상인 건축물 ㉓ 조산원 및 산후조리원 ㉔ 전통시장 ㉕ 요양병원(정신병원과 의료재활시설 제외)	• 전부
㉖ 특수가연물 저장·취급	• 지정수량 500배 이상
㉗ 수련시설(숙박시설이 있는 것)	• 수용인원 100명 이상
㉘ 발전시설	• 전기저장시설

기억법 근위의복6, 교동자교수2

07 ④

해설

④ 휴대용 비상조명등의 설치대상

비상조명등의 설치대상

설치대상	조 건
5층 이상(지하층 포함) 보기 ①	연면적 3000m² 이상
지하층·무창층 보기 ②	바닥면적 450m² 이상
터 널 보기 ③	길이 500m 이상

비교	휴대용 비상조명등의 설치대상	
설치대상		조 건
숙박시설 보기 ④		전 부
수용인원 100명 이상의 영화상영관, 대규모 점포, 지하역사, 지하상가		전 부

08 ③

③ 지상 1·2층 바닥면적 합계가 9000m² 이상이 되지 않으므로 옥외소화전설비 설치제외대상

(1) 옥외소화전설비의 설치대상   교재 2권 363

설치대상	조 건
① 목조건축물	국보·보물 전부
② 지상 1·2층 보기 ③	바닥면적 합계 9000m² 이상
③ 특수가연물 저장·취급	지정수량 750배 이상

(2) 자동화재탐지설비의 설치대상   교재 2권 364

설치대상	조 건
① 정신의료기관·의료재활시설	• 창살설치 : 바닥면적 300m² 미만 • 기타 : 바닥면적 300m² 이상
② 노유자시설	• 연면적 400m² 이상
③ 근린생활시설·위락시설	• 연면적 600m² 이상
④ 의료시설(정신의료기관 또는 요양병원 제외)	
⑤ 복합건축물·장례시설	
⑥ 목욕장·문화 및 집회시설, 운동시설	• 연면적 1000m² 이상
⑦ 종교시설	
⑧ 방송통신시설·관광휴게시설	
⑨ 업무시설·판매시설 보기 ①	• 연면적 1000m² 이상
⑩ 항공기 및 자동차 관련시설·공장·창고시설	
⑪ 지하가(터널 제외)·운수시설·발전시설·위험물 저장 및 처리시설	
⑫ 교정 및 군사시설 중 국방·군사시설	
⑬ 교육연구시설·동식물관련시설	• 연면적 2000m² 이상
⑭ 자원순환관련시설·교정 및 군사시설(국방·군사시설 제외)	
⑮ 수련시설(숙박시설이 있는 것 제외)	
⑯ 묘지관련시설	
⑰ 지하가 중 터널	• 길이 1000m 이상
⑱ 지하구	• 전부
⑲ 노유자생활시설	
⑳ 공동주택	
㉑ 숙박시설	
㉒ 6층 이상인 건축물	
㉓ 조산원 및 산후조리원	
㉔ 전통시장	
㉕ 요양병원(정신병원과 의료재활시설 제외)	
㉖ 특수가연물 저장·취급	• 지정수량 500배 이상
㉗ 수련시설(숙박시설이 있는 것)	• 수용인원 100명 이상
㉘ 발전시설	• 전기저장시설

기억법 근위의복6, 교동자교수2

(3) 옥내소화전설비의 설치대상 [교재 2권 361]

설치대상	조건
① 차고·주차장	• 200m² 이상
② 근린생활시설 ③ 판매시설 보기 ② ④ 업무시설(금융업소·사무소) ⑤ 숙박시설(여관·호텔)	• 연면적 1500m² 이상
⑥ 문화 및 집회시설 ⑦ 운동시설 ⑧ 종교시설	• 연면적 3000m² 이상
⑨ 특수가연물 저장·취급	• 지정수량 750배 이상
⑩ 지하가 중 터널	• 1000m 이상

(4) 스프링클러설비의 설치대상 [교재 2권 361-362]

설치대상	조건
① 문화 및 집회시설(동·식물원 제외) ② 종교시설(주요구조부가 목조인 것 제외) ③ 운동시설[물놀이형 시설, 바닥(불연재료), 관람석 없는 운동시설 제외]	• 수용인원-100명 이상 • 영화상영관 – 지하층·무창층 500m²(기타 1000m²) • 무대부 – 지하층·무창층·4층 이상 300m² 이상 – 1~3층 500m² 이상
④ 판매시설 보기 ④ ⑤ 운수시설 ⑥ 물류터미널	• 수용인원 500명 이상 • 바닥면적 합계 5000m² 이상
⑦ 조산원, 산후조리원 ⑧ 정신의료기관 ⑨ 종합병원, 병원, 치과병원, 한방병원 및 요양병원 ⑩ 노유자시설 ⑪ 수련시설(숙박 가능한 곳) ⑫ 숙박시설	• 바닥면적 합계 600m² 이상
⑬ 지하가(터널 제외)	• 연면적 1000m² 이상
⑭ 지하층·무창층(축사 제외) ⑮ 4층 이상	• 바닥면적 1000m² 이상
⑯ 10m 넘는 랙크식 창고	• 바닥면적 합계 1500m² 이상
⑰ 창고시설(물류터미널 제외)	• 바닥면적 합계 5000m² 이상
⑱ 기숙사 ⑲ 복합건축물	• 연면적 5000m² 이상
⑳ 6층 이상	모든 층
㉑ 공장 또는 창고시설	• 특수가연물 저장·취급 – 지정수량 1000배 이상 • 중·저준위 방사성폐기물의 저장시설 중 소화수를 수집·처리하는 설비가 있는 저장시설
㉒ 지붕 또는 외벽이 불연재료가 아니거나 내화구조가 아닌 공장 또는 창고시설	• 물류터미널 – 바닥면적 합계 2500~5000m² 미만 – 수용인원 250~500명 미만 • 창고시설(물류터미널 제외)-바닥면적 합계 2500m² 이상 • 지하층·무창층·4층 이상-바닥면적 500~1000m² 미만 • 랙크식 창고 – 바닥면적 합계 750~15000m² 미만 • 특수가연물 저장·취급-지정수량 500~1000배 미만
㉓ 교정 및 군사시설	• 보호감호소, 교도소, 구치소 및 그 지소, 보호관찰소, 갱생보호시설, 치료감호시설, 소년원 및 소년분류심사원의 수용거실

㉓ 교정 및 군사시설	• 보호시설(외국인보호소는 보호대상자의 생활공간으로 한정) • 유치장
㉔ 발전시설	• 전기저장시설

중요 6층 이상
① 건축허가 동의 교재1권 56
② 자동화재탐지설비 교재2권 364
③ 스프링클러설비 교재2권 361

자동화재탐지설비 음향장치의 경보

발화층	경보층	
	11층(공동주택 16층) 미만	11층(공동주택 16층) 이상
2층 이상 발화	전층 일제경보	• 발화층 • 직상 4개층
1층 발화		• 발화층 • 직상 4개층 • 지하층
지하층 발화		• 발화층 • 직상층 • 기타의 지하층

09 ②

② 지하 1층 또는 지하 2층 → 2층 또는 지하 1층

종합방재실의 위치
(1) **1층** 또는 **피난층** 보기 ①
(2) 초고층 건축물 등에 특별피난계단이 설치되어 있고, 특별피난계단 출입구로부터 **5m** 이내에 종합방재실을 설치하려는 경우에는 **2층** 또는 **지하 1층**에 설치할 수 있다. 보기 ②
(3) 공동주택의 경우에는 **관리사무소 내**에 설치할 수 있다. 보기 ④
(4) **비상용 승강장, 피난 전용 승강장** 및 **특별피난계단**으로 이동하기 쉬운 곳
(5) 재난정보 수집 및 제공, 방재활동의 거점 역할을 할 수 있는 곳
(6) **소방대**가 쉽게 도달할 수 있는 곳
(7) **화재** 및 **침수** 등으로 인하여 피해를 입을 우려가 적은 곳 보기 ③

10 ①

자동화재탐지설비 발화층 및 직상 4개층 경보 적용대상물
11층(공동주택 16층) 이상의 특정소방대상물의 경보

11 ①

② 기체표면 → 고체표면
③ 장시간 → 단시간
④ 공급받는 → 공급받지 않는

점화에너지

종류	설명
화염	최저온도가 있고 그 온도는 탄화수소 등에서는 약 **1200℃** 정도이다. 보기 ①
열면	가연물이 고온의 **고체표면**에 접촉하면 조건에 따라서 발화된다. 보기 ②
전기불꽃	**단시간**에 집중적으로 에너지를 대상물에 부여하므로 에너지밀도가 높은 발화원이다. 보기 ③
자연발화	물질이 외부로부터 에너지를 **공급받지 않는** 가운데 자체적으로 온도가 상승하여 발화하는 현상이다. 보기 ④
단열압축	단열된 상태에서 **기체**를 압축하면 열이 발생·축적된다.

12 ④

④ 2명 → 3명

종합방재실의 설치기준
(1) 다른 부분과 방화구획으로 설치할 것
   보기 ①

(2) 인력의 대기 및 휴식 등을 위해 종합방재실과 방화구획된 부속실을 설치할 것 보기 ②
(3) 면적은 **20m²** 이상으로 할 것 보기 ③
(4) 출입문에는 출입제한 및 통제장치를 갖출 것
(5) 재난 및 안전관리, 방범 및 보안, 테러 예방을 위하여 필요한 시설·장비의 설치와 근무인력의 재난 및 안전관리활동, 재난 발생시 소방대원의 지휘활동에 지장이 없도록 설치할 것
(6) 초고층 건축물 등의 관리주체의 인력을 **3명** 이상 상주하도록 할 것 보기 ④

13 ④

해설

④ 해당 없음

전기화재의 주요 화재원인
(1) 전선의 **합선(단락)**에 의한 발화 보기 ①
   단선 ×
(2) **누전**에 의한 발화 보기 ②
(3) **과전류(과부하)**에 의한 발화 보기 ③
(4) 정전기불꽃

14 ②

해설

제4류 위험물의 일반적인 특성
(1) 인화가 용이하다. 보기 ①
(2) 대부분 물보다 가볍다. 보기 ③
(3) 대부분의 증기는 **공기보다 무겁다.** 보기 ②
(4) 주수소화가 불가능한 것이 대부분이다. 보기 ④

15 ④

해설 피난계단의 종류 및 피난시 이동경로

피난계단의 종류	피난시 이동경로
피난계단	옥내 → 계단실 → 피난층
특별피난계단	옥내 → 노대 또는 부속실 → 계단실 → 피난층 보기 ④

계단은 서측과 동측 두 곳에 있으므로 **피난계단의 수는 2개**이고, 피난시 이동경로가 **옥내 → 노대** 또는 **부속실 → 계단실 → 피난층**이므로 **특별피난계단**을 선정

16 ①

해설

① 화학적 작용에 의한 소화

물리적 작용에 의한 소화
(1) **연소에너지 한계**에 의한 소화 보기 ②
(2) **농도한계**에 의한 소화 보기 ③
(3) **화염의 불안정화**에 의한 소화 보기 ④

17 ①

해설 방염처리된 제품의 사용을 권장할 수 있는 경우
(1) **다**중이용업소·**의**료시설·**노**유자시설·**숙**박시설·**장**례시설에 사용하는 **침**구류, **소**파, **의**자 보기 ①

> 기억법 다의 노숙장 침소의

(2) 건축물 내부의 천장 또는 벽에 부착하거나 설치하는 가구류

방염대상물품(제조 또는 가공공정에서 방염처리를 한 물품) 교재1권 59	방염처리된 제품의 사용을 권장할 수 있는 경우
① 창문에 설치하는 **커튼류**(블라인드 포함) ② 카펫 ③ **벽지류**(두께 2mm 미만인 종이벽지 제외) ④ 전시용 합판·섬유판 ⑤ 무대용 합판·섬유판 ⑥ 암막·무대막(영화상영관·가상체험 체육시설업의 스크린 포함) ⑦ 섬유류 또는 합성수지류 등을 원료로 하여 제작된 **소파·의자**(단란주점·유흥주점·노래연습장에 한함)	① 다중이용업소·의료시설·노유자시설·숙박시설·장례시설에 사용하는 침구류, 소파, 의자 ② 건축물 내부의 천장 또는 벽에 부착하거나 설치하는 가구류

18 ②

자동방화셔터의 설치
(1) 피난이 가능한 **60분+방화문** 또는 **60분 방화문**으로부터 **3m** 이내에 별도로 설치할 것
(2) 전동방식이나 수동방식으로 개폐할 수 있을 것
(3) 불꽃감지기 또는 연기감지기 중 하나와 열감지기를 설치할 것
(4) 불꽃이나 **연기**를 감지한 경우 **일부 폐쇄**되는 구조일 것
(5) 열을 감지한 경우 **완전 폐쇄**되는 구조일 것

[용어] 자동방화셔터 [교재1권 163]
내화구조로 된 벽을 설치하지 못하는 경우 화재시 연기 및 열을 감지하여 자동폐쇄되는 셔터를 말한다.

19 ①

공기 중의 연소범위

기체 또는 증기	연소범위[vol%]	
	연소하한계	연소상한계
아세틸렌	2.5	81
수 소	4.1	75
메틸알코올	6	36
암모니아	15	28
아세톤	2.5	12.8
휘발유	1.2	7.6
등 유	0.7	5
중 유 보기①	1	5

[비교] LPG(액화석유가스)의 폭발범위 [교재1권 206]

부 탄	프로판
1.8~8.4%	2.1~9.5%

20 ①

① C_4H_{10} → CH_4

LPG vs LNG

종류 구분	액화석유가스 (LPG)	액화천연가스 (LNG)
주성분	• 프로판(C_3H_8) • 부탄(C_4H_{10}) [기억법] P프부	• 메탄(CH_4) 보기① [기억법] N메
비중	• 1.5~2(누출시 낮은 곳 체류) 보기②	• 0.6(누출시 천장쪽 체류)
폭발범위 (연소범위)	• 프로판 : 2.1~9.5% 보기④ • 부탄 : 1.8~8.4%	• 5~15%
용도	• 가정용 • 공업용 • 자동차연료용	• 도시가스
증기비중	• 1보다 큰 가스	• 1보다 작은 가스
탐지기의 위치	• 탐지기의 **상단**은 **바닥면**의 **상방** **30cm** 이내에 설치 • 가스연소기 또는 관통부로부터 수평거리 **4m** 이내에 설치 보기③	• 탐지기의 **하단**은 **천장면**의 **하방** **30cm** 이내에 설치 • 가스연소기로부터 수평거리 **8m** 이내에 설치
공기와 무게 비교	• 공기보다 무겁다.	• 공기보다 가볍다.

21 ①

② 항시 소방시설관리사 → 관계인, 소방안전관리자, 소방시설관리업자
③ 점검하지 않아도 된다. → 점검한다.
④ 특급, 1급은 연 1회만 → 특급은 반기별 1회 이상, 1급은 연 1회 이상

[중요] 종합점검대상
① 스프링클러설비·제연설비(터널)
② 공공기관 연면적 1000m² 이상
③ 다중이용업 연면적 2000m² 이상
④ 물분무등소화설비(호스릴 제외) 연면적 5000m² 이상

■ 소방시설 등 자체점검의 점검대상, 점검자의 자격, 점검횟수 및 시기

점검구분	정의	점검대상	점검자의 자격(주된 인력)	점검횟수 및 점검시기
작동점검	소방시설 등을 인위적으로 조작하여 정상적으로 작동하는지를 점검하는 것	① 간이스프링클러설비·자동화재탐지설비가 설치된 특정소방대상물	• 관계인 • 소방안전관리자로 선임된 소방시설관리사 또는 소방기술사 • 소방시설관리업에 등록된 기술인력 중 소방시설관리사 또는 「소방시설공사업법 시행규칙」에 따른 특급 점검자	• 작동점검은 **연 1회** 이상 실시하며, 종합점검대상은 종합점검(최초점검 제외)을 받은 달부터 **6개월**이 되는 달에 실시 • 종합점검대상 외의 특정소방대상물은 사용승인일이 **속하는 달의 말일**까지 실시
		② ①에 해당하지 아니하는 특정소방대상물	• 소방시설관리업에 등록된 기술인력 중 소방시설관리사 • 소방안전관리자로 선임된 소방시설관리사 또는 소방기술사	
		③ 작동점검 제외대상 • 특정소방대상물 중 소방안전관리자를 선임하지 않는 대상 • 위험물제조소 등 • 특급 소방안전관리대상물		
종합점검	소방시설 등의 작동점검을 포함하여 소방시설 등의 설비별 주요 구성 부품의 구조기준이 화재안전기준과 「건축법」 등 관련 법령에서 정하는 기준에 적합한지 여부를 점검하는 것 (1) 최초점검 : 해당 특정소방대상물의 소방시설 등이 신설된 경우 (2) 그 밖의 종합점검 : 최초점검을 제외한 종합점검	④ 소방시설 등이 신설된 경우에 해당하는 특정소방대상물 ⑤ **스프링클러설비**가 설치된 특정소방대상물 ⑥ **물분무등소화설비**(호스릴 방식의 물분무등소화설비만을 설치한 경우는 제외)가 설치된 연면적 **5000㎡** 이상인 특정소방대상물(위험물제조소 등 제외) ⑦ 다중이용업의 영업장이 설치된 특정소방대상물로서 연면적이 **2000㎡** 이상인 것 ⑧ **제연설비**가 설치된 터널 ⑨ **공공기관** 중 연면적(터널·지하구의 경우 그 길이와 평균폭을 곱하여 계산된 값)이 **1000㎡** 이상인 것으로서 옥내소화전설비 또는 자동화재탐지설비가 설치된 것(단, 소방대가 근무하는 공공기관 제외) **중요 ▶ 종합점검** ① 공공기관 : 1000㎡ ② 다중이용업 : 2000㎡ ③ 물분무등(호스릴 X) : 5000㎡	• 소방시설관리업에 등록된 기술인력 중 **소방시설관리사** • 소방안전관리자로 선임된 **소방시설관리사** 또는 **소방기술사**	〈점검횟수〉 ㉠ 연 1회 이상(특급 소방안전관리대상물은 반기에 1회 이상) 실시 ㉡ ㉠에도 불구하고 소방본부장 또는 소방서장은 소방청장이 소방안전관리가 우수하다고 인정한 특정소방대상물에 대해서는 3년의 범위에서 소방청장이 고시하거나 정한 기간 동안 종합점검을 면제할 수 있다(단, 면제기간 중 화재가 발생한 경우는 제외). 〈점검시기〉 ㉠ ④에 해당하는 특정소방대상물은 건축물을 사용할 수 있게 된 날부터 **60일** 이내 실시 ㉡ ㉠을 제외한 특정소방대상물은 건축물의 사용승인일이 속하는 달에 실시(단, 학교의 경우 해당 건축물의 사용승인일이 1월에서 6월 사이에 있는 경우에는 6월 30일까지 실시할 수 있다.) ㉢ 건축물 사용승인일 이후 ⑦에 따라 종합점검대상에 해당하게 된 경우에는 그 다음 해부터 실시 ㉣ 하나의 대지경계선 안에 2개 이상의 자체점검대상 건축물 등이 있는 경우 그 건축물 중 사용승인일이 가장 빠른 연도의 건축물의 사용승인일을 기준으로 점검할 수 있다.

22

해설 방염기준

(1) 방염성능기준 이상의 실내장식물 등을 설치하여야 할 장소
   ① 조산원, 산후조리원, 공연장, 종교집회장
   ② **11층** 이상의 층(**아파트** 제외)
   ③ **체**력단련장
   ④ 문화 및 집회시설(옥내에 있는 시설)
   ⑤ 운동시설(**수영장** 제외)
   ⑥ **숙**박시설 · **노**유자시설
   ⑦ 의료시설(요양병원 등), 의원, 치과의원, 한의원
   ⑧ 수련시설(**숙**박시설이 있는 것)
   ⑨ **방**송국 · 촬영소
   ⑩ 종교시설 보기 ㉠
   ⑪ 합숙소
   ⑫ 다중이용업소(단란주점영업, 유흥주점영업, 노래연습장의 영업장 등)

   기억법 방숙체노

(2) 방염대상물품 : **제조** 또는 **가공공정**에서 방염처리를 한 물품
   ① 창문에 설치하는 **커튼류**(블라인드 포함)
   ② 카펫
   ③ 두께 **2mm 미만**인 **벽지류**(종이벽지 제외)
   ④ **전시용 합판 · 섬유판**
   ⑤ **무대용 합판 · 섬유판**
   ⑥ **암막 · 무대막**(영화상영관 · 가상체험 체육시설업의 **스크린** 포함) 보기 ㉡
   ⑦ 섬유류 또는 합성수지류 등을 원료로 하여 제작된 **소파 · 의자**(단란주점 · 유흥주점 · 노래연습장에 한함)

(3) 방염처리된 제품의 사용을 **권장**할 수 있는 경우
   ① **다**중이용업소 · **의**료시설 · **노**유자시설 · **숙**박시설 · **장**례시설에 사용하는 **침구류, 소파, 의자** 보기 ㉢
   ② 건축물 내부의 천장 또는 벽에 부착하거나 설치하는 가구류

   기억법 다의 노숙장 침소의

23 ④

해설

> ④ 스프링클러설비를 설치했으므로 1000m² × 3배 = 3000m² 이내마다

방화구획의 기준

대상 건축물	대상 규모	층 및 구획방법		구획부분의 구조
주요 구조부가 내화구조 또는 불연재료로 된 건축물	연면적 1000m² 넘는 것	10층 이하	• 바닥면적 1000m² 이내마다(스프링클러 ×3 배 = 3000m²)	• 내화구조로 된 바닥·벽 • 방화문 • 자동방화셔터
		매 층 마다	• 지하 1층에서 지상으로 직접 연결되는 경사로 부위는 제외	
		11층 이상	• 바닥면적 200m²(스프링클러 ×3 배 = 600m²) 이내마다(내장재가 불연재인 경우 500m² 이내마다)(스프링클러 ×3 배 = 1500m²)	

• **스프링클러설비**, 기타 이와 유사한 **자동식 소화설비**를 설치한 경우 바닥면적은 위의 면적의 **3배**로 산정 보기 ④
• **아파트**로서 **4층** 이상에 **대피공간** 설치시 다른 부분과 방화구획

24

해설

> ① 내부 → 외부
> ③ 최고온도 → 최저온도
> ④ 100℃ → 35℃

발화점
(1) 외부로부터의 직접적인 에너지 공급 없이 물질 자체의 열축적에 의하여 착화되는 최저온도 보기 ①
(2) 가연성 물질을 공기 중에서 가열함으로써 발화되는 최저온도 보기 ③
(3) 발화점=착화점=착화온도
(4) 파라핀계 탄화수소의 분자식을 만족하는 포화탄화수소는 탄소수가 많아서 탄소체인의 길이가 길수록 낮아짐 보기 ②
(5) 황린은 발화점이 35℃로서 발화점이 낮은 대표적인 물질 보기 ④

27 ④

화재의 종류

종류	적응물질	소화약제
일반화재 (A급)	• 보통가연물(폴리에틸렌 등) • 종이 • 목재, 면화류, 석탄 • 재를 남김	① 물 ② 수용액
유류화재 (B급)	• 유류 • 알코올 • 재를 남기지 않음	① 포(폼)
전기화재 (C급)	• 변압기 • 배전반	① 이산화탄소 ② 분말소화약제 ③ 주수소화 금지
금속화재 (D급)	• 가연성 금속류 (나트륨 등)	① 금속화재용 분말소화약제 ② 마른 모래(건조사)
주방화재 (K급)	• 식용유 • 동·식물성 유지 보기 ④	① 강화액

25 ②

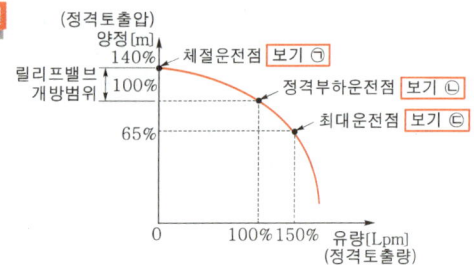

제 ② 과목
문제는 여기로! → 문제 p. 1-86

26 ④

④ 평상시 POWER : **점등**, 선택스위치 : **자동**, OFF : **점등**이므로 ④번 정답

동작제어반 상태

평상시	화재시	펌프 과부하시	수동제어시
① POWER : **점등** ② 선택스위치 : **자동** ③ OVERLOAD : 소등 ④ ON : 소등 ⑤ OFF : **점등**	① POWER : **점등** ② 선택스위치 : **자동** ③ OVERLOAD : 소등 ④ ON : **점등** ⑤ OFF : **점등**	① POWER : **점등** ② 선택스위치 : 수동 또는 자동 ③ OVERLOAD : **점등** ④ ON : **점등** ⑤ OFF : **점등**	① POWER : **점등** ② 선택스위치 : 수동 ③ OVERLOAD : 소등 ④ ON : 소등 ⑤ OFF : **점등**

28 ③

동력제어반 선택스위치가 자동이고, 기동램프가 점등되어 있으므로 동력제어반 상태는 자동기동, 점검결과 불량내용이 이상 없으므로 ○, 불량내용 이상 없음.

29 ③

㉠ 기동점=자연낙차압+0.15MPa
　　　　=0.3MPa+0.15MPa
　　　　=0.45MPa

ⓒ 정지점(양정)=RANGE
  =80m=0.8MPa
ⓒ, ② 기동점이 0.45MPa, 정지점이 0.8MPa이다. 스프링클러설비의 방수압은 기동압력 0.1~1.2MPa 이하이므로 결과는 'O', 불량내용 '없음'

구 분	스프링클러설비
방수압	0.1~1.2MPa 이하
방수량	80L/min 이상

기동점(기동압력)	정지점(양정, 정지압력)
기동점=RANGE−DIFF =자연낙차압 +0.15MPa	정지점=RANGE

용어 자연낙차압
가장 높이 설치된 헤드로부터 펌프 중심점까지의 낙차를 압력으로 환산한 값

중요 충압펌프 기동점
충압펌프 기동점=주펌프 기동점+0.05MPa

30 ④
가스계 소화설비 점검 후 복구방법
(1) 제어반 복구 → 제어반의 솔레노이드밸브 연동 정지
(2) 솔레노이드밸브 복구
(3) 솔레노이드밸브에 안전핀을 체결한 후 기동용기에 결합
(4) 제어반 스위치의 연동상태 확인 후 솔레노이드밸브에서 안전핀 분리
(5) 점검 전 분리했던 조작동관을 결합

31 ④

④ 여러 사람이 함께 사용 → 한 사람이 사용

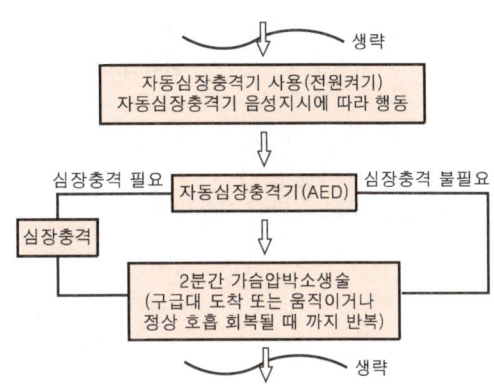

┃일반인 구조자의 기본소생술 흐름도┃

자동심장충격기(AED) 사용방법
(1) 자동심장충격기를 심폐소생술에 방해가 되지 않는 위치에 놓은 뒤 전원버튼을 누른다.
(2) 환자의 상체를 노출시킨 다음 패드 포장을 열고 2개의 패드를 환자의 가슴에 붙인다.
(3) 패드는 **왼쪽 젖꼭지 아래의 중간겨드랑선**에 설치하고 **오른쪽 빗장뼈**(쇄골) 바로 **아래**에 붙인다.

┃패드의 부착위치┃

패드 1	패드 2
오른쪽 빗장뼈(쇄골) 바로 아래	왼쪽 젖꼭지 아래의 중간겨드랑선

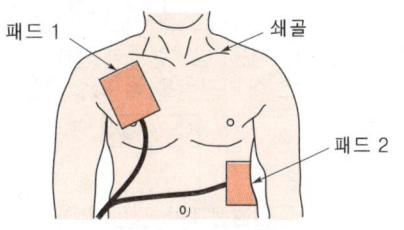

┃패드 위치┃

(4) 심장충격이 필요한 환자인 경우에만 제세동(심장충격)버튼이 깜박이기 시작하며, 깜박일 때 심장충격버튼을 눌러 심장충격을 시행한다. 보기 ③
(5) 심장충격버튼을 누르기 전에는 반드시 (누른 후에는 ✕) 주변사람 및 구조자가 환자에게서 떨어져있는지 다시 한 번 확인한 후에 실시하도록 한다.

(6) 심장충격이 필요 없거나 심장충격을 실시한 이후에는 즉시 **심폐소생술**을 다시 시작한다.
(7) **2분**마다 심장리듬을 분석한 후 반복 시행한다. 보기 ②
(8) 반드시 한 사람이 사용해야 한다. 보기 ④

32 ④

해설

④ 해당 없음

소방안전관리자 현황표 기입사항
(1) 소방안전관리자 현황표의 **대상명** 보기 ①
(2) 소방안전관리자의 **이름**
(3) 소방안전관리자의 **연락처**
(4) 소방안전관리자의 **선임일자** 보기 ②
(5) 소방안전관리대상물의 **등급** 보기 ③

33 ②

해설

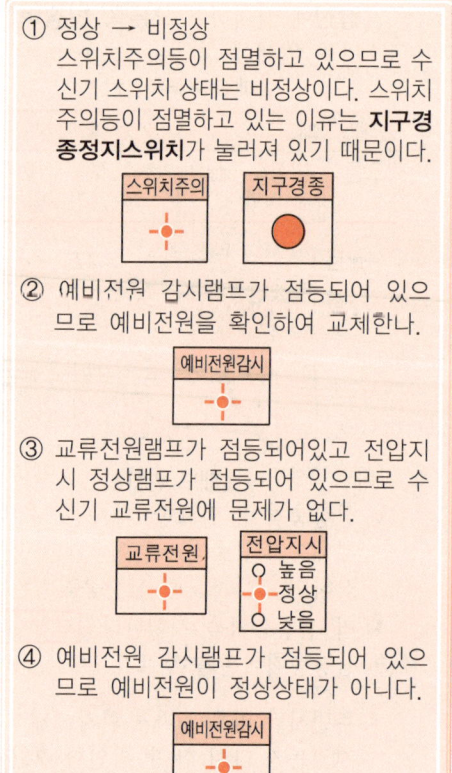

34 ②

해설 **특정소방대상물별 소화기구의 능력단위 기준**

특정소방대상물	소화기구의 능력단위	건축물의 주요 구조부가 **내화구조**이고, 벽 및 반자의 실내에 면하는 부분이 **불연재료·준불연재료 또는 난연재료**로 된 특정소방대상물의 능력단위
• **위**락시설 기억법 위3(위상)	바닥면적 **30m²**마다 1단위 이상	바닥면적 **60m²**마다 1단위 이상
• **공**연장 • **집**회장 • **관람**장 • **문**화재 • **장**례식장 및 **의**료시설 기억법 5공연장 문의 집관람(손오공 연장 문의 집관람)	바닥면적 **50m²**마다 1단위 이상	바닥면적 **100m²**마다 1단위 이상
• **근**린생활시설 • **판**매시설 • **운**수시설 • **숙**박시설 • **노**유자시설 • **전**시장 • 공동**주**택(아파트 등) • **업**무시설(사무실 등) • **방**송통신시설 • **공**장·**창**고시설 • **항**공기 및 자동**차**관련시설 및 **관광**휴게시설 기억법 근판숙노전 주업 방차창 1항 관광(근판숙노전 주업 방차창 일본항 관광)	바닥면적 **100m²**마다 1단위 이상	바닥면적 **200m²**마다 1단위 이상

•그 밖의 것	바닥면적 200m²마다 1단위 이상	바닥면적 400m²마다 1단위 이상

근린생활시설로서 **내화구조**이며, **불연재료**이므로 바닥면적 **200m²**마다 1단위 이상이다.

$$\frac{2000m^2}{200m^2} = 10단위$$

$$\frac{10단위}{3단위} = 3.3 ≒ 4개(소수점 올림)$$

비교	
소화기구의 능력단위 [교재 2권 18]	소방안전관리보조자 [교재 1권 14]
소수점 발생시 소수점을 올린다(**소수점 올림**).	소수점 발생시 소수점을 버린다(**소수점 내림**).

35

주펌프 기동상태 보기 ㉠	충압펌프 정지상태 보기 ㉡
① 기동표시등 : 점등	① 기동표시등 : 소등
② 정지표시등 : 소등	② 정지표시등 : 점등
③ 펌프기동표시등 : 점등	③ 펌프기동표시등 : 소등

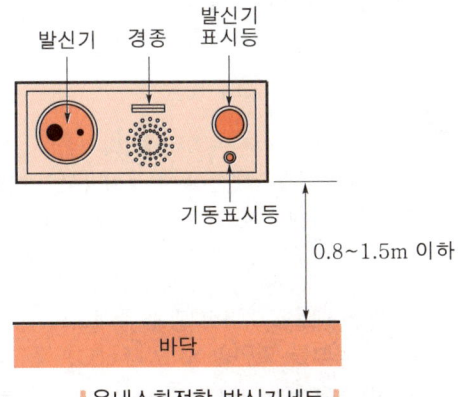

▌옥내소화전함 발신기세트▐

36

① 정지점=RANGE이므로 0.5MPa는 옳은 답
② 35m → 25m
  자연낙차압=기동점-0.15MPa
       =0.4MPa-0.15MPa
       =0.25MPa
       =25m(1MPa=100m)
③ 기동점=RANGE-DIFF
     =0.5MPa-0.1MPa
     =0.4MPa
④ 충압펌프 기동점=주펌프 기동점+0.05MPa이므로 주펌프의 기동점은 충압펌프의 기동점보다 0.05MPa 낮게 설정해야 한다.

기동점 (기동압력)	정지점 (양정, 정지압력)
기동점=RANGE-DIFF =자연낙차압 +0.15MPa	정지점=RANGE

용어	자연낙차압

가장 높이 설치된 헤드로부터 펌프 중심점까지의 낙차를 압력으로 환산한

37

자동심장충격기(AED) 사용방법
(1) 자동심장충격기를 심폐소생술에 방해가 되지 않는 위치에 놓은 뒤 전원버튼을 누른다.
(2) 환자의 상체를 노출시킨 다음 패드 포장을 열고 2개의 패드를 환자의 가슴에 붙인다.
(3) 패드는 **왼쪽 젖꼭지 아래의 중간겨드랑선**에 설치하고 **오른쪽 빗장뼈**(쇄골) 바로 **아래**에 붙인다.

▌패드의 부착위치▐

패드 1	패드 2
오른쪽 빗장뼈(쇄골) 바로 아래	왼쪽 젖꼭지 아래의 중간겨드랑선

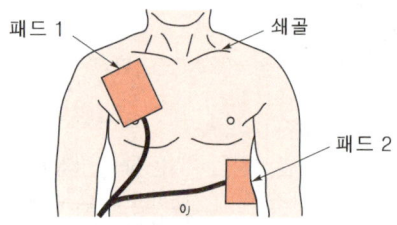

|패드 위치|

(4) 심장충격이 필요한 환자인 경우에만 제세동 버튼이 깜박이기 시작하며, 깜박일 때 심장충격버튼을 눌러 심장충격을 시행한다.
(5) 심장충격버튼을 <u>누르기 전</u>에는 반드시
   누른 후에는 ×
주변사람 및 구조자가 환자에게서 떨어져있는지 다시 한 번 확인한 후에 실시하도록 한다.
(6) 심장충격이 필요 없거나 심장충격을 실시한 이후에는 즉시 **심폐소생술**을 다시 시작한다.
(7) **2분**마다 심장리듬을 분석한 후 반복 시행한다.

38 ②

해설

② 교육자 중심 → 학습자 중심

소방**교**육 및 훈련의 원칙

원칙	설 명
현실의 원칙 보기 ③	• 학습자의 능력을 고려하지 않은 훈련은 비현실적이고 불완전하다.
학습자 중심의 원칙 보기 ②	• **한** 번에 한 가지씩 습득 가능한 분량을 교육 및 훈련시킨다. • **쉬운 것**에서 **어려운 것**으로 교육을 실시하되 기능적 이해에 비중을 둔다. • 학습자에게 감동이 있는 교육이 되어야 한다.

기억법 **학한**

동기부여의 원칙	• **교육**의 중요성을 **전달**해야 한다. • 학습을 위해 적절한 스케줄을 적절히 배정해야 한다. • 교육은 시기적절하게 이루어져야 한다. • 핵심사항에 교육의 포커스를 맞추어야 한다. • 학습에 대한 보상을 제공해야 한다. • 교육에 재미를 부여해야 한다. • 교육에 있어 다양성을 활용해야 한다. • 사회적 상호작용을 제공해야 한다. • 전문성을 공유해야 한다. • 초기성공에 대해 격려해야 한다.
목적의 원칙 보기 ①	• 어떠한 기술을 어느 정도까지 익혀야 하는가를 명확하게 제시한다. • 습득하여야 할 기술이 활동 전체에서 어느 위치에 있는가를 인식하도록 한다.
실습의 원칙	• **실습**을 통해 지식을 습득한다. • 목적을 생각하고, 적절한 방법으로 정확하게 하도록 한다.
경험의 원칙	• 경험했던 사례를 들어 현실감 있게 하도록 한다.
관련성의 원칙 보기 ④	• 모든 교육 및 훈련 내용은 **실무적**인 **접목**과 **현장성**이 있어야 한다.

기억법 **현학동 목실경관교**

39 ④

해설

④ 이라 한다. → 이 아니다.
• (a)방식 : 송배선식(○), (b)방식 : 송배선식(×)
① 송배선식이므로 도통시험으로 정상인지 단선인지 알 수 있다. (○)
② 송배선식이므로 감지기 사이의 단선 여부를 확인할 수 있다. (○)
③ 송배선식이 아니므로 감지기 단선 여부를 확인할 수 없다. (○)

> **용어** **송배선식** 교재 2권 102
> 도통시험(선로의 정상연결 유무확인)을 원활히하기 위한 배선방식

지시압력계
① 노란색(황색) : 압력부족
② 녹색 : 정상압력
③ 적색 : 정상압력 초과

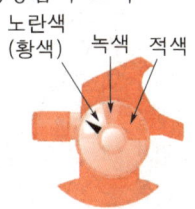

■ 소화기 지시압력계 ■
■ 지시압력계의 색표시에 따른 상태 ■

노란색(황색)	녹 색	적 색
압력이 부족한 상태	정상압력 상태	정상압력보다 높은 상태

40 ②
해설

① 주성분 : $NH_4H_2PO_4$(제1인산암모늄)이므로 축압식 분말소화기이다.

■ 소화약제 및 적응화재 ■

적응화재	소화약제의 주성분	소화효과
BC급	탄산수소나트륨 ($NaHCO_3$)	• 질식효과 • 부촉매(억제)효과
BC급	탄산수소칼륨 ($KHCO_3$)	
ABC급	제1인산암모늄 ($NH_4H_2PO_4$)	
BC급	탄산수소칼륨($KHCO_3$) +요소($(NH_2)_2CO$)	

② 있다. → 없다.
능력단위 : A 3 B 5 C 이므로 금속화재는 적응성이 없다.
(일반화재 / 유류화재 / 전기화재)

> **참고** **소화능력단위**
>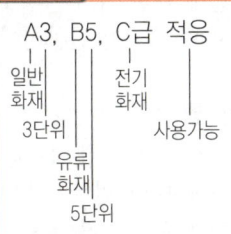
> A3, B5, C급 적응
> 일반화재 3단위 / 유류화재 5단위 / 전기화재 사용가능

③ 충전압력 : 0.9MPa이므로 0.7~0.98MPa 압력을 유지하고 있다.
• 용기 내 압력을 확인할 수 있도록 지시압력계가 부착되어 사용가능한 범위가 녹색(0.7~0.98MPa)으로 되어 있음

④ 제조연월 : 2005.11이고 내용연수는 10년이므로 2015년 11월까지가 유효기간이다. 내용연수 초과로 소화기를 교체하여야 한다.

분말소화기 vs 이산화탄소소화기

분말소화기	이산화탄소소화기
10년	내용연수 없음

41 ③
해설

① 감시제어반 선택스위치 : 자동, 주펌프 : 정지, 충압펌프 : 정지상태이므로 감시제어반은 정상상태이므로 옳다.
② 주펌프 선택스위치가 자동이므로 ON 버튼을 눌러도 주펌프는 기동하지 않으므로 옳다.
③ 기동한다. → 기동하지 않는다.
감시제어반에서 주펌프 스위치만 기동으로 올리면 주펌프는 기동하지 않는다. 감시제어반 선택스위치를 수동으로 올리고 주펌프 스위치를 기동으로 올려야 주펌프는 기동한다.

④ 동력제어반에서 충압펌프 스위치를 자동위치로 돌리면 모든 제어반은 정상상태가 되므로 옳다.

정상상태

동력제어반	감시제어반
주펌프 선택스위치 : **자동** • 주펌프 ON 램프 : 소등 • 주펌프 OFF 램프 : 점등 충압펌프 선택스위치 : **자동** • 충압펌프 ON 램프 : 소등 • 충압펌프 OFF 램프 : 점등	선택스위치 : **자동** 주펌프 : **정지** 충압펌프 : **정지**

42 ④

급기댐퍼가 개방되는 경우

자 동	수 동
• 감지기 동작확인등 점등	• 발신기 작동스위치 누름 • 감시제어반 급기댐퍼 수동기동 • 댐퍼 수동기동장치 누름

43 ③

① 앞꿈치 → 뒤꿈치
② 수평 → 수직
④ 갈비뼈가 압박되어 부러질 정도로 강하게 실시하면 안된다.

심폐소생술의 진행

구 분	설 명
속 도	분당 100~120회
깊 이	약 5cm(소아 4~5cm)

44 ③

③ 해당 없음

소방안전관리대상물의 소방계획의 주요 내용

(1) 소방안전관리대상물의 위치·구조·연면적·용도 및 수용인원 등 일반 현황
(2) 소방안전관리대상물에 설치한 소방시설·방화시설·전기시설·가스시설 및 위험물시설의 현황
(3) 화재예방을 위한 **자체점검계획** 및 **대응대책**
(4) **소방시설**·피난시설 및 방화시설의 **점검·정비계획**
(5) 피난층 및 피난시설의 위치와 피난경로의 설정, 화재안전취약자의 피난계획 등을 포함한 피난계획
(6) **방화구획**, 제연구획, 건축물의 내부 마감재료 및 방염대상물품의 사용현황과 그 밖의 방화구조 및 설비의 유지·관리계획
(7) **소방훈련** 및 **교육**에 관한 계획
(8) 소방안전관리대상물의 근무자 및 거주자의 **자위소방대** 조직과 대원의 임무(화재안전취약자의 피난보조임무를 포함)에 관한 사항
(9) **화기취급작업**에 대한 사전 안전조치 및 감독 등 공사 중 소방안전관리에 관한 사항
(10) **소화**와 **연소 방지**에 관한 사항
(11) **위험물**의 저장·취급에 관한 사항 보기 ④
(12) 소방안전관리에 대한 업무수행에 관한 기록 및 유지에 관한 사항
(13) 화재발생시 화재경보 **초기소화** 및 **피난유도** 등 초기대응에 관한 사항
(14) 그 밖에 소방안전관리를 위하여 **소방본부장** 또는 **소방서장**이 소방안전관리대상물의 위치·구조·설비 또는 관리상황 등을 고려하여 소방안전관리에 필요하여 요청하는 사항

45 ③

① 연기감지기 시험기이므로 열감지기시험기로 작동시킬 수 없다. (○)
② (a)에서 2F(2층)이라고 했으므로 옳다. (○)
③ 점등되어야 한다. → 점등되지 않아야 한다.
(a)가 연기감지기 시험기이므로 감지기가 작동되기 때문에 발신기램프는 점등되지 않아야 한다.
④ (a)에서 2F(2층) 연기감지기 시험이므로 (b)에서 2층 램프가 점등되었으므로 정상이다. (○)

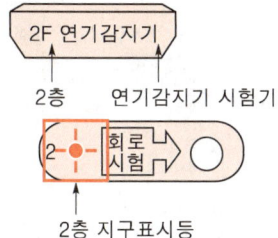

46 ①

① 이산화탄소소화설비·할론소화설비 소화기이므로 축압식 소화기와는 관련이 없다.
② 축압식 분말소화기 호스 탈락
③ 축압식 분말소화기 호스 파손
④ 축압식 분말소화기 압력이 높은 상태

(1) 호스·혼·노즐

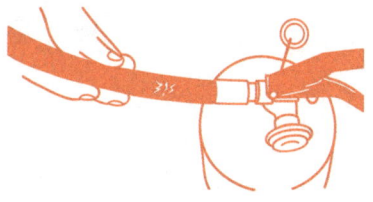

┃호스 파손┃

┃호스 탈락┃

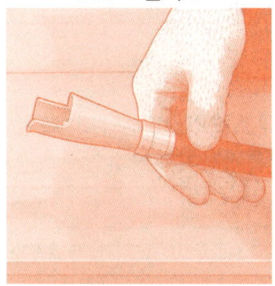

┃노즐 파손┃

┃혼 파손┃

(2) 지시압력계
① 노란색(황색) : 압력부족
② 녹색 : 정상압력
③ 적색 : 정상압력 초과

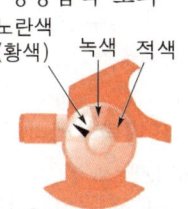

┃소화기 지시압력계┃

• 용기 내 압력을 확인할 수 있도록 지시압력계가 부착되어 사용 가능한 범위가 녹색(0.7~0.98MPa)으로 되어 있음

| 지시압력계의 색표시에 따른 상태 |
| 노란색(황색) | 녹 색 | 적 색 |
| 압력이 부족한 상태 | 정상압력 상태 | 정상압력보다 높은 상태 |

47 ②

해설 옥내소화전 방수압력 측정
(1) 측정장치 : 방수압력측정계(피토게이지)
(2)

방수량	방수압력
130L/min	0.17~0.7MPa 이하 보기 ②

(3) 방수압력 측정방법 : 방수구에 호스를 결속한 상태로 노즐의 선단에 방수압력측정계(피토게이지)를 근접$\left(\dfrac{D}{2}\right)$시켜서 측정하고 방수압력측정계의 압력계상의 눈금을 확인한다.

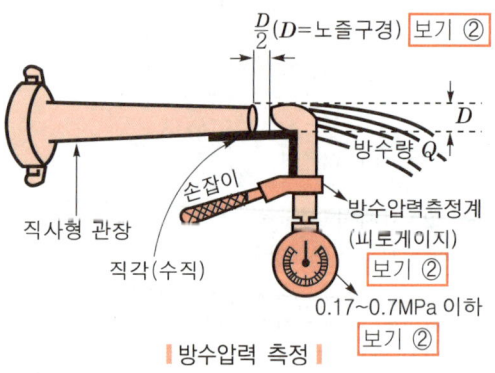

$\dfrac{D}{2}(D=노즐구경)$ 보기 ②
방수량 Q
직사형 관장
손잡이
직각(수직)
방수압력측정계(피토게이지) 보기 ②
0.17~0.7MPa 이하 보기 ②

▎방수압력 측정▎

48 ②

해설 습식 스프링클러설비의 작동순서
(1) **화**재발생 보기 ㉠
(2) **헤**드 개방 및 방수 보기 ㉢
(3) **2**차측 배관압력 저하 보기 ㉡
(4) **1**차측 압력에 의해 습식 유수검지장치의 클래퍼 개방 보기 ㉣

(5) **습**식 유수검지장치의 압력스위치 작동 → 사이렌 경보, 감시제어반의 화재표시등, 밸브개방표시등 점등 보기 ㉤
(6) **배**관 내 압력저하로 기동용 수압개폐장치의 압력스위치 작동 → 펌프기동 보기 ㉥

기억법 화헤 21습배

49 ①

해설

 →

㉠ 전원켜기   ㉡ 2개의 패드 부착

 →

㉢ 심장리듬 분석 및 심장충격 실시   ㉣ 즉시 심폐소생술 다시 시행

50 ①

해설 스프링클러설비 : 시험밸브함은 스프링클러설비(습식·건식)에 사용

구 분	스프링클러설비
방수압	0.1~1.2MPa 이하 보기 ①
방수량	80L/min 이상

반드시 합격하는 공하성 교수의
소방안전관리자 완전정복!

- 시험에서 출제빈도가 높은 **이론과 기출문제 구성**
- 쉽게 이해하고 핵심내용을 파악할 수 있는 **최적합 구성**
- 시험에서 자주 출제되는 기출문제 **완벽 해설 강의**

1급
- ✓ 소방안전관리자 1급
  [기출문제 총집합]+[5개년 기출문제]
- ✓ 소방안전관리자 1급
  [합격노트]+[8개년 기출문제]

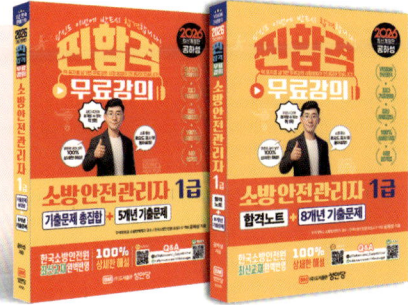

2급
- ✓ 소방안전관리자 2급
  [기출문제 총집합]+[5개년 기출문제]
- ✓ 소방안전관리자 2급
  [합격노트]+[8개년 기출문제]

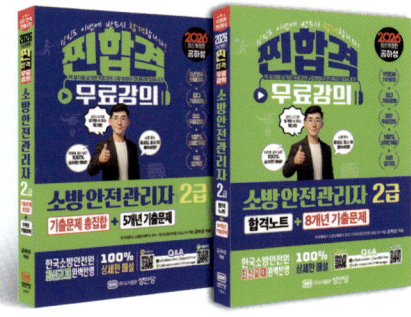

3급
- ✓ 소방안전관리자 3급
  [기출문제 총집합]+[5개년 기출문제]
- ✓ 소방안전관리자 3급
  [합격노트]+[8개년 기출문제]

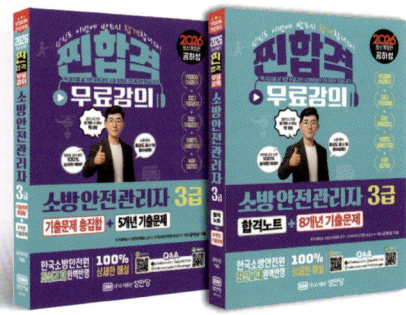

대한민국의 안전! 이제 당신이 지켜줄 차례입니다.

당신도 이번에 반드시 합격합니다!

찐합격
소방안전관리자 1급

2025~2021년
기출문제 정답 및 해설

God loves you
and has a wonderful plan for you.

BM Book Media Group

성안당은 선진화된 출판 및 영상교육 시스템을 구축하고
항상 연구하는 자세로 독자 앞에 다가갑니다.